中国国家标准汇编

551

GB 28831～28857

（2012年制定）

中国标准出版社 编

中国标准出版社

北 京

图书在版编目(CIP)数据

中国国家标准汇编:2012年制定.551:
GB 28831～28857/中国标准出版社编.—北京:
中国标准出版社,2013.9
ISBN 978-7-5066-7281-8

Ⅰ.①中… Ⅱ.①中… Ⅲ.①国家标准-
汇编-中国-2012 Ⅳ.①T-652.1

中国版本图书馆CIP数据核字(2013)第183743号

中国标准出版社出版发行
北京市朝阳区和平里西街甲2号(100013)
北京市西城区三里河北街16号(100045)

网址 www.spc.net.cn
总编室:(010)64275323 发行中心:(010)51780235
读者服务部:(010)68523946

中国标准出版社秦皇岛印刷厂印刷
各地新华书店经销

*

开本 880×1230 1/16 印张 35.75 字数 1 080 千字
2013年9月第一版 2013年9月第一次印刷

*

定价 220.00 元

出 版 说 明

1.《中国国家标准汇编》是一部大型综合性国家标准全集。自1983年起，按国家标准顺序号以精装本、平装本两种装帧形式陆续分册汇编出版。它在一定程度上反映了我国建国以来标准化事业发展的基本情况和主要成就，是各级标准化管理机构，工矿企事业单位，农林牧副渔系统，科研、设计、教学等部门必不可少的工具书。

2.《中国国家标准汇编》收入我国每年正式发布的全部国家标准，分为"制定"卷和"修订"卷两种编辑版本。

"制定"卷收入上一年度我国发布的、新制定的国家标准，顺延前年度标准编号分成若干分册，封面和书脊上注明"20××年制定"字样及分册号，分册号一直连续。各分册中的标准是按照标准编号顺序连续排列的，如有标准顺序号缺号的，除特殊情况注明外，暂为空号。

"修订"卷收入上一年度我国发布的、被修订的国家标准，视篇幅分设若干分册，但与"制定"卷分册号无关联，仅在封面和书脊上注明"20××年修订-1，-2，-3，……"字样。"修订"卷各分册中的标准，仍按标准编号顺序排列（但不连续）；如有遗漏的，均在当年最后一分册中补齐。需提请读者注意的是，个别非顺延前年度标准编号的新制定的国家标准没有收入在"制定"卷中，而是收入在"修订"卷中。

读者配套购买《中国国家标准汇编》"制定"卷和"修订"卷则可收齐由我社出版的上一年度我国制定和修订的全部国家标准。

3.由于读者需求的变化，自1996年起，《中国国家标准汇编》仅出版精装本。

4.2012年我国制修订国家标准共2 101项。本分册为"2012年制定"卷第551分册，收入国家标准GB 28831～28857的最新版本。

中国标准出版社

2013年8月

目　　录

ICS 03.100.01
A 02

中华人民共和国国家标准

GB/T 28831—2012

国际货运单证缮制规范

Code of preparation for international freight forwarding documents

2012-11-05 发布　　2012-12-01 实施

中华人民共和国国家质量监督检验检疫总局
中国国家标准化管理委员会　发布

前　言

本标准按照GB/T 1.1—2009给出的规则起草。

本标准由中华人民共和国商务部提出。

本标准由全国国际货运代理标准化技术委员会(SAC/TC 489)归口。

本标准起草单位:杭州双马报关有限公司、厦门英诺尔电子科技股份有限公司、深圳市联合纵横国际货运代理公司、大连锦程物流网络技术有限公司、重庆美联国际物流(集团)有限公司、重庆市国际货运代理协会、中钢国际货运有限公司、上海新景程国际物流有限公司、中国外运长航集团有限公司、中国海运(集团)总公司、内蒙古安快物流集团、新疆托木尔货运代理有限公司。

本标准主要起草人:林忠、胡博、陈峥、任中伟、冯建萍、李金华、杨旭、刘嫰姗、陈智勇、景洪德、张海峰。

国际货运单证缮制规范

1 范围

本标准规定了与国际货运业务相关的单证缮制和审核规范。

本标准适用于与国际货运业务相关的跟单信用证项下的单证缮制、审核和签发，亦可作为合同（在非信用证付款条件下）项下的单证缮制、审核和签发的依据，企业及相关机构也可以此进行单证管理。

2 规范性引用文件

下列文件对于本文件的应用是必不可少的。凡是注日期的引用文件，仅注日期的版本适用于本文件。凡是不注日期的引用文件，其最新版本（包括所有的修改单）适用于本文件。

GB/T 22151 国际货运代理作业规范

GB/T 22152 国际货运代理业务统计导则

GB/T 22153 国际货运代理通用交易条件

GB/T 22154 国际货运代理服务质量要求

GB/T 26319 国际货运代理单证标识符编码规则

GB/T 26321 国际货运代理业务数据元

GB/T 28530 国际货运代理系列单证-单证数据项

GB/T 28832 国际货运单证缮制质量要求

审核跟单信用证项下单据的国际标准银行实务（国际商会第681号出版物）（International Standard Banking Practice for the Examination of Documents under Documentary Credits，ISBP）（ICC 681）

跟单信用证统一惯例（国际商会第600号出版物）（Uniform Customs and Practice for Commercial Documentary Credits (UCP)-ICC Publication no. 600，UCP600）（ICC 600）

3 术语和定义

GB/T 22151、GB/T 22152、GB/T 22153、GB/T 26319、GB/T 26321、GB/T 28530和GB/T 28832界定的术语和定义适用于本文件。

4 相关单证种类

参见GB/T 28530。

5 单证的规格、样式

5.1 单证的规格、样式应符合国家主管机关、GB/T 28530和相关国家标准或行业标准的统一制定和印刷的规定。

5.2 单证编号应符合GB/T 26319的规定。

6 资格

单证的缮制、签发人员的资格应符合相关的法律法规、GB/T 22151 和 GB/T 22154 的规定。

7 缮制原则

7.1 信用证与合同的统一

凡合同所列明的要点应在信用证中明文列出，信用证所含的条款应满足合同所列明的内容和要点。

7.2 单证与信用证统一

信用证项下的单证，应与信用证所列的内容一致。

7.3 单证与货物统一

单证所列的有关货物的数据和内容，应与合同中规定的货物的实际数据和内容完全一致。

7.4 单证与单证统一

单证之间应保持一致。

8 缮制依据

依据信用证、买卖合同、有关商品的原始资料和相关法律、法规、规章、监管规定、适用的国际惯例以及银行章程、规章制度、操作规程等业务管理规范和要求。

9 缮制程序

9.1 掌握必要的资料和数据，依合同和信用证的规定，核实货物的规格、性能、数量等信息，确认货物与合同规定完全相符，做到备货、验货和交货顺利进行，防止错货、错装。

9.2 资料齐备后应认真核对。依信用证或合同(非信用证付款条件下)规定缮制和配齐所需单证，计算单价、总价、银行费用、佣金、保险及运输费用等。

9.3 选择一份主要的单证作为基础单证，缮制、配备所需的全部单证，如发票、包装单证、托运单、报检单、报关单、投保单、产地证、许可证等，以便承运人或其代理人提供航期、航程、装载等事宜。

10 缮制的基本要求

10.1 单证名称应一致，即各单证名称应与信用证或合同(非信用证付款条件下)规定的相一致。

10.2 货物描述应一致，即各单证上的货物描述内容，如品名、规格、包装细节、分批装运、转运、溢短装、费用项目以及签字、盖章等均应符合信用证或合同(非信用证付款条件下)的具体规定。

10.3 计量单位应一致，即各单证使用的货物计量单位名称应与信用证或合同(非信用证付款条件下)规定的相一致。

10.4 运输标志应一致，即各单证上显示的运输标志应与信用证或合同(非信用证付款条件下)规定的相一致，且各单证之间的运输标志也应保持相同。

10.5 出单日期应合理，各种单证的签发日期应不相互矛盾，即各单证上的开出日期应符合信用证或合同(非信用证付款条件下)规定的要求。

10.6　货币金额应相符,即各单证所用货币符号及金额应符合信用证或合同(非信用证付款条件下)规定的要求,且各单证之间应对应和匹配。

10.7　抬头人(收件人)名应相符,即各单证上的收件人名称应符合信用证或合同(非信用证付款条件下)的具体规定和要求。

10.8　出单人(签发人)名应相符,即各单证上显示的出单人(签发人)名称、地址应符合信用证或合同(非信用证付款条件下)的有关规定。

10.9　单证份数应相符,即各单证的开出份数要符合信用证或合同(非信用证付款条件下)的规定,内容和签章完整,且需分清正、副本。

10.10　单证应齐全,各种单证之间内容相互一致。

10.11　单证的编号或号码(如汇票号、发票号、提单号、保单号、产地证号、检验证号、信用证号、合同号、许可证号和关税号等)应符合信用证规定的要求。

10.12　应按照信用证或合同规定的期限交单。

10.13　应保存完整的副本归档,做好索引,以备查阅。

10.14　应符合 GB/T 28832 的要求。

11　缮制规范

11.1　商业发票

11.1.1　主要数据项

主要数据项包括:

a)　发票名称;
b)　发票编号及出票日期;
c)　抬头人名称和地址;
d)　运输方式、起运地及目的地;
e)　货物描述(包括货物名称、规格、包装、数量、重量)和运输标志;
f)　付款方式、价格条件和金额(包括单价、总值、佣金和净值);
g)　信用证号、合同号(或订单号)及特定号码;
h)　受益人名称、地址和签章。

11.1.2　具体要求

具体要求包括:

a)　运输方式、起运地及目的地应与信用证或合同(非信用证付款条件下)要求及提单显示一致;
b)　信用证或合同(非信用证付款条件下)所要求的表明和证明的内容不应遗漏;
c)　数量上应标明实际发运的数量及计量单位;
d)　重量上应标明总的毛重、净重,与装箱单、重量单等单证上的重量相一致;
e)　金额不应超出信用证或合同(非信用证付款条件下)的金额,增减比例(或溢短装)及分批装运与信用证或合同(非信用证付款条件下)要求相符;
f)　出票日期不应迟于装运日;
g)　除非信用证另有规定,发票的总值应是实际的发货金额,非分发运时,应与合同总金额一致;
h)　商业发票上的货物、服务或履约行为的描述应该与信用证中的描述一致;
i)　主要数据项及其他内容应符合信用证或合同(非信用证付款条件下)规定的要求。

11.2 装箱单、重量单和尺码单

11.2.1 主要数据项

主要数据项包括：

a) 单证名称；
b) 单证编号及出单日期；
c) 出单人；
d) 受单人；
e) 发票日期和发票号；
f) 合同号；
g) 信用证号；
h) 运输方式；
i) 运输标志和集装箱号；
j) 商品名称(货物名称)及编码；
k) 包装种类和件数、货物描述；
l) 包装；
m) 数量；
n) 毛重、净重和尺码；
o) 签章。

11.2.2 具体要求

具体要求包括：

a) 运输标志应与发票和提单保持一致；
b) 装箱单的缮制日期应与发票日期一致，不应迟于信用证的截止日期及交单日期；
c) 货物如装托盘，装箱单上应同时标明每个托盘所装货物的件数、总毛重及总尺码；
d) 重量单上每箱货物的净重、毛重以及计算出的总毛重，应与提单上的一致；
e) 毛重、净重、尺码应列明每件的毛重、净重和尺码，小计数及合计数应与发票、提单、产地证以及出口许可证的数字相符；
f) 主要数据项及其他内容应符合信用证或合同(非信用证付款条件下)规定的要求。

11.3 运输单证

11.3.1 主要数据项

主要数据项包括：

a) 托运人；
b) 收货人；
c) 承运人；
d) 发货人；
e) 通知人；
f) 代理人；
g) 装运港；
h) 目的港；
i) 起运地；

j） 交货地；

k） 装运期；

l） 前程运输；

m） 运输工具名称及航次/班次/车次；

n） 标记载重；轴数；自重；

o） 运输方式及运输线路；

p） 标志与集装箱号；

q） 货物描述、包装数量及种类；

r） 重量、尺码；确定重量方法；

s） 运费、运费支付；

t） 税款；

u） 其他费用及支付方式；

v） 运价等级、计费重量、运价；

w） 运输声明价值、海关声明价值；

x） 保险金额；

y） 签发地点和日期；

z） 签发份数；签发人。

11.3.2 具体要求

具体要求包括：

a） 多式联运单据

——应表明承运人名称，并由承运人或其具名代理人，或者船长或其具名代理人签署；承运人，船长或代理人的任何签字应标明其承运人、船长或代理人的身份；代理人的任何签字应标明其系代表承运人还是船长签字。

——应通过预先印就的文字或表明货物已经被发送、接管或装运日期的印戳或批注。单据出具的日期将视为发送、接管或装运日期，也即发运日期。如单据以印戳或批注的方式表明了发送、接管或装运日期，该日期将视为发运日期。

——表明信用证规定的发送、接管或发运地点，以及最终目的地，即使：

- 该运输单据另外还载明了一个不同的发送、接管或发运地点或最终目的地，或者，
- 该运输单据载有“预期的”或类似的关于船只，装货港或卸货港的限定语。

——为唯一的正本运输单据，或者，如果出具为多份正本，则为运输单据中表明的全套单据。

——未表明受租船合同约束。

——运输单据可表明货物将要或可能被转运，只要全程运输由同一运输单据涵盖。

b） 提单、不可转让的海运单

——应表明承运人名称，并由承运人或其具名代理人，或者船长或其具名代理人签署；承运人，船长或代理人的任何签字应标明其承运人、船长或代理人的身份；代理人的任何签字应标明其系代表承运人还是船长签字。

——应通过预先印就的文字或已装船批注注明货物的装运日期的方式表明货物已在信用证规定的装货港装上具名船只；

——单证出具的日期将视为发运日期，除非提单载有表明发运日期的已装船批注，此时已装船批注中显示的日期将视为发运日期。如载有“预期船只”或类似的关于船名的限定语，则需以已装船批注明确发运日期以及实际船名。

——应表明货物从信用证规定的装货港发运至卸货港。提单没有表明信用证规定的装货港为

装货港，或者其载有“预期的”或类似的关于装货港的限定语，则需以已装船批注表明信用证规定的装货港、发运日期以及实际船名。

c) 租船合同提单

——应表明其受租船合同约束的提单(租船合同提单)，并由船长或其具名代理人，或船东或其具名代理人，或租船人或其具名代理人；船长、船东、租船人或代理人的任何签字应标明其船长、船东、租船人或代理人的身份；代理人签字应表明其系代表船长、船东还是租船人签字。代理人代表船东或租船人签字时应注明船东或租船人的名称。

——应通过预先印就的文字或者已装船批注注明货物的装运日期的方式表明货物已在信用证规定的装货港装上具名船只。

——租船合同提单的出具日期将视为发运日期，除非租船合同提单载有已装船批注注明发运日期，此时已装船批注上注明的日期将视为发运日期。

——应表明货物从信用证规定的装货港发运至卸货港。卸货港也可显示为信用证规定的港口范围或地理区域。

d) 空运单证

——应表明承运人名称，并由承运人，或承运人的具名代理人；承运人或其代理人的任何签字应标明其承运人或代理人的身份；代理人签字应表明其系代表承运人签字。

——应表明货物已被收妥待运。

——应表明出具日期。该日期将视为发运日期，除非空运单据载有专门批注注明实际发运日期，此时批注中的日期将视为发运日期。单证中其他与航班号和航班日期相关的信息不应用来确定发运日期。

——应表明信用证规定的起飞机场和目的地机场。

e) 公路、铁路或内陆水运单证

——应表明承运人名称，并由承运人或其具名代理人签署，或者由承运人或其具名代理人以签字、印戳或批注表明货物收讫；承运人或其具名代理人的收货签字、印戳或批注应标明其承运人或代理人的身份；代理人的收货签字、印戳或批注应标明代理人系代理承运人签字或行事。

——应表明货物的信用规定地点的发运日期，或者收讫待运或待发送的日期。单证上的出具日期将被视为发运日期，除非单证上盖有带日期的收货印戳，或注明了收货日期或发运日期。

——应表明信用证规定的发运地及目的地。

——如未注明出具的正本数量，提交的份数即视为全套正本。

f) 单证的提交日期不得迟于信用证的截止日期；

g) 如需加背书的运输单证，应按要求加背书；

h) 主要数据项及其他内容应符合信用证或合同(非信用证付款条件下)规定的要求。

11.4 保险单证

11.4.1 主要数据项

主要数据项包括：

a) 保险单证名称；

b) 保险公司；

c) 被保险人；

d) 发票号、合同号、信用证号和保单号；

e) 运输工具及航次/班或车号；
f) 起运日期；
g) 起讫地(包括装运港和卸货港)；
h) 保险金额及币制；
i) 保费及费率；
j) 保险标的(保险货物)、数量、包装和运输标志；
k) 承保险别(承保条件)；
l) 保险单份数；
m) 保险勘查代理人及赔付地点；
n) 出单日期、地点；
o) 保险人签章；
p) 附加条款。

11.4.2 具体要求

具体要求包括：

a) 应由保险公司或承保人或其代理人或代表出具并签署；
b) 应按信用证或合同(非信用证付款条件下)要求的形式出具，并且在需要时经有权索偿人背书；
c) 保险单证日期不得晚于发运日期，除非保险单证表明保险责任不迟于发运日生效；
d) 包装件数、运输标记等应与发票和运输单证上相一致；
e) 运输工具、运输线路、起运地及目的地等应与提单上的相一致；
f) 应标明承包的风险区间至少涵盖从信用证或合同(非信用证付款条件下)规定的货物监管地或发运地开始到卸货地或最终目的地为止；
g) 如信用证对投保金额未做规定，投保金额应至少为货物的 CIF 或 CIP 价格的 110%；
h) 如从单证中不能确定 CIF 或 CIP 价格，投保金额应基于要求承付或议付的金额，或者基于发票上显示的货物总值来计算，两者之中取金额较高者；
i) 保险单证可注明受免赔率或免赔额(减除额)约束；
j) 保险单证的主要数据项及其他内容应符合信用证或合同(非信用证付款条件下)规定的要求。

11.5 报关单证

11.5.1 主要数据项

主要数据项包括：

a) 预录入编号、海关编号、备案号、许可证号、批准文号、合同协议号；
b) 进出口口岸；起运国(地区)、运抵国(地区)；装运港/指运港；境内货源地、最终目的国(地区)；
c) 进出口日期、申报日期；
d) 经营单位；收发货单位；用途/生产厂家；
e) 运输方式、运输工具名称及航次/班或车号；提运单号；
f) 贸易方式、征免性质、结汇方式、成交方式；
g) 运费；保费；杂费；
h) 件数；包装种类；
i) 毛重、净重；
j) 集装箱号；
k) 随附单证；

l) 运输标记及备注；
m) 项号、货物编号、货物名称与规格型号、数量及单位；
n) 单价、总价、币制、税费征收情况等。

11.5.2 具体要求

具体要求包括：

a) 各栏目的内容应与合同、发票、装箱单、提单以及批文等随附单证相符；
b) 各栏目的内容应与实际进出口的货物的情况相符；
c) 货物的数量及单位应按海关法定计量单位和成交计量单位填报；
d) 填报的项目应准确、齐全、清楚，若有更正，应在更改项目处加盖核对章；
e) 一份报关单允许填报一个运输工具名称；
f) 不同合同或批文的货物、同一批货物中不同贸易方式的货物、不同备案号的货物、不同提运单的货物、不同征免性质的货物、不同运输方式或相同运输方式但不同航次的货物等，均应分单填报；
g) 在反映进出口货物情况的栏目中，应对不同货物编号、不同货物名称、不同原产国（地区）或最终目的国（地区）的货物进行分项填报；
h) 一份原产地证只对应一份报关单。同一份报关单上的货物不同时享受协定税率和减免税；
i) 一份报关单或一张报关单最多填报货物的项目数量应符合海关要求；
j) 已向海关申报的进出口货物报关单，如原申报内容与实际进出口货物不一致而又有正当理由的，申报人应向海关递交书面改正申请，经海关核准后，对原填报的内容进行更改或撤销。

11.6 检验检疫单证

11.6.1 主要数据项

主要数据项包括：

a) 证书名称；编号；
b) 报检单位及其登记号；
c) 报检日期；
d) 发货人；
e) 收货人；
f) 货物名称；
g) 货物编号；
h) 原产国（地区）；
i) 数量/重量；货物总值；
j) 运输工具名称号码；
k) 运输标志；包装种类及数量；
l) 合同号；许可证/审批号；贸易方式；贸易国别（地区）；
m) 提单/运单号；到货日期；启运国家（地区）；启运口岸；入境口岸；卸毕日期；经停口岸；目的地；货物存放地点；
n) 集装箱规格、数量及号码；
o) 索赔有效期；
p) 合同订立的特殊条款以及其他要求；
q) 用途；

r) 随附单据;
s) 标记及号码;
t) 报检人郑重申明;
u) 检验检疫费;
v) 检验结果;
w) 签证地点与日期;
x) 签证机构签章。

11.6.2 **具体要求**

具体要求包括:

a) 中英文内容应一致;
b) 各栏目的内容应与合同、发票、装箱单、提单以及批文等随附单证相符;
c) 运输工具名称,应与提单中的运输工具一致;
d) 填报的项目应准确、齐全、清楚,若有更正,应在更改项目处加盖核对章;数字部分不应涂改;
e) 已报检的出境货物,尚未实施商检或虽已实施商检但尚未出具证单的,由于某种原因报检人需要更改报检信息的,应向受理报检的检验检疫机构申请,经审核后按规定更改;
f) 报检人向检验检疫机构报检后,因故需要撤销报检的,应提出申请并书面说明理由,经检验检疫机构批准后按规定办理撤销手续;
g) 主要数据项及其他内容应符合信用证或合同(非信用证付款条件下)规定的要求。

11.7 **汇票**

11.7.1 **主要数据项**

主要数据项包括:

a) 注明"汇票"字样;
b) 出票依据;
c) 汇票号码;
d) 出票地点和日期;
e) 金额和币制;
f) 付款期限;
g) 无条件支付命令;
h) 受款人;
i) 受票人/付款人;
j) 出/开票人签章。

11.7.2 **具体要求**

具体要求包括:

a) 付款人名称、地址应正确填写;
b) 大、小写金额以及所使用的币制应相一致;不得涂改,不得加盖校正章;
c) 在大写货币金额前用"say"开头,在大写金额后面加"only"(整)结尾;大写金额中的货币应使用货币全称;
d) 如信用证无特别规定,其金额应不超过信用证金额;
e) 如需加背书,应按要求加背书;

f) 汇票应由出票人签署；

g) 主要数据项及其他内容应符合信用证规定的要求。

11.8 原产地证明

11.8.1 原产地证明主要数据项

主要数据项包括：

a) 出口商名称和地址；

b) 收货人名称和地址；

c) 运输方式和路线；

d) 目的地国家(地区)；

e) 签证机构使用栏；

f) 运输标志；

g) 货物描述、包装数量及种类；

h) 商品编码；

i) 数量或重量；

j) 发票号码和日期；

k) 出口商声明；

l) 签证机构签章。

11.8.2 普惠制原产地证明主要数据项

主要数据项包括：

a) 出口商名称、地址和国别；

b) 进口商名称、地址和国别；

c) 运输方式和路线；

d) 官方批注；

e) 项目编号；

f) 运输标志；

g) 货物描述、包装数量及种类；

h) 原产地标准；

i) 毛重或其他数量；

j) 发票号码及日期；

k) 签证机构证明；

l) 出口商声明。

11.8.3 具体要求

具体要求包括：

a) 原产地证明书上的编号应与其申请书上的编号一致；

b) 原产地证明中出口商声明的日期，不应早于发票日期；

c) 对于一份普惠制原产地证明申报多项商品或多种型号的，商品名称、原产地标准、毛重或其他数量要一一对应；签证机构证明日期不应早于发票日期和出口商声明日期，也不应迟于提单日期；

d) 主要数据项及其他内容应符合信用证或合同(非信用证付款条件下)规定的要求。

12 单证审核

12.1 依照信用证或合同

12.1.1 以信用证或合同(在非信用证付款条件下)为基础对规定的各项单证进行审核,应包括:

a) 信用证是否仍有效;

b) 单证是否过期;

c) 金额大、小写和货物数量是否一致;

d) 出运日期是否在最迟装运日期之前;

e) 所要求的单证是否全部提交;

f) 有关单证如汇票、发票、保险单等的币制是否一致并符合规定。

12.1.2 按照信用证或合同(在非信用证付款条件下)所规定的条件、条款,逐条对照,应包括:

a) 名称和地址、货物描述、运输标志等是否一致;

b) 更正处是否加具签字或小签,应符合 GB/T 28832 的规定要求。

12.2 依照惯例与实务

12.2.1 按照《跟单信用证统一惯例》、《审核跟单信用证项下单据的国际标准银行实务》的规定,合理谨慎地审核信用证要求的所有单证,以确定其表面上是否与信用证条款相符,应包括:

a) 单证是否齐全,包括所需单证的份数;

b) 单证名称和类型是否符合要求;

c) 需认证的单证是否按规定进行了认证;

d) 单证之间的货物描述、数量、金额、重量、体积和运输标志等是否一致;

e) 单证出具或提交的日期是否符合要求。

12.2.2 对有问题的单证,应在规定的有效期和交单期内进行及时更正和修正。

12.3 选择主单证

12.3.1 在诸单证中选择一份主要的单证,如商业发票或汇票,以主要单证与其他单证相对照地予以审核,做到一份主单证与其他单证所列内容完全一样。

12.3.2 结合上下文内容进行单证审核,避免片面、孤立地看待某一条款。

12.4 依照功能进行复审

12.4.1 按照单证的商业功能和结算功能相统一的原则进行单证审核,避免将不必要的内容强加于单证。

12.4.2 按照合情、合理、合法的原则,应做到缮制、审核和综合复审相结合。

ICS 03.100.01
A 01

中华人民共和国国家标准

GB/T 28832—2012

国际货运单证缮制质量要求

Requirements on services of preparation for international freight forwarding documents

2012-11-05 发布　　2012-12-01 实施

中华人民共和国国家质量监督检验检疫总局
中国国家标准化管理委员会　发布

前　言

本标准按照 GB/T 1.1—2009 给出的规则起草。

本标准由中华人民共和国商务部提出。

本标准由全国国际货运代理标志技术委员会(SAC/TC 489)归口。

本标准起草单位:杭州双马报关有限公司、厦门英诺尔电子科技股份有限公司、深圳市联合纵横国际货运代理公司、大连锦程物流网络技术有限公司、重庆美联国际物流(集团)有限公司、重庆市国际货运代理协会、中钢国际货运有限公司、上海新景程国际物流有限公司、中国外运长航集团有限公司、中国海运(集团)总公司、内蒙古安快物流集团、新疆托木尔货运代理有限公司。

本标准主要起草人:林忠、胡博、陈峥、任中伟、冯建萍、李金华、杨旭、刘孅姗、陈智勇、景洪德、张海峰。

国际货运单证缮制质量要求

1 范围

本标准规定了与国际货运业务相关单证缮制的服务质量要求。

本标准适用于与国际货运业务相关的跟单信用证项下的单证缮制、审核和签发,亦可作为合同(在非信用证付款条件下)项下的单证缮制、审核和签发的依据,企业及相关机构也可以此进行单证管理。

2 规范性引用文件

下列文件对于本文件的应用是必不可少的。凡是注日期的引用文件,仅注日期的版本适用于本文件。凡是不注日期的引用文件,其最新版本(包括所有的修改单)适用于本文件。

GB/T 22151 国际货运代理作业规范

GB/T 22152 国际货运代理业务统计导则

GB/T 22153 国际货运代理通用交易条件

GB/T 22154 国际货运代理服务质量要求

GB/T 26319 国际货运代理单证标识符编码规则

GB/T 26321 国际货运代理业务数据元

GB/T 28530 国际货运代理系列单证-单证数据项

GB/T 28831 国际货运单证缮制规范

UCP600 跟单信用证统一惯例(Uniform Customs and Practice for Commercial Documentary Credits (UCP)-ICC Publication no. 600)(国际商会第600号出版物)

3 术语和定义

GB/T 22151、GB/T 22152、GB/T 22153、GB/T 26319、GB/T 26321、GB/T 28530界定的以及下列术语和定义适用于本文件。

3.1

单证缮制 document preparation

按一定的格式和要求对国际贸易结算业务中所应用的单证、证书和文件,包括信用证、汇票、发票、装箱单、提单、保单等进行制作处理。

3.2

申请人 applicant

要求开立信用证的一方。

3.3

受益人 beneficiary

接受信用证并享受其利益的一方。

3.4

相符交单 complying presentation

与信用证条款、《跟单信用证统一惯例》的相关适用条款以及国际标准银行实务一致的交单。

3.5

保兑行　confirming bank

根据开证行的授权或要求对信用证加具保兑的银行。

3.6

信用证　credit

一项约定,无论其如何命名或描述,该约定不可撤销并因此构成开证行对于相符交单予以兑付的确定承诺。

3.7

开证行　issuing bank

应申请人要求或者代表自己开出信用证的银行。

3.8

指定银行　nominated bank

信用证可在其处兑用的银行,如信用证可在任一银行兑用,则任何银行均为指定银行。

3.9

交单　presentation

向开证行或指定银行提交信用证项下单证的行为,或指按此方式提交的单证。

3.10

正本单证　original documents

表面上具有单证出具人正本签字、标志、图章或标签的单证为正本单证,除非单证本身表明其不是正本。

4　基本要求

4.1　准确

4.1.1　正确缮制、处理各类单证,保证单、证一致,单、单一致,单、货一致,单、同(合同)一致。

4.1.2　各种单证的出单日期应及时并符合要求。

4.1.3　全套单证的交单日期应及时并符合要求。

4.2　守信

4.2.1　依从国际惯例、诚实守信,维护社会公共商业道德。

4.2.2　不应伪造、变造、涂改、出租、出借、转让经主管部门备案的企业资质、从业人员资格证书。

4.2.3　不泄露客户资料,出卖客户利益。

4.2.4　不与客户或第三方串通,损害他人或国家利益。

4.3　权责分明

4.3.1　在所缮制的单证上,如需表明,应予以表明业务身份。

4.3.2　在所缮制的单证上,应明确所有涉及责任划分的重要信息,如提单上的装船日期应是真实准确的记载。

4.4　制单依据

4.4.1　应符合 GB/T 28831 的规定。

4.4.2　应符合 UCP600 的规定。

5 质量保证措施

5.1 实行单证缮制标准化、规范化和电子化管理，节省数据输入和处理时间，减少错误率。

5.2 实行单证审核和复核制度，逐条对照检查各项内容是否与规定相符，单证之间有无矛盾之处，所交单证种类和份数是否齐全无缺。

5.3 实行单证管理制度，实行专人负责，设立单证台帐，详细登记领、用、存、销及返还等信息，做到日清月结，定期清理，并与委托人进行核对。

5.4 实行单证归档制度，并符合 GB/T 22154 的要求。

5.5 实行从业人员资格管理和培训制度，指导、训练和提高从业人员熟悉业务流程和国际惯例等水平，降低制单差错率。

6 质量要求

6.1 一般原则

6.1.1 缩略语和符号

6.1.1.1 正确使用缩略语，如用“Ltd.”代替“Limited”，用“Int'l”代替“International”，用“Co.”代替“Company”，用“kgs”或“kos.”代替“kilos”，用“Ind”代替“Industry”，用“mfr”代替“manufacturer”，用“mt”代替“metric tons”。

6.1.1.2 不应用斜线(“/”)替代词语，除非在上下文中可明了其含义。

6.1.2 证明和声明

证明、声明或类似的书面凭据可作为单独的单证，也可包含在信用证要求的其他单证内。如声明或证明出现在另一份具有签字并注明日期的单证里，则该声明或证明应由出具和签署该单证的同一人作出，且该声明或证明无需另行签字或加注日期。

6.1.3 单证的修正和变更

6.1.3.1 除由受益人制作的单证外，对其他单证内容的修正和变更应经出单人或出单人的授权人证实。对经过合法化、签证、认证或类似手续的单证的修正和变更应使该单证合法化、签证、认证该单证的人证实。证实应表明该证实由谁做出，且应包括证实人的签字或小签。如果证实书并非由出单人所为，则该证实应表明证实人以何身份证实单证的修正和变更。

6.1.3.2 未经合法化、签证、认证或采取类似措施的由受益人自己出具的单证(汇票除外)的修正和变更无需证实。见 6.2“汇票和到期日的计算”。

6.1.3.3 同一份单证内使用多种字体、字号或手写，不属于修正或变更。

6.1.3.4 同一份单证包含不止一处修正或变更时，应对每一处修正做出单独证实，或以恰当的方式使一项证实与所有的修正相关联。

6.1.4 日期

6.1.4.1 即使信用证没有明确要求，汇票、运输单证和保险单证应注明日期。如信用证要求上述单证以外的单证注明日期，则该单证应援引了同时提交的其他单证的日期。证明或声明在作为单独单证时，应根据信用证所要求的证明或声明的种类、所要求的措辞以及证明或声明中的实际措辞，注明日期。其他单证应根据其内容和性质确定是否注明日期。

6.1.4.2 任何单证,包括分析证明、检验证明和装运前检验证明注明的日期,可晚于装运日期。但信用证若要求一份单证证明装运前发生的事件,则该单证应通过标题或内容来表明该事件发生在装运日之前或装运日当天。任何单证不应显示其在交单日之后出具。

6.1.4.3 载明单证准备日期和随后的签署日期的单证应视为在签署之日出具。

6.1.4.4 日期可用不同的格式表示,但应使用月份名称而不应使用数字。

6.1.5 非运输单证

6.1.5.1 与货物运输有关的一些常见单证,如交货单、货运代理收货凭证、货运代理装运证明、货运代理运输证明、货运代理承运货物收据和大副收据都不是运输合同的反映,不是 UCP600 第 19 条到第 25 条规定的运输单证。

6.1.5.2 在任何情况下,单证应在信用证有效期内提交。

6.1.5.3 运输单证的副本不应作为正本运输单证提交,除非信用证明确允许提交副本而不是正本单证。当提交副本(不可转让的)单证时,无需显示签字、日期等。

6.1.6 未定义的用语

不应使用 UCP600 中未作定义的用语,诸如"装运单据""过期单据可接受""第三方单据可接受"和"出口国"。如信用证使用了这些用语,则应通过信用证上下文确定其含义,否则这些用语将做如下理解:

a) 装运单证——指信用证要求的除汇票以外的所有单证(不限于运输单证)。
b) 过期单证可接受——指在装运日的 21 日历日后提交的单证是可以接受的,只要不迟于信用证规定的交单截止日。
c) 第三方单证可接受——指所有单证,不包括汇票,但包括发票,可由受益人之外的一方出具。
d) 出口国——指受益人住所地国、或货物原产地国、或承运人接收货物地所在国、或装运地或发货地所在国。

6.1.7 单证的出单人

如信用证要求单证由某具名个人或单位出具,则该单证应由该具名个人或单位出具。单证使用印有该具名个人或单位抬头的信笺,或如果未使用印有其抬头的信笺,只要系由该具名个人或单位、或其代理人,完成或签署,则即为由该某具名个人或单位出具。

6.1.8 语言

受益人出具的单证应使用信用证所使用的语言。

6.1.9 拼写错误及/或打印错误

如拼写及/或打印错误并不影响单词或其所在句子的含义,则不构成单证不符。

6.1.10 多页单证和附件或附文

6.1.10.1 除非信用证或单证另有规定,装订在一起、按序编号或内部交叉援引的多页单证,无论其名称或标题如何,应作为一份单证来审核。一份单证的页数超过一页时,应能确定这些不同页是同属于一份单证。

6.1.10.2 如一份多面的单证要求签字或背书,签字通常应在单证的第一页或最后一页的任何地方,除非信用证或单证自身规定了签字或背书的位置。

6.1.11 正本和副本

6.1.11.1 单证的多份正本可用"正本""第二份""第三份""第一份正本""第二份正本"等标明。

6.1.11.2 提交的正本单证的数量至少应为信用证或 UCP600 要求的数量。如果单证自身注明了应出具的正本单证数量时,则提交的正本单证数量应至少满足该单证注明的要求。

6.1.11.3 从信用证的措辞难以判断信用证是要求提交正本单证还是副本单证时:

例如,当信用证要求:

"发票""一份发票"或"发票一份",则应理解为要求一份正本发票。

"发票四份",则应理解至少提交一份正本发票,其余用副本发票。

"发票的一份",则应理解提交一份副本发票或一份正本发票。

6.1.11.4 当信用证要求一份运输单证副本并且表明正本运输单证的处理指示时,正本运输单证不可接受。

6.1.11.5 副本单证不需要签字。

6.1.12 运输标志

6.1.12.1 如信用证对运输标志的细节作了规定,则载有运输标志的单证上应显示这些细节,额外的信息不应与信用证的条款相矛盾。

6.1.12.2 单证中的运输标志所包含的信息超出其通常意义上所包含时,如货物种类、易碎货物的警告、货物净重及/或毛重等,只要一些单证里显示了此类额外内容而其他单证可不显示。

6.1.12.3 在集装箱运输货物的运输单证的"运输标志"栏中可仅显示集装箱号,其他单证则可显示详细的运输标志标记。

6.1.13 签字

6.1.13.1 无论信用证是否有要求,汇票、证明和声明都应有签字。运输单证和保险单证应根据 UCP600 的规定予以签署。

6.1.13.2 除非单证上有如"单证无效除非签字"或类似规定外,单证上专供签字的方框或空格并不一定应有签字。

6.1.13.3 签字并非一定手写。摹本签字、打孔签字、印章、符号(例如戳记)或用来表明身份的任何电子或机械证实的方法均可。但有签字的单证的复印件不视为签署过的正本单证,通过传真发送的有签字的单证如不另外加具原始签字,也不视为签署过的正本。单证如要求"签字并盖章"或类似措辞,则单证上只要载有签字及签字人的名称,无论该名称是打印、手写或盖章均可。

6.1.13.4 除非另有规定,在带有公司抬头的信笺上的签字将视为是该公司的签字,无需要在签字旁重复公司名称。

6.1.14 单证的名称和联合单证

6.1.14.1 单证上可使用信用证规定的名称或相似名称,或不使用名称。单证内容应满足所要求单证的功能。

6.1.14.2 信用证上列明的单证应作为单独单证提交。如信用证要求提交装箱单和重量单,可提交两份独立的装箱单和重量单或提交两份正本装箱单和重量联合单据,只要该联合单证同时表明装箱和重量细节,即视为符合信用证要求。

6.2　**汇票和到期日的计算**

6.2.1　**票期**

6.2.1.1　票期应与信用证条款一致。

6.2.1.2　如汇票不是见票即付或见票后定期付款，则应能从汇票自身内容确定到期日。

6.2.1.3　通过汇票内容确定汇票到期日，参见附录B。

6.2.2　**到期日**

6.2.2.1　如汇票使用实际日期表示到期日，则该日期应按信用证的要求计算。

6.2.2.2　如汇票是“见票×××日后”付款，则到期日应按如下方法确定：

a)　对于相符的单证，或虽不相符但付款银行没有拒付的单证，到期日应为付款银行收到单证后的第×××日。

b)　对于不相符且付款银行拒付过但随后又同意接受的单证，汇票到期日最晚为付款银行承兑汇票日后的第×××日。汇票承兑日应不得晚于同意接受单证的日期。

6.2.2.3　上述票期和到期日的计算也适用于延期付款信用证，即也适用于不要求受益人提交汇票的情况。

6.2.3　**银行工作日、宽限期、付款的迟延**

款项应于到期日在汇票或单证的付款地以立即能被使用的款项支付，只要到期日是付款地的银行工作日。如果到期日不是银行工作日，则应在到期日后的第一个银行工作日进行付款。付款的迟延，例如宽限期、汇票需要的时间等不得附加于汇票或单证所规定或约定的到期日之外。

6.2.4　**背书**

如必要，汇票应背书。

6.2.5　**金额**

6.2.5.1　如同时有大小写金额，则大写应准确反映小写表示的金额，两者均应表明币别及信用证规定的情况。

6.2.5.2　金额应与发票一致，除非被指定银行、保兑行（如有）或开证行可以接受金额超过信用证所允许金额的商业发票。

6.3　**发票**

6.3.1　**发票的定义**

如信用证要求“发票”而未做进一步定义，除“临时发票”、“预开发票”或类似的发票外，均可提交任何形式的发票（如商业发票、海关发票、税务发票、最终发票、领事发票等）。但当信用证要求提交商业发票时，标为“发票”的单证是可接受的。

6.3.2　**货物、服务或履约行为的描述和与发票相关的其他一般事项**

6.3.2.1　发票中的货物、服务或履约行为的描述应与信用证规定的一致，但并不要求完全一致。

6.3.2.2　发票中的货物、服务或履约行为的描述应反映实际装运或提供的货物、服务或履约行为。

6.3.2.3　发票应表明装运货物或提供的服务或履约行为的价值。发票中显示的单价（如有）和币种应与信用证中的一致。发票上应显示信用证要求的折扣或扣减，还可显示信用证未规定的与付款或折扣等有关的扣减额。

6.3.2.4 如贸易术语是信用证中货物描述的一部分，或与货物金额联系在一起表示，则发票应显示信用证指明的贸易术语；如货物描述提供了贸易术语的来源，则发票还应表明相同的来源。费用和成本应包括在信用证和发票中标明的贸易术语所显示的金额内，不允许任何超出该金额的费用或成本。

6.3.2.5 除非信用证要求，发票无需签字或标注日期。

6.3.2.6 发票上显示的货物数量、重量和尺寸不得与其他单证显示的同种数值相矛盾。

6.3.2.7 发票上不得表明：

a) 溢装（信用证不以包装单位件数或货物自身件数的方式规定货物数量时除外）；或，

b) 信用证未要求的货物（包括样品、广告材料等），即使注明免费。

6.3.2.8 信用证要求的货物数量可有5%的溢短装幅度。但如果信用证规定货物数量不得超额或减少，或信用证规定的货物数量是以包装单位或个数计算时，不适用此条。货物数量在5%幅度内的溢装并不意味着允许支取的金额超过信用证金额。

6.3.2.9 即使信用证禁止分批装运，只要货物全部装运，且单价（如信用证有规定的话）没有减少，则允许发票金额有5%的减幅。如信用证未规定货物数量，发票的货物数量即可视为全部货物数量。

6.3.2.10 如果信用证要求分期装运，则每批装运应与分期装运计划一致。

6.4 涵盖至少两种不同运输方式的运输单证

6.4.1 适用范围

6.4.1.1 如信用证要求提交涵盖至少两种运输方式的运输单证（多式联运单据或联合运输单据），并且运输单证明确表明其涵盖自信用证规定的货物接管地或港口、机场或装货地至最终目的地的运输，则适用 UCP600 第 19 条的规定。

6.4.1.2 多式联运单据还包括联合运输单据。单据并非一定使用“多式联运单据”或“联合运输单据”名称才是 UCP600 第 19 条下可接受的单据，即使信用证使用了此类表述。

6.4.2 全套正本

适用于6.4.1的运输单证应注明所出具的正本的份数。注明“第一正本”“第二正本”“第三正本”“正本”“第二份”“第三份”等类似用语的运输单证均是正本。信用证项下多式联运单据不必非要注明“正本”字样。

6.4.3 多式联运单据的签署

6.4.3.1 多式联运单据应按 UCP600 第 19 条(a)款(i)项规定的方式签字，且承运人的名称应出现在运输单证表面，并表明承运人的身份。

a) 如多式联运单据由代理人代表承运人签署，则应表明其代理人身份，并且应表明被代理人名称，除非多式联运单据的其他地方已表明承运人的名称。

b) 如船长签署多式联运单据，则船长的签字应表明“船长”身份。在这种情况下，无需注明船长的姓名。

c) 如由代理人代表船长签署多式联运单据，则应表明其代理人身份。在这种情况下，无需注明船长的姓名。

6.4.3.2 如信用证规定“货运代理多式联运单据可接受”或使用了类似用语，则多式联运单据可由货运代理人以其身份签署，而无需表明其为承运人或其代理人。此类单据无需显示承运人名称。

6.4.4 已装运批注

6.4.4.1 多式联运单据的出具日期应视为发运、接管或装船的日期，除非单据上另有单独的注明日期的批注，表明货物已在信用证规定的地点发运、接管或装船，在此情况下，该批注日期即被视为装运日期，而不论该日期是早于或迟于单据的出具日期。

6.4.4.2　“已装运表面状况良好”、“已载于运输工具”、“清洁已装运输工具”或其他包含“已装运”或“已装在运输工具上”之类用语的措辞与“已装运于运输工具”具有同样效力。

6.4.5　接管地、发运地、装货地和目的地

如信用证给出了接管地、发运地、装货地和目的地的地理区域，则多式联运单据应注明实际的接管地、发运地、装货地和目的地，且该地点应在规定的地理区域或范围内。

6.4.6　收货人、指示方、托运人、到货被通知人和背书

6.4.6.1　如信用证要求多式联运单据抬头以某具名人为收货人，则多式联运单据不得在该具名人的名称前出现“凭指示”或“凭×××指示”的字样，不论该字样是打印上的还是预先印就的。同样，如信用证要求多式联运单据抬头为“凭指示”或“凭某具名人指示”，则多式联运单据不得做成以该具名人为收货人的记名形式。

6.4.6.2　如多式联运单据做成“凭指示”或“凭托运人指示”抬头，则该单据应经托运人背书。代理人可为或代表托运人做出背书。

6.4.6.3　如果信用证未规定到货被通知人，则多式联运单据上的相关栏位可留空白，或以任何方式填写。

6.4.7　转运和分批装运

6.4.7.1　如信用证禁止分批装运，而提交的正本多式联运单据不止一套，覆盖在一个或一个以上地点（信用证特别允许的地点或在给定的地理区域内）的装运、发运或接管，则此类单据所覆盖的货物运输应系由同一运输工具完成，经同一航程，前往同一目的地。如提交了一套以上的单据，而单据表明不同的装运、发运或接管日期，则以这此日期中的最迟者计算交单期，且该日期应为信用证规定的最迟装运、发运或接管的日期或之前。

6.4.7.2　由一个以上运输工具（一辆以上的卡车、一艘以上的轮船、一架以上的飞机等）进行的运输即为分批装运，即使这些运输工具同日出发并驶向同一目的地。

6.4.8　清洁多式联运单据

6.4.8.1　不可接受载有明确声明货物或包装状况有缺陷的条款或批注的多式联运单据。未明确声明货物或包装状况有缺陷的条款或批注，不构成不符点，如“包装状况有可能无法满足航程”。不可接受说明包装“是无法满足航程”的条款。

6.4.8.2　如多式联运单据上出现“清洁”字样，但又被删除，并不视为有不清洁批注或不清洁，除非单据载有明确声明货物或包装有缺陷的条款或批注。

6.4.9　货物描述

多式联运单据上的货物描述可使用与信用证规定不矛盾的货物统称。

6.4.10　修正和变更

6.4.10.1　多式联运单据上的修正与变更应经承运人、船长、或其代理人所证实。该代理人可与出具或签署单据的代理人不同，只要表明其作为承运人或船长的代理人身份。

6.4.10.2　对于正本多式联运单据可能已做的任何修正或变更，其副本无需任何签字或证实。

6.4.11 运费和额外费用

6.4.11.1 如信用证要求多式联运单据注明运费已付或到目的地支付，则多式联运单据应有相应标注。
6.4.11.2 申请人和开证行应明确要求单据是注明运费预付或是到付。
6.4.11.3 如信用证规定运费之外的额外费用不可接受，则多式联运单据不得表示运费之外的其他费用已产生或将要产生。可通过明确提及额外费用或使用与货物装卸费有关的装运术语表达此类表示。运输单据上提到由于延迟卸货或货物卸载之后的延迟可能产生费用，不应属于此处所提及的额外费用。

6.4.12 货物涉及一套以上提单

如多式联运单据说明某一集装箱内的货物由该运输单据和另外一套或数套多式联运单据一起代表，并声明所有多式联运单据均应提交，或有类似表述，则表示着与该集装箱有关的所有多式联运单据应一并提交后才能交付该集装箱的货物。不可接受此种多式联运单据，除非同一信用证项下的所有这类多式联运单据在同一次交单时一并提交。

6.5 提单

6.5.1 适用范围

6.5.1.1 如信用证要求提交海洋运输单证(海洋、海运、港至港或其他表示)，则适用 UCP600 第 20 条。
6.5.1.2 只要运输单证是港至港运输单证，不一定要使用"海运提单"、"海洋提单"或"港至港提单"等措辞。

6.5.2 全套正本

适用于 6.5.1 的运输单证应注明所出具的正本的份数。注明"第一正本""第二正本""第三正本""正本""第二份""第三份"等类似表述的运输单证均是正本。提单不一定非要注明"正本"字样才被接受为正本。

6.5.3 提单的签署

6.5.3.1 正本提单应以 UCP600 第 20 条(a)款(i)项规定的方式进行签字，并表明承运人的名称及其承运人身份。

a) 如提单由代理人代表承运人签署，则应表明其代理人身份，而且应表明所代理的承运人，除非提单上的其他地方已经表明了承运人。
b) 如船长签署提单，则船长的签字应表明"船长"身份。在此情况下，无需标明船长的姓名。
c) 如由代理人代表船长签署提单，则应表明其代理人身份，在此情况下，无需标明船长的姓名。

6.5.3.2 信用证规定"货运代理提单可以接受"或使用了类似用语，则提单可由货运代理人以其身份签署，而无需表明其为承运人或具名承运人的代理人。此类提单无需显示承运人的名称。

6.5.4 装船批注

6.5.4.1 如提交的是预先印就"已装运于船"的提单，提单的出具日期即视为装运日，除非提单带有单独加注日期的装船批注，此时该装船批注的日期即视为装运日，而不论该批注日期是在提单签发日期之前还是之后。
6.5.4.2 "已装运表面状况良好""已载于船""清洁已装船"或其他包含"已装运"或"已装在船上"之类用语的措辞与"已装运于船"具有同样效力。

6.5.5 装货港和卸货港

6.5.5.1 信用证要求的指名装货港名称应在提单的装货港栏中表明。

6.5.5.2 信用证要求的指名卸货港名称应在提单的卸货港栏中表明。

6.5.5.3 如果信用证规定了装货港或卸货港的地理区或范围，则提单应表明实际的装货港或卸货港，而且该港口应位于信用证规定的地理区域或范围之内。

6.5.6 收货人、指示方、托运人、到货被通知人和背书

6.5.6.1 如信用证要求提单抬头以某具名人为收货人，而不是“凭指示”或“凭×××银行的指示”等，则提单不得在具名人的名称前出现“凭指示”或“凭×××指示”的字样，不论该字样是打印还是预先印就的。同样，如信用证要求提单抬头为“凭指示”或“凭某具名人指示”，提单就不应做成以该具名人为收货人的记名形式。

6.5.6.2 如提单抬头做成“凭指示”或“凭托运人指示”，则该提单应经托运人背书。代理人可为或代表托运人作出背书。

6.5.6.3 如信用证未规定到货被通知人，则提单中的相关栏位中可留空白，或以任何方式填写。

6.5.7 转运和分批装运

6.5.7.1 如卸货和再装船不是发生在信用证规定的装货港和卸货港之间，则不视为转运。

6.5.7.2 如信用证禁止分批装运，而提交的正本提单不止一套，装运港为一个或一个以上的港口(信用证特别允许或在信用证规定的特定地理范围内)，则此种单证所表明运输的货物应是用同一艘船并经同一航程，目的地为同一卸货港。如提交了一套以上的提单，而提单表明不同的装运日期，则最迟的装运日期用来计算交单期限，且该日期应在信用证规定的最迟装运日或之前。货装多艘船即构成分批装运，即使这些船在同日出发并驶向同一目的地。

6.5.8 清洁提单

6.5.8.1 不可接受载有明确声明货物及/或包装状况有缺陷的条款或批注的提单，未明确声明货物及/或包装状况有缺陷的条款或批注，不构成不符点，如“包装状况可能无法满足海运航程”。不可接受说明包装“是无法满足海运航程”的条款。

6.5.8.2 如提单上出现“清洁”字样，但又被删除，并不视为有不清洁批注或不清洁，除非提单载有明确声明货物或包装有缺陷的条款或批注。

6.5.9 货物描述

提单上的货物描述可使用与信用证规定不矛盾的货物统称。

6.5.10 修正和变更

6.5.10.1 提单上的修正和变更应经承运人、船长、或其代理人所证实。该代理人可与出具或签署单据的代理人不同，只要表明其作为承运人或船长的代理人身份。

6.5.10.2 对于正本提单上可能已做的任何修正或变更，其不可转让的副本无需任何签字或证实。

6.5.11 运费和额外费用

6.5.11.1 如信用证要求提单注明运费已付或到目的地支付，则提单应有相应标注。

6.5.11.2 申请人和开证行应明确要求单证是注明运费预付或是到付。

6.5.11.3 如信用证规定运费之外的额外费用不可接受，则提单不应显示运费之外的其他费用已产生

或将要产生。可通过明确提及额外费用或使用与货物装卸费有关的装运术语表达此类表示。运输单证上提到由于延迟卸货或货物卸载之后的延迟可能产生费用,不应属于此处所指的额外费用。

6.5.12 货物涉及一套以上提单

如一份提单说明某一集装箱内的货物由该提单和另外一套或多套提单一起代表,且该提单声明所有提单均应提交,或有类似表述,则表示着与该集装箱有关的所有提单应一并提交后才能交付该集装箱。不可接受此类提单,除非同一信用证项下的所有这类提单在同一次交单时一并提交。

6.6 租船合约提单

6.6.1 适用范围

6.6.1.1 如信用证允许提交租船合约提单或允许提交租船合同且租船合约提单被提交,则适用UCP600 第 22 条。

6.6.1.2 一份以任何形式表明受租船合约约束的租船合约提单即为 UCP600 第 22 条所指的租船合约提单。

6.6.2 全套正本

适用 6.6.1 的运输单证应注明所出具的正本份数。注明“第一正本”“第二正本”“第三正本”“正本”“第二份”“第三份”等类似用语的运输单证均为正本。信用证项下,租船合约提单无需非要注明“正本”字样才被接受为正本。

6.6.3 租船合约提单的签署

正本租船合约提单应以 UCP600 第 20 条(a)款(i)项规定的方式进行签字。

a) 如租船合约提单由船长、租船方或船东签署,则船长、租船方或船东的签字应表明其身份。
b) 如由代理人代表船长、租船方或船东签署,则应表明其代理人身份,在这种情况下,船长的姓名无需要显示,但应显示租船方或船东的名称。

6.6.4 装船批注

6.6.4.1 如提交的是预先印就“已装运于船”字样的租船合约提单,提单的出具日期即视为装运日期,除非提单上另有单独装船批注,此时装船批注日期即视为装运日期,而不论该日期是在提单签发日期之前还是之后。

6.6.4.2 “已装运表面状况良好”“已载于船”“清洁已装船”或其他包含“已装运”或“已装在船上”之类用语的措辞与“已装运于船”具有同样效力。

6.6.5 装货港和卸货港

如信用证规定了装货港及/或卸货港的地理区域或范围,租船合约提单应注明实际的装货港且该装货港应位于规定的地理区域或范围内,但可用地理区域或范围表示卸货港。

6.6.6 收货人、指示方、托运人、到货被通知人和背书

6.6.6.1 如信用证要求租船合约提单抬头以某具名人为收货人,则租船合约提单不应在该具名人的名称前出现“凭指示”或“凭×××指示”的字样,不论该字样是打印上的还是预先印就的。同样,如信用证要求租船合约提单抬头为“凭指示”或“凭某具名人指示”,则该提单不得做成以该具名人为收货人的记名形式。

6.6.6.2 如租船合约提单抬头做成“凭指示”或“凭托运人指示”，则该单证应经托运人背书。代理人可为或代表托运人作出背书。

6.6.6.3 如果信用证未规定到货被通知人，则租船合约提单上的相关栏中可留空白，或以任何方式填写。

6.6.7 分批装运

如信用证禁止分批装运，而提交的正本租船合约提单不止一套，且装运港为一个或一个以上港口(信用证特别允许或在信用证规定的特定地理区域内)，则此种单证所表明运输的货物应是用同一艘船并经同一航程，目的地为同一卸货港、同一港口范围或地理区域。如提交了一套以上的租船合约提单，而提单表明不同的装运日期，则最迟的装运日期用来计算交单期限，且该日期应在信用证规定的最迟装运日或之前。货装多艘船即构成分批装运，即使这些船在同日出发并驶向同一目的地。

6.6.8 清洁租船合约提单

6.6.8.1 不可接受载有明确声明货物及/或包装状况有缺陷的条款或批注的租船合约提单。未明确声明货物及/或包装状况有缺陷的条款或批注，不构成不符点，如“包装状况有可能无法满足海运航程”。不可接受说明包装“是无法满足海运航程”的条款。

6.6.8.2 如租船合约提单上出现“清洁”字样，但又被删除，并不视为有不清洁批注或不清洁，除非单证上载有明确声明货物或包装有缺陷的条款或批注。

6.6.9 货物描述

租船合约提单上的货物描述可使用与信用证规定不矛盾的货物统称。

6.6.10 修正和变更

6.6.10.1 租船合约提单上修正和变更应船东、租船方、船长，或其代理人证实。该代理人可与出具或签署提单的代理人不同，只要表明其作为船东、租船方或船长的代理人身份。

6.6.10.2 对于正本租船合约提单上可能已做任何修正或变更，其不可转让的副本无需任何签字或证实。

6.6.11 运费和额外费用

6.6.11.1 如信用证要求租船合约提单注明运费已付或到目的地支付，则租船合约提单应有相应标注。

6.6.11.2 申请人和开证行应明确要求单证是注明运费预付还是到付。

6.6.11.3 如信用证规定运费之外的额外费用不可接受，则租船合约提单不得表示运费之外的其他费用已产生或将要产生。可通过明确提及额外费用或使用与货物装卸费有关的装运术语表达此类表示。运输单证上提到由于延迟卸货或货物卸载之后的延迟可能产生费用，不属于此处所提及的额外费用。

6.7 空运单证

6.7.1 适用范围

6.7.1.1 如信用证要求提交机场到机场运输单证，则适用UCP600第23条。

6.7.1.2 如信用证要求提交“航空运单”或“航空托运单”等类似单证，则适用UCP600第23条，只要空运单证覆盖了机场到机场的运输，不一定非要使用上述或类似用语。

6.7.2 正本空运单证

空运单证应系“发货人或托运人的正本”。如要求提交全套正本单证，只要提交一份表明是发货人或托运人正本的单证即可。

6.7.3 空运单证的签署

6.7.3.1 正本空运单证应以 UCP600 第 23 条(a)款(i)项规定的方式签署,且承运人的名称应出现在空运单证上,并表明承运人身份。如由代理人代表承运人签署空运单证,则应表明其代理人身份,且应注明被代理的承运人,除非空运单证上其他地方注明了承运人。

6.7.3.2 如信用证规定“航空分运单可接受”或“货运代理航空运单可接受”或类似用语,则空运单证可由货运代理人以货运代理身份签署,而无需表明其为承运人或具名承运人的代理,无需表明承运人名称。

6.7.4 货物收妥待运、装运日期与对实际发运日期的要求

6.7.4.1 空运单证应表明货物已收妥待运。

6.7.4.2 空运单证的签发日期即视为发运日期,除非单证上显示了单独的发运日期,在此种情况下,标记的日期将作为发运日期。空运单证上的其他与航班号、日期相关的信息不用于确定发运日期。

6.7.5 出发地机场和目的地机场

6.7.5.1 空运单证应标明信用证要求的出发地机场和目的地机场。用 IATA 代码而非机场全称表明机场名称不构成不符点。

6.7.5.2 如信用证规定了出发地机场及/或目的地机场的地理区域或范围,则空运单应注明实际的出发地机场及/或目的地机场,且该机场应位于规定的地理区域或范围内。

6.7.6 收货人、指示方和到货被通知人

6.7.6.1 空运单证不是物权凭证,不应做成“凭指示”或“凭某具名人指示”抬头。即使信用证要求空运单证抬头做成“凭指示”或“凭某具名人指示”,提交的单证如表明收货人为该具名人,尽管没有“凭指示”或“凭某具名人指示”字样,也可接受。

6.7.6.2 如果信用证未规定到货被通知人,则空运单上的相关栏中可留空白,或以任何方式填写。

6.7.7 转运和分批装运

6.7.7.1 如卸货和再装不是发生在信用证规定的出发地机场到目的地机场之间,则不视为转运。

6.7.7.2 如信用证禁止分批装运,而提交的空运单证不止一份,覆盖从一个或一个以上出发地机场(经信用证特别允许或在信用证规定的范围内)的运输,则此种单证所表明运输的货物应是用同一架飞机,并经同一航程,目的地为同一机场。如提交了一份以上的空运单证表明不同的装运日期,则最迟的装运日期用于计算交单期限,且该日期应在信用证规定的最迟装运日之前或当日。

6.7.7.3 货装多架飞机即构成分批装运,即使这些飞机在同日出发并飞往同一目的地。

6.7.8 清洁空运单证

6.7.8.1 不可接受载有明确声明货物或包装状况有缺陷的条款或批注的空运单证。未明确声明货物或包装状况有缺陷的条款或批注,不构成不符点,如“包装状况可能无法满足空运航程”。不可接受说明包装“是无法满足空运航程”的条款。

6.7.8.2 如空运单证上出现“清洁”字样,但又被删除,并不视为有不清洁批注或不清洁,除非单证上载有明确声明货物或包装有缺陷的条款或批注。

6.7.9 货物描述

空运单证上的货物描述可使用与信用证规定不矛盾的货物统称。

6.7.10 修正和变更

6.7.10.1 空运单证上的修正和变更应经承运人或其代理人证实。该代理人可以与出具或签署空运单证的代理人不同，只要表明其作为承运人的代理人身份。

6.7.10.2 空运单证的副本无需承运人或代理人的签字（或托运人的签字，即使信用证要求正本空运单证上有其签字），也不要求对正本单证上可能已作出的任何修正或变更进行任何证实。

6.7.11 运费和额外费用

6.7.11.1 如信用证要求空运单证注明运费已付或到目的地支付，则空运单证应有相应标注。

6.7.11.2 申请人和开证行应明确要求单证是注明运费预付或是到付。

6.7.11.3 如果信用证规定运费之外的额外费用不可接受，则空运单证不得表示运费之外的其他费用已产生或将要产生。可通过明确提及额外费用或使用与货物装卸费有关的装运术语表达此类表示。运输单证上提到由于延迟卸货或货物卸载之后的延迟可能产生费用，不属于此处所提及的额外费用。

6.7.11.4 空运单证常有单独的栏位，以印就的标题分别标明“预付”运费和“到付”运费。如信用证要求空运单证表明运费已预付，则应在标明“预付”运费或类似用语的栏内填具运输费用。如信用证要求空运单证表明运费到付，则应在标明“待收运费”或类似用语的栏内填具运输费用。

6.8 公路、铁路或内河运输单证

6.8.1 适用范围

如果信用证要求提交覆盖公路、铁路或内河运输的运输单证，则适用 UCP600 第 24 条。

6.8.2 公路、铁路或内河运输单证的正本和第二联

如信用证要求公路、铁路或内河运输单证，则不论提交的运输单证是否注明正本单证，均视为正本单证。公路运输单证应视为签发给托运人或发货人收执的正本联，或对签发对象不做任何标注。对铁路运单而言，向托运人或发货人提供加盖铁路企业印章的第二联（常常是拓印联）将作为正本。

6.8.3 公路、铁路或内河运输单证的承运人与签署

6.8.3.1 如运输单证上已以其他方式表明承运人的承运人身份，“承运人”一词无需出现在签字处，只要运输单证是由承运人或其代理人签署。带有铁路发运站日期章的铁路运输单证，无需注明承运人名称或者为或代表承运人签字的具名代理人的名称。

6.8.3.2 6.8.1 中所使用的“承运人”一词包括运输单证中的“签单承运人”、“实际承运人”、“续运承运人”及“契约承运人”等用语。

6.8.3.3 运输单证上的任何签字、盖章、收妥表示应系由下列人员之一作出：

a） 承运人，并表明其承运人身份，或；

b） 代表承运人行事或签署的具名代理人，并注明代理人所代表的承运人的名称和身份。

6.8.4 指示方、到货被通知人和背书

6.8.4.1 不是物权凭证的运输单证的抬头不应做成“凭指示”或“凭某具名人指示”。即使信用证要求将不是物权凭证的运输单证做成“凭指示”或“凭某具名人指示”抬头，如提交的单证表明收货人为该具名人，则即使该单证没有做成“凭指示”或“凭某具名人指示”抬头，也可接受。

6.8.4.2 如信用证未规定到货被通知人，则运输单证上的相关栏中可留空白，或以任何方式填写。

6.8.5 分批装运

由一个以上运输工具(一辆以上的卡车、一列以上的火车、一艘以上的轮船等)进行的运输即为分批装运,即使这些运输工具同日出发并驶向同一目的地。

6.8.6 货物描述

运输单证中的货物描述可使用与信用证规定不矛盾的货物统称。

6.8.7 修正和变更

6.8.7.1 6.8.1 所规定的运输单证的修正和变更应经承运人或其具名代理人证实。该代理人可以与出具或签署单证的代理人不同,只要表明其作为承运人的代理人身份。

6.8.7.2 对 6.8.1 所规定的运输单证正本上可能已作出的任何修正或变更,其副本不需要进行任何签字或证实。

6.8.8 运费和额外费用

6.8.8.1 如信用证要求 6.8.1 所规定的运输单证注明运费已付或到目的地支付,则运输单证上应有相应标注。

6.8.8.2 申请人和开证行应明确要求单证是注明运费预付或是到付。

6.9 保险单证

6.9.1 适用范围

如信用证要求提交诸如保险单或预约保险项下的保险证明书或声明书之类的保险单证,则适用 UCP600 第 28 条。

6.9.2 保险单证的出单人

6.9.2.1 保险单证应由保险公司或承保人或其代理人或代表出具并签署。如保险单证上有要求或信用证条款要求,所有正本应已被副签。

6.9.2.2 如保险单证在保险经纪人的信笺上出具,只要该保险单证是由保险公司或其代理人或代表,或由承保人或其代理人或代表签署,可接受该保险单证。保险经纪人可作为具名保险公司或具名承保人的代理人身份进行签署。

6.9.3 承保风险

6.9.3.1 保险单证应投保信用证规定的风险。即使信用证明确列明应投保的风险,则保险单证中可援引除外责任条款。如信用证要求"一切险",提交载有带有"一切险"条款或批注的保险单证即满足要求,即使该单证声明不包括某些风险。

6.9.3.2 同一运输的同一险种的保险应由同一保险单证表示,除非每一份涵盖部分保险的保险单证以百分比或其他方式明确反映每一保险人负责的保险金额,并且每一保险人将各自分别承担自己的责任份额,不受其他保险人可能已承保的该次运输的保险责任的影响。

6.9.4 日期

载有截止日的保险单证应明确该截止日是指货物装船、发运或接管(如适用的话)的最迟日期,而不是保险单证项下提出索赔的期限。

6.9.5 比例和金额

6.9.5.1 保险单证应按信用证使用的币种，并至少按信用证要求的金额出具。

6.9.5.2 如信用证要求保险金额不计免赔率，则保险单证不得含有表明保险责任受免赔率或免赔额约束的条款。

6.9.5.3 如从信用证或单证中可得知最后的发票金额仅是货物总价值的一部分，应以货物的总价值为基础计算保险金额。

6.9.6 被保险人和背书

6.9.6.1 保险单证应按信用证要求的形式出具，并且在需要时经有权索偿人背书。如信用证要求空白背书式的保险单证，则保险单证也可开立成来人式，反之亦然。

6.9.6.2 如信用证对被保险人未做规定，则标明赔偿将付给托运人或受益人指定的人的保险单证不可接受，除非经过背书。保险单证应开立成或背书成使保险单证项下的索赔权利在放单之时或之前得以转让。

6.10 原产地证明

6.10.1 基本要求

如信用证要求原产地证明，则提交经过签署，注明日期的证明货物原产地的单证即满足要求。

6.10.2 原产地证明的出具人

原产地证明应由信用证规定的人出具。但如果信用证要求原产地证明由受益人、出口商或厂商出具，则由商会出具的单证是可接受的，只要该单证根据不同情况相应地注明受益人、出口商或厂商。如信用证没有规定由谁来出具原产地证明，则可由任何人包括受益人出具。

6.10.3 原产地证明的内容

6.10.3.1 原产地证明应与发票所指货物相关联。原产地证明中的货物描述可使用与信用证规定不相矛盾的货物统称，或通过其他援引表明其与要求的单证中的货物相关联。

6.10.3.2 收货人的信息，如显示，则不得与运输单证中的收货人信息相矛盾。但如果信用证要求运输单证抬头作成“凭指示”、“凭托运人指示”、“凭开证行指示”或“货发开证行”，则原产地证明可显示信用证的申请人或信用证中具名的另外一人作为收货人。如信用证已经转让，以第一受益人作为收货人也可接受。

6.10.3.3 原产地证明可显示信用证受益人或运输单证上的托运人之外的另外一人为发货人或出口方。

附 录 A
（资料性附录）
用来表示在某日期或事件之前或之后时间的用语

在……后的2日内(within 2 days after)：表明从事件发生之日起至事件发生后两日的这一段时间。

不迟于在……后的2日(not later than 2 days after)：表明不是一段时间，而是最迟日期。

至少早于……的前2日(at least 2 days before)：表明一件事情的发生不得晚于某一事件的前两日。该事件最早何时可发生则没有限制。

在……的2日内(within 2 days of)：表明在某一事件发生之前的两日至发生之后的两日之间的一段时间。

在……之内(within)：与日期连在一起使用时，在计算期限时该日期不包括在内。

附　录　B
（资料性附录）
汇票到期日确定的示例

如信用证要求汇票的票期为提单日后60天，而提单日为2007年7月12日，则汇票期限可用下列任一方式表明：

- 提单日2007年7月12日后60日(60 days after bill of lading date 12 July 2007)；或，
- 2007年7月12日后60日(60 days after 12 July 2007)或，
- 提单日后60日(60 days after bill of lading date)，并且汇票表面的其他地方表明“提单日2007年7月12日”(bill of lading date 12 July 2007)；或，
- 在出票日期与提单日期相同的汇票上标注“出票日后60日”(60 days date)；或，
- 2007年09月10日(10 September 2007)，也就是提单日后的60日。

如用提单日后×××天表示票期，则装船日期应视为提单日，即使装船日早于或晚于提单签发日。

对使用“从……起”(from)和“在……之后”(after)来确定汇票到期日的，可参考UCP600第3条。到期日的计算从单证日期、装运日期或其他事件的次日起起算，如从“3月1日起10日”或“3月1日后10日”均为3月11日。

如果信用证下提交的一套提单显示不止一个装船批注，而且需要出具汇票，例如于提单日后60日或从提单日起60日付款，而提交的提单上有多个已装船批注，且所有已装船批注均显示货物是从信用证允许的地理区域或地区装运，则将使用最早的装船批注日期计算汇票到期日。例如信用证要求从欧洲港口装运，提单显示货物于8月16日在都柏林装上A船，于8月18日在鹿特丹装上B船，则汇票到期日应为在欧洲港口的最早装船日，也就是8月16日起的60天。

如信用证要求汇票开立成提单日后60日或从提单日起60日付款，而一张汇票项下提交了不止一套提单，则最晚的提单日期将被用来计算汇票的到期日。

上述例子中提及的尽管是提单日，但相同原则适用于所有运输单证。

附　录　C
（资料性附录）
英汉名词或术语对照表

（按在标准正文中出现的先后顺序排列）

有限	Limited
国际	International
公司	Company
千克	Kilos
产业、行业、工业	Industry
制造商	Manufacturer
公吨	Metric tons
装运单据	Shipping documents
过期单据可接受	Stale documents acceptable
第三方单据可接受	Third party documents acceptable
出口国	Exporting country
正本	Original
第二份	Duplicate
第三份	Triplicate
第一份正本	First original
第二份正本	Second original
发票	Invoice
一份发票	One Invoice
发票一份	Invoice in 1 copy
发票四份	Invoice in 4 copies
发票的一份	One copy of Invoice
运输标志	Shipping marks
单证无效除非签字	This document is not valid unless signed
签字并盖章	Signed and stamped
见票×××日后	At ××× days sight
临时发票	Provisional
预开发票	Pro-forma
多式联运单据	Multimodal transport document
联合运输单据	Combined transport document
第三份正本	Third original
船长	Master/Captain
货运代理多式联运单据可接受	Freight Forwarder's multimodal transport document is acceptable
已装运表面状况良好	Shipped in apparent good order
已载于运输工具	Laden on board
清洁已装运输工具	Clean on board
已装运	Shipped

已装在运输工具上	On board
已装运于运输工具	Shipped on board
凭指示	To order
凭×××指示	To order of
凭某具名人指示	To order of
凭托运人指示	To the order of shipper
包装状况可能无法满足航程	Packaging may not be sufficient for the journey
是无法满足航程	Is not sufficient for the journey
清洁	Clean
海运提单	Marine Bill of Lading
海洋提单	Ocean Bill of Lading
港至港提单	Port to port bill of lading
货运代理提单可接受	Freight Forwarder's Bill of Lading is acceptable
已装运于船	Shipped on board
已载于船	Laden on board
清洁已装船	Clean on board
已装在船上	On board
已装运于船	Shipped on board
凭×××银行的指示	To order of Bank ×××
包装状况有可能无法满足海运航程	Packaging may not be sufficient for the sea journey
是无法满足海运航程	Is not sufficient for the sea journey
航空运单	Air Waybill
航空托运单	Air consignment note
发货人或托运人正本	The original for consignor or shipper.
航空分运单可接受	House air waybill is acceptable
货运代理航空运单可接受	Freight Forwarder's air waybill is acceptable
包装状况有可能无法满足空运航程	Packaging may not be sufficient for the air journey
是无法满足空运航程	Is not sufficient for the air journey
预付	Prepaid
到付	To collect
待收运费	Freight to Collect
承运人	Carrier
签单承运人	Issuing carrier
实际承运人	Actual carrier
续运承运人	Succeeding carrier
契约承运人	Contracting carrier
一切险	All risks
凭开证行指示	To order of the issuing bank
货发开证行	Consigned to the issuing bank

参 考 文 献

[1] 审核跟单信用证项下单证的国际标准银行实务(国际商会第681号出版物)(International Standard Banking Practice for the Examination of Documents under Documentary Credits，ISBP)(ICC 681).

ICS 03.060
A 11

中华人民共和国国家标准

GB/T 28833—2012

国际物流责任保险投保、索赔规则

Insuring and claiming procedures for international logistics legal liability insurance

2012-11-05 发布　　2012-12-01 实施

中华人民共和国国家质量监督检验检疫总局
中国国家标准化管理委员会　发布

前　言

本标准按照GB/T 1.1—2009给出的规则起草。

本标准由中华人民共和国商务部提出。

本标准由全国国际货运代理标准化技术委员会(SAC/TC 489)归口。

本标准起草单位:杭州双宇物流有限公司、福建金航国际货运代理有限公司厦门分公司、深圳市联合纵横国际货运代理公司、新时代保险经纪有限公司、中国人民财产保险股份有限公司、中国平安财产保险股份有限公司、中国太平洋财产保险股份有限公司、华泰财产保险有限公司、重庆美联国际物流(集团)有限公司、重庆市国际货运代理协会、锦程物流(集团)有限公司、中钢国际货运有限公司、中国外运长航集团有限公司、中国海运(集团)总公司、内蒙古安快物流集团。

本标准主要起草人:杨旭、李莉丽、林忠、王玉玲、王勇、冯建萍、任中伟、景洪德、张海峰、陈智勇。

国际物流责任保险投保、索赔规则

1 范围

本标准规定了国际物流责任保险的投保、索赔规则以及单证缮制规范。

本标准适用于国际物流责任保险投保及索赔。

2 规范性引用文件

下列文件对于本文件的应用是必不可少的。凡是注日期的引用文件，仅注日期的版本适用于本文件。凡是不注日期的引用文件，其最新版本（包括所有的修改单）适用于本文件。

GB/T 22154 国际货运代理服务质量要求

GB/T 28834 国际物流责任保险 国际货运代理提单责任险基本要素

GB/T 28835 国际物流责任保险 国际货运代理人责任险基本要素

3 术语和定义

GB/T 28835 界定的术语和定义适用于本文件。

4 投保前的准备

4.1 投保前咨询

被保险人在投保前向保险公司咨询投保流程、投保单索取方式、投保单填写指南、投保方式、付费方式、保险责任说明、责任免除说明、被保险人义务说明、保费概算、出险报案及理赔处理方式等问题。

4.2 保险公司选择

投保人/被保险人根据自身的业务需求、保险公司服务质量和服务能力以及保险条件/条款，选择相应的保险公司。

4.3 保险产品选择

4.3.1 投保人/被保险人根据自身的业务需求，参照 GB/T 28835 和 GB/T 28834 的相关规定，确定选择国际物流责任保险国际货运代理人责任保险或国际物流责任保险国际货运代理提单责任保险。

4.3.2 保险人对投保人进行责任免除说明。

4.3.3 国际货运代理提单责任险涵括所有国际货运代理人责任险的责任范围，且更多的承保货损货差责任。投保企业可根据需求任选其一，无需重复投保。

5 投保单

5.1 投保单格式

参见附录 A。

5.2 投保单数据项及填写

5.2.1 投保情况

如是第一次投保，选择新投保业务；否则应选择续保业务，并填写上一年的保单号。

5.2.2 名称

填写被保险人备案的中文或英文全称。

5.2.3 电话

填写准确、有效的联系电话(含区号)。

5.2.4 地址

填写详细的被保险人办公经营地点。

5.2.5 邮编

填写正确、完整的邮政编码。

5.2.6 组织机构代码

被保险人填写经国家质量监督检验检疫总局核发的组织机构代码。

5.2.7 备案经营代码

被保险人在法人备案时，由政府主管部门提供的唯一代码。

5.2.8 分支机构数量

被保险人填写详细的分支机构信息。保险公司视分支机构为共同被保险人，应填写准确。

5.2.9 股东性质

分为国有企业、民营控股、三资企业或其他，根据被保险人实际情况进行填写。

5.2.10 主营业务

分海运、空运、陆运、多式联运、仓储、国际快递、无船承运人、其他。根据被保险人营业执照上的主营业务范围选择。

5.2.11 上年营业额

被保险人投保时上一年度财务报表上的营业收入，应按财务报表准确申报上年度营业额。

5.2.12 是否行业中介组织会员

根据被保险人实际情况进行选择是或否。

5.2.13 以往发生过何事故

根据被保险人历史情况据实简要描述事故经过以及事故损失金额。

5.2.14 投保险种

分为代理人责任险和提单责任险,可根据投保需求选择。

5.2.15 保险期限

选择为期一年的保险生效日期和截止日期。

5.2.16 责任限额

分为每次事故责任限额和累计事故责任限额,可按 GB/T 22154 规定的责任限额填写。

注 1：每次事故责任限额是保险人对每次保险事故最高承担的赔偿金额。

注 2：累计事故责任限额是保险人对保险期限内所有保险事故最高承担的赔偿金额。

5.2.17 每次事故免赔额

每次保险事故中被保险人需要自己承担损失的金额。

5.2.18 附加条款

分为第三者责任险或特殊货物附加条款,可根据实际情况选择是否进行扩展投保。

5.2.19 预付保险费

投保人应预先支付的保险费。在保险日期截止后,再根据被保险人实际情况,可多退少补保费。

5.2.20 特别约定

特别约定包括：

a) 对于保险合同的未尽事宜,投保人和保险人协商后,在特别约定条款里注明,以此扩大、限制和修改原保险单基本条款中所规定的双方的权利与义务。

b) 特别约定的事项应清晰、简练,并写明违约的处理方法。

5.2.21 投保人签章

投保人负责人签字并盖章。

5.2.22 日期

投保单的填写日期。

6 投保

6.1 保费缴纳

6.1.1 投保人投保后,打印投保单和业务受理通知书,业务受理通知书参见附录 B。

6.1.2 投保人缴纳保险费。

6.1.3 保费确认到账后,保险公司寄送保单和发票。

6.2 保单数据项及填写

6.2.1 保险单

国际货运代理提单责任险保险单,参见附录 C;国际货运代理人责任险保险单,参见附录 D。

6.2.2 保险单号

由保险公司提供的唯一号码,是保单查询和出险索赔的依据。

6.2.3 被保险人名称

根据投保单填写的被保险人中文(英文)全称。

6.2.4 地址

根据投保单填写的被保险人营业地点。

6.2.5 保险期间

根据投保单填写的保险起止时间。

6.2.6 每次事故责任限额

根据投保单填写保险人对每次保险事故最高承担的赔偿金额。

6.2.7 累计事故责任限额

根据投保单填写保险人对保险期限内所有保险事故最高承担的赔偿金额。

6.2.8 每次事故免赔额

根据投保单填写保险人对每次保险事故中被保险人需要自己承担损失的金额。

6.2.9 承保条款

列明选择的保险条款。

6.2.10 附加条款

根据投保单内容,由投保人提出的保险条款。

6.2.11 预收保险费

根据投保单内容预先收取的保险费,在保险日期截止后,据实结算保费,多退少补。

6.2.12 特别约定

根据投保单提交经保险人认可后的内容约定。

6.2.13 备注

对保费优惠等特殊事项的说明。

6.2.14 签单日期

签发保险单的日期。

6.2.15 保险公司盖章

保险公司盖章确认。

7 保单生效、变更和退保

7.1 保单生效

7.1.1 投保人提出保险要求，经保险人同意承保，保险合同成立。

7.1.2 依法成立的保险合同，自成立时生效。

7.1.3 保险合同成立后，投保人按照约定交付保险费；保险人按照约定的时间开始承担保险责任。

7.2 保单变更

被保险人需变更保险信息时，填写“保单变更申请”。如：

a) 不涉及保费的变更。保险公司收到被保险人盖章的“保单变更申请”原件后，出具相应批单，寄送给被保险人。

b) 涉及保费的变更。如保险信息变更后需加收保费，保险公司收到被保险人盖章的“保单变更申请”原件后，给被保险人寄送“业务受理通知书”，被保险人根据通知书上列明的金额缴纳加收的保险费，确认保费到账后，保险公司寄送批单给被保险人。如保险信息变更后需退还保费，保险公司收到被保险人盖章的“保单变更申请”原件后，给被保险人退回相应保费，并寄送批单给被保险人。

7.3 退保

7.3.1 如需退保，被保险人应填写退保申请单。

7.3.2 被保险人应将盖章后的退保申请单原件、保单原件、批单原件(如有)、发票原件及退费收据交付给保险公司，确认收到后，保险公司以转账方式退回保费。

8 索赔

8.1 提赔流程

参见附录 E。

8.2 索赔单证

参见附录 F。

附 录 A
(资料性附录)
国际物流责任险投保单

A.1 国际物流责任险投保单,参见图 A.1。

国际物流责任险投保单

投保情况	□ 新投保业务 □ 续保业务(上年保单号)			
被保险人	名称		电话	
	地址		邮编	
	组织机构代码			
	备案经营代码	□ 无 □ 有(代码:________,请附清单。)		
	分支机构数量	□ 无 □ 有(分支机构数量:)		
	股东性质	□ 国有企业 □ 民营控股 □ 三资企业 □ 其他		
	主营业务	□ 海运 □ 空运 □ 陆运 □ 多式联运 □ 仓储 □ 国际快递 □ 无船承运人 □ 其他		
	上年营业额	万元	是否货代协会会员	□ 是 □ 否
以往发生过何事故				
投保险种	□ 代理人责任保险 □ 提单责任保险			
保险期限	自 年 月 日 0 时起至 年 月 日 24 时止			
责任限额	每次事故责任限额	万元		
	累计责任限额	万元		
每次事故免赔额	绝对免赔额为 万元			
附加条款	□ 特殊货物扩展责任保险 □ 第三者责任险			
预付保险费	元			
特别约定				
投保人兹声明上述所填内容(包括投保的明细表)属实,同意以本投保单作为订立保险合同的依据;保险人已就本人所选择投保险种的相应保险条款(包括责任免除部分)向本人做了明确说明,本人对该保险条款及附加条款的内容及说明已经充分了解,并确认填报的营业额与本公司财务报表一致。 投保人签字(盖章): 日期: 年 月 日				

图 A.1 国际物流责任险投保单

附　录　B
（资料性附录）
业务通知书

B.1　业务通知书，参见图B.1。

业务通知书

国际货运有限公司：贵公司投保手续已被受理，请按下表办理相应汇款（缴纳保费）。承保公司在收到保费的1个工作日内完成全部业务，并向您寄送保险单。

请收到保单后及时核对，如有疑问，请按如下方式联系。

您务必将加盖公章的投保单和业务受理通知书一并传真至国际货运代理责任保险协调及出单中心，该传真件将作为贵公司重要投保文件，在保险公司长期保存。避免贵公司因未传真，而在保险索赔时可能产生的纠纷。

出单中心联系方式
电话：
传真：
电邮：
网址：

投保险种
保险期限
责任限额　　　　　　　　预付保费
请贵公司将保费汇入下面的银行账户。
汇入开户行
户名
汇入账号
请核对或修改打印发票信息

	发票抬头	发票金额
	保费合计：	
开具发票抬头名称	如需分别出具发票，请列明抬头名称和金额。	

注：(1) 投保单生效日：以投保单约定保险期限为准。请尽快将应缴纳保费汇入指定账户，以避免因保费未按期缴纳而造成赔付风险。
(2) 请公司核对无误在公司名称处加盖公章。

图B.1　业务通知书

附 录 C
（资料性附录）
国际货运代理提单责任险保险单

C.1 国际货运代理提单责任险保险单，参见图 C.1。

CIFA专用

国际货运代理提单责任险保险单

INTERNATIONAL FREIGHT FORWARDING B/L LIABILITY INSURANCE POLICY

财产保险股份有限公司根据被保险人的要求及其所交付约定的保险费，按照本保险单背面所载条款与下列特款，承保下述国际货运代理提单责任保险，特立本保险单。

This policy is hereby issued by property & casualty insurance company of China, Ltd. for the purpose of request of the insured, to provide International Freight Forwarding B/L Liability Insurance according to the terms and conditions overleaf and special provisions below, provided the arranged premium paid.

本保险单经中国国际货运代理协会认可作为国际货运代理法人备案和年度业务备案的有效保险凭证；中国国际货运代理协会是本保险的组织协调机构，不承担任何保险责任。

This policy, accepted by CIFA, can be used as an effective insurance certificate when putting to record the legal person and the annual operations of China international freight forwarding. CIFA is the coordinating organization of this insurance and bears no any insurance obligations.

保险单号 Policy No.	
被保险人名称 Name of Insured	
地　　址 Address	
保险期间 Period of Insurance	
每次事故责任限额 Limit of Indemnity for Any One Accident	
累计责任限额 Aggregate Limit of Indemnity	
每次事故免赔额 Deductible for AnyOne Accident	
承保条款 Coverage	
附加条款 Extensions	
预收保险费 Provisional Premium	
特别约定 Special Agreement	
备　　注 Remarks	

<table>
<tr><td colspan="3">签单日期：　年　月　日
Issuing date：</td><td rowspan="4">财产保险股份有限公司
Property & Casualty Insurance Company of China, Ltd.
（盖章）
seal
（本保单加盖保单专用章生效）
This policy is invalid without seal</td></tr>
<tr><td colspan="3">签单公司地址及电话：</td></tr>
<tr><td>核保：
Underwritten by：</td><td>制单：
Made by：</td><td>经办：
Operator：</td></tr>
<tr><td colspan="3">报案电话：
Claim Service Tel.：</td></tr>
</table>

图 C.1　国际货运代理提单责任险保险单

附　录　D
（资料性附录）
国际货运代理人责任险保险单

D.1　国际货运代理人责任险保险单，参见图 D.1。

CIFA专用

国际货运代理人责任险保险单

INTERNATIONAL FREIGHT FORWARDING B/L LIABILITY INSURANCE POLICY

保险公司根据被保险人的要求及其所交付约定的保险费，按照本保险单背面所载条款与下列特款，承保下述国际货运代理人责任保险，特立本保险单。

This policy is hereby issued by property & casualty insurance company of China, Ltd. for the purpose of request of the insured. to provide International Freight Forwarder Liability Insurance according to the terms and conditions overleaf and special provisions below, provided the arranged premium paid.

本保险单经中国国际货运代理协会认可作为国际货运代理法人备案和年度业务备案的有效保险凭证；中国国际货运代理协会是本保险的组织协调机构，不承担任何保险责任。

This policy, accepted by CIFA, can be used as an effective insurance certificate when putting to record the legal person and the annual operations of China international freight forwarding. CIFA is the coordinating organization of this insurance and bears no any insurance obligations.

保险单号 Policy No.		
被保险人名称 Name of Insured		
地　址 Address		
保险期间 Period of Insurance		
每次事故责任限额 Limit of Indemnity for Any One Accident		
累计责任限额 Aggregate Limit of Indemnity		
每次事故免赔额 Deductible for AnyOne Accident		
承保条款 Coverage		
附加条款 Extensions		
预收保险费 Provisional Premium		
特别约定 Special Agreement		
备　注 Remarks		
签单日期：　年　月　日 Issuing date：		财产保险股份有限公司 Property & Casualty Insurance Company of China, Ltd. （盖章） seal （本保单加盖保单专用章生效） This policy is invalid without seal
签单公司地址及电话：		
核保： Underwritten by：	制单： Made by：　　经办： Operator：	
报案电话： Claim Service Tel.：		

图 D.1　国际货运代理人责任险保险单

附 录 E
（资料性附录）
提 赔 流 程

E.1 损失通知

一旦发生有可能在保险单项下索赔的事件，被保险人应立即按照保险单上的报案电话通知保险人，并尽快以书面形式（出险通知书，参见附录G）提供有关信息：

a） 损失发生时间、地点；

b） 损失发生经过、可能的原因；

c） 损失程度及预计费用。

E.2 施救

采取一切必要措施防止损失进一步扩大，并将损失减少到最低程度。

E.3 申请检验

如有物质损失，对于物质损失原因和损失程度的确定，需有公估人或检验人或保险人进行现场查勘。被保险人申请检验聘请公估人或检验人，应征得保险人同意。被保险人应按照保单规定或保险人的指示，申请并安排现场查勘和检验。

E.4 保护现场

E.4.1 在保险人的代表或公估人或检验人进行勘查之前，保留事故现场及有关实物证据。

E.4.2 若损失涉及其他责任方时，应及时向该责任方行使或保留索赔权利。

E.5 取得证明

在被保险财产遭受盗窃或恶意破坏时，应立即向公安部门或行政管理部门报案，并取得其立案或事故证明。

E.6 收集证据

根据损害赔偿请求人提出的赔偿要求，向其收集相关证据，一方面证明请求人要求的合理性，另一方面以备向保险人索赔。

E.7 征询保险人意见

E.7.1 在收到赔偿请求人的损害赔偿请求时，应立即通知保险人。

E.7.2 未经保险人书面同意，不要对赔偿请求人做出任何承诺、拒绝、出价、约定、付款或赔偿。

E.7.3 在预知可能引起诉讼或仲裁时，立即以书面形式通知保险人，并在接到法院传票或其他法律文件后，立即将副本交付保险人。征询保险人下一步处理意见。

E.8 赔偿协商

根据损害赔偿请求人的请求及其提供的相关证据，被保险人结合本方查勘检验的结果和掌握的其他证据及相关法律法规，并根据保险人的意见与损害赔偿请求人进行协商。

E.9 司法途径

在通过协商无法达成一致的情况下，可通过仲裁、诉讼和其他可适用的途径。

E.10 积极应诉

E.10.1 在保险人的协助下，如未能与损害赔偿请求人协商解决损害赔偿请求而被起诉时，被保险人应与保险人保持密切联系，就如何应诉，委托律师及法律费用等事项与保险人进行沟通。

E.10.2 如保险人要求或在被保验人要求下保险人同意以被保险人名义应诉时，被保险人应予以积极配合。

E.11 赔偿确定

E.11.1 经与损害赔偿请求人协商或仲裁或诉讼或其他方式，以确定最终赔偿金额。

E.11.2 被保险人应赔付损害赔偿请求人所确定的赔偿金额。

E.11.3 被保险人以所确定的赔偿金额为基础，向保险人提赔。

E.11.4 保险人的赔偿金额与被保险人赔付给损害赔偿请求人的金额二者有可能并不完全一致，在此情况下，被保险人对外赔付的金额应尽可能事先取得保险人的同意。

E.12 正式提赔

E.12.1 在损害赔偿请求人提交充足的证据以及赔偿金额确定后，即可向保险人正式提赔。

E.12.2 提赔时，应以书面形式将提赔的金额正式向保险人提出，同时附上提赔单证。

E.12.3 在提赔的金额中应包括被保险人进行施救和为了应诉所产生的法律费用。

E.13 赔款支付

E.13.1 保险人在接到被保险人的正式提赔后，应审核索赔单证。

E.13.2 根据保险单中规定的保险责任、除外责任、赔偿限额、免赔额等情况，并根据被保险人履行保单中规定的义务等情况，对被保险人进行赔付。

E.14 权益转让和协助追偿

E.14.1 被保险人在收到保险人赔款后，应向保险人签发权益转让书。

E.14.2 被保险人应协助保险人向第三方实际责任人进行追偿。

附 录 F
（资料性附录）
索 赔 单 证

F.1 发生保险事故或被索赔时提供的单证

单证和证明包括如下：

a） 出险通知书；

b） 有效保险单正本；

c） 索赔申请书（在损失责任、金额均已确定，索赔证明材料均已齐全，在正式提赔时，连同其他索赔单证一并提供）；

d） 有关部门出具的事故证明；

e） 损失清单；

f） 损失证明材料及支付凭证（有关费用发票等）；

g） 相应的货物运输合同和国际货运代理合同（如有）；

h） 有关的法律文书（裁决书、调解书、判决书）或和解协议（如有）；

i） 被保险人上年度财务报表；

j） 投保人、被保险人所能提供的与确认保险事故的性质、原因、损失程度等有关的其他证明和材料；

k） 保险人合理要求的作为请求赔偿依据的其他证明和资料。

F.2 各项损失所需单证

参见表 F.1。

表 F.1 各项损失所需单证

编号	单证名称	备注
货损货差责任（境内事故）		
1	索赔申请书	保险公司提供标准格式
2	损失清单	保险公司提供标准格式
3	货物运单、提单正本或运输协议复印件	加盖公章
4	货运记录或由承运单位签发的货损证明	正本
5	受损货物的维修发票正本	部分损失需修复的
6	商业发票	原件（如为复印件加盖公章）
7	致其他责任方的索赔函复印件	加盖公章（正本送达责任方）
8	驾驶证、行驶证等	公路运输
9	交警证明	道路事故
10	公安机关证明	治安或刑事案件

表 F.1(续)

编号	单证名称	备注
货损货差责任(境内事故)		
11	检测(检验)报告	涉及品质、性能或品级等引起的全损或降级处理
12	权益转让书及赔款收据(三联)	保险公司提供标准格式
13	保险公司根据案情所需要的其他单证	(如必要)
货损货差责任(境外事故)		
1	索赔申请书	保险公司提供标准格式
2	损失清单	保险公司提供标准格式
3	货物运单、提单正本或运输协议复印件、租约	加盖公章
4	商业发票	原件(如为复印件加盖公章)
5	装箱单	原件(如为复印件加盖公章)
6	购货协议/销售协议	复印件加盖公章
7	致其他责任方的索赔函复印件	寄交责任方并提供保险人一份
8	出险原因及损失证明(理货报告/商检报告/检验报告/交接记录/设备交接单)	原件、为证明损失情况的单证,不要求全部提供,根据实际情况也可以提供其他有效单证,但出险单位需对其真实性和有效性负责
9	收货人(或其代理)与承运人(或其代理)及相关方的交接验收记录	注:原件、本单证较为重要
10	赔款收据及权益转让书(中文/英文)(四联)	保险公司提供标准格式
11	保险公司根据案情所需要的其他单证	(如必要)
额外费用损失部分		
1	索赔申请书	保险公司提供标准格式
2	损失清单	出险单位提供并加盖公章
3	货物运单、提单正本或运输协议复印件	加盖公章
4	额外费用的损失证明(根据不同的损失提供不同的证明)	加盖公章
5	保险公司根据案情所需要的其他单证	(如必要)
第三者责任部分		
1	索赔申请书	保险公司提供标准格式
2	损失清单	出险单位提供并加盖公章
3	货物运单、提单正本或运输协议复印件	加盖公章
4	赔款收据及代位书	盖章和填写开户行、账号
5	证明出险事故原因及损失的文件	
6	交警的责任认定书或调解书	道路事故

表 F.1（续）

编号	单证名称	备注
第三者责任部分		
7	公安机关证明	治安或刑事案件
8	致其他责任方的索赔函复印件	加盖公章
9	向第三者支付赔款的收据及责任解除书以及与第三方签订的赔偿协议书	
10	保险公司根据案情所需要的其他单证	（如必要）
涉及第三者财产损失还需提供的资料		
1	受损财产价值证明（如购置发票）	加盖公章
2	受损财产修复或重置发票	加盖公章
3	受损财产修复或重置的明细清单	加盖公章
涉及第三者人身伤害还需提供的资料		
1	有关伤害资料记录（住院小结和病历卡）	加盖公章
2	劳动部门出具的伤残等级证明	加盖公章
3	误工及工资收入证明	加盖公章
4	医疗费及有关费用单据原件	加盖公章
物流服务费用损失部分		
1	索赔申请书	保险公司提供标准格式
2	损失清单	出险单位提供并加盖公章
3	货物运单、提单正本或运输协议复印件	加盖公章
4	物流服务费用的损失证明	复印件
5	物流协议	加盖公章
6	客户拒付物流服务费用通知书及说明拒付原因的书面证明	
7	保险公司根据案情所需要的其他单证	（如必要）

附　录　G
（资料性附录）
责任保险出险通知书

G.1　责任保险出险通知书，参见图 G.1。

保险公司：

保险单号		被保险人	
保险期限		责任险额	每次事故：　　　　累计：
保险险别	□代理人责任险　□提单责任险	附加险别	□特殊货物扩展责任　□第三者责任
出险时间地点		报案人及电话	
估计损失			
事故原因、经过、施救过程： 被保险人签章： 报案日期：　　年　　月　　日			

注：索赔时需要提供的主要单证：
- a）保单；
- b）索赔清单；
- c）被保险人财务报表；
- d）有关部门出具的事故证明；
- e）损失清单；
- f）损失情况照片等损失证明材料；
- g）支付凭证（有关费用发票）；
- h）货物运输合同和/或国际货运代理合同；
- i）国际货运代理提单责任险应提供被保险人签发的货运代理提单或运输单证副本复印件；
- j）检验报告（公估人或其他检验人出具）（如需要）；
- k）有关法律文书（裁定书、裁决书、调解书、判决书等）或和解协议（如有）。

图 G.1　责任保险出险通知书

参 考 文 献

[1] 中华人民共和国保险法.中华人民共和国主席令第11号.2009年10月1日起施行.
[2] 中华人民共和国合同法.中华人民共和国主席令第15号.1999年10月1日起施行.
[3] 中华人民共和国海商法.中华人民共和国主席令第64号.1993年7月1日起施行.
[4] 吴定富.保险原理与实务.北京:中国财政经济出版社,2010.
[5] 刘付生.保险学原理.北京:经济科学出版社,2012.
[6] 庹国柱.保险学.北京:首都经贸大学出版社,2011.
[7] 孙敬宜.国际货运代理理论与实务.北京:电子工业出版社,2009.
[8] 杨运涛.国际货运代理法律指南.北京:人民交通出版社,2002.

ICS 03.060
A 11

中华人民共和国国家标准

GB/T 28834—2012

国际物流责任保险 国际货运代理提单责任险基本要素

International logistics legal liability insurance—Basic elements of international freight forwarding B/L legal liability insurance

2012-11-05 发布 2012-12-01 实施

中华人民共和国国家质量监督检验检疫总局
中国国家标准化管理委员会 发布

前　　言

本标准按照 GB/T 1.1—2009 给出的规则起草。

本标准由中华人民共和国商务部提出。

本标准由全国国际货运代理标准化技术委员会(SAC/TC 489)归口。

本标准起草单位:杭州双宇物流有限公司、福建金航国际货运代理有限公司厦门分公司、深圳市联合纵横国际货运代理公司、新时代保险经纪有限公司、中国人民财产保险股份有限公司、中国平安财产保险股份有限公司、中国太平洋财产保险股份有限公司、华泰财产保险有限公司、重庆美联国际物流(集团)有限公司、重庆市国际货运代理协会、锦程物流(集团)有限公司、中钢国际货运有限公司、中国外运长航集团有限公司、中国海运(集团)总公司、内蒙古安快物流集团。

本标准主要起草人:杨旭、李莉丽、林忠、王玉玲、王勇、冯建萍、任中伟、景洪德、张海峰、陈智勇。

引 言

随着市场竞争日益激烈，货代物流企业的服务能力与其所能够负担的责任能力不相匹配，处于贸易各方利益矛盾焦点的企业，经常发生各种责任纠纷，因此，如何正确地认定货代物流企业的权利与义务、辨明责任、维护合法货代物流企业和货主利益成为重要任务。为规避此风险，投保物流责任保险成为广大物流企业首选的风险转移手段。

货代物流企业从订立运输合同、仓储合同、加工合同等其他合同，到选择承运人、订舱、报关、报检、签发单证、仓储保管、实际运输等各环节中的任何疏忽或过失，都可能会带来非常严重的后果和巨大经济损失。国际物流责任保险是针对货代物流企业的责任风险而设计的保险条款，目的是为了补偿货代物流企业在从事国际货运中从收货到交货的所有环节可能出现的风险损失。

由于我国国际货代物流企业投保责任保险较少，保险公司缺乏承保经验，所以，国际物流责任保险仍处于探索阶段。为了适应我国现代物流发展需求，借鉴发达国家经验，结合我国实际，制定国际物流责任保险条款，填补了我国国际物流企业责任保险的空白。

国际物流责任保险　国际货运代理提单责任险基本要素

1　范围

本标准规定了国际物流责任保险(国际货运代理提单责任险)的责任风险、保险责任、责任免除、责任限额与免赔额、保险期间、保险费、投保人与被保险人义务、赔偿以及争议处理等事宜。

本标准适用于多以独立经营人身份经营的大中型货代物流企业在国内对国际物流责任保险中的国际货运代理提单责任险的投保。

2　规范性引用文件

下列文件对于本文件的应用是必不可少的。凡是注日期的引用文件，仅注日期的版本适用于本文件。凡是不注日期的引用文件，其最新版本(包括所有的修改单)适用于本文件。

GB/T 28833　国际物流责任保险投保、索赔规则

GB/T 28835　国际物流责任保险　国际货运代理人责任险基本要素

国内水路货物运输规则(中华人民共和国交通部 2000 年第 9 号)

汽车货物运输规则（中华人民共和国交通部 1999 年第 5 号）

铁路货物运输管理规则（铁道部 2000 年第 90 号）

3　术语和定义

GB/T 28835 界定的术语和定义适用于本文件。

4　保险合同

4.1　保险合同由保险条款、投保单、保险单、批单和特别约定组成。凡涉及保险合同的约定，均应采用书面形式。保险单参见附录 A。

4.2　投保人和保险人可以约定与保险有关的其他事项。

4.3　保险合同应当包括下列事项：

a)　保险人的名称和经营场所；

b)　投保人、被保险人的名称、经营场所；

c)　保险标的；

d)　保险责任和责任免除；

e)　保险期间；

f)　保险金额；

g)　保险费以及支付办法；

h)　保险金赔偿或者给付办法；

i)　违约责任和争议处理；

j)　订立合同的年、月、日。

5 保险责任

5.1 委托人直接损失

在保险期间内，被保险人及其代理人作为国际货运代理接受委托人的委托，提供国际货运代理业务服务过程中，发生下列情况导致委托人的直接损失，依法应由被保险人承担的经济赔偿责任，保险人按照保险合同的规定在约定的责任限额内负责赔偿：

a) 由于安排国际货运代理业务时未发、错发、错运、错交货物，造成额外运输费用损失，但不包括因此产生的货物损失；
b) 由于遗漏、错误缮制和签发有关单证、文件而给委托人造成的相关费用损失；
c) 事先以书面形式约定货物交付日期或时间的，因被保险人不作为导致货物延迟交付所造成的相关费用损失；
d) 在港口或仓库(包括被保险人自己拥有的仓库或租用、委托暂存他人的仓库、场地)监卸、监装和储存保管工作中因疏忽或过失给委托人造成货物的损失(包括因盗窃、抢劫造成的损失)；
e) 在采用集装箱运输业务中因拆箱、装箱、拼箱操作失误给委托人造成的货物损失；
f) 因受托包装、加固货物不当或不充分，而给委托人造成的货物损失；
g) 在报关过程中，由于被保险人过失造成违反国家有关进出口规定或报关要求，被当局征收的额外关税。

5.2 货物直接损失

在保险期间，被保险人及其代理人从事货运代理业务过程中，签发相关运输单证或承担独立经营人责任，除5.1规定的各项责任之外，因下列事件造成上述运输单证项下货物的直接损失，依法应由被保险人承担的经济赔偿责任，保险人根据保险合同的规定在约定的责任限额内也负责赔偿：

a) 火灾、爆炸；
b) 偷窃、抢劫、提货不着；
c) 运输工具发生碰撞、出轨、倾覆、坠落、搁浅、触礁、沉没，或道路、隧道、桥梁、码头坍塌；
d) 货物遭受震动、碰撞、挤压、坠落、倾覆导致破碎、弯曲、凹瘪、折断、散落、开裂、渗漏、沾污、包装破裂或容器的损坏；
e) 装卸人员违反操作规程进行装卸、搬运；
f) 符合运输安全管理规定而遭受水损；
g) 错发、错运、错交导致货物无法追回或追回费用超过货物自身价值；
h) 装箱、拆箱、拼箱、交付/接收货物、配载、积载、装卸、存储、搬移、包装或加固不当；
i) 交接货物时发现数量短少、残损；
j) 冷藏机器设备原因导致货物腐烂变质；
k) 机械操作不当或使用的机械故障。

5.3 施救费用

保险事故发生后，为防止或减少对货物或相关费用损失的赔偿责任而支付的必要的、合理的施救或保护费用以及事先经保险人书面同意支付的其他费用。

5.4 法律费用

被保险人因保险事故而被提起仲裁或者诉讼，对应由被保险人支付的仲裁或者诉讼费用以及事先经保险人书面同意支付的其他必要的、合理的费用。

5.5 可选择性的保险责任扩展

5.5.1 第三者责任

在货物运输过程中造成除被保险人及其代理人的雇员以外的其他人的人身伤亡或财产损失，由此承担的民事赔偿责任。

5.5.2 特殊货物责任

由特殊货物引起的赔偿责任。特殊货物包括珠宝、贵重金属、古玩、古币、古书、古画、艺术作品、邮票、活动物和植物。

5.5.3 其他责任

可通过特别约定，扩展其他保险责任。

6 责任免除

6.1 下列原因造成的损失、费用或责任，保险人不负责赔偿：

a) 被保险人及其代表和雇员的故意行为或重大过失；
b) 行政行为或司法行为；
c) 被保险人或其代理人的违法行为；
d) 自然灾害；
e) 托运的货物本身的自然特性、潜在缺陷或固有的包装不善所致变质、霉烂、受潮、生锈、生虫、自然磨损、自然损耗、自燃、褪色、异味；
f) 战争、类似战争行为、敌对行动、军事行动、武装冲突、罢工、骚乱、暴动、政变、谋反、恐怖活动；
g) 核辐射、核裂变、核聚变、核污染及其他放射性污染；
h) 大气、土地、水污染及其他各种污染；
i) 因无正本提单交付货物、倒签提单、预借提单造成的损失。

6.2 对被保险人操作以下货物所引起的赔偿责任，保险人不负责赔偿：

a) 钻石玉器等珠宝、金银等贵重金属；
b) 古玩、古币、古书、古画；
c) 艺术作品、邮票；
d) 枪支弹药、爆炸物品；
e) 现钞、支票、信用卡、有价证券、票据、文件、档案、账册、图纸；
f) 核材料；
g) 计算机及其他媒介中存储的各类数据、应用软件和系统软件；
h) 活动物和植物。

6.3 下列情形或情况，保险人不负责赔偿：

a) 任何人身损害、精神损害赔偿；
b) 被保险人违反行业惯例将货物储存在露天导致的货物损失或产生的相关费用；
c) 在水路运输过程中，被保险人未按行业要求将本应放在舱内的货物存放在舱面导致的货物损失和产生的相关费用；
d) 被保险人与委托人或其他第三方签订的协议中所约定的责任，但即使没有这种协议依法仍应由被保险人承担的责任不在此限；

e) 除5.1g)之外的罚款、罚金及惩罚性赔偿;

f) 保险合同中载明的免赔额;

g) 被保险人自有的或拥有实际所有权或使用权的任何财产损失及责任;

h) 被保险人无有效的国际货运代理业务经营资格或超过许可经营范围从事国际货运代理业务;

i) 被保险人超越代理权限从事国际货运代理业务;

j) 被保险人将有关业务委托给不合法或无相应的经营资格的代理人、承运人、仓库出租人、船务公司等主体。

6.4 属于国际公约、《国内水路货物运输规则》、《汽车货物运输规则》及《铁路货物运输管理规则》及其他相关规定的国际货运代理免责范围的责任,保险人不负责赔偿。

6.5 其他不属于保险责任范围内的损失、费用或责任,保险人不负责赔偿。

7 责任限额和免赔额

7.1 保险人对每次事故承担的赔偿金额之和不超过保险合同约定的每次事故责任限额,在保险期间内保险人承担的赔偿金额之和不超过保险单约定的累计责任限额。

7.2 每次事故免赔额由投保人与保险人在签订保险合同时协商确定,并在保险合同中载明。

8 保险期间和保险责任开始

除非另有约定,保险期间为一年,以保险合同上载明的起讫时间为准。

9 保险合同生效、保险费以及支付办法

9.1 保险合同生效

9.1.1 投保人提出保险要求,经保险人同意承保,保险合同成立。

9.1.2 依法成立的保险合同,自成立时生效。

9.1.3 保险合同成立后,投保人按照约定交付保险费;保险人按照约定的时间开始承担保险责任。

9.2 保费支付

9.2.1 预交预计保险费

以被保险人的年度营业额为基础计算全年保费,被保险人根据上年度财务报表的营业额预交保费,年终根据本年度报表实际营业额多退少补。

9.2.2 保险费支付办法

参见附录B。

9.2.3 影响保费的主要因素

保费与营业额、责任限额、分支机构数量成正相关,与免赔额成负相关。

10 投保人、被保险人义务

参见附录C。

11 保险人义务

参见附录 D。

12 赔偿处理

参见附录 E。

13 违约责任及争议处理

参见附录 F。

14 投保与索赔规则

投保与索赔规则,见 GB/T 28333。

附　录　A
（资料性附录）
国际货运代理提单责任险保险单

A.1 国际货运代理提单责任险保险单，参见图A.1。

CIFA专用

国际货运代理提单责任险保险单

INTERNATIONAL FREIGHT FORWARDING B/L LIABILITY INSURANCE POLICY

财产保险股份有限公司根据被保险人的要求及其所交付约定的保险费，按照本保险单背面所载条款与下列特款，承保下述国际货运代理提单责任保险，特立本保险单。

This policy is hereby issued by property & casualty insurance company of China, Ltd. for the purpose of request of the insured, to provide International Freight Forwarding B/L Liability Insurance according to the terms and conditions overleaf and special provisions below, provided the arranged premium paid.

本保险单经中国国际货运代理协会认可作为国际货运代理法人备案和年度业务备案的有效保险凭证：中国国际货运代理协会是本保险的组织协调机构，不承担任何保险责任。

This policy, accepted by CIFA, can be used as an effective insurance certificate when putting to record the legal person and the annual operations of China international freight forwarding. CIFA is the coordinating organization of this insurance and bears no any insurance obligations.

保险单号 Policy No.	
被保险人名称 Name of Insured	
地　　址 Address	
保险期间 Period of Insurance	
每次事故责任限额 Limit of Indemnity for Any One Accident	
累计责任限额 Aggregate Limit of Indemnity	
每次事故免赔额 Deductible for AnyOne Accident	
承保条款 Coverage	
附加条款 Extensions	
预收保险费 Provisional Premium	
特别约定 Special Agreement	
备　　注 Remarks	

签单日期：　　年　月　日 Issuing date：			财产保险股份有限公司 Property & Casualty Insurance Company of China, Ltd. （盖章） seal （本保单加盖保单专用章生效） This policy is invalid without seal
签单公司地址及电话：			
核保： Underwritten by：	制单： Made by：	经办： Operator：	
报案电话： Claim Service Tel.：			

图 A.1　国际货运代理提单责任险保险单

附 录 B
（资料性附录）
保险费支付办法

B.1 投保人应在保险合同成立时一次性向保险人交清保险单载明的预计保险费。

B.2 预计保险费以被保险人上年度营业额为依据计算。

B.3 保险期间届满后，投保人应将被保险人在保险期间内的实际总营业额书面通知保险人，作为计算实际保险费的依据。

B.4 若实际保险费高于预计保险费，投保人应补交其差额；若实际保险费低于预计保险费，保险人应将差额退还给投保人。

附 录 C
（资料性附录）
投保人、被保险人义务

C.1 投保人义务

C.1.1 投保人应履行如实告知义务，如实回答保险人就保险合同所涉及的被保险人的营业额等相关情况提出的询问，并应当将其知道的或者在通常业务中应当知道的有关影响保险人据以确定保险费率或者确定是否同意承保的重要情况，如实告知保险人，并如实填写投保单。

C.1.2 投保人故意隐瞒事实、不履行如实告知义务的，或者因重大过失未履行如实告知义务，足以影响保险人决定是否同意承保或者提高保险费率的，保险人有权解除保险合同，保险合同自保险人的解约通知书到达投保人或被保险人时解除：

a) 投保人故意不履行如实告知义务的，保险人对于保险合同解除前发生的保险事故，不承担赔偿责任，并不退还保险费。

b) 投保人因重大过失未履行如实告知义务，保险人有权解除合同或者要求相应增加保险费。因未履行如实告知义务对保险事故的发生有严重影响的，保险人对于保险合同解除前发生的保险事故，不承担赔偿责任，但可退还保险费。

C.2 被保险人义务

C.2.1 被保险人应当在国际货运代理合同范围内妥善收受、保管、安排、处置货物。如未按合同规定履行应尽责任的，保险人有权要求增加保险费或解除保险合同。

C.2.2 在保险期间内，如果出现足以影响保险人决定是否继续承保或是否增加保险费的保险合同重要事项变更，被保险人应及时书面通知保险人，保险人有权要求增加保险费或者解除合同：

a) 保险人要求解除保险合同的，保险人按照保险责任开始之日起至合同解除之日止期间与保险期间的日比例计收保险费，并退还剩余部分保险费。

b) 被保险人未履行上述通知义务，因上述重要事项变更造成危险程度增加而导致保险事故发生的，保险人不承担赔偿责任。

C.2.3 发生保险责任范围内的事故时，被保险人应：

a) 尽力采取必要、合理的措施，防止或减少损失，否则，对因此扩大的损失，保险人不承担赔偿责任；

b) 立即通知保险人，并书面说明事故发生的原因、经过和损失情况；对因重大过失未及时通知导致保险人无法对事故原因进行合理查勘的，保险人不承担赔偿责任；对因未及时通知导致保险人无法核实损失情况的，保险人对无法核实部分不承担赔偿责任；

c) 如发生盗窃或抢劫事故的，应立即向当地公安机关或行政管理部门报案，并获得其立案或事故证明，否则，对因未及时报告而扩大的赔偿责任，保险人不负责赔偿；

d) 保护事故现场，允许并且协助保险人进行事故调查。对于拒绝或者妨碍保险人进行事故调查导致无法确定事故原因或核实损失情况的，保险人不承担赔偿责任。

C.2.4 被保险人收到赔偿请求人的损害赔偿请求时，应立即通知保险人。未经保险人书面同意，被保险人自行对赔偿请求人作出的任何承诺、拒绝、出价、约定、付款或赔偿，保险人均不承担赔偿责任。

C.2.5 被保险人获悉可能发生诉讼、仲裁时，应立即以书面形式通知保险人。接到法院传票或其他法律文书后，应将其副本及时送交保险人。保险人有权以被保险人的名义处理有关诉讼或仲裁事宜，被保险人应提供有关文件，并给予必要的协助。对因重大过失未及时提供上述通知或必要协助引起或扩大的损失，保险人不承担赔偿责任。

C.2.6 保险事故发生后，依照保险合同请求保险人赔偿时，投保人、被保险人应提交以下文件，被保险人未履行约定的单证提供义务，导致保险人无法核实损失情况的，保险人对无法核实部分不承担赔偿责任。文件包括：

a) 保险单；
b) 索赔申请；
c) 有关部门出具的事故证明；
d) 损失清单、损失证明材料、支付凭证（有关费用发票等）；
e) 相应的货物运输合同和国际货运代理合同（如有）；
f) 有关的法律文书（裁定书、裁决书、调解书、判决书等）或和解协议（如有）；
g) 被保险人上年度财务报表；
h) 投保人、被保险人所能提供的与确认保险事故的性质、原因、损失程度等有关的其他证明和材料。
i) 保险人合理要求的作为请求赔偿依据的其他证明和资料。具体各项损失所需单证详见表C.1。

表 C.1 各项损失所需单证

编号	单证名称	备注
货损货差责任（境内事故）		
1	索赔申请	保险公司提供标准格式
2	损失清单	保险公司提供标准格式
3	货物运单、提单正本或运输协议复印件	加盖公章
4	货运记录或由承运单位签发的货损证明	正本
5	受损货物的维修发票正本	部分损失需修复的
6	商业发票	原件（如为复印件加盖公章）
7	致其他责任方的索赔函复印件	加盖公章（正本送达责任方）
8	驾驶证、行驶证等	公路运输
9	交警证明	道路事故
10	公安机关证明	治安或刑事案件
11	检测（检验）报告	涉及品质、性能或品级等引起的全损或降级处理
12	权益转让书及赔款收据（三联）	保险公司提供标准格式
13	保险公司根据案情所需要的其他单证	（如必要）

表 C.1（续）

编号	单证名称	备注
货损货差责任(境外事故)		
1	索赔申请	保险公司提供标准格式
2	损失清单	保险公司提供标准格式
3	货物运单、提单正本或运输协议复印件、租约	加盖公章
4	商业发票	原件(如为复印件加盖公章)
5	装箱单	原件(如为复印件加盖公章)
6	购货协议/销售协议	复印件加盖公章
7	致其他责任方的索赔函复印件	寄交责任方并提供保险人一份
8	出险原因及损失证明(理货报告/商检报告/检验报告/交接记录/设备交接单)	原件、为证明损失情况的单证,不要求全部提供,根据实际情况也可以提供其他有效单证,但出险单位需对其真实性和有效性负责
9	收货人(或其代理)与承运人(或其代理)及相关方的交接验收记录	注:原件,本单证较为重要
10	赔款收据及权益转让书(中文/英文)(四联)	保险公司提供标准格式
11	保险公司根据案情所需要的其他单证	(如必要)
第三者责任部分		
1	索赔申请	保险公司提供标准格式
2	损失清单	出险单位提供并加盖公章
3	货物运单、提单正本或运输协议复印件	加盖公章
4	赔款收据及代位书	盖章和填写开户行、账号
5	证明出险事故原因及损失的文件	
6	交警的责任认定书或调解书	道路事故
7	公安机关证明	治安或刑事案件
8	致其他责任方的索赔函复印件	加盖公章
9	向第三者支付赔款的收据及责任解除书以及与第三方签订的赔偿协议书	
10	保险公司根据案情所需要的其他单证	(如必要)
涉及第三者财产损失的还需提供		
1	受损财产价值证明(如购置发票)	加盖公章
2	受损财产修复或重置发票	加盖公章
3	受损财产修复或重置的明细清单	加盖公章

表 C.1（续）

编号	单证名称	备注
涉及第三者人身伤害的还需提供		
1	有关伤害资料记录（住院小结和病历卡）	加盖公章
2	劳动部门出具的伤残等级证明	加盖公章
3	误工及工资收入证明	加盖公章
4	医疗费及有关费用单据原件	加盖公章
费用损失部分		
1	索赔申请	保险公司提供标准格式
2	损失清单	出险单位提供并加盖公章
3	货物运单、提单正本或运输协议复印件	加盖公章
4	费用的损失证明	复印件
5	协议	加盖公章
6	客户拒付费用通知书及说明拒付原因的书面证明	（如必要）
7	保险公司根据案情所需要的其他单证	（如必要）

C.2.7 被保险人在请求赔偿时应如实向保险人说明与保险合同保险责任有关的其他保险合同的情况。对未如实说明导致保险人多支付保险金的，保险人有权向被保险人追回多支付的部分。

C.2.8 发生保险责任范围内的损失，应由有关责任方负责赔偿的，被保险人应行使或保留向该责任方请求赔偿的权利：

a) 保险事故发生后，保险人未履行赔偿义务之前，被保险人放弃对有关责任方请求赔偿的权利的，保险人不承担赔偿责任。

b) 在保险人向有关责任方行使代位请求赔偿权利时，被保险人应向保险人提供必要的文件和其所知道的有关情况。

c) 由于被保险人的故意或重大过失致使保险人不能行使代位请求赔偿的权利的，保险人相应扣减赔偿金额。

附　录　D
（资料性附录）
保险人义务

D.1　保险人收到被保险人或者受益人的赔偿或者给付保险金的请求后，应及时作出核定。

D.2　保险人应将核定结果通知被保险人或者受益人。

D.3　对属于保险责任的，在与被保险人或者受益人达成赔偿或者给付保险金的协议后十日内，履行赔偿或者给付保险金义务。

D.4　保险人、被保险人为查明和确定保险事故的性质、原因和损失程度所支付的必要的、合理的费用，由保险人承担。

D.5　保险合同对赔偿或者给付保险金的期限有约定的，保险人应当按照约定履行赔偿或者给付保险金义务。

D.6　保险人未及时履行前款规定义务的，除支付保险金外，应赔偿被保险人或者受益人因此受到的损失。

D.7　被保险人因给第三者造成损害的保险事故而被提起仲裁或者诉讼的，被保险人支付的仲裁或者诉讼费用以及其他必要的、合理的费用，除合同另有约定外，由保险人承担。

D.8　对不属于保险责任的，应向被保险人或者受益人发出拒绝赔偿或者拒绝给付保险金通知书，并说明理由。

D.9　保险人自收到赔偿或者给付保险金的请求和有关证明、资料之日起六十日内，对其赔偿或者给付保险金的数额不能确定的，应根据已有证明和资料可确定的数额先予支付；保险人最终确定赔偿或者给付保险金的数额后，应当支付相应的差额。

附 录 E
（资料性附录）
赔 偿 处 理

E.1 赔偿基础

E.1.1 保险人的赔偿基础以被保险人的赔偿责任来确定。

E.1.2 被保险人的赔偿责任按以下列明的任一方式来确定：

a） 被保险人和向其提出损害赔偿请求的相关利益方协商并经保险人确认；

b） 仲裁机构裁决；

c） 人民法院判决；

d） 保险人认可的其他方式。

E.2 赔偿计算

E.2.1 发生保险责任范围内的损失，保险人按以下方式计算赔偿：

a） 对于每次事故造成的损失，保险人在每次事故责任限额内计算赔偿；

b） 若约定了分项责任限额且适用分项责任限额的，保险人对每次事故的赔偿不超过该分项责任限额；

c） 在依据 a)项和 b)项计算的基础上，保险人在扣除每次事故免赔额后进行赔偿。保险人对每次事故造成的损失，包括发生的施救费用与法律费用免赔额仅扣除一次；

d） 在保险期间内，保险人对多次事故损失的累计赔偿金额不超过累计责任限额。

E.2.2 因保险事故而发生的施救费用和法律费用，保险人按以下方式计算赔偿：

a） 对每次事故施救费用的赔偿金额，保险人在 E.2.1 计算的赔偿金额以外按被保险人实际发生的数额另行计算。

b） 对每次事故法律费用的赔偿金额，保险人在 E.2.1 计算的赔偿金额以外按被保险人实际发生的数额另行计算。

E.3 重复保险

保险事故发生时，如果存在重复保险，保险人按照国际货运代理责任险保险合同的累计责任限额与所有有关保险合同的累计责任限额总和的比例承担赔偿责任，且不负责垫付其他保险人应承担的赔偿金额。

E.4 诉讼时效

被保险人向保险人请求赔偿或者给付保险金的诉讼时效期间为二年，自其知道或者应当知道保险事故发生之日起计算。

附 录 F
（资料性附录）
违约责任及争议处理

F.1 投保人

F.1.1 保险责任开始前，投保人要求解除保险合同的，应按合同约定向保险人支付退保手续费，保险人应当退还剩余部分保险费。

F.1.2 保险责任开始后，投保人要求解除保险合同的，自通知保险人之日起，保险合同解除，对保险责任开始之日至合同解除之日期间的保险费，保险人按短期费率计收，并退还剩余部分保险费。

F.2 保险人

F.2.1 保险责任开始前，保险人要求解除保险合同的，不得向投保人收取手续费并应退还已收取的保险费。

F.2.2 保险责任开始后，保险人可按合同约定期限提前通知投保人解除合同，对保险责任开始之日起至合同解除之日止期间的保险费，按日比例计收，剩余部分退还投保人。

F.3 争议处理

因履行保险合同发生的争议，由当事人协商解决。协商不成的，依法向有关仲裁机构申请仲裁或向人民法院提起诉讼。

F.4 适用法律

保险合同的争议处理适用中华人民共和国法律。

参 考 文 献

[1] 中华人民共和国保险法(中华人民共和国主席令第11号)
[2] 中华人民共和国合同法(中华人民共和国主席令第15号)
[3] 中华人民共和国海商法(中华人民共和国主席令第64号)
[4] GB/T 22151 国际货运代理作业规范
[5] GB/T 22152 国际货运代理业务统计导则
[6] GB/T 22153 国际货运代理通用交易条件
[7] GB/T 22154 国际货运代理服务质量要求
[8] GB/T 22155 国际货运代理企业资质和等级评价指标
[9] 杨运涛.国际货运代理法律指南.北京:人民交通出版社.2002.
[10] 吴定富.保险原理与实务.北京:中国财政经济出版社.2010.
[11] 刘付生.保险学原理.北京:经济科学出版社.2012.
[12] 庹国柱.保险学.北京:首都经贸大学出版社.2011.
[13] 孙敬宜.国际货运代理实务.北京:电子工业出版社.2009.

ICS 03.060
A 11

中华人民共和国国家标准

GB/T 28835—2012

国际物流责任保险　国际货运代理人责任险基本要素

International logistics legal liability insurance—Basic elements of international freight forwarding legal liability insurance

2012-11-05 发布　　2012-12-01 实施

中华人民共和国国家质量监督检验检疫总局
中国国家标准化管理委员会　发布

前言

本标准按照 GB/T 1.1—2009 给出的规则起草。

本标准由中华人民共和国商务部提出。

本标准由全国国际货运代理标准化技术委员会(SAC/TC 489)归口。

本标准起草单位：杭州双宇物流有限公司、福建金航国际货运代理有限公司厦门分公司、深圳市联合纵横国际货运代理公司、新时代保险经纪有限公司、中国人民财产保险股份有限公司、中国平安财产保险股份有限公司、中国太平洋财产保险股份有限公司、华泰财产保险有限公司、重庆美联国际物流(集团)有限公司、重庆市国际货运代理协会、锦程物流(集团)有限公司、中钢国际货运有限公司、中国外运长航集团有限公司、中国海运(集团)总公司、内蒙古安快物流集团。

本标准主要起草人：杨旭、李莉丽、林忠、王玉玲、王勇、冯建萍、任中伟、景洪德、张海峰、陈智勇。

国际物流责任保险　国际货运代理人责任险基本要素

1　范围

本标准规定了国际物流责任保险中的国际货运代理人责任险的保险责任、责任免除、责任限额与免赔额、保险期间、保险费、投保人与被保险人义务、赔偿以及争议处理等事宜。

本标准适用于多以代理身份经营、不签发国际货运代理运输单证的中小货代物流企业在国内对国际物流责任保险中的国际货运代理人责任险的投保。

2　规范性引用文件

下列文件对于本文件的应用是必不可少的。凡是注日期的引用文件，仅注日期的版本适用于本文件。凡是不注日期的引用文件，其最新版本(包括所有的修改单)适用于本文件。

GB/T 28833　国际物流责任保险投保、索赔规则

国内水路货物运输规则(中华人民共和国交通部2000年第9号)

汽车货物运输规则(中华人民共和国交通部1999年第5号)

铁路货物运输管理规则(中华人民共和国铁道部2000年第90号)

3　术语和定义

下列术语和定义适用于本文件。

3.1

国际物流责任保险　international logistics legal liability insurance

以被保险人在经营国际物流和/或国际货运代理业务过程中造成的损失，因此而依法承担的经济赔偿责任为保险标的的保险。

3.2

保险人　insurer

与投保人订立保险合同，并承担赔偿或者给付保险金责任的保险公司。

[JR/T 0031—2006，定义3.1]

3.3

投保人　applicant

与保险人订立保险合同，并按照保险合同负有支付保险费义务的人。

[JR/T 0031—2006，定义6.1.2]

3.4

被保险人　insured

其财产或人身受保险合同保障，享有保险金请求权的人，投保人可以为被保险人。

[JR/T 0031—2006，定义6.1.5]

3.5

受益人 beneficiary

由被保险人或者投保人指定的享有保险金请求权的人。投保人、被保险人可以为受益人。

[JR/T 0031—2006,定义 6.1.7]

3.6

投保单 application form

投保人为订立保险合同而向保险人提出的书面申请。

[JR/T 0031—2006,定义 6.1.18]

3.7

特别约定 special terms and conditions

由保险合同当事人就某些事项在保险合同中特别加以约定的附加条款。

[JR/T 0031—2006,定义 7.2.9]

3.8

保险责任 coverage

保险合同中约定的,保险事故发生后应由保险人承担的赔偿或给付保险金的责任。

[JR/T 0031—2006,定义 4.2.1]

3.9

责任免除 exclusion

保险合同中约定的,保险人不承担或者限制承担的责任范围。

[JR/T 0031—2006,定义 4.2.4]

3.10

直接损失 direct loss

由风险事故导致的财产本身的损失,或/和相关费用的增加。

[JR/T 0031—2006,定义 3.1.2.5]

3.11

保险费 premium

投保人为取得保险保障,按合同约定向保险人支付的费用。

[JR/T 0031—2006,定义 6.4.1.1]

3.12

赔偿限额、责任限额 limit of indemnity

保险合同中约定的,当保险事故发生后,保险人所承担的赔偿金额上限。

[JR/T 0031—2006,定义 6.3.1.3]

3.13

免赔额 deductible

保险合同中约定的,保险人不负赔偿责任的、由被保险人自行承担损失的额度。

[JR/T 0031—2006,定义 6.3.1.10]

3.14

保险单、保单 policy

保险合同成立后,保险人向投保人签发的保险合同的正式书面凭证。

[JR/T 0031—2006,定义 7.3.1]

3.15

批单 endorsement

保险人在保险单或者其他保险凭证上附贴的证明保险合同变更事项的文件。

[JR/T 0031—2006,定义 7.3.7]

3.16

保险合同　insurance contract

投保人与保险人约定保险权利义务关系的协议。

[JR/T 0031—2006,定义 7.1.1.1]

3.17

保险期间、保险期限　policy period;policy term

保险人和投保人约定的保险合同有效的期限。

[JR/T 0031—2006,定义 7.4.1.5]

3.18

保险事故　insured event

保险合同约定的保险责任范围内的事故。

[JR/T 0031—2006,定义 8.1.1.1]

3.19

施救　sue and labour

保险事故发生后,施救方为了防止或者减少损失,而进行的抢救、保护和清理等工作。

[JR/T 0031—2006,定义 8.3.2]

3.20

施救费用　sue and labour costs

保险事故发生后,救助方在施救过程中所发生的必要的、合理的费用。

[JR/T 0031—2006,定义 8.3.3]

3.21

自然灾害　natural disasters

雷击、暴风、暴雨、洪水、冰雹、冰凌、泥石流、崖崩、突发性滑坡、火山爆发、地面突然塌陷、地震、海啸及其他人力不可抗拒的破坏力强大的自然现象。

3.22

赔付　settlement;claim payment

保险人向被保险人或受益人赔偿或者给付保险金的行为。

[JR/T 0031—2006,定义 8.5.1.1]

3.23

保险金　insurance benefit

保险事故发生后,保险人根据保险合同的约定的方式、数额或标准,向被保险人或受益人赔偿或给付的金额。

[JR/T 0031—2006,定义 8.5.1.7]

3.24

赔款　claim payment

保险人对保险事故造成的损失,根据合同约定向被保险人或受益人给予的经济补偿。

[JR/T 0031—2006,定义 8.5.2.1]

3.25

重复保险　double insurance

投保人对同一保险标的分别向两个及两个以上的保险人订立保险合同,且保险金额总和超过保险价值的保险。

[JR/T 0031—2006,定义 6.2.2.3]

3.26

委托人　entrusting party

与货运代理签订合同、接受其提供的服务，依据合同享有权利并承担义务的法人或自然人，或与该合同有利害关系的法人或自然人。包括但不限于货物的所有人、托运人、发货人、收货人或其代理人。

[GB/T 22151—2008，定义 3.11]

3.27

独立经营人　independent operator

接受进出口货物收货人、发货人和其他委托方或其代理人的委托，以自己的名义承办货物运输、签发运输单证、履行运输合同、提供增值服务并收取运费以及服务报酬行为的企业。如仓储经营人、代理报关、报检经营人、履约承运人、契约承运人等。

[GB/T 22152—2008，定义 2.3]

3.28

国际货运代理业务　international freight forwarding business

以独立经营人或代理人身份，为客户提供与国际货物运输相关的综合性物流服务工作，包括但不仅限于揽货、订舱(含租船，包机、包板、包舱)、托运、配载、换单、缮制单证、仓储、分拨、中转、集装箱的装拆箱；海上货物运输、陆上货物运输、航空货物运输、管道运输、江河货物运输及相关的短途运输；国际多式联运、集运(含集装箱拼箱)、国际铁路联运、国际快递；报关、报检、报验、保险；运费、杂费收付及结算；国际展品、私人物品及过境货物运输代理；以及包装、装卸、信息和咨询等有偿服务，以收取有偿服务报酬的经济活动。

[GB/T 22152—2008，定义 2.4]

3.29

货物　goods

用来运输的商品，包括由托运人提供的用于集装货物的集装箱、货盘或类似的装运器具。

[GB/T 22153—2008，定义 2.5]

4　保险合同的组成及内容

4.1　保险合同由保险条款、投保单、保险单、批单和特别约定组成。凡涉及保险合同的约定，均应采用书面形式。保险单参见附录 A。

4.2　投保人和保险人可以约定与保险有关的其他事项。

4.3　保险合同应当包括下列事项：

a)　保险人的名称和经营场所；
b)　投保人、被保险人的名称、经营场所；
c)　保险标的；
d)　保险责任和责任免除；
e)　保险期间；
f)　保险金额；
g)　保险费以及支付办法；
h)　保险金赔偿或者给付办法；
i)　违约责任和争议处理；
j)　订立合同的年、月、日。

5 保险责任

5.1 委托人的直接损失

在保险期间内，被保险人及其代理人作为国际货运代理接受委托人的委托，提供国际货运代理业务服务过程中，发生下列情况导致委托人的直接损失，因此而依法应由被保险人承担的经济赔偿责任，保险人按照保险合同的规定在约定的责任限额内负责赔偿：

a） 由于安排国际货运代理业务时未发、错发、错运、错交货物，造成额外运输费用损失，但不包括因此产生的货物损失；

b） 由于遗漏、错误缮制和签发有关单证、文件而给委托人造成的相关费用损失；

c） 事先以书面形式约定货物交付日期或时间的，因被保险人不作为导致货物延迟交付所造成的相关费用损失；

d） 在港口或仓库（包括被保险人自己拥有的仓库或租用、委托暂存他人的仓库、场地）监卸、监装和储存保管工作中因疏忽或过失给委托人造成货物的损失（包括因盗窃、抢劫造成的损失）；

e） 在采用集装箱运输业务中因拆箱、装箱、拼箱操作失误给委托人造成的货物损失；

f） 因受托包装、加固货物不当或不充分，而给委托人造成的货物损失；

g） 在报关过程中，由于被保险人过失造成违反国家有关进出口规定或报关要求，被当局征收的额外关税。

5.2 施救费用

保险事故发生后，为防止或减少对货物或相关费用损失的赔偿责任而支付的必要的、合理的施救或保护费用以及事先经保险人书面同意支付的其他费用。

5.3 法律费用

被保险人因保险事故而被提起仲裁或者诉讼，对应由被保险人支付的仲裁或者诉讼费用以及事先经保险人书面同意支付的其他必要的、合理的费用。

5.4 可选择性的保险责任扩展

5.4.1 第三者责任

指在货物运输过程中造成除被保险人及其代理人的雇员以外的其他人的人身伤亡或财产损失，由此承担的民事赔偿责任。

5.4.2 特殊货物责任

由特殊货物引起的赔偿责任。特殊货物包括珠宝、贵重金属、古玩、古币、古书、古画、艺术作品、邮票、活动物和植物。

5.4.3 其他责任

可通过特别约定，扩展其他保险责任。

6 责任免除

6.1 下列原因造成的损失、费用或责任，保险人不负责赔偿：

a） 被保险人及其代表和雇员的故意行为或重大过失；

b） 行政行为或司法行为；

c） 被保险人或其代理人的违法行为；

d） 自然灾害；

e） 货物本身的自然特性、潜在缺陷或固有的包装不善所致变质、霉烂、受潮、生锈、生虫、自然磨损、自然损耗、自燃、褪色、异味；

f） 战争、类似战争行为、敌对行动、军事行动、武装冲突、罢工、骚乱、暴动、政变、谋反、恐怖活动；

g） 核辐射、核裂变、核聚变、核污染及其他放射性污染；

h） 大气、土地、水污染及其他各种污染；

i） 因无正本提单交付货物、倒签提单、预借提单造成的损失。

6.2 对被保险人操作以下货物所引起的赔偿责任，保险人不负责赔偿：

a） 钻石玉器等珠宝、金银等贵重金属；

b） 古玩、古币、古书、古画；

c） 艺术作品、邮票；

d） 枪支弹药、爆炸物品；

e） 现钞、支票、信用卡、有价证券、票据、文件、档案、账册、图纸；

f） 核材料；

g） 计算机及其他媒介中存储的各类数据、应用软件和系统软件；

h） 活动物和植物。

6.3 下列情形或情况，保险人不负责赔偿：

a） 任何人身损害、精神损害赔偿；

b） 被保险人与委托人或其他第三方签订的协议中所约定的责任，但即使没有这种协议依法仍应由被保险人承担的责任不在此限；

c） 除5.1g)之外的罚款、罚金及惩罚性赔偿；

d） 保险合同中载明的免赔额；

e） 被保险人自有的或拥有实际所有权或使用权的任何财产损失及责任；

f） 被保险人无有效的国际货运代理业务经营资格或超过许可经营范围从事国际货运代理业务；

g） 被保险人超越代理权限从事国际货运代理业务；

h） 被保险人将有关业务委托给不合法或无相应的经营资格的代理人、承运人、仓库出租人、船务公司等主体。

6.4 属于国际公约、《国内水路货物运输规则》、《汽车货物运输规则》及《铁路货物运输管理规则》及其他相关规定的国际货运代理免责范围的责任，保险人不负责赔偿。

6.5 其他不属于保险责任范围内的损失、费用或责任，保险人不负责赔偿。

7 责任限额和免赔额

7.1 保险人对每次事故承担的赔偿金额之和不超过保险合同约定的每次事故责任限额，在保险期间内保险人承担的赔偿金额之和不超过保险单约定的累计责任限额。

7.2 每次事故免赔额由投保人与保险人在签订保险合同时协商确定，并在保险合同中载明。

8 保险期间和保险责任开始

除非另有约定，保险期间为一年，以保险合同上载明的起讫时间为准。

9 保险合同生效、保险费以及支付办法

9.1 保险合同生效

9.1.1 投保人提出保险要求，经保险人同意承保，保险合同成立。

9.1.2 依法成立的保险合同，自成立时生效。

9.1.3 保险合同成立后，投保人按照约定交付保险费；保险人按照约定的时间开始承担保险责任。

9.2 保费支付

9.2.1 预交预计保险费

以被保险人的年度营业额为基础计算全年保费，被保险人根据上年度财务报表的营业额预交保费，年终根据本年度报表实际营业额多退少补。

9.2.2 影响保费的主要因素

保费与营业额、责任限额、分支机构数量成正相关，与免赔额成负相关。

9.2.3 保险费支付办法

参见附录 B。

10 投保人、被保险人义务

参见附录 C。

11 保险人义务

参见附录 D。

12 赔偿处理

参见附录 E。

13 违约责任及争议处理

参见附录 F。

14 投保与索赔规则

投保与索赔规则，见 GB/T 28833。

附　录　A
（资料性附录）
国际货运代理人责任险保险单

A.1　国际货运代理人责任险保险单，参见图 A.1。

CIFA专用

国 际 货 运 代 理 人 责 任 险 保 险 单

INTERNATIONAL FREIGHT FORWARDING B/L LIABILITY INSURANCE POLICY

保险公司根据被保险人的要求及其所交付约定的保险费，按照本保险单背面所载条款与下列特款，承保下述国际货运代理人责任保险，特立本保险单。

This policy is hereby issued by property & casualty insurance company of China, Ltd. for the purpose of request of the insured, to provide International Freight Forwarder Liability Insurance according to the terms and conditions overleaf and special provisions below, provided the arranged premium paid.

本保险单经中国国际货运代理协会认可作为国际货运代理法人备案和年度业务备案的有效保险凭证；中国国际货运代理协会是本保险的组织协调机构，不承担任何保险责任。

This policy, accepted by CIFA, can be used as an effective insurance certificate when putting to record the legal person and the annual operations of China international freight forwarding. CIFA is the coordinating organization of this insurance and bears no any insurance obligations.

保险单号 Policy No.	
被保险人名称 Name of Insured	
地　　址 Address	
保险期间 Period of Insurance	
每次事故责任限额 Limit of Indemnity for Any One Accident	
累计责任限额 Aggregate Limit of Indemnity	
每次事故免赔额 Deductible for AnyOne Accident	
承保条款 Coverage	
附加条款 Extensions	
预收保险费 Provisional Premium	
特别约定 Special Agreement	
备　　注 Remarks	

签单日期：　年　月　日 Issuing date：	财产保险股份有限公司 Property & Casualty Insurance Company of China, Ltd. （盖章） seal （本保单加盖保单专用章生效） This policy is invalid without seal
签单公司地址及电话：	
核保：Underwritten by：　制单：Made by：　经办：Operator：	
报案电话： Claim Service Tel.：	

图 A.1　国际货运代理人责任险保险单

附 录 B
（资料性附录）
保险费支付办法

B.1 投保人应在保险合同成立时一次性向保险人交清保险单载明的预计保险费。

B.2 预计保险费以被保险人上年度营业额为依据计算。

B.3 保险期间届满后，投保人应将被保险人在保险期间内的实际总营业额书面通知保险人，作为计算实际保险费的依据。

B.4 若实际保险费高于预计保险费，投保人应补交其差额；若实际保险费低于预计保险费，保险人应将差额退还给投保人。

附 录 C
（资料性附录）
投保人、被保险人义务

C.1 投保人义务

C.1.1 投保人应履行如实告知义务，如实回答保险人就保险合同所涉及的被保险人的营业额等相关情况提出的询问，并应当将其知道的或者在通常业务中应当知道的有关影响保险人据以确定保险费率或者确定是否同意承保的重要情况，如实告知保险人，并如实填写投保单。

C.1.2 投保人故意隐瞒事实、不履行如实告知义务的，或者因重大过失未履行如实告知义务，足以影响保险人决定是否同意承保或者提高保险费率的，保险人有权解除保险合同，保险合同自保险人的解约通知书到达投保人或被保险人时解除。

a） 投保人故意不履行如实告知义务的，保险人对于保险合同解除前发生的保险事故，不承担赔偿责任，并不退还保险费。

b） 投保人因重大过失未履行如实告知义务，保险人有权解除合同或者要求相应增加保险费。因未履行如实告知义务对保险事故的发生有严重影响的，保险人对于保险合同解除前发生的保险事故，不承担赔偿责任，但可退还保险费。

C.2 被保险人义务

C.2.1 被保险人应当在国际货运代理合同范围内妥善收受、保管、安排、处置货物。如未按合同规定履行应尽责任的，保险人有权要求增加保险费或解除保险合同。

C.2.2 在保险期间内，如果出现足以影响保险人决定是否继续承保或是否增加保险费的保险合同重要事项变更，被保险人应及时书面通知保险人，保险人有权要求增加保险费或者解除合同。

a） 保险人要求解除保险合同的，保险人按照保险责任开始之日起至合同解除之日止期间与保险期间的日比例计收保险费，并退还剩余部分保险费。

b） 被保险人未履行上述通知义务，因上述重要事项变更造成危险程度增加而导致保险事故发生的，保险人不承担赔偿责任。

C.2.3 发生保险责任范围内的事故时，被保险人应：

a） 尽力采取必要、合理的措施，防止或减少损失，否则，对因此扩大的损失，保险人不承担赔偿责任；

b） 立即通知保险人，并书面说明事故发生的原因、经过和损失情况；对因重大过失未及时通知导致保险人无法对事故原因进行合理查勘的，保险人不承担赔偿责任；对因未及时通知导致保险人无法核实损失情况的，保险人对无法核实部分不承担赔偿责任；

c） 如发生盗窃或抢劫事故的，应立即向当地公安机关或行政管理部门报案，并获得其立案或事故证明，否则，对因未及时报告而扩大的赔偿责任，保险人不负责赔偿；

d） 保护事故现场，允许并且协助保险人进行事故调查。对于拒绝或者妨碍保险人进行事故调查导致无法确定事故原因或核实损失情况的，保险人不承担赔偿责任。

C.2.4 被保险人收到赔偿请求人的损害赔偿请求时，应立即通知保险人。未经保险人书面同意，被保险人自行对赔偿请求人作出的任何承诺、拒绝、出价、约定、付款或赔偿，保险人均不承担赔偿责任。

C.2.5 被保险人获悉可能发生诉讼、仲裁时，应立即以书面形式通知保险人。接到法院传票或其他法律文书后，应将其副本及时送交保险人。保险人有权以被保险人的名义处理有关诉讼或仲裁事宜，被保险人应提供有关文件,并给予必要的协助。对因重大过失未及时提供上述通知或必要协助引起或扩大的损失,保险人不承担赔偿责任。

C.2.6 保险事故发生后,依照保险合同请求保险人赔偿时,投保人、被保险人应提交以下文件,被保险人未履行约定的单证提供义务,导致保险人无法核实损失情况的,保险人对无法核实部分不承担赔偿责任。文件包括:

a) 保险单;
b) 索赔申请;
c) 有关部门出具的事故证明;
d) 损失清单、损失证明材料、支付凭证(有关费用发票等);
e) 相应的货物运输合同和国际货运代理合同(如有);
f) 有关的法律文书(裁定书、裁决书、调解书、判决书等)或和解协议(如有);
g) 被保险人上年度财务报表;
h) 投保人、被保险人所能提供的与确认保险事故的性质、原因、损失程度等有关的其他证明和材料;
i) 保险人合理要求的作为请求赔偿依据的其他证明和资料。具体各项损失所需单证详见表C.1。

表C.1 各项损失所需单证

编号	单证名称	备注
费用损失部分		
1	索赔申请	保险公司提供标准格式
2	损失清单	出险单位提供并加盖公章
3	货物运单、提单正本或运输协议复印件	加盖公章
4	费用的损失证明	复印件
5	协议	加盖公章
6	客户拒付费用通知书及说明拒付原因的书面证明	(如必要)
7	保险公司根据案情所需要的其他单证	
第三者责任部分		
1	索赔申请	保险公司提供标准格式
2	损失清单	出险单位提供并加盖公章
3	货物运单、提单正本或运输协议复印件	加盖公章
4	赔款收据及代位书	盖章和填写开户行、账号
5	证明出险事故原因及损失的文件	
6	交警的责任认定书或调解书	道路事故
7	公安机关证明	治安或刑事案件
8	致其他责任方的索赔函复印件	加盖公章
9	向第三者支付赔款的收据及责任解除书以及与第三方签订的赔偿协议书	
10	保险公司根据案情所需要的其他单证	(如必要)

表 C.1（续）

编号	单证名称	备注
涉及第三者财产损失的还需提供		
1	受损财产价值证明(如购置发票)	加盖公章
2	受损财产修复或重置发票	加盖公章
3	受损财产修复或重置的明细清单	加盖公章
涉及第三者人身伤害的还需提供		
1	有关伤害资料记录(住院小结和病历卡)	加盖公章
2	劳动部门出具的伤残等级证明	加盖公章
3	误工及工资收入证明	加盖公章
4	医疗费及有关费用单据原件	加盖公章

C.2.7 被保险人在请求赔偿时应如实向保险人说明与保险合同保险责任有关的其他保险合同的情况。对未如实说明导致保险人多支付保险金的,保险人有权向被保险人追回多支付的部分。

C.2.8 发生保险责任范围内的损失,应由有关责任方负责赔偿的,被保险人应行使或保留向该责任方请求赔偿的权利。

a) 保险事故发生后,保险人未履行赔偿义务之前,被保险人放弃对有关责任方请求赔偿的权利的,保险人不承担赔偿责任。

b) 在保险人向有关责任方行使代位请求赔偿权利时,被保险人应向保险人提供必要的文件和其所知道的有关情况。

c) 由于被保险人的故意或重大过失致使保险人不能行使代位请求赔偿的权利的,保险人相应扣减赔偿金额。

附 录 D
（资料性附录）
保险人义务

D.1 保险人收到被保险人或者受益人的赔偿或者给付保险金的请求后，应及时作出核定。

D.2 保险人应将核定结果通知被保险人或者受益人。

D.3 对属于保险责任的，在与被保险人或者受益人达成赔偿或者给付保险金的协议后十日内，履行赔偿或者给付保险金义务。

D.4 保险人、被保险人为查明和确定保险事故的性质、原因和损失程度所支付的必要的、合理的费用，由保险人承担。

D.5 保险合同对赔偿或者给付保险金的期限有约定的，保险人应当按照约定履行赔偿或者给付保险金义务。

D.6 保险人未及时履行前款规定义务的，除支付保险金外，应赔偿被保险人或者受益人因此受到的损失。

D.7 被保险人因给第三者造成损害的保险事故而被提起仲裁或者诉讼的，被保险人支付的仲裁或者诉讼费用以及其他必要的、合理的费用，除合同另有约定外，由保险人承担。

D.8 对不属于保险责任的，应向被保险人或者受益人发出拒绝赔偿或者拒绝给付保险金通知书，并说明理由。

D.9 保险人自收到赔偿或者给付保险金的请求和有关证明、资料之日起六十日内，对其赔偿或者给付保险金的数额不能确定的，应根据已有证明和资料可确定的数额先予支付；保险人最终确定赔偿或者给付保险金的数额后，应当支付相应的差额。

附　录　E
（资料性附录）
赔 偿 处 理

E.1　赔偿基础

E.1.1　保险人的赔偿基础以被保险人的赔偿责任来确定。

E.1.2　被保险人的赔偿责任按以下列明的任一方式来确定：

a)　被保险人和向其提出损害赔偿请求的相关利益方协商并经保险人确认；

b)　仲裁机构裁决；

c)　人民法院判决；

d)　保险人认可的其他方式。

E.2　赔偿计算

E.2.1　发生保险责任范围内的损失，保险人按以下方式计算赔偿：

a)　对于每次事故造成的损失，保险人在每次事故责任限额内计算赔偿；

b)　若约定了分项责任限额且适用分项责任限额的，保险人对每次事故的赔偿不超过该分项责任限额；

c)　在依据 a)项和 b)项计算的基础上，保险人在扣除每次事故免赔额后进行赔偿。保险人对每次事故造成的损失，包括发生的施救费用与法律费用免赔额仅扣除一次；

d)　在保险期间内，保险人对多次事故损失的累计赔偿金额不超过累计责任限额。

E.2.2　因保险事故而发生的施救费用和法律费用，保险人按以下方式计算赔偿：

a)　对每次事故施救费用的赔偿金额，保险人在 E.2.1 计算的赔偿金额以外按被保险人实际发生的数额另行计算。

b)　对每次事故法律费用的赔偿金额，保险人在 E.2.1 计算的赔偿金额以外按被保险人实际发生的数额另行计算。

E.3　重复保险

保险事故发生时，如果存在重复保险，保险人按照国际货运代理人责任险保险合同的累计责任限额与所有有关保险合同的累计责任限额总和的比例承担赔偿责任，且不负责垫付其他保险人应承担的赔偿金额。

E.4　诉讼时效

被保险人向保险人请求赔偿或者给付保险金的诉讼时效期间为二年，自其知道或者应当知道保险事故发生之日起计算。

附　录　F
（资料性附录）
违约责任及争议处理

F.1　投保人

F.1.1　保险责任开始前，投保人要求解除保险合同的，应按合同约定向保险人支付退保手续费，保险人应当退还剩余部分保险费。
F.1.2　保险责任开始后，投保人要求解除保险合同的，自通知保险人之日起，保险合同解除，对保险责任开始之日至合同解除之日期间的保险费，保险人按短期费率计收，并退还剩余部分保险费。

F.2　保险人

F.2.1　保险责任开始前，保险人要求解除保险合同的，不得向投保人收取手续费并应退还已收取的保险费。
F.2.2　保险责任开始后，保险人可按合同约定期限提前通知投保人解除合同，对保险责任开始之日起至合同解除之日止期间的保险费，按日比例计收，剩余部分退还投保人。

F.3　争议处理

因履行保险合同发生的争议，由当事人协商解决。协商不成的，依法向有关仲裁机构申请仲裁或向人民法院提起诉讼。

F.4　适用法律

保险合同的争议处理适用中华人民共和国法律。

参考文献

[1] 中华人民共和国保险法（中华人民共和国主席令第11号）

[2] 中华人民共和国合同法（中华人民共和国主席令第15号）

[3] 中华人民共和国海商法（中华人民共和国主席令第64号）

[4] GB/T 22151 国际货运代理作业规范

[5] GB/T 22152 国际货运代理业务统计导则

[6] GB/T 22153 国际货运代理通用交易条件

[7] GB/T 22154 国际货运代理服务质量要求

[8] GB/T 22155 国际货运代理企业资质和等级评价指标

[9] JR/T 0031 保险术语

[10] 杨运涛.国际货运代理法律指南.北京:人民交通出版社.2002

[11] 吴定富.保险原理与实务.北京:中国财政经济出版社.2010

[12] 刘付生.保险学原理.北京:经济科学出版社.2012

[13] 庹国柱.保险学.北京:首都经贸大学出版社.2011

[14] 孙敬宜.国际货运代理实务.北京:电子工业出版社.2009

ICS 03.100.99
A 01

中华人民共和国国家标准

GB/T 28836—2012

国际物流企业信用评价指标要素

Credit evaluating index elements for international logistics enterprises

2012-11-05 发布　　2012-12-01 实施

中华人民共和国国家质量监督检验检疫总局
中国国家标准化管理委员会　发布

前 言

本标准按照GB/T 1.1—2009给出的规则起草。

本标准由中华人民共和国商务部提出。

本标准由全国国际货运代理标准化技术委员会(SAC/TC 489)归口。

本标准起草单位:杭州双马报关有限公司、厦门英诺尔电子科技股份有限公司、深圳市联合纵横国际货运代理公司、大连锦程物流网络技术有限公司、重庆美联国际物流(集团)有限公司、重庆市国际货运代理协会、中钢国际货运有限公司、上海新景程国际物流有限公司、中国外运长航集团有限公司、中国海运(集团)总公司、内蒙古安快物流集团、新疆托木尔货运代理有限公司。

本标准主要起草人:林忠、胡博、陈峥、任中伟、冯建萍、李金华、杨旭、刘嬿姗、陈智勇、景洪德、张海峰。

国际物流企业信用评价指标要素

1 范围

本标准规定了国际物流企业信用评价指标及其要素。

本标准适用于国际物流企业信用评价。

2 规范性引用文件

下列文件对于本文件的应用是必不可少的。凡是注日期的引用文件，仅注日期的版本适用于本文件。凡是不注日期的引用文件，其最新版本(包括所有的修改单)适用于本文件。

GB/T 22117—2008 信用 基本术语

GB/T 22152—2008 国际货运代理业务统计导则

GB/T 22155—2008 国际货运代理企业资质和等级评价指标

GB/T 23694—2009 风险管理 术语

GB/T 23794—2009 企业信用评价指标体系分类及代码

3 术语和定义

GB/T 22117—2008、GB/T 23694—2009、GB/T 23794—2009、GB/T 22152—2008 和 GB/T 22155—2008 界定的以及下列术语和定义适用于本文件。

3.1

企业信用评价 enterprise credit evaluating

对企业遵纪守法、履行社会承诺及经济偿还意愿和能力的综合评价。

[GB/T 23794—2009，定义 2.1]

3.2

国际物流企业 international logistics enterprises

从事跨境、跨区域物流活动的经济组织。

3.3

国际物流企业信用评价 credit evaluation for international logistics enterprise

对国际物流企业进行遵纪守法、履行社会承诺及经济偿还意愿和能力等方面的综合评价。

3.4

企业信用 enterprise credit

企业(含银行)赊购或融资的能力，这种能力建立在对企业偿还能力和意愿的评价基础之上。

[GB/T 22117—2008，定义 3.2.1]

3.5

风险管理 risk management

指导和控制某一组织与风险相关问题的协调活动。

注：风险管理通常包括风险评估、风险处理、风险承受和风险沟通。

[GB/T 23694—2009，定义 3.1.7]

4 企业基础信用评价指标及其要素

4.1 针对企业基础信用评价指标即企业基础素质评价指标，应从企业注册信息是否合法，企业股权状况及其稳定性和透明度，内部组织结构与治理的有效性，分支机构数量和实力，获得资质与专利等其他方面进行考核与评价。

4.2 企业基础信用评价指标及其要素见表1。

表1 企业基础信用评价指标及其要素

指标	要素	说明	备注
企业基础信用	注册信息	基本信息	企业名称、企业类型、经济性质、成立日期、企业注册号、注册地址、联系人、组织机构代码、税务登记号、企业变更登记信息、最新年检日期、法定代表人、证件名称和号码等。其中： 企业类型：公司的类型，按照股东的责任范围对公司进行分类。 经济性质：企业的所有制性质
		注册资本	企业规模
		经营范围	企业法人业务活动范围
		连续经营年限	企业经营历史
	股东情况	资本结构	主要股东类型与规模；企业股权状况及其稳定性和透明度
		股东信用情况	股东背景、个人信用状况
		股权结构	股东会结构、董事会结构、监事会结构
		股东治理结构	高管持股状况；包括企业中其他持股高于10%的股东数量、企业前10大股东的关联关系、股权比例、股东变更事项、股东变更日期
	公司组织结构与治理	治理结构框架规范文件	规范性文件应合法、有效、合理
		治理结构图	体现组织机构、人员、职能和责任的清晰度、合理性、规范性
		治理结构对管理层制约性	治理机构的合理性。各机构人员相互监督制约、第一负责人监督制约、独立部门监督制约等
		管理层与部门分工合理性	管理层分工的合理性。管理层分工、部门职能的合理性和清晰度等
	资质与专利	专利、知识产权与认证	专利、知识产权保护、知识产权与认证情况
		资质	获得资质的情况，如代理报关资格证书、代理报验资格证书、无船承运业务经营资格证书、航空货运代理资格证书、国内道路运输经营许可证、国际道路运输经营许可证等其他资质

表 1（续）

指标	要素	说　明	备　注
企业基础信用	资质与专利	荣誉	获得相关荣誉情况，如专利示范单位、知识产权试点单位等与知识产权保护、资质建设相关的荣誉
	分支机构情况	分支机构数量	拥有分支机构、控股子公司、参股公司，具有国外分支机构的情况
		分支机构实力	分支机构主营业务和实力等情况

5 企业经营状况评价指标及其要素

5.1 针对企业经营状况评价指标，应从与企业的服务能力、服务发展现状、经营状况稳定性有关的企业的主要经营范围以及业务量、基础设施与装备状况、物流新技术的运用等方面进行考核与评价。

5.2 企业经营状况评价指标及其要素见表 2。

表 2 企业经营状况评价指标及其要素

指标	要素	说　明	备　注
企业经营状况	主要经营范围	服务项目	列明服务项目，如揽货、托运、定舱、集装箱拼装拆箱、仓储中转、国际多式联运、结算运杂费、报关、报验、保险、相关短途运输、物流服务、运输咨询等
	基础设施与装备	自有运输工具总载重量（吨）	参照 GB/T 22152 和 GB/T 22155；应包括基础设施与装备状况的考核与评价，如使用年限、先进性、闲置情况等
		租用运输工具总载重量（吨）	
		自有仓储面积/容积	
		租用仓储面积/容积	
		保税、监管库	
		包装、分拣、装卸等设备	
	业务情况	代理网点数	网点数量、业务量等参照 GB/T 22152 和 GB/T 22155
		仓储中转数	
		运营网点数	
		国际多式联运	
		国际铁路联运	
		国际公路运输	
		水运	
		空运	
		过驳/转运	
		代理报关	

表 2（续）

指标	要素	说　明	备　注
企业经营状况	业务情况	代理报检	网点数量、业务量等参照 GB/T 22152 和 GB/T 22155
		短途运输	
		拼箱业务	
	物流新技术运用	新技术的运用情况	如采用 RFID/RF/GIS+GPS/条码等信息技术，车辆追踪率技术，手持终端或录入设备，自动分拣技术，全程可视化监控，云端技术在物流管理、供应链管理中的应用等

6　企业信息化建设指标及其要素

6.1　针对企业信息化建设评价指标，应从门户网站、业务系统、与企业外主体的业务信息交换方式和能力(电子商务)、OA 系统、局域网、网点联网率、移动信息化能力、财务信息化能力等方面进行考核与评价。

6.2　企业信息化建设指标及其要素见表 3。

表 3　企业信息化建设指标及其要素

指标	要素	说　明	备　注
企业信息化建设	门户网站	门户网站建设情况	
	业务系统	电子单证管理系统	
		供应链管理系统(SCM)	
		采购系统(PM)	
		仓储系统(WMS)	
		运输系统(TMS)	
		企业资源规划系统(ERP)	
		客户管理系统(CRM)	
		车辆追踪系统及其他业务系统	
	与企业外主体的业务信息交换方式和能力(电子商务)	电子单证	电子单证的应用和管理情况，包括电子单证信息交换和信息共享能力，技术规范是否符合国际标准、国家标准或行业标准的要求
		信息交换与共享的能力	采用 ANSI、UNEDIFACT、WCO、国家标准、企业标准的情况
		货物跟踪	货物跟踪的服务能力情况，货物跟踪系统或技术规范是否符合国际标准、国家标准或行业标准的要求

表 3（续）

指标	要素	说　明	备　注
企业信息化建设	与企业外主体的业务信息交换方式和能力（电子商务）	电子舱单预申报能力	如中国海关预报舱单（China Customs Advance Manifest，CCAM）、AMS、ISF 以及 ENS
		客户查询	查询方式、内容、安全性、保密性和所提供的技术是否满足客户和业务的需求
	OA 系统	企业内部办公及信息交互能力	
	局域网	局域网建设	是否满足业务发展需求
	网点联网率	与服务网点信息交互能力	分支机构、服务网点等之间的联网情况
	移动信息化运用能力	移动终端设备运用	与企业内部信息系统对接的移动终端设备运用情况
	财务信息化能力	纸张文档电子化	纸张文档电子化程度、信息处理技术和管理运用情况
		财务交易自动化	财务交易自动化程度、信息处理技术和管理运用情况
		负债管理自动化	负债管理自动化程度、信息处理技术和管理运用情况
	信息化管理	信息化安全管理制度	管理制度及执行情况，包括安全管理机构的设立情况，各项规章制度建立健全和执行情况，总体安全策略制定、执行情况，是否建立网络风险管理质量管理体系文件等等方面
		信息网络风险防范	实体风险、硬件风险、软件风险、管理风险的评估与防范措施是否科学合理、落实到位

7　经营管理评价指标及其要素

7.1　针对经营管理评价指标，应从企业内部控制和外部治理的规范性、抗风险能力、主要客户资信状况、主导服务产品的盈利模式、成本变动趋势等，其要素主要有人力资源管理、企业文化、质量管理、安全生产管理、供应链安全管理、环境管理、营销管理、品牌推广、信用管理、合同管理、客户关系管理、财务供应链管理、财务风险控制与操作、应收账款管理制度、企业发展前景等方面进行考核与评价。

7.2　企业经营管理评价指标及其要素见表 4。

表 4　企业经营管理评价指标及其要素

指标	要素	说　明	备　注
经营管理	人力资源管理	第一负责人管理岗位年限	第一负责人在管理岗位上的年限，包括素质，如管理经验、管理能力、主要经营历史业绩、个人社会声誉、信用记录

表 4（续）

指标	要素	说　　明	备　　注
经营管理	人力资源管理	管理层平均管理岗位年限	管理层人员在管理岗位上的平均年限，包括高管人员素质，如管理经验、管理能力、主要经营历史业绩、个人社会声誉、信用记录
		第一负责人行业工作年限	第一负责人从业年限情况
		管理层平均行业工作年限	管理层人员从业年限情况
		第一负责人学识	第一负责人的学历、职称等
		现代管理方法的运用	包括企业人力资源战略的制定、员工的招募与选拔、培训与开发、绩效管理薪酬管理、员工流动管理、员工关系管理、员工安全与健康管理等的科学性、合理性、激励性和约束性
		人员结构	员工总人数和具有从业人员资格的人数
		员工学历结构	在册员工中具有各种学历、职称所占比例
		技术（专业）素质	技术人员、具有从业资格人员所占的比例
		员工年龄结构	员工的年龄结构的合理性
	企业文化	企业文化建设	包括企业高层管理人员对企业文化建设的重视程度，企业文化建设方面采取的措施和成效，以及企业文化对公司经营与发展的影响等
	质量管理	质量管理制度及执行情况	如质量方针目标管理制度、质量体系审核制度、质量否决权制度、质量信息管理制度、业务经营质量管理制度、质量标准管理制度、计量管理制度、设备设施管理制度等及执行情况
		质量认证	质量管理体系认证（如通过 ISO 9001:2000 质量管理体系认证）情况，由企业按照相应标准管理、内审或是第三方认证机构认证
		内部质检部门或负责人	有无专职人员，是否获得职业资格证书
	安全生产管理	安全生产管理机构	管理机构设置、职责是否合理，能否满足安全生产的需要
		安全生产管理人员	人员配备和职责是否符合要求，是否接受安全培训，是否具备与企业所从事的生产经营活动相适应的安全生产知识和管理能力
		安全生产责任制	各级领导、职能部门和在一定岗位上的劳动者个人对安全生产工作应负责任的制度落实情况
		安全生产管理规章制度	在生产经营活动中，为避免造成人员伤害和财产损失的事故而采取相应的事故预防和控制措施及执行情况

表 4（续）

指标	要素	说　明	备　注
经营管理	安全生产管理	安全生产策划	针对业务/项目的规模、结构、环境、技术含量、施工风险和资源配置等因素所进行的安全生产策划是否科学合理，所配置的必要的设施、装备和专业人员是否到位，所采取的相适宜的安全技术措施是否得到落实等等
		职业健康安全管理体系认证	职业健康安全管理体系管理或认证（如通过 OHSAS 18000 职业健康安全管理体系认证）情况，由企业按照相应标准管理、内审或由第三方认证机构认证
		安全生产培训教育	安全生产培训教育的制度和组织实施情况，包括计划、形式、内容、学时要求、档案管理等
		应急预案	是否有针对紧急情况发生时的处理预案，预案详细程度、可执行性、效果评估等
		安全生产事故情况	是否发生过安全事故，发生次数、严重程度等
	供应链安全管理	供应链安全管理体系认证	供应链安全管理体系认证（如通过 ISO 28000 供应链安全管理体系认证、TAPA FSR 2011 认证、TAPA TSR 2008 认证、C-TPAT 认证等）情况，由企业按照相应标准管理、内审或由第三方认证机构认证。 **注 1**：TAPA：运输资产保护协会（Transported Assets Protection Association）。 **注 2**：FSR：运输安全要求（Freight Security Requirements）。 **注 3**：TSR：卡车安全要求（Truck Security Requirements）。 **注 4**：C-TPAT：海关-商贸反恐怖联盟（Customs-Trade Partnership Against Terrorism）。
		经认证的经营者 Authorized Economic Operator（AEO）	是否获得认证；由企业按照相应标准管理、内审或由第三方认证机构认证
		预报舱单 Advance Cargo Information（ACI）	是否获得预报舱单的资质
		中国海关企业分类管理认证	是否获得海关安全认证（AA、A、B、C、D 五个管理类别）
	环境管理	环境管理体系认证	环境管理体系认证（如通过 ISO 14001 环境管理体系认证）情况，由企业按照相应标准管理、内审或由第三方认证机构认证

表 4（续）

指标	要素	说　明	备　注
经营管理	营销管理	服务产品销售政策	服务产品设计与营销策略、政策的制定及执行情况
		营销人员激励制度	营销人员的培养、激励管理实施方案和考核制度的合理性
		服务产品销售区域管理制度	管理架构及管理制度的合理性
		服务产品销售渠道管理制度	管理架构及管理制度的合理性
		营销团队成立年限	营销团队成立年限情况
		企业对营销的重视	对营销队伍建设、营销策划、营销网络和营销管理等的重视程度
		营销文化	贯穿于企业整个营销活动过程中的一系列指导思想、文化理念以及与营销理念相适应的规范、制度等
	品牌推广	品牌建立	是否以正确的方法建立起品牌价值，以及是否善用此品牌价值
		专职部门或专人负责推广	是否有专职部门或专人负责推广
		品牌推广时间	品牌宽度推广阶段、深度推广阶段、维护阶段的时间把握
	信用管理	信用管理部门	信用管理机构设立的情况
		客户管理专门负责人	专门负责人的学历、职称、从业资格和经验
		客户信用档案管理制度	管理架构及管理制度的合理性
		客户资信调查制度	管理架构及管理制度的合理性
		客户授信制度	管理架构及管理制度的合理性
	合同管理	法务机构专职人员	专职人员的学历、职称、从业资格和经验
		合同签章的管理制度	管理架构及管理制度的合理性
		合同的审批制度	管理架构及管理制度的合理性
		履约控制与失信责任追究制度	管理架构及管理制度的合理性，包括合同管理制度、合同履约率、合同履约率变动指数、合同变更率、逾期账款比率、逾期借款比率、合同履约客户满意度
	客户关系管理	顾客投诉率（或顾客满意度）	顾客满意度调查、顾客满意度测评、顾客满意度研究以及顾客满意度调查工具的运用等情况
		客户管理	相关客户管理制度和执行情况，基础性的工作包括顾客分析、企业对顾客的承诺、客户信息交流等；主体工作则包括建立和保持客户关系、客户档案管理、客户反馈管理、客户服务与教育及企业与顾客的合作等
	财务供应链管理	财务管理与供应链管理的整合	物流和财务活动之间的整合程度
		流动资金管理	流动资金的占用状况和周转率等。计划管理是否规范、约束机制和责任制度是否完善

表 4（续）

指标	要素	说　明	备　注
经营管理	财务风险控制与操作	财务管理负责人素质	财务部门负责人的学历、职称、从业资格、从业年限和经验
		财务风险控制文件	财务管理和监管制度、财务信息质量控制、投融资管理制度、财务风险控制措施，物流业务外包财务风险、服务网络机构财务风险控制措施，企业因担保、诉讼等或有风险状况及控制措施等文件
		财务管理信息化程度	使用专用财务软件或其他办公软件情况
		风险控制与操作规范	是否建立风险控制与操作规范；相关制度是否完善；考察制度执行情况
	应收账款管理	应收账款管理信息化	信息化程度、信息处理技术和管理运用情况
		应收账款账龄结构	应收账款账龄结构是否结构合理；坏账比例是否适度；风险是否能有效预测和控制
		坏账准备合理性	是否建立了坏账准备金制度；坏账准备的计提是否严格遵守会计制度的规定；计提的范围、计提的标准是否合理、合法；是否建立了坏账审批制度

8　财务能力评价指标及其要素

8.1　针对财务能力评价指标，应从企业的偿债能力、获利能力、运营效率、成长能力、资产结构等方面进行考核与评价。

8.2　财务能力评价指标及其要素见表 5。

表 5　财务能力评价指标及其要素

指标	要素	说　明	备　注
财务能力	偿债能力	流动比率	参见附录 A
		速动比率	
		现金流动负债比率	
		资产负债率	
		利息保障倍数	
	获利能力	资产净利率	
		净资产收益率	
		主营业务利润率	
		盈余现金保障倍数	
	运营效率	总资产周转率	
		应收账款周转率	
		流动资产周转率	
		不良资产比率	

表 5（续）

指标	要素	说　　明	备　　注
财务能力	成长能力	总资产增长率	参见附录 A
		净资产增长率	
		净利润增长率	
		固定资产投资完成额	
	资产结构	年营业额	
		长期负债比率	
		流动资产比率	
		固定资产净值率	
		经营现金净流量/负债总额	
		抵押资产额/所有者权益	

9　企业发展前景评价指标及其要素

9.1　针对企业发展前景指标，应从企业的发展规划、企业竞争实力和竞争地位等方面进行考核与评价。

9.2　发展前景评价指标及其要素见表 6。

表 6　企业发展前景评价指标及其要素

指标	要素	说明	备　　注
企业发展前景	发展规划	发展战略规划	发展战略文件、发展战略时间规划、战略目标合理性等情况
		经营理念	定位科学性、对管理层的指导性等情况
		资本、规模扩张计划	筹资规模、筹资阶段等情况
		深化改革和组织结构调整	组织管理改革、业务流程改革、信息化管理改革等情况
		业务目标与扩张计划	主营业务目标等
		目标市场定位	切合企业实际情况、切合市场需求情况、新产品开发创新计划、人员扩充计划、市场开发与营销网络建设计划等
	竞争地位	品牌知名度	国际、国内、业内品牌地位，如国际著名品牌、国内著名品牌、省级著名品牌等
		企业行业地位	在行业内所处的地位，如绝对领导者、寡头垄断者、独立竞争者、市场跟随者、被动竞争者
		市场定位准确性	市场整体划分、定位的准确度
		主要服务产品组合战略	包括产品组合策略、产品差异化策略、新产品开发策略、品牌策略以及产品的生命周期运用策略

表 6（续）

指标	要素	说明	备　注
企业发展前景	竞争地位	服务销售渠道	服务销售渠道的稳定、畅通、多样化等情况
		行业竞争程度	竞争程度与秩序、产品同质性等情况；宏观经济发展、行业与宏观经济关联特性、综合社会环境等情况；行业经济地位、行业发展阶段、市场创新机会等情况；行业政策特性、政策优惠措施等情况；政府关注程度、政府关系等情况

10　风险防范与控制评价指标及其要素

10.1　针对风险防范与控制指标，应从包括风险管理体系、风险评估和风险处置等方面进行考核与评价。

10.2　风险防范与控制评价指标及其要素见表7。

表 7　风险防范与控制评价指标及其要素

指标	要素	说　明	备　注
风险防范与控制	风险管理体系	风险防范与控制制度文件	战略风险、市场风险、运营风险、财务风险和法律风险等防范与控制制度文件是否完整、更新；与其他制度文件是否相互衔接、匹配；绩效评估和安全审计制度是否健全和落实等
		风险防范与控制负责人	负责人的学历、职称、从业资格、从业年限和经验
		员工风险防范意识	针对不同层次、不同岗位、不同等级的需要，是否制定合理的教育和培训计划；安全意识教育和技能培训绩效是否定期考核；所有人员对信息安全策略和操作规程的认知程度
		其他部门的配合	部门间的沟通与协调机制是否建立和完善；部门间的关系是否实现"无缝衔接"；配合其他部门工作的主动性；自身管理的工作同其他部门的实际情况相结合程度；部门职责、操作规章、操作流程是否明确；配合和监督作用是否发挥
	风险评估	战略风险	政府关系和政策扶持、投资决策、业务组合等相关风险应对策略或风险管理制度和流程的分析
		市场风险	行业和市场竞争态势定位分析
		运营风险	外部环境的复杂性和变动性以及对环境的认知能力和适应能力的有限性等风险分析；流程、合同、单证等风险分析；包括分支机构、分包商、代理商等的监管风险分析；企业声誉、人力资源、技术水平和管理能力等风险分析

表 7（续）

指标	要素	说　明	备　注
风险防范与控制	风险评估	财务风险	融资和资本运作（企业因担保、外部融资能力及后续资金保障能力）；现金流、结算风险等风险分析
		法律风险	提单责任风险、代理人责任风险、物流责任风险、承运人责任风险、仓储责任风险、雇主责任风险或人身意外伤害风险、服务网络机构风险、服务外包风险、代理人及分包商风险、第三者责任风险、财产风险、货物运输风险、诉讼等风险分析
	风险处置	风险转移	事前评估，即风险调查、风险评估等情况
		风险控制	事中监控，即风险控制、风险自理等情况
		应急处置	事后调整，即风险补偿、管理评价等情况

11　信用记录与社会责任评价指标及其要素

11.1　针对信用记录与社会责任评价指标，应从信用记录、员工权益保障、劳动福利与社会保障、环境保护、社会贡献、科技促进等方面进行考核与评价。

11.2　信用记录与社会责任评价指标及其要素见表 8。

表 8　信用记录与社会责任评价指标及其要素

指标	要素	说　明	备　注
信用记录与社会责任	信用记录	诚信荣誉、社会表彰	包括由政府部门、行业协会、社会媒体公布的对企业的表彰和奖励方面的信息
		社会信用记录	在工商、税务、海关、外管等政府部门、银行、保险等金融机构、行业中介以及其他组织机构中的信用记录
		资信状况	包括企业与金融机构、企事业单位的履约记录（合同承诺）等；还款付息情况、违约诉讼情况等；向公共部门申报数据的真实性等
		社会不良记录	包括由政府部门、行业协会、社会媒体公布的企业不良行为方面的信息
		行政处罚记录	包括行政机关对企业的行政处罚信息
		司法执行记录	包括司法机关对企业诉讼案件裁决结果的执行信息
	员工权益保障	企业用工	人力资源管理、企业文化建设等方面的情况；保障员工生活所需、重视员工的幸福感和培养员工的就业能力等方面的情况
		劳动合同签订率	合同制度建设状况和劳动合同履约情况。如劳动合同签订率是否符合法律法规的要求；是否存在合同期限短期化现象

表 8（续）

指标	要素	说　明	备　注
信用记录与社会责任	员工权益保障	执行最低工资标准	是否存在低于当地最低工资标准发放工资的违法行为
		按时发放工资	是否按时足额发放工资；是否发生克扣或者无故拖欠员工工资等情况
	劳动福利与社会保障	劳动保护	与劳动者签订合同和为劳动者实施劳动保护情况
		社会保险	社会保险管理工作是否依法开展，按规定缴纳保险费；参保职工的各项社会保险待遇是否得到确实保障
	环境保护	节能减排	在环境、资源保护方面情况。如执行节能环保法律法规和标准；建立健全节能减排组织管理体系；建立和完善企业内部节能减排考核奖惩体系，落实节能减排责任；建立健全节能减排教育培训制度和节能减排专业队伍建设；节能减排工作专项规划并纳入企业发展规划和年度计划，推广应用节能减排新技术、新材料、新工艺、新产品
	社会贡献	公益、捐助	向社会提供公益服务、捐助情况
	科技促进	采标情况	采用国际标准、国家标准、行业标准和企业标准的情况
		参与标准起草情况	重视标准化建设的情况，是否参与国际标准、国家标准、行业标准和企业标准的起草或制修订工作

附　录　A
（资料性附录）
财务能力指标计算方法

A.1　偿债能力指标计算方法

A.1.1　流动比率＝流动资产/流动负债

A.1.2　速动比率＝(流动资产－存货)/流动负债

A.1.3　现金流动负债比率＝经营活动净现金流量/流动负债

A.1.4　资产负债率＝负债总额/资产总额×100％

A.1.5　利息保障倍数＝息税前利润/利息费用

A.2　获利能力指标计算方法

A.2.1　资产净利率＝净利润/平均资产总额×100％
平均资产总额＝(年末资产总额＋年初资产总额)/2

A.2.2　净资产收益率＝净利润/平均净资产×100％
平均净资产＝(年初净资产＋年末净资产)/2

A.2.3　主营业务利润率＝主营业务利润/主营业务收入×100％

A.2.4　盈余现金保障倍数＝经营现金净流量/净利润

A.3　运营效率指标计算方法

A.3.1　总资产周转率(次)＝主营业务收入净额/平均资产总额
平均资产总额＝(年末资产总额＋年初资产总额)/2

A.3.2　应收账款周转率(次)＝主营业务收入净额/平均应收账款余额
平均应收账款余额＝(本期应收账款余额＋上期应收账款余额)/2

A.3.3　流动资产周转率(次)＝主营业务收入/平均流动资产总额×100％
平均流动资产总额＝(期初流动资产＋期末流动资产)/2
流动资产周转次数＝本期主营业务收入×2/(本期流动资产合计＋上期流动资产合计)

A.3.4　不良资产比率＝年末不良资产总额/年末资产总额×100％

A.4　成长能力指标计算方法

A.4.1　总资产增长率＝(年末资产总额－年初资产总额)/年初资产总额×100％

A.4.2　净资产增长率＝(本期所有者权益合计－上期所有者权益合计)/上期所有者权益合计×100％

A.4.3　净利润增长率＝(本期净利润－上期净利润)/上期净利润×100％

A.4.4　固定资产投资完成额＝年末在建工程余额－年初在建工程余额

A.5 资产结构

A.5.1 年营业额＝年营业收入

A.5.2 长期负债比率＝长期负债合计/资产总计×100%

A.5.3 流动资产比率＝流动资产合计/资产总计×100%

A.5.4 固定资产净值率＝(固定资产净值/固定资产原价)×100%

A.5.5 经营现金净流量/负债总额＝经营现金净流量/负债总额

A.5.6 负债总额是指过去的交易、事项形成的现时义务，履行该义务预期会导致经济利益流出企业，包括流动负债和长期负债。其中，长期负债是指偿还期在一年以上，或超过一年的一个经营周期的债务。负债总额按企业当年审计报告中“资产负债表”所披露的负债总额科目余额填列。

A.5.7 经营现金净流量是经营现金毛流量扣除经营营运资本增加后企业可提供的现金流量。

A.5.8 所有者权益是指企业所有者对企业净资产的要求权。所谓净资产，在数量上等于企业全部资产减去全部负债后的余额，这可以通过对会计恒等式的变形来表示，即：资产－负债＝所有者权益。

ICS 03.100.01
A 80

中华人民共和国国家标准

GB/T 28837—2012

木质包装检疫处理服务质量要求

Requirement on services of quarantine treatments of wood packing material

2012-11-05 发布　　2012-12-01 实施

中华人民共和国国家质量监督检验检疫总局
中国国家标准化管理委员会　发布

前　言

本标准按照 GB/T 1.1—2009 给出的规则起草。

本标准由中华人民共和国商务部提出。

本标准由全国国际货运代理标准化技术委员会(SAC/TC 489)归口。

本标准起草单位:厦门市格灵生物技术有限公司、深圳市联合纵横国际货运代理有限公司、上海新景程国际物流有限公司、中华人民共和国汕头出入境检验检疫局、国家质检总局动植检司、中华人民共和国福建出入境检验检疫局、中华人民共和国厦门出入境检验检疫局、中华人民共和国深圳出入境检验检疫局、古田县鹤灵除害处理有限公司、汕头市汇海木制品厂有限公司、中华人民共和国漳州出入境检验检疫局、中华人民共和国清远出入境检验检疫局、漳州市格灵生物技术有限公司。

本标准主要起草人:高泉准、陈富泓、陈其生、黄智辉、马克争、林忠、陈智勇、李今中、胡美玲、万本屹、孙健、陈勇、洪节省、陈金辉、蔡开珍、吴剑光、谭卫钧、汤知农、庞林、张勇、杨立国、吴伟宁、李芳荣、吕问贤、林立、林文真。

木质包装检疫处理服务质量要求

1 范围

本标准规定了木质包装检疫处理服务的质量要求。

本标准适用于出境货物木质包装检疫处理行业及其相关企业。

2 规范性引用文件

下列文件对于本文件的应用是必不可少的。凡是注日期的引用文件，仅注日期的版本适用于本文件。凡是不注日期的引用文件，其最新版本(包括所有的修改单)适用于本文件。

GB/T 20478　植物检疫术语

GB/T 28838　木质包装热处理作业规范

SN/T 1143　植物检疫　简易熏蒸库熏蒸操作规程

国际植物保护公约(International Plant Protection Convention，IPPC)

3 术语和定义

GB/T 20478 界定的以及下列术语和定义适用于本文件。

3.1

标识加施资格企业　enterprise qualified for identifying

获得检验检疫机构认可，具有资格对出境木质包装采用已批准的检疫处理措施实施检疫处理并加施 IPPC 标识的企业。

3.2

木质包装　wood packing material

用于承载、包装、铺垫、支撑、加固货物的木质材料，如木板箱、木条箱、木托盘、木框、木桶、木轴、木楔、垫木、枕木、衬木等。经人工合成或经加热、加压等深度加工的包装用木质材料，如胶合板、纤维板等除外。

3.3

热处理库　heat treatment chamber

利用热处理技术杀灭木质包装材料中有害生物的固定设施。

[SN/T 2371—2009，定义 3.1]

3.4

实时监测　real-time monitoring

检验检疫机构利用网络技术手段对木质包装材料检疫处理过程中的实时数据进行远程监控。

注：改写 SN/T 2371—2009，定义 3.2。

3.5

电子监管　distant supervision by internet

对木质包装检疫处理的相关信息实施信息化管理的过程。

注：改写 SN/T 2371—2009，定义 3.3。

3.6

熏蒸库　fumigation chamfer

专门用于对植物、植物产品、木质包装材料等进行熏蒸处理的建筑物及符合要求的设施。

[SN/T 1143—2002,定义 2.1]

4　标识加施资格企业

4.1　企业资质

4.1.1　应依法在工商管理部门注册登记。

4.1.2　应取得检验检疫机构颁发的资格证书。

4.1.3　热处理或者熏蒸处理设施、人员及相关质量管理体系等经检验检疫或相关机构考核合格。

4.2　人员

4.2.1　企业应配备足够的检疫处理技术及操作人员、协检员、防疫消毒人员、标识加施人员。

4.2.2　企业应成立由企业负责人、相关部门负责人、检疫处理技术人员、协检员等组成的防疫管理小组,其成员应:

——熟悉检验检疫相关的法律法规;

——熟练掌握木质包装检疫处理的相关技术和操作规程;

——具有木质包装检疫处理的相应管理和应急处理的能力;

——经检验检疫机构培训并持证上岗;

——定期召开会议,及时掌握、分析、处理生产过程中出现的各种情况,并做好相应的记录。

4.2.3　协检员应经检验检疫或相关机构考核合格并取得相应从业资格证书,应掌握木质包装检疫要求及检疫处理验收标准。

4.2.4　实施视频监控的操作员和管理员应经电子监管操作培训,有较强的业务能力并能熟练运用监控软件。

4.2.5　应配备经检验检疫部门培训合格的协检员、质量检查员。

4.3　安全作业与环保

企业应具备国家相关法律法规规定的安全作业条件;在服务设施、设备、工具、场所和工作环境等方面达到环保要求。

4.4　服务费用

企业应告知客户服务费用标准,应按照合同约定向客户收取费用。

4.5　服务场所和标识

4.5.1　企业应具有与其业务规模、作业需求相适应的营业或作业场所。

4.5.2　配备必要的设施、设备和辅助工具,并应符合保障安全生产、计量检定的有关的法律、法规、国家标准或者行业标准的规定。

4.5.3　企业的名称应含有表明行业特点。

4.5.4　服务营业场所、运输工具等宜有企业标识。

4.5.5　单证上应标注经主管部门备案的企业名称、经营代码、地址、电话、传真、电子邮箱等。

5 服务合同和单证

5.1 服务合同格式应符合国家或行业相应规定的要求。

5.2 服务合同应明确委托人及其联系人、联系方式和详细地址；木质包装的型号规格、价格、数量、交货期、技术要求等。

5.3 服务单证包括：

——《出境货物木质包装检疫处理申报单》，参见附录A；

——《出境货物木质包装热处理结果报告单》，参见附录B；

——《出境货物木质包装熏蒸结果报告单》，参见附录C；

——木质包装检疫处理曲线图；

——木质包装检疫处理过程检测记录；

——《出境货物木质包装除害处理合格凭证》，参见附录D。

6 服务期限与承诺

6.1 服务期限

6.1.1 接受委托后，标识加施企业应在约定的时间内对委托处理的木质包装进行检疫处理。

6.1.2 木质包装热处理后，应在约定的时间内内将经检疫处理后的木质包装交付给委托单位。

6.2 服务承诺

6.2.1 标识加施企业对选材、检疫处理、标识加施环节负责。

6.2.2 未取得资格证书的，不得进行加施检疫处理标识。

6.2.3 遵守国家相关法律法规要求。

7 检疫质量管理体系

参见附录E。

8 厂区设施环境与布局要求

参见附录F。

9 环境防疫控制要求

参见附录G。

10 监视和测量装置的控制

10.1 测量装置

10.1.1 木材水分检测计和热处理窑炉的热电偶温度检测计等监视和测量装置应有国家标准计量检定合格标志或符合有关行业标准。

10.1.2 应定期安排有关检定机构进行仪器检定。检定机构签发的检定证书或报告须妥善保存。

10.1.3 测量装置应处于正常工作状态。

10.1.4 应及时评估失准仪器可能对产品构成的影响及仪器失准期间可能导致不合格品的严重性以决定应采取的行动，并将决定记录在纠偏行动记录上。

10.2 仪器检定状态标识

仪器的检定状态应有，但不限于，以下的检定标识识别：

——检定合格的仪器贴上检定“绿色”合格标识；

——维修中或未经检定的仪器挂上“停用”/“不在使用中”的标牌。

10.3 出口货物木质包装质量控制监测系统

10.3.1 应安装必要的监测和控制设备，以实现对木质包装检疫处理过程中加热升温、排气降温、调节湿度或熏蒸投药浓度等关键技术参数的实时监测、控制与记录，使整个检疫处理过程符合要求。

10.3.2 按照检验检疫机构电子监管的要求，通过网络技术手段对待处理木质包装、检疫处理过程、标识加施过程、成品库管理过程等关键控制点的现场进行远程实时视频监控，实现检验检疫机构对木质包装检疫处理关键技术参数的远程监管与必要的合格评定。

10.3.3 应及时对质量控制与监测系统中的数据流和信息流进行分析和判定，并适时采取必要的调整或报告检验检疫机构，确保检疫处理过程真实有效。同时应做好对上述信息的记录、留存与备查工作。

11 委托受理

11.1 提请出境货物木质包装使用企业在委托处理前填写出境货物木质包装检疫处理委托书。

11.2 委托书应加盖出境货物木质包装使用企业的公章。

11.3 根据委托书确定的事项和范围，认真、尽责地履行义务，及时向客户汇报业务进展情况，维护客户的合法权益。

11.4 对委托处理木质包装具体要求的说明，包括：

——品种、数量、规格的要求。提请出境货物木质包装使用企业应如实申报木质包装的品种、数量、规格。

——形态要求。木质包装应以完整立面形式处理。

——材质要求。无树皮，无活虫。

——其他要求。需在包装时固定的附属结构（支架、撑木、垫木等）一并检疫处理；木箱侧板有胶合板，不便一并热处理的，应对侧板的实木部分进行处理，并清点数量；仅有底座为实木部分的木箱需要处理的，提请使用企业应在委托书上声明，所取得的合格凭证也将做相应说明。

12 原料采购质量控制要求

12.1 原料验收

12.1.1 按合同约定的条件进行原料验收。

12.1.2 所有半成品原料入厂前应进行检验验收，合格后填写登记表。

12.1.3 应填写《木质包装入厂验收检查记录》（参见附录 I），与随附单证或资料进行品种、数量、规格等核对，确认与实物相符。

12.1.4 提请客户做好原料交接和验收工作。

12.1.5 负责原料运输的运输工具应符合卫生检疫要求，车厢底部不能有树皮、下脚料、泥土等杂质，以防止有害生物通过运输途径进入厂区，构成交叉污染。

12.2 检验项目和控制标准

原料入厂的检验项应控制在无树皮、无活虫；处理木材尺寸规格应符合客户要求，不得大于热电偶埋植木块尺寸。

13 检疫处理操作及质量监控要求

13.1 热处理

热处理及技术要求应符合 GB/T 28838 规定的要求，防止因不按规程操作或工作失职而造成的安全事故。

13.2 熏蒸处理

13.2.1 熏蒸处理及技术要求应符合 SN/T 1143 规定的要求，在熏蒸密闭期间，不得擅自打开密封库的密封部件；未征得熏蒸操作人员的同意不得擅自进入熏蒸库内。

13.2.2 在常压下，溴甲烷熏蒸处理(MB)应按表 1 所列条件处理。

表 1 溴甲烷熏蒸处理(MB)

温度 ℃	剂量 g/m^3	最低浓度要求 g/m^3			
		2 h	4 h	12 h	24 h
≥21	48	36	31	28	24
≥16	56	42	36	32	28
≥11	64	48	42	36	32

13.2.3 熏蒸温度不低于 10 ℃，熏蒸时间不少于 24 h。熏蒸处理过程中应至少在第 2 h、4 h、24 h 进行熏蒸浓度检测。

13.3 其他

国际植物检疫措施标准或输入国家/地区认可的其他检疫处理方法。

14 标识管理制度

14.1 标识

正确使用用于确认检疫处理合格的木质包装上的特定标志，见 GB/T 28838。

14.2 加施标识

14.2.1 应按照 GB/T 28838 的要求进行加施标识，规格和位置应符合检验检疫机构要求，清晰易辨及永久性，任何单位或个人不得仿制。

14.2.2 未经检验检疫机构监管或批准，不应在已处理的木质包装上擅自加施标识。

14.2.3 建立标识印章使用制度。在使用标识保管过程中，发生遗失、损毁时，要及时向检验检疫机构申请注销其印章。

14.2.4 对再利用、再加工或经修理的出境木质包装，加施标识前应确认其各个组成部分均得到有效检疫处理，经验证后重新加施标识，并去除旧标识。

14.2.5 标识加施应在装有纱门纱窗的标识加施区内进行。

14.2.6 加施标识时，应做好作业记录。

14.2.7 加施标识应符合 GB/T 28838 的规定。

15 异常情况的报告和处置

15.1 建立异常情况的报告和处置制度。

15.2 生产期间如出现下列情况之一的，应配合检验检疫机构查找原因，暂停使用与销售，限期整改，并在《异常情况处置报告单》(参见附录J)上作详细记录：

——检疫处理未达到规定温度、浓度、时间等技术指标的；

——处理设施、检测设备损坏，达不到要求的；

——申报的品名、规格等情况与实际不符的；

——木质包装标识加施不符合规范要求的；

——原材料库、生产区、标识加施区、成品库管理不规范，经检疫处理合格的木质包装存在有害生物再次侵染风险的；

——未经热处理即加施热处理标识的；

——因标识加施企业原因，其木质包装被输往国或地区检出有害生物造成较严重后果的；

——批次及销售、使用管理不清，导致无法溯源的；

——相关质量管理体系运转不正常，质量记录不健全的；

——其他严重影响木质包装热处理质量的。

15.3 《异常情况处置报告单》上应列明生产单位、型号规格、材料名称、数量、异常情况描述及原因分析、处理措施和处理情况跟踪等。

16 检疫处理批次管理和溯源制度

16.1 批号标识加施

16.1.1 建立检疫处理批次管理制度和核销制度。

16.1.2 应按照 GB/T 28838 的要求进行加施标识，规格和位置应符合检验检疫机构要求，坚持先进先出原则。

16.1.3 建立木质包装使用记录，并接受检验检疫机构监督。

16.2 核销

16.2.1 核销信息应由检验检疫机构进行填写。

16.2.2 填写内容包括数量、出口日期、货物名称、场站、集装箱号、出口国家、申报日期等内容。

16.3 产品溯源流程

木质包装物在输往国或地区发现检疫处理质量问题时，应按 GB/T 28838 规定的流程进行产品追溯。

17 储存和运输的控制

17.1 原料储存控制

17.1.1 原料暂存区的位置应合适，周围不应有积水和树木花草。

17.1.2 原料进货数量应根据热处理能力进行控制，避免原料变质和害虫孳生。

17.1.3 原料暂存区应设有适当的防雨设施。

17.1.4 原料存放区以及下脚料存放区地面应是水泥路面，不应低处，靠墙角一侧应有20 cm高的水泥护墙，防止有害生物从墙角侵入。

17.1.5 生产下脚料存放区应远离热处理库及成品库，并宜用密闭的容器乘装，每天及时处理。

17.2 成品储存控制

17.2.1 成品仓库的容量应以保证生产正常进行为准则。

17.2.2 成品仓库应封闭，有纱窗网并设置必要的门挡。仓库的地板应为水泥等硬质材料，天花板不能是竹木质材料制成，结构紧密便于清扫，防止有害生物孳生或侵入。

17.2.3 成品仓库的地面应保持清洁、干燥，定期喷洒药剂，做好除虫防虫工作，防止淋雨、受潮和有害生物二次感染。

17.2.4 热处理后的产品存放应放置在成品库内，不得置于室外。

17.2.5 不应将处理合格与未经处理或处理不合格的木质包装混合堆放。

17.2.6 成品应置放在专用成品仓堆放。应按照不同批次分别离地、离墙整齐放置。

17.2.7 存放区域应相对独立，不应与未经检疫处理的木质包装混放。未经热处理和标识加施的产品不得进入成品库。

17.2.8 应尽量缩短热处理后原料的搬运距离和与外界的接触时间，避免有害生物再次污染。

17.2.9 成品仓库与原料验货区的关系应按进货—验收—热处理—成品验收—标识加施—入库的流水作业程序进行。

18 运输

18.1 装载和运输已处理合格的木质包装，应符合检验检疫机构和合同约定的要求。

18.2 车厢结构中不应使用木质材料，材质和结构应符合不易孳生害虫、便于清扫和消毒的要求。

18.3 应保持运输工具清洁、干燥。

18.4 应制定《车辆管理目录清单》，分别注明原料和成品运输工具的牌号以及相关信息，而装运和卸货人员应在每次装卸过程中记录车牌号，与《车辆管理目录清单》进行核对。

18.5 运输过程中应做好防雨、防潮、防污染。

18.6 不得使用同一运输工具运送原料和成品，避免产生交叉污染。

18.7 装运原料的运输工具不应和装载成品运输工具同时进出，进出应相对分开。

18.8 装载、运送原料的运输工具应进行彻底的消毒处理后，才能装载、运送成品。

19 交付

提请使用企业在验收经检疫处理并加施IPPC标识木质包装时，认真核对出境货物木质包装检疫处理合格凭证上的信息，并重点检查以下几个方面：

——无树皮；

——无活虫；

——如针叶木做熏蒸处理，应无蓝变；

——无泥土、油污等杂物污染；

——无腐朽；

——无霉变；

——每件独立包装上至少在两个相对面的显著位置加施 IPPC 标识,且标识清晰;
——标识颜色不能为红、黄、橙等鲜艳的警戒色;
——每件包装上应有生产批号,且与出境货物木质包装检疫处理合格凭证上的批号相符。

20 服务跟踪

20.1 包装

提请使用企业在包装时,应注意以下事项:
——包装场地在使用前要进行清扫,保证没有泥土、杂草籽、活虫、杂物等,防止木质包装被二次感染,同时要确保地面干燥,防止木质包装受潮生霉;
——包装过程要保证标识位于每件木质包装两个相对面的显著位置,包装中不得添加未经标识加施企业检疫处理的木质包装。

20.2 装箱

20.2.1 提请使用企业在集装箱装箱时,应注意如下事项:
——装箱前,要对箱体、箱内做一次彻底打扫,且打扫时不得使用植物性材料的工具;也不得夹带其他任何无关物品如土壤、杂草籽等;
——集装箱内用于加固、防倾斜的任何木质材料也应进行处理并有 IPPC 标识,否则不得使用;
——避免晚上装箱。

20.2.2 经检疫处理合格的木质包装成品不应存在有害生物再次侵染风险。

21 档案管理要求

21.1 档案的范围

21.1.1 企业在提供各种服务过程中形成的各种记录,按照统一的原则进行分类、汇总、储存,形成档案,作为其经营管理的主要依据。

21.1.2 档案中各项记录的内容应真实、详细,能总体反映生产全过程,可作为企业经营管理的主要依据。

21.2 档案的管理

宜采用现代信息技术,建立档案数据库,实现档案管理和查询服务。

21.3 档案的保存期限

应至少保存两年,并应与所提供的服务范围、内容相适用,符合从业人员管理、组织管理、财务管理、客户管理、合同管理、质量管理、信用管理、商务管理、业务管理、统计管理等的需要。

22 员工培训控制要求

22.1 培训计划

应根据企业发展战略和管理要求,制订员工培训计划。参见附录 K。

22.2 培训要求

22.2.1 应以适当方式组织新员工培训，包括安全生产知识及质量意识教育、专业知识教育和实际操作技能训练。

22.2.2 在全体职工中进行有针对性的安全意识和质量意识教育。

22.2.3 以适当形式，组织员工进行木质包装质量管理培训，包括工厂管理手册、规章制度、操作流程、岗位职责等。

22.2.4 以适当形式组织员工进行岗位培训，包括专业理论和实际操作技能培训，新标准、新工艺、新技术的推广实施及安全知识培训等。

22.2.5 以适当形式组织从事特殊工种人员（包括热处理操作员、标识加施操作员等）进行专业培训。

22.2.6 以适当形式组织防疫管理小组和员工进行安全应急预案、应急演练、应急常识、应急案例分析等培训。

22.3 培训考核

22.3.1 应对培训效果实施考核评估，以确定培训的有效性。

22.3.2 培训后，可通过笔试、现场抽取答题、岗位技能竞赛等方式，检验员工的应变能力和知识掌握程度。

附　录　A
（资料性附录）
出境货物木质包装检疫处理申报单

出境货物木质包装检疫处理申报单，见表 A.1。

表 A.1　出境货物木质包装检疫处理申报单

申请单号：

<table>
<tr><td>标识加施
企业名称</td><td colspan="2"></td></tr>
<tr><td colspan="3">申请检疫处理的该批出境木质包装明细</td></tr>
<tr><td>包装种类</td><td>规格</td><td>数量</td></tr>
<tr><td></td><td></td><td></td></tr>
<tr><td></td><td></td><td></td></tr>
<tr><td></td><td></td><td></td></tr>
<tr><td></td><td></td><td></td></tr>
<tr><td></td><td></td><td></td></tr>
<tr><td></td><td></td><td></td></tr>
<tr><td></td><td></td><td></td></tr>
<tr><td colspan="3">该批申请的木质包装经企业自荐符合检疫处理前要求。申请于　　年　　月　　日进行检疫处理。
企业盖章
业务负责人(签字)
申请时间：　　年　　月　　日</td></tr>
<tr><td colspan="3">检验检疫部门意见：
同意该申请的木质包装进行检疫处理。
检疫人员签字：
年　　月　　日</td></tr>
</table>

注：本表一式二联，第一联交检验检疫机构，第二联标识加施企业留存。

附　录　B
（资料性附录）
出境货物木质包装热处理结果报告单

出境货物木质包装热处理结果报告单，见表B.1。

表 B.1　出境货物木质包装热处理结果报告单

标识加施企业名称			
木质包装种类		数量	
木材最大厚度		处理库号	
生产批次		申报单号	
处理日期			
木材中心温度达到 干球中心温度达到 相对湿度为： 热处理起始时间： 热处理结束时间：	时间 时间		
已按上述要求对本批木质包装实施热处理，请检验检疫机关予以审核。 热处理技术操作人员(签名)： 业务负责人(签名)：　　　　年　　月　　日(盖章)			
结果评定： 该批木质包装热处理过程符合要求，准予加施标识。 检验检疫人员(签名)：　　　　年　　月　　日			
备注：			

注：1. 附温度检测自动打印记录。
2. 本表一式二联，第一联交检验检疫机关，第二联标识加施企业留存。

附 录 C
（资料性附录）
出境货物木质包装熏蒸处理结果报告单

出境货物木质包装熏蒸处理结果报告单，见表 C.1。

表 C.1 出境货物木质包装熏蒸处理结果报告单

编号：

<table>
<tr><td>标识加施
企业名称</td><td colspan="5"></td></tr>
<tr><td>包装种类</td><td colspan="2"></td><td>数量/规格</td><td colspan="2"></td></tr>
<tr><td>生产批次</td><td colspan="2"></td><td>生产编号</td><td colspan="2"></td></tr>
<tr><td>处理日期</td><td colspan="2"></td><td>处理体积</td><td colspan="2"></td></tr>
<tr><td>药剂种类</td><td colspan="2"></td><td>剂　量</td><td colspan="2"></td></tr>
<tr><td>温　度</td><td colspan="2"></td><td>时　间</td><td colspan="2"></td></tr>
<tr><td rowspan="2">浓度检测值</td><td>2 h</td><td>4 h</td><td>12 h</td><td>24 h</td><td></td></tr>
<tr><td></td><td></td><td></td><td></td><td></td></tr>
<tr><td colspan="6">已按上述要求对本批木质包装实施熏蒸处理，请检验检疫机关予以审核。
熏蒸处理负责人(签名)：
业务负责人(签名)：　　　　年　　月　　日(盖章)</td></tr>
<tr><td colspan="6">结果评定：
该批木质包装熏蒸处理过程符合要求，准予加施标识。
检验检疫人员(签名)：　　　　年　　月　　日</td></tr>
<tr><td colspan="6">备注：</td></tr>
</table>

注：本表一式二联，第一联交检验检疫机构，第二联标识加施企业留存。

附　录　D
（资料性附录）
出境货物木质包装除害处理合格凭证

出境货物木质包装除害处理合格凭证，见表D.1。

表D.1　出境货物木质包装除害处理合格凭证

编号：

标识加施企业名称（盖章）			
联系人		电话	
使用企业名称			
联系人		电话	
货物名称		拟输往国家/地区	
包装种类		数量/规格	
处理结果报告单编号			
备注：			

注：本表一式三联，第一联交使用企业，第二联交检验检疫机构备查核销，第三联标识加施企业留存。

附　录　E
（资料性附录）
检疫质量管理体系

E.1　确立生产质量方针和目标，检疫处理质量应纳入企业质量管理目标。

E.2　制定原料采购质量控制要求，建立原料采购的台账，注明来源、材种、数量等。

E.3　制定木质包装检疫处理操作流程及质量控制要求，进行自检和检疫处理效果检查，并做好记录。

E.4　制定标识加施管理及成品库检疫管理要求，并做好进、出库和销售记录，有效追溯产品流向。

E.5　制定环境防疫控制要求，定期做好下脚料处理、环境防疫并做好记录。

E.6　建立异常情况的处置和报告程序。

附　录　F
（资料性附录）
厂区设施环境与布局要求

F.1　厂区道路及场地应平整、硬化，原料区、半成品加工区、批次加施区、热处理库、标识加施区、成品库及周围均应为水泥地，道路平整，不得有积水。

F.2　厂区宜将“原料送入通道”和“成品送出通道”分开，以防止热处理产品的再次生物侵染。

F.3　厂区建有与生产能力相适应的下脚料存放区，如垃圾、树皮、锯屑等。

F.4　原料存放区以及下脚料存放区地面应是水泥路面，靠墙角一侧应有 20 cm 高的水泥护墙，防止有害生物从墙角侵入。

F.5　生产下脚料存放区应远离热处理库及成品库，宜用密闭的容器盛装，每天及时处理。

F.6　热处理库、标识加施区、成品库与原料临时存放区及办公生活区域之间应进行有效隔离。

F.7　热处理库外周转场地需用水泥硬化，面积不应少于热处理库所面积的两倍。

F.8　热处理库外周转场地不应有积水和种植树木、花草。

F.9　热处理库外周转场地应有适当的如雨棚之类的防雨设施，防雨设施的构造应符合防止有害生物孳生和侵入的要求。

F.10　熏蒸库应符合 SN/T 1143 的要求，密闭性能良好，配置低温下的加热设施，并配备相关熏蒸气体检测设备。

F.11　熏蒸库应具备相应的水泥硬化地面周转场地。

F.12　熏蒸库应配备足够的消防设施及安全防护用具。

F.13　标识加施区应与外界相对隔离。

F.14　标识加施区窗户应使用 30 目以上的纱窗网。

F.15　标识加施区水泥地面应光滑，无缝隙。

F.16　标识加施区大门应保持常闭，并配备纱门或塑料门帘防止害虫侵入。

F.17　成品库面积应保持与生产能力相适应且布局合理。

F.18　成品库应设有纱门、纱窗等防御防护装置。

F.19　成品库应配备杀虫药剂及相应的器械。

F.20　成品仓库的位置应远离原料暂存区。

附 录 G
（资料性附录）
环境防疫控制要求

G.1 应保持厂区内环境清洁卫生，每周至少进行一次清扫、消毒，并及时清理杂草、积水。

G.2 应保持车间内环境清洁卫生，每小时至少清扫一次。

G.3 清理后的下脚料应统一放置到下脚料堆放区内。

G.4 至少每隔 4 h 对生活垃圾存放区、原料树皮或下脚料推放区内的垃圾进行清理并运出厂外至指定的地点进行集中处理。

G.5 定期对厂区、仓库以及运输工具进行防疫消毒。

G.6 采用高效低毒杀虫剂。

G.7 应遵循《灭虫剂安全使用规程》的要求，按预定的路径进行喷药，并注意掌握风向。

G.8 喷药人员应穿着防护服，戴口罩。

G.9 杀虫药剂应置放在厂区内固定的位置，并加以明显标识，配好的药剂置于专用的喷药器内。

G.10 药剂管理和喷洒应指定专人负责，实施严格的药剂采购和领用制度，做好相应的记录。

G.11 至少每周对厂区道路、围墙、仓库、厕所、生活办公区、原料堆放场等区域实施一次喷药，进行灭虫、防鼠、防疫、消毒。春、夏季害虫高发季节，应根据害虫孳生状况，可每天喷药。

G.12 应组织对环境防疫效果进行检查，发现效果不佳的，应及时调整防疫消毒措施。

G.13 应做好环境防疫情况、标识加施区和成品库防疫情况的记录，并应妥善保管。记录表参见附录 H。

附 录 H
（资料性附录）
环境防疫灭虫记录表

环境防疫灭虫记录表，见表 H.1。

表 H.1 环境防疫灭虫记录表

时间	防疫地点	防疫事项	防疫药剂	剂量防疫次数	防疫措施	防疫效果	防疫经办人	审核验证

附　录　I
(资料性附录)
木质包装入厂验收检查记录

木质包装入厂验收检查记录，见表 I.1。

表 I.1　木质包装入厂验收检查记录

序号：

<table>
<tr><td>时间</td><td colspan="2"></td><td>待处理数量</td><td colspan="2"></td></tr>
<tr><td>材种</td><td colspan="2"></td><td>原材料来源</td><td colspan="2"></td></tr>
<tr><td>供应商</td><td colspan="2"></td><td>批号</td><td colspan="2"></td></tr>
<tr><td>使用单位</td><td colspan="5"></td></tr>
<tr><td colspan="6">检 查 项 目</td></tr>
<tr><td>结构</td><td></td><td>弯曲</td><td></td><td>虫眼</td><td></td></tr>
<tr><td>印刷标记</td><td></td><td>纯棱</td><td></td><td>霉变</td><td></td></tr>
<tr><td>受力构件</td><td></td><td>裂纹</td><td></td><td>活虫</td><td></td></tr>
<tr><td>箱板</td><td></td><td>斜纹</td><td></td><td>活蛹</td><td></td></tr>
<tr><td>腐朽</td><td></td><td>夹皮</td><td></td><td>病害症状</td><td></td></tr>
<tr><td>箱体尺寸</td><td></td><td>用钉</td><td></td><td>含水率</td><td></td></tr>
<tr><td>检查结果</td><td colspan="5">检验员：</td></tr>
<tr><td>部门意见</td><td colspan="5">负责人：</td></tr>
<tr><td>备　注</td><td colspan="5"></td></tr>
</table>

附 录 J
（资料性附录）
异常情况处置报告单

异常情况处置报告单，见表 J.1。

表 J.1 异常情况处置报告单

生产单位		型号规格	
材料名称		数量	
异常情况描述及原因分析 检验员/日期：			
处理措施 主管/日期：			
部门意见 主管/日期：			
处理情况跟踪 跟踪人/日期：			
备注：			

厂长/日期：

附　录　K
（资料性附录）
培 训 计 划

K.1　应根据企业发展战略和管理要求，制定新进员工培训、在职培训、长期培训和短期培训计划。

K.2　制定培训计划时，应考虑工艺变化；新标准、新技术、新设备的采用；新、老员工的数量变化以及部门和职位调整等情况，确定培训目标、学习方针、教学方法、培训形式、培训视听教具、培训设备、师资、培训时间、受训人员的选择、培训经费、培训效果检验。

参 考 文 献

[1] GB/T 7284—1998 框架木箱

[2] GB/T 12464—2002 普通木箱

[3] SN/T 2371—2009 木质包装热处理操作规程

[4] 朱政贤.木材干燥.2版.北京:中国林业出版社,1992

[5] 《国际贸易中木质包装材料管理准则》(Guidelines for Regulating Wood Packing Material in International Trade),即简称国际植物检疫措施标准第15号出版物(ISPM15)

[6] 中华人民共和国进出境动植物检疫法

[7] 中华人民共和国进出境动植物检疫法实施条例

[8] 进境货物木质包装检疫除害处理方法及标识要求(国家质量监督检验检疫总局第32号公告)

[9] 出境货物木质包装检疫处理管理办法(国家质量监督检验检疫总局2005年第69号令)

[10] 关于调整进出境货物木质包装溴甲烷熏蒸处理技术要求的公告(国家质量监督检验检疫总局2006年第105号公告)

ICS 03.100.50
A 80

中华人民共和国国家标准

GB/T 28838—2012

木质包装热处理作业规范

Guideline on heat treatment for wood packing material

2012-11-05 发布 2012-12-01 实施

中华人民共和国国家质量监督检验检疫总局
中国国家标准化管理委员会 发布

前　言

本标准按照 GB/T 1.1—2009 给出的规则起草。

本标准由中华人民共和国商务部提出。

本标准由全国国际货运代理标准化技术委员会(SAC/TC 489)归口。

本标准起草单位:厦门市格灵生物技术有限公司、深圳联合纵横国际货运代理有限公司、上海新景程国际物流有限公司、中华人民共和国汕头出入境检验检疫局、国家质检总局动植检司、中华人民共和国厦门出入境检验检疫局、中华人民共和国深圳出入境检验检疫局、中华人民共和国福建出入境检验检疫局、中华人民共和国漳州出入境检验检疫局、中华人民共和国清远出入境检验检疫局、漳州市格灵生物技术有限公司、汕头市汇海木制品厂有限公司、古田县鹤灵除害处理有限公司。

本标准主要起草人:陈其生、高泉准、林忠、万本屹、陈智勇、杨伟东、李今中、吴剑光、方丹阳、蔡开珍、陈勇、洪节省、陈金辉、谭卫钧、孙健、杨立国、庞林、汤知农、张勇、吕问贤、庄政、陈富泓、方志鹏、林立。

木质包装热处理作业规范

1 范围

本标准规定了出境货物木质包装的热处理方法及其作业规范。

本标准适用于出境货物木质包装的热处理，也适用于木质包装除害处理标识加施企业及对标识加施企业进行规范。

2 规范性引用文件

下列文件对于本文件的应用是必不可少的。凡是注日期的引用文件，仅注日期的版本适用于本文件。凡是不注日期的引用文件，其最新版本（包括所有的修改单）适用于本文件。

GB/T 20478 植物检疫术语

GB/T 28837 木质包装检疫处理服务质量要求

国际植物保护公约（International Plant Protection Convention，IPPC）

出境货物木质包装检疫处理管理办法（国家质量监督检验检疫总局第69号令）

进境货物木质包装检疫除害处理方法及标识要求（国家质量监督检验检疫总局第32号公告）

3 术语和定义

GB/T 20478、GB/T 28837 界定的术语和定义适用于本文件。

4 木质包装热处理技术指标

木质包装热处理的技术指标应保证木材中心温度至少达到56 ℃，持续30 min以上；窑内烘干、化学加压浸透或其他处理方法只要达到热处理要求，可视为热处理。

5 设施、设备与仪器

5.1 热处理库

5.1.1 热处理库的基本要求

热处理库的基本要求包括：

a） 应具备有良好的密闭、保温、升温等性能；

b） 应配备与热处理库容积相匹配的供热设备和调湿设备；

c） 应配置有效的库内气体循环系统和气体吸入与排放系统；

d） 应配备干、湿球温度监测仪表和自动温度记录仪；

e） 应配备木材含水率检测仪表；

f） 所使用的温度监测与记录、含水率检测等仪表应有国家标准计量检定合格标志；

g） 宜配置恒温恒湿等自动控制系统；

h) 应符合消防和环保的要求；

i) 应根据木质包装材料处理量和供热装置的功率确定容积；

j) 设计、建造和技术参数参见附录 A 的要求。

5.1.2 热处理库的附属供热装置

热处理库的附属供热装置包括：

a) 附属供热装置(包括蒸汽锅炉、导热油炉和干热风燃烧炉等)的选址与建造应符合环保、劳动、消防等相关的法律、法规和标准的要求；

b) 配置压力蒸汽锅炉的，应取得技术监督部门颁发的锅炉使用许可证；

c) 配备的燃烧炉设备应符合安全环保的要求；

d) 供应热源的锅炉房应配备防火器材，并符合环保和消防的要求。

5.2 库内气体循环设备

5.2.1 热处理库应安装与热处理库容积相匹配的强制循环风机。

5.2.2 风机的风量在空库状态下，应保证库内的循环气流速度达到 3 m/s 以上；在进行木质包装热处理作业时，应保证库内循环气流速度达到 1 m/s 以上。

5.3 排放设备

热处理库应设有进气口与排气口，并配置与容积相匹配的进风机和排风机。

5.4 干、湿球温度检测仪表

5.4.1 热处理库所配备的干、湿球温度检测仪表，即自动温度记录仪，应具备巡回多点检测、定点监测、即时打印和定时打印检测数据和不可以人为修改的功能，检测精度应在±0.5 ℃以内，并具有国家标准计量检定合格标志和符合相关标准的要求。

5.4.2 干、湿球感温探头应置于窑内一侧墙壁的中部距地面 1.3 m 左右、气流循环良好的地方。

5.4.3 干、湿球感温探头相距 8 cm～10 cm，湿球感温探头用 2 层棉纱布包裹，并让纱布垂入位于下方的水杯中，水杯与库外加水装置连通，保持水面距湿球感温探头 3 cm～5 cm。

5.5 木材含水率检测仪表

热处理库所配置的木材含水率检测仪表，其精度应在±0.5%，测量范围应在 0～60%，并应具有国家标准计量检定合格标志和符合相关标准的要求。

5.6 热处理实时控制系统

对热处理过程的加热升温、排气降温和调节湿度等可进行实时控制，使整个热处理过程库内干球温度、湿球温度一直维持在所设定的热处理技术指标要求。

5.7 热处理的实时监测

5.7.1 为了方便检验检疫机构的监管，通过网络技术手段对木质包装标识加施资格企业的自动温度记录仪采集到的木质包装材料热处理过程中的温度、湿度、持续处理时间等数据，进行远程实时监测并记录。

5.7.2 应符合 GB/T 28837 的规定。

5.8 电子申报和视频监控

5.8.1 为了方便检验检疫机构的监管，通过网络技术手段对生产过程、热处理过程、标识加施过程、成品库管理过程等关键控制点的现场,进行远程实时视频监控。

5.8.2 应符合 GB/T 28837 的规定。

6 作业规范

6.1 原料验收和储存

6.1.1 应根据热处理作业的能力控制原料进货数量,避免原料变质和害虫孳生。

6.1.2 应根据木质材料的型号规格、数量,对订购的木材原料进行验收,并做好相关入厂验收记录。

6.1.3 原料验收和暂存应符合 GB/T 28837 的要求。

6.2 计划申报

6.2.1 在实施热处理前,木质包装标识加施企业应向所在地检验检疫机构申报木质包装热处理计划,以生产批为申报批。

6.2.2 申报内容应完整并包括包装种类、规格、数量和热处理日期等。

6.2.3 《出境货物木质包装热处理申报单》,参见附录 B。

6.2.4 经检验检疫机构审核通过后,才可实施热处理作业。

6.3 热处理方案确定

6.3.1 热处理前,先用木材含水率检测仪测定木材含水率,并测量木质包装的最大厚度。

6.3.2 根据木质包装材料的种类、规格、数量、材质、含水率、板材厚度等,可采用以下任意一种方法,确定热处理方案。

a) 木材中心温度直接测定法

——在热处理前,选用一段长方柱型的木材作样本,在样本木段中间位置沿厚度方向钻一个圆孔,将温度检测仪的感温探头埋入孔内,通过传感导线将感温探头连接到温度检测仪,实时测定木材中心温度。

——选用的样本木段应为材质好、无节疤、无裂缝或霉变等,其长度约 1 m,宽度、厚度应大于该批热处理木料的最大厚度;材质、含水量则应与该批热处理的木质包装材料相一致。

——钻孔的孔径与感温探头直径一致,孔深应略大于该批热处理木料的最大厚度的一半,孔口应与板面保持垂直。

——将感温探头埋入孔内,使其末端紧贴孔底,不得悬空,确保感温探头埋植牢固,接触良好,再用硅橡胶将孔口密封,最后将样本木段安置于热处理库内的地板上。

b) 木材中心温度计算法

根据热处理库内干、湿球温度,通过数学模型与技术参数,计算出达到所需木材中心温度的加热时间,参见附录 C。

6.4 处理前准备工作

6.4.1 设备和设施检查

设备和设施检查包括:

a) 认真检查热处理设施情况,是否可以正常运转。

b) 检查控制仪表和显示灯是否正常。

c) 库内清洁。仔细清扫库内地板、墙壁和天花板,做到库内地板无积水、无木屑、无明显杂质,墙壁清洁卫生。

d) 检查热处理库的密闭性是否良好，库门是否密封、无明显变形。

6.4.2 木质包装材料装库

木质包装材料装库时应：

a) 根据热处理库的容积，控制进库处理的木质包装的数量。
b) 根据热处理库内循环风机的位置，合理装载待处理木质包装材料，以构成定向气流通道，保证循环轴流风机应能正向或反向有效工作。轴流风机前方或后方，应各留空 1 m 距离。
c) 库内地面需铺有一层木隔条或木托盘，进炉进行热处理的木材应离地、堆叠整齐地放在隔条或木托盘或铁架上，长板材堆在外面，短板材在里面，以保持材堆稳固，并保持离墙 20 cm，垛与垛之间应留有适当的间隔，使热风在库内循环通畅。若处理板材，板材之间应交叉叠放，相互隔开，留有 5 cm～8 cm 的间距，以确保热风能经过每片板材。
d) 轴流风机前方或后方，应各留空 1 m 距离。

6.4.3 介质温度和相对湿度测量

介质温度和相对湿度测量包括：

a) 热处理作业前，应测量库内干球温度和相对湿度、木材初温等。
b) 检查库内的“木材中心温度”、“干球温度” 和“湿球温度”等三个温度探头放置是否良好，接线是否有松动的现象。
c) 保持检测库内空间温度分布均匀。各检测点之间温度相差大于等于 2 ℃的，应及时调整。

6.5 热处理

6.5.1 升温

升温时：

a) 关闭库门，并再次检查库门的密封性。
b) 使用蒸汽锅炉、导热油炉或干热风燃烧炉供热的，分别开启蒸汽阀门向库内散热器输入蒸汽、启动高温油泵向库内散热器供应导热油或启动引风机向库内输入热风，开始升温。
c) 启动循环风机，并仔细检查风机运转的声音是否正常，以保证库内温度、湿度分布均匀。
d) 开启温度检测装置，对热处理过程的干、湿球温度和木材中心温度进行监测与记录。
e) 根据不同树种和木材含水量，采用不同升温速度和处理速度，以达到热处理的目的，又保证烘干后的木材不变形，不开裂。在升温过程中，对于木质包装材料属于新鲜木材的，可采用相对湿度(RH)为 82%的温、湿度组合进行处理；如木质包装材料的含水率在 30%以下的，即属于已较干燥的木质，则可采用相对湿度(RH)为 32%～60%的温、湿度组合进行处理(参见附录C)；如热处理库内的干、湿球温度差太大，则应酌情进行加湿，以防止木材变形或开裂。
f) 检查热处理控制设备的温度显示表，观察温度变化状况。
g) 保证木质包装温度监控系统处于正常工作状态，自行记录并保存热处理过程的温度变化和处理时间。

6.5.2 保温保湿

保温保湿时：

a) 采用“木材中心温度直接测定法”的，当样本木段的中心温度达到 56 ℃时，进行保温保湿阶段，至少维持 30 min 以上。如果在保温保湿阶段出现木材中心温度低于 56 ℃的情况时，则应升温达到 56 ℃要求后重新计时。

b) 采用“木材中心温度计算法”的，根据所处理木质包装材料的最大厚度，按不同的库内干、湿球温度组合，由《不同厚度和温湿度条件下木材中心温度到达 56 ℃的所需加热时间表》(参见附录 C)上查得达到木材中心温度 56 ℃时所需的加热时间后，再持续处理 30 min 以上。

6.5.3 实时监测

实时监测时：

a) 应保证安装在热处理库中的温度传感器工作正常，通过网络技术实时上传已采集到库内干、湿球温度等检测结果，并进行实时记录。

b) 所录制的热处理库内的热处理过程实况清晰可用，包括进库、出库时的视频。

c) 满足检验检疫机构要求，利用网络技术可实时监控到热处理过程实况。

d) 做好热处理运行记录。

6.5.4 处理结束

处理结束时：

a) 木材中心温度至少达到 56 ℃，持续 30 min 以上，即完成热处理。

b) 木窑中烘干(KD)、化学加压浸透(CPI)或其他处理方法只要符合热处理规范，则可视为热处理。

6.5.5 热处理结果判定

热处理结果判定包括：

a) 热处理结束后，检查所有温度与时间记录。

b) 填写《出境货物木质包装热处理结果报告单》(参见附录 D)，连同热处理温度与时间记录送交检验检疫机构审核。

c) 由检验检疫机构进行审核，凡热处理达到技术要求规定的干、湿球温度或木材中心温度和持续处理时间的，即可判定为热处理合格，在《出境货物木质包装热处理结果报告单》上签署合格评定意见，准予热处理企业对经处理合格的木质包装加施标识。

d) 如果处理过程中干、湿球温度出现低于规定温度标准的，需重新处理。

6.6 加施标识

6.6.1 经检验检疫机构判定为热处理合格的木质包装，应由标识加施企业加施 IPPC 标识。IPPC 标识的使用，参见附录 E。

6.6.2 木质包装加施标识的同时，标识加施企业可根据需要增加其他必要的信息，比如批次管理。

6.6.3 加施标识应在装有防虫纱门纱窗的成品仓库内进行。

6.6.4 标识印章缺损、字迹不清的，应停止使用，重新申报制作。加施标识时，应做好作业记录。

6.6.5 加施标识应符合 GB/T 28837 的规定。

6.7 合格凭证签发

6.7.1 标识加施结束后，标识加施企业应将打印的《木质包装热处理申报单》、《出境货物木质包装热处理结果报告单》、《出境货物木质包装除害处理合格凭证》(参见附录 F)、《木质包装除害处理曲线图》等相关资料交检验检疫机构审核。

6.7.2 经检验检疫机构审核通过后，方可签发《出境货物木质包装处理使用合格凭证》。

6.8 异常情况的报告和处置

6.8.1 在生产期间如出现异常情况，应对产品进行重新热处理，并记录异常状况，向检验检疫机构递交

《出境货物木质包装热处理结果报告单》、《异常情况处置报告单》和热处理过程记录。

6.8.2 异常情况的报告和处置制度应符合 GB/T 28837 的规定。

6.9 成品存放与使用

6.9.1 标识加施企业对经热处理合格的木质包装应存放于成品仓库。成品仓库与原料区或半成品区应隔开，并采取必要的防疫措施，以防止有害生物再次感染。

6.9.2 成品存放和使用应符合 GB/T 28837 的规定。

6.10 核销和产品溯源

6.10.1 标识加施企业销售木质包装时，应填写出厂单及《木质包装热处理及使用(销售)情况报表》，对产品销售、使用进行记录，同时把《出境货物木质包装除害处理合格凭证》一份交与使用单位，一份交检验检疫机构备查核销，并按照检验检疫机构的要求逐批报送核销。

6.10.2 核销信息应由检验检疫机构进行填写。

6.10.3 填写内容包括数量、出口日期、货物名称、场站、集装箱号、出口国家、申报日期等内容。

6.10.4 产品溯源应按程序展开。

6.11 运输与交付

运输与交付应符合 GB/T 28837 的规定。

6.12 档案管理

6.12.1 标识加施企业对所有木质包装热处理的温度与时间记录、热处理报告单、热处理合格凭证、销售与核销记录等，经工作人员复核签字后，至少保存两年。

6.12.2 档案管理应符合 GB/T 28837 的规定。

附　录　A
（资料性附录）
热处理库的要求

A.1　基本要求

热处理库的选址与建造应符合环保、劳动、消防等主管部门的要求；热处理库的设计应符合国家相关标准和规范；热处理库应选用节能环保、防潮防腐的建筑材料；热处理库应满足密闭、保温与防腐蚀的要求。

A.2　热处理库的建造

A.2.1　库容的大小与结构

热处理库的容积大小，可根据需要木质包装检疫处理业务量，并考虑附属供热装置的功率而定。

A.2.2　基础与地面

A.2.2.1　热处理库的基础应坚固扎实，防止陷落。一般宜使用碎石混凝土造成，厚度大于20 cm。

A.2.2.2　热处理库的地面一般宜为水泥砂浆抹面层，坡度宜为2%，以便排水。

A.2.3　墙壁

热处理库的墙壁，一般宜采用双墙壁结构、中间填充保温材料，外墙为砖墙，墙厚0.5 m～0.8 m。也可采用单墙结构、再使用保温材料和不锈钢板或铝板在内壁加上保温层。

A.2.4　库顶

库顶一般为钢筋混凝土板，厚度10 cm以上，并使用保温材料在库顶上面加做一层保温层。

A.2.5　库门

库门应是不透水汽，热传导小，经久耐用，开启方便，并应配有观察之用的小门。可采用双面不锈钢板或铝板门，中间填以保温材料；门边四周和门框贴上耐热橡胶压条，以关门时能压紧密闭为准。

A.2.6　防腐蚀

宜在热处理库的内壁涂上一层防腐蚀涂料，起到抗腐蚀作用，并防止水汽向墙壁渗透。

A.2.7　热处理库的升温性能要求

可参考如下指标评定木质包装热处理室升温性能是否符合要求、设备功率是否匹配：

——在气温低于10 ℃时，是否能使热处理库内干球温度达到75 ℃以上；

——在气温高于20 ℃时，是否能使热处理库内干球温度达到85 ℃以上。

附　录　B
（资料性附录）
出境货物木质包装检疫处理申报单

出境货物木质包装检疫处理申报单，见表 B.1。

表 B.1　出境货物木质包装检疫处理申报单

申请单号：

<table>
<tr><td>标识加施
企业名称</td><td colspan="2"></td></tr>
<tr><td colspan="3">申请检疫处理的该批出境木质包装明细</td></tr>
<tr><td>包装种类</td><td>规格</td><td>数量</td></tr>
<tr><td></td><td></td><td></td></tr>
<tr><td></td><td></td><td></td></tr>
<tr><td></td><td></td><td></td></tr>
<tr><td></td><td></td><td></td></tr>
<tr><td></td><td></td><td></td></tr>
<tr><td></td><td></td><td></td></tr>
<tr><td></td><td></td><td></td></tr>
<tr><td colspan="3">该批申请的木质包装经企业自荐符合检疫处理前要求。申请于　　年　　月　　日进行检疫处理。
企业盖章
业务负责人（签字）
申请时间：　　年　　月　　日</td></tr>
<tr><td colspan="3">检验检疫部门意见：
同意该申请的木质包装进行检疫处理。
检疫人员签字：
年　　月　　日</td></tr>
</table>

注：本表一式二联，第一联交检验检疫机构，第二联标识加施企业留存。

附 录 C
（资料性附录）
到达所需木材中心温度的加热时间计算方法

C.1 到达所需木材中心温度的加热时间计算方法

应用木材对流加热过程的热传导建立的数学模型与相关系数，求得木材中心面达到所求温度的加热时间。按式(C.1)计算：

$$T=\frac{F_0R^2}{\alpha} \qquad \cdots\cdots(C.1)$$

式中：

T ——木材中心面达到所求温度的加热时间；

F_0——傅立叶准数；

R ——木材厚度的一半或半径；

α ——木材导温系数。

式(C.1)中傅立叶准数 F_0 可根据无因次温度 θ 的数值从傅立叶准数与无因次温度关系图(图C.1)中查得。

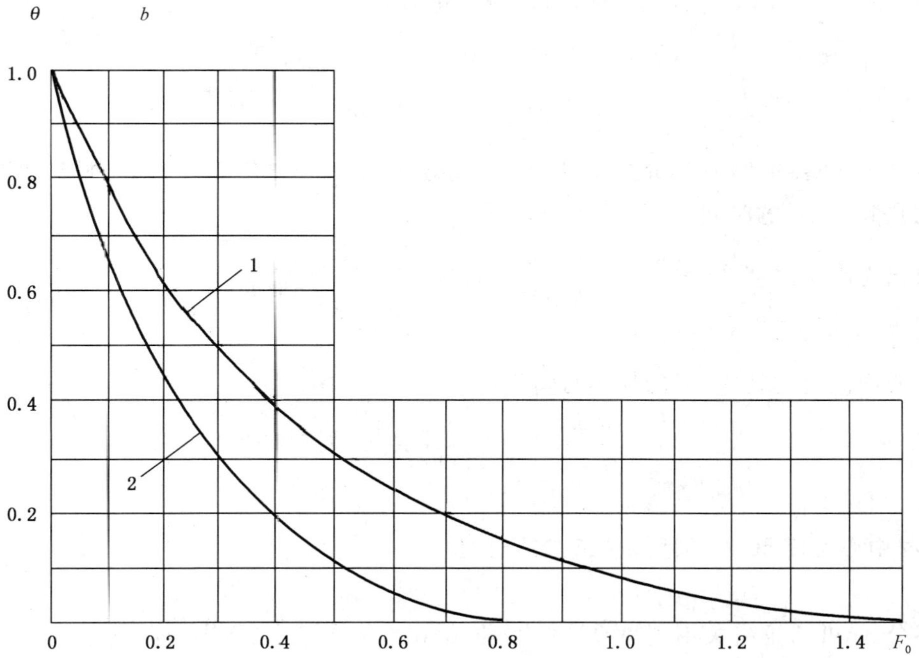

1——平板；

2——圆柱体

图C.1 加热时傅立叶准数 F_0、θ 关系图

物体加热时，无因次温度 θ(数值由 0 到 1)按式(C.2)计算：

$$\theta=\frac{t_c-t}{t_c-t_0} \qquad \cdots\cdots(\text{C.2})$$

式中：

t_c ——介质温度；

t_0 ——物体最初温度；

t ——物体中心点的当时温度。

木材的导温系数 α 表示木材使其内部各点的温度趋于一致的能力。α 越大，木材内部各点达到同一温度的速度就越快。木材的导温系数 α，可根据木材的导热系数 λ，比热容 c 和容积重 r 求得。它与导热系数 λ 成正比，与比热容 c 和容积重 r 成反比。按式(C.3)计算：

$$\alpha=\frac{\lambda}{c \cdot r} \qquad \cdots\cdots(\text{C.3})$$

木材的导热系数 λ、木材的比热容 c、木材的容积重 r 等数值都可从木材干燥技术参数图表或有关手册中查得。木材的导温系数 α 通常为 $(5.0\sim6.0)\times10^{-4}\ \text{m}^2/\text{h}$。

木材的导热系数 λ 基本上决定于木材含水率 W、木材温度 $t_{材}$、纤维方向与容积重 r，其单位为：kcal/(m·h)。

注：1 kcal 等于 4.186 8 kJ。

木材的比热容 c 决定于温度与含水率，与树种关系不大，其单位为：kcal/(kg·℃)。

木材的容积重 r 则决定于木材的密度和含水率，其单位为：kg/m^3。

若木材的公定容积重 r 为 $0.6\ \text{g/cm}^3$，加热前木材的温度为 10 ℃，假设加热介质温度为 70 ℃，木材的含水率 W 在 15%～40%之间，则求得的沿径向的导温系数 α 在 $(5.5\sim6.1)\times10^{-4}\ \text{m}^2/\text{h}$ 之间。

C.2 实例

板材厚度 8 cm(R=0.04 m)，介质温度 66 ℃，导温系数 $\alpha=0.000\,5\ \text{m}^2/\text{h}$，木材最初温度 10 ℃，求板材中心面加热到 61 ℃的时间。

[解]先求出无因次温度 $\theta=\frac{t_c-t}{t_c-t_0}=\frac{66-61}{66-10}=0.089$

按图 C.1 求出 $F_0=1.00$

则板材中心面温度达到 61 ℃的加热时间为：

$$T=\frac{F_0R^2}{\alpha}=\frac{1.00\times0.04}{0.000\,5}=3.2(\text{h})$$

C.3 到达木材中心温度 56 ℃的所需持续加热时间

应用上述公式，并考虑有关不利热传导的因素，计算出不同厚度、不同温湿度条件下木质包装材料到达中心温度 56 ℃的所需持续加热时间表见表 C.1。

表 C.1 不同厚度和温湿度条件下木材中心温度到达 56 ℃的所需加热时间表

单位为小时

库内干球温度	库内湿球温度	相对温度	木材厚度 cm							
			2	3	4	5	6	7	8	9
65 ℃	61 ℃	82%	0.5	1.0	1.5	2.0	2.5	3.0	4.0	4.5
	55 ℃	60%	1.0	1.5	2.0	2.5	3.0	4.0	4.5	5.0
	45 ℃	32%	1.0	1.5	2.0	3.0	3.5	4.5	5.0	6.0

注 1：木材初始温度为 10 ℃。

注 2：导温系数为 0.000 5 m^2/h。

注 3：窑内空气处于强制循环状态，风速 1 m/s。

注 4：当木板厚度大于 9 cm 时，每增加 1 cm 厚度，延长加热时间 0.5 h。

示例：

如果最大的木料厚度为 5.0 cm，则由表 C.1 查得，当热处理库干球温度达到 65 ℃、湿球温度达到 61 ℃（即干湿球温度差≤4.0 ℃、相对湿度≥82%）之后，持续恒温恒湿加热 2 h，木材中心温度即可达到 60 ℃。如果木料很干燥、含水量低，则可选用库内干球温度 65 ℃、湿球温度 55 ℃的组合（即干湿球温度差≤10 ℃、相对湿度≥60%），持续恒温恒湿加热 2.5 h，使木材中心温度达到 56 ℃。

附 录 D
（资料性附录）
出境货物木质包装热处理结果报告单

出境货物木质包装热处理结果报告单，见表 D.1。

表 D.1 出境货物木质包装热处理结果报告单

<table>
<tr><td>标识加施企业名称</td><td colspan="3"></td></tr>
<tr><td>木质包装种类</td><td></td><td>数量</td><td></td></tr>
<tr><td>木材最大厚度</td><td></td><td>处理库号</td><td></td></tr>
<tr><td>生产批次</td><td></td><td>申报单号</td><td></td></tr>
<tr><td>处理日期</td><td colspan="3"></td></tr>
<tr><td colspan="4">木材中心温度达到　　时间
干球中心温度达到　　时间
相对湿度为：
热处理起始时间：
热处理结束时间：</td></tr>
<tr><td colspan="4">已按上述要求对本批木质包装实施热处理，请检验检疫机构予以审核。
热处理技术操作人员（签名）：
业务负责人（签名）：　　年　　月　　日（盖章）</td></tr>
<tr><td colspan="4">结果评定：
该批木质包装热处理过程符合要求，准予加施标识。
检验检疫人员（签名）：　　年　　月　　日</td></tr>
<tr><td colspan="4">备　注：</td></tr>
</table>

注：1. 附温度检测自动打印记录。
2. 本表一式二联，第一联交检验检疫机构，第二联标识加施企业留存。

附　录　E
（资料性附录）
IPPC 热处理标识的使用

E.1　热处理标识使用依据

经检验检疫机构认定为热处理合格的木质包装，由标识加施企业按照《出境货物木质包装检疫处理管理办法》和《进境货物木质包装检疫除害处理方法及标识要求》的规定，加施 IPPC 热处理标识。

E.2　IPPC 热处理标识图案

IPPC 热处理标识图案见图 E.1。

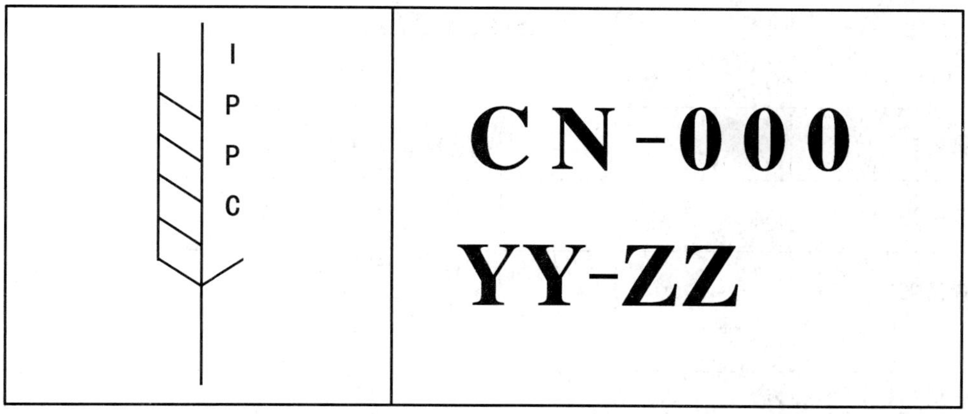

IPPC——《国际植物保护公约》的英文缩写。

CN——国际标准化组织（ISO）规定的中国国家编码。

000——出境货物木质包装标识加施企业的三位数登记号，按直属检验检疫局分别编号。

YY——除害处理方法，溴甲烷熏蒸——MB，热处理——HT。

ZZ——各直属检验检疫局 2 位数代码（如江苏局为 32）。

图 E.1　IPPC 热处理标识

E.3　标识的颜色

标识颜色应为黑色，采用喷刷或电烙方式加施于每件木质包装两个相对面的显著位置，保证其永久性且清晰易辨。

E.4　标识的形状与规格

标识为长方形，规格有三种：3 cm×5.5 cm、5 cm×9 cm 及 10 cm×20 cm，标识加施企业可根据木质包装大小任选一种，特殊木质包装经检验检疫机构同意可参照标记式样比例确定。

附　录　F
（资料性附录）
出境货物木质包装除害处理合格凭证

出境货物木质包装除害处理合格凭证，见表F.1。

表F.1　出境货物木质包装除害处理合格凭证

编号：

标识加施企业名称（盖章）			
联系人		电话	
使用企业名称			
联系人		电话	
货物名称		拟输往国家/地区	
包装种类		数量/规格	
处理结果报告单编号			
备注：			

注：本表一式三联，第一联交使用企业，第二联交检验检疫机构备查核销，第三联标识加施企业留存。

参 考 文 献

[1] GB/T 7284—1998 框架木箱

[2] GB/T 12464—2002 普通木箱

[3] GB/T 20478—2006 植物检疫术语

[4] SN/T 1143—2002 植物检疫 简易熏蒸库熏蒸操作规程

[5] SN/T 2371—2009 木质包装热处理操作规程

[6] 木材干燥(第2版) 朱政贤主编 1992年出版 中国林业出版社

[7] 国际贸易中木质包装材料管理准则(Guidelines for Regulating Wood Packing Material in International Trade)

ICS 03.100.50
A 80

中华人民共和国国家标准

GB/T 28839—2012

进出境货物木质包装申报规范

Declaring rule for wood packing materials of importing and exporting cargo

2012-11-05 发布　　2012-12-01 实施

中华人民共和国国家质量监督检验检疫总局
中国国家标准化管理委员会　发布

前　言

本标准按照 GB/T 1.1—2009 给出的规则起草。

本标准由中华人民共和国商务部提出。

本标准由全国国际货运代理标准化技术委员会(SAC/TC 489)归口。

本标准起草单位：厦门市格灵生物技术有限公司、深圳联合纵横国际货运代理有限公司、上海新景程国际物流有限公司、中华人民共和国汕头出入境检验检疫局、国家质检总局动植检司、中华人民共和国厦门出入境检验检疫局、中华人民共和国福建出入境检验检疫局、中华人民共和国深圳出入境检验检疫局、中华人民共和国清远出入境检验检疫局、中华人民共和国漳州出入境检验检疫局、漳州市格灵生物技术有限公司、古田县鹤灵除害处理有限公司。

本标准主要起草人：陈其生、方志鹏、王东、林忠、陈智勇、万本屹、高泉淮、谭卫钧、吴剑光、陈勇、陈金辉、汤知农、孙健、吕问贤、杨立国、庞林、张勇、龙海、林文真、庄政、马克争。

进出境货物木质包装申报规范

1 范围

本标准规定了进出境货物木质包装的申报流程、规范、专用标识等内容。

本标准适用于使用木质包装的进出口企业及其代理、加施标识企业，亦可作为进出口货物木质包装申报的规范。

2 规范性引用文件

下列文件对于本文件的应用是必不可少的。凡是注日期的引用文件，仅注日期的版本适用于本文件。凡是不注日期的引用文件，其最新版本（包括所有的修改单）适用于本文件。

GB/T 20478 植物检疫术语

GB/T 28838 木质包装热处理作业规范

GB/T 28837 木质包装检疫处理服务质量要求

国际植物保护公约(International Plant Protection Convention，IPPC)

3 术语和定义

GB/T 20478、GB/T 28837 界定的以及下列术语和定义适用于本文件。

3.1

代理报检单位 inspection and quarantine report agency

依法在工商管理部门注册登记并取得检验检疫机构认可资格的企业。

3.2

代理报检 inspection and quarantine report by proxy

代理报检单位依法接受进出口货物收发货人的委托，为进出口货物收发货人办理报检手续的行为。

4 申报要求

4.1 木质包装出境前，使用木质包装的企业应委托加施标识企业进行检疫处理或向其购买，由加施标识企业在对木质包装实施检疫处理前向检验检疫机构申报。木质包装出境申报流程参见附录 A。

4.2 木质包装在进境前，货主或其代理人应按规定的时间向检验检疫机构申请报检。木质包装进境申报流程参见附录 B。

4.3 加施标识企业的资质应符合 GB/T 28837 的规定。

4.4 代理报检单位的资质应符合检验检疫机构的规定。

4.5 申请电子报检的报检单位应具备下列条件：

a) 遵守报检的有关管理规定；

b) 已在检验检疫机构办理报检人登记备案或注册登记手续；

c) 具有经检验检疫机构培训并考核合格的报检员；

d) 具备开展电子报检的软硬件条件；

e) 在检验检疫机构指定的单位办理电子业务开户手续；

f) 使用检验检疫机构测试认可的软件进行电子报检。

5 申报委托

5.1 接受客户的委托时，应与其签订委托协议。

5.2 签订委托协议前，双方应相互确认资质，包括：

——向委托人提供报检企业资质证明文件副本，包括但不限于营业执照、出入境检验检疫局注册证书等；

——提示委托人提供企业营业执照、检验检疫机构注册证书等企业资质证明文件；

——注意委托人的单位全称、注册地址、经营地址及相关材料的合法性和有效性。

5.3 委托协议应明确以下内容，参见附录C：

——委托人和代理人的全称、注册地址、联系方式；

——详细、明确的服务范围；

——委托人应提供的单证及提供的时间；

——双方的权利和义务；

——特别约定；

——合同价款及支付方式：合同价款及构成、合同价款支付的时间约定、合同价款的调整；

——保密条款；

——不可抗力条款；

——违约责任；

——一般条款，包括法律适用，合同的订立、解释、履行、修改、终止及争议的解决，合同的完整性，合同的分割性。

5.4 与委托方约定报检所必需的单证文件送达的时间。

5.5 如需为委托方代垫付有关费用，应另有书面约定。

5.6 提示客户，因检验检疫的审核、查验等原因造成的延误而产生的费用均由客户承担。

6 合同评估

6.1 应指定专门部门或人员对服务合同进行评估。

6.2 合同风险评估的内容应有记录，并以此提醒后续有关操作人员，以做好风险防范。

6.3 合同风险评估结果为合同签署的重要依据。

6.4 对合同风险评估时应考虑的要素，包括：

——由于委托方的资质、信用问题而可能带来的履约能力的风险；

——由于委托方在检验检疫管理分类中的等级较低而可能带来的报检时间延长、报检成本增加的风险；

——由于所委托业务的复杂性而可能带来的报检时间延长、报检成本增加的风险；

——自身的履约能力；

——其他影响快速、合法通检的风险。

7 指示

7.1 提示委托方下达任何指示均应当采用书面形式（限于信件、电报、电传、传真、电子数据交换、电子邮件、短信)，且应当明确、可辨识。由于客观条件限制无法下达书面指令的，委托方可采用口头指令，但委托方应该在口头指令 24 h 内采用书面形式对口头指令进行确认。但是书面确认与口头指令不同的，如果该口头指令已被履行的，该口头指令是有效的。

7.2 需要变更的事项，委托方应在报检前提出，并应出具书面的变更通知。

8 单证接收与缮制

8.1 提示客户提供合法、合格、正确、齐全的报检单证。

8.2 提示客户因提交的单证内容不准确、不完整或不合法而导致的损失和费用将由客户承担。

8.3 指定专人签收单证，并做好相应的记录。

8.4 签收记录应与实际收取数量和内容相一致。

8.5 应当妥善保管检验检疫机构核发的注册登记证书以及签收的单证等资料，做好内部转流、交接的登记。

8.6 应按合同、国外发票、提单、运单上的内容认真填写报检单，并加盖申请单位公章；填写内容应完整、无漏项，字迹清楚，不得涂改，且中英文内容一致，参见附录 D。

8.7 按检验检疫有关规定备齐单证，包括随附单证。

8.8 单证的更正应在规定的截单日期之前办理，以简化手续并减少因此产生的费用。

9 申报前审查

9.1 检查是否如实申报货物木质包装的使用情况，不应漏报、误报。

9.2 指定经验丰富的代理报检员，按照检验检疫机构要求，对委托方提供的单证进行合理审查。

9.3 单证在递交检验检疫机构之前，要认真审核，做到资料齐全，内容准确，不错填、漏填，不弄虚作假、投机取巧，严禁闯关。

9.4 检查 IPPC 标识的内容是否正确，并符合要求，IPPC 标识见 GB/T 28838。

9.5 出境货物木质包装申报前审查，包括：

——单证是否按检验检疫有关规定备齐；

——检疫处理方法是否符合要求；

——英文名称是否符合要求；

——货物木质包装是否符合输入国检疫要求；

——标识加施企业是否按要求进行检疫处理方法实施处理，并对处理合格的木质包装加施 IPPC 专用标识；

——随附单证是否齐全、有效、无误；

——报检单、发票、清单、合同(信用证)有关单据之间的收、发货人及其地址、货物的品名及其数(重)量、输入国别及口岸、包装种类及其数量、货物运输标志等信息是否相互一致。

9.6 进境货物木质包装申报前审查，包括：

——是否按检验检疫有关规定备齐单证；

——按合同、国外发票、提单、运单上的内容填写的入境货物报检单及注明木质包装声明单据等相关信息是否正确，所列各项内容应完整、准确、清晰、无涂改，且中英文内容一致；

——查验随附单证是否齐全、有效、无误。

10 申报

10.1 出境申报

10.1.1 接受委托后，木质包装标识施加企业应在检疫处理前，向所在地检验检疫机构申报木质包装检疫处理计划,以生产批为申报批。

10.1.2 经检验检疫机构审核通过后,实施检疫处理。

10.1.3 检疫处理达到技术要求后,经检验检疫机构许可确认,由标识加施企业按相关规定加施IPPC标识,签发《出境货物木质包装除害处理合格凭证》(参见附录E),并进行出境申报。

10.1.4 木质包装检疫处理计划申报、检疫处理、标识加施以及《出境货物木质包装除害处理合格凭证》签发等,应遵循GB/T 28838和GB/T 28837的相关规定。

10.2 进境申报

进境申报以书面报检单和电子报检信息并存的形式进行。

10.2.1 预录报检单

正确填写预录报检单,填报内容参见附录F。

10.2.2 复核预录报检单

复核预录报检单中各数据项填报的内容,书面报检单和电子报检的信息应一致。

10.3 电子申报

10.3.1 对报检数据的审核应采取"先机审,后人审"的程序进行。

10.3.2 接到报检成功的信息后,按检验检疫机构信息中心的提示与施检部门联系检验检疫事宜。

10.3.3 按受理报检回执的要求,在检验检疫机构施检时,应提交报检单和随附单据。

10.3.4 已发送的报检申请需更改或撤销时,应发送更改或撤销报检申请。

10.3.5 报检应注意的事项,包括:

——在客户的授权范围内,认真履行职责,维护客户的合法权利,并应及时将报检进展情况向客户报告,并接受客户的监督;

——履行代理人职责,配合检验检疫机构的工作,不得违法滥用申报权;

——发送的电子报检信息应真实、准确,不得发送无效报检信息;

——发送的电子报检信息应与提供的报检单及随附单据有关内容保持一致;在规定的报检时限内将相关出入境木质包装及货物的报检数据发送至报检地检验检疫机构;

——对于合同或信用证中涉及检验检疫特殊条款和特殊要求的,应在电子报检申请中同时提出;

——实行电子报检的报检单位名称、法定代表人、经营范围、经营地址等变更时,应及时向当地检验检疫机构办理变更登记手续。

11 接受检验检疫

11.1 出境查验

11.1.1 现场申报时,应配合检验检疫机构实施检疫,跟踪、查询检验检疫机构的处理情况。

11.1.2 核对《出境货物木质包装除害处理合格凭证》,与电子监管中所记录的内容是否一致。

11.1.3 核对《出境货物木质包装除害处理合格凭证》,所记录的标识是否与施加在木质包装上的一致。

11.1.4 对加施IPPC标识的木质包装在验收、存放和装箱时,应符合GB/T 28837的规定要求。

11.1.5 经检验检疫查验合格后,应配合检验检疫机构,办理申报放行的相关手续。

11.1.6 木质包装标识不符合要求或带有活的有害生物的,应办理移交标识加施企业进行检疫处理或销毁处理。

11.1.7 经检疫处理合格的木质包装,应在规定的时间内装运出境。超过期限的,应向检验检疫机构申报进行重新检疫处理。

11.2 进境查验

11.2.1 现场申报时，应配合检验检疫机构实施检疫，跟踪、查询检验检疫机构的处理情况。

11.2.2 检验检疫机构对进境木质包装的装卸、运输、存放和检疫处理过程实施监督管理。未经检验检疫机构许可，不得擅自调离、使用。

11.2.3 应事前向委托人提示，检验检疫机构按照以下规定处理：

——对已加施 IPPC 专用标识的木质包装，按规定抽查检疫，未发现活的有害生物的，将予以放行，发现活的有害生物的，将对木质包装进行检疫处理；

——对未加施 IPPC 专用标识的木质包装，在检验检疫机构监督下对木质包装进行检疫处理或者销毁处理。

11.2.4 经检验检疫查验合格后，应配合检验检疫机构，办理申报放行的相关手续。

11.2.5 经检验检疫发现木质包装标识不符合要求或带有活的有害生物的，应办理移交标识加施企业进行检疫处理或销毁处理或连同货物作退运处理。

12 出口木质包装核销

12.1 放行时，对出境木质包装进行核销。

12.2 出境木质包装核销，应符合 GB/T 28837 的要求。

13 结算费用

13.1 计费由电子审单系统自动完成，接到施检部门转来的全套单据后，对照单据进行计费复核。

13.2 应逐票或按检验检疫规定的时间缴纳检验检疫等有关费用。

13.3 费用结算应按照合同约定或以物价部门规定的收取。

14 单证退还与留存

按规定及时办理单证的退还或留存。

附 录 A
（资料性附录）
木质包装出境申报流程图

木质包装出境申报流程图，见图 A.1。

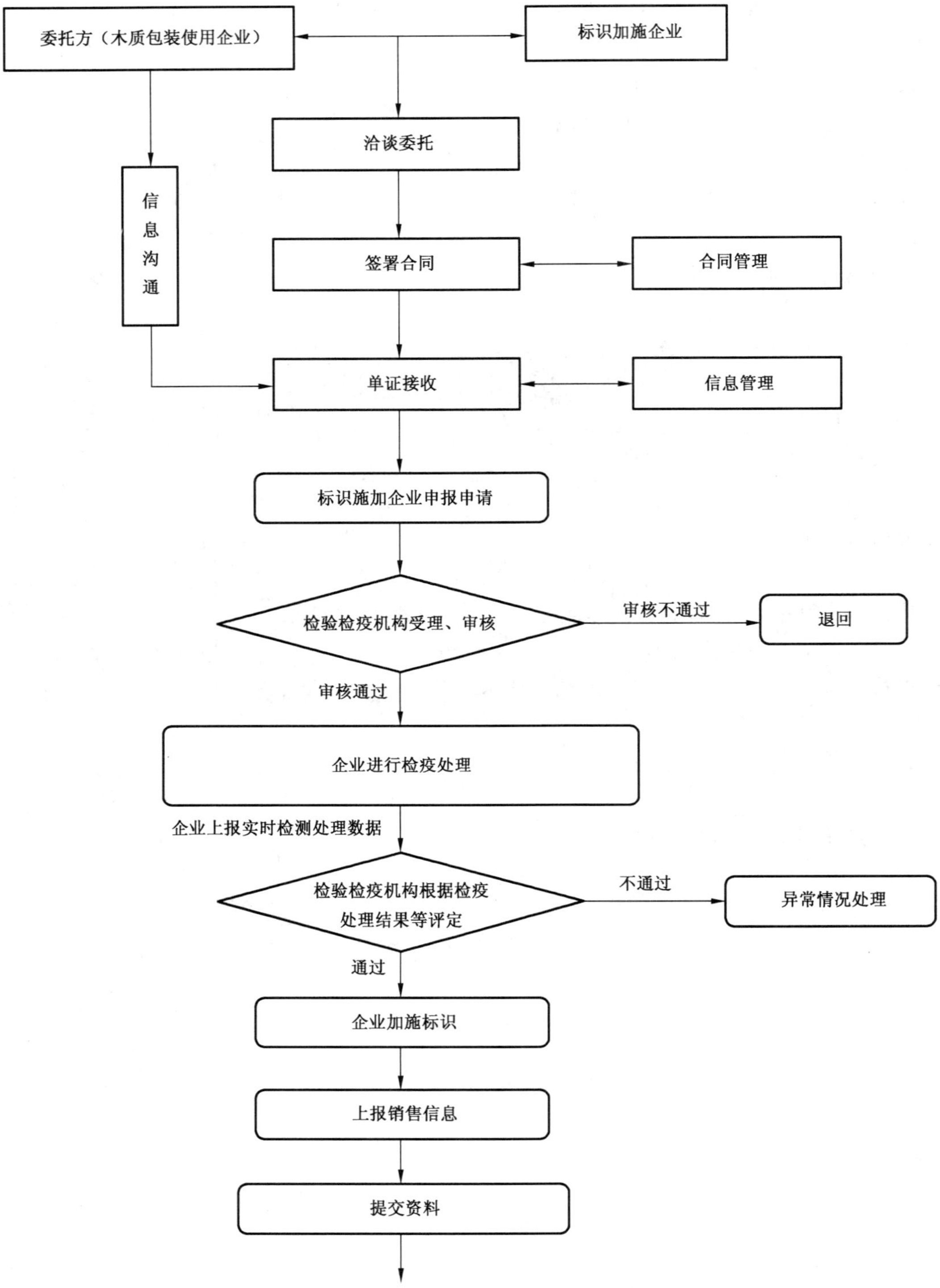

图 A.1 木质包装出境申报流程图

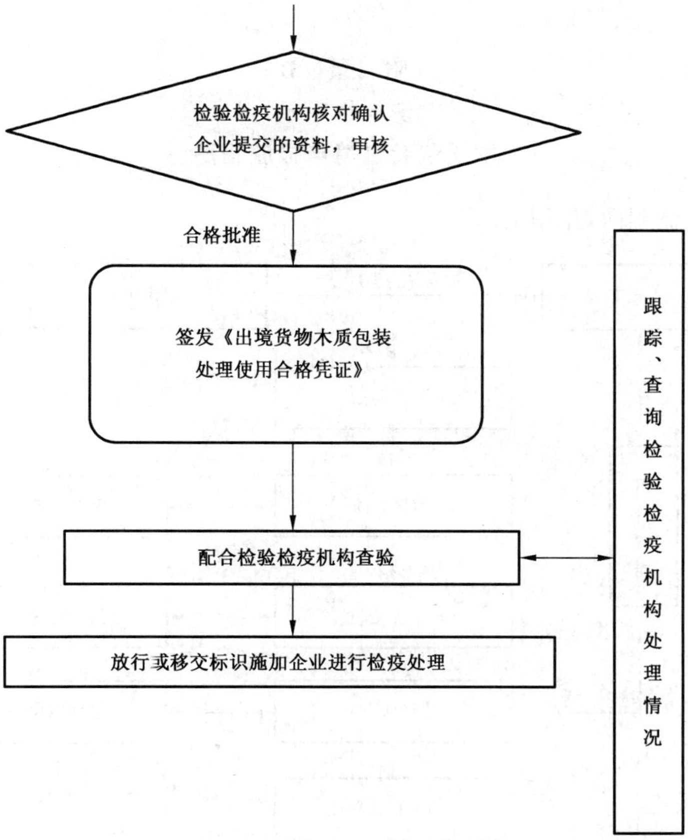
检验检疫机构核对确认
企业提交的资料，审核
合格批准
签发《出境货物木质包装
处理使用合格凭证》
配合检验检疫机构查验
放行或移交标识施加企业进行检疫处理
跟踪、查询检验检疫机构处理情况

图 A.1（续）

附 录 B
（资料性附录）
木质包装进境申报流程图

木质包装进境申报流程图，见图 B.1。

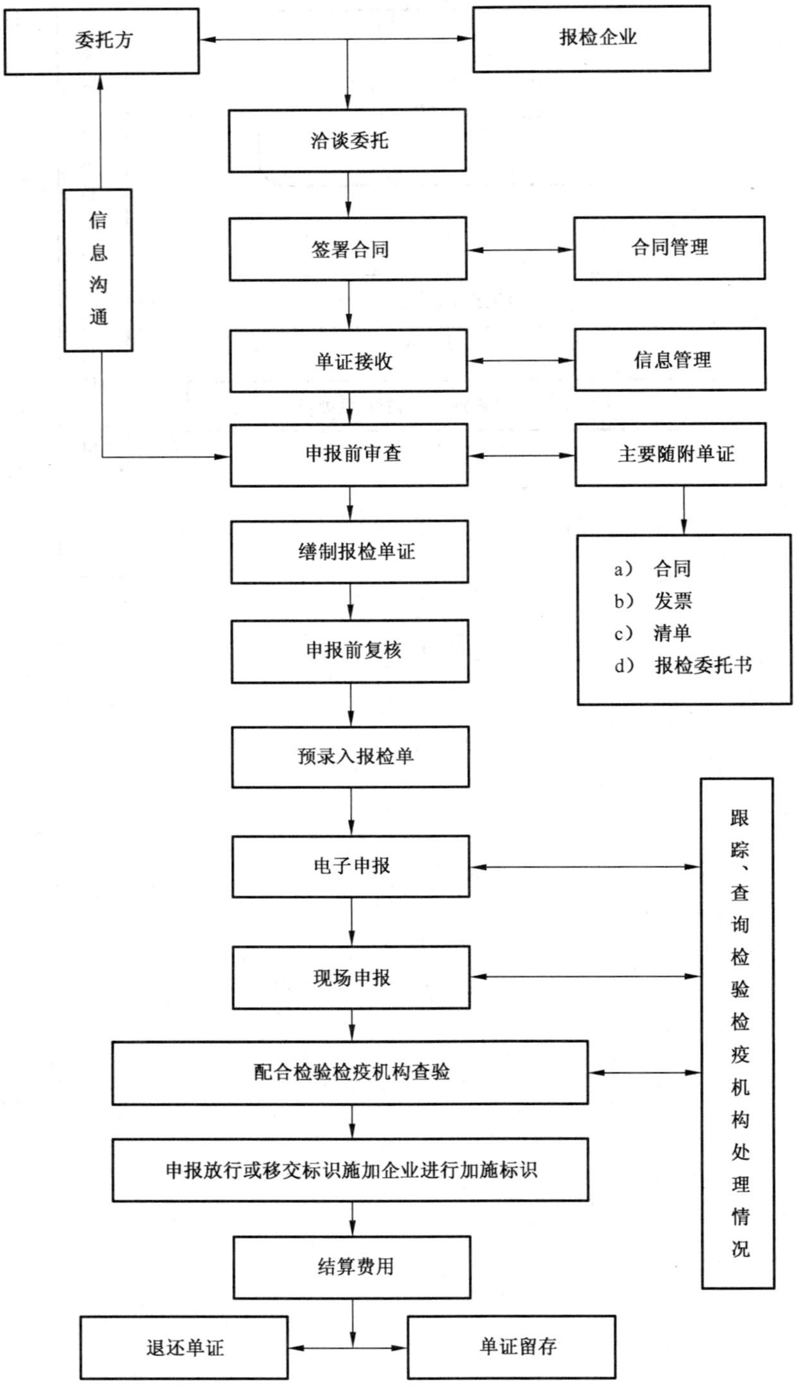

图 B.1 木质包装进境申报流程图

附 录 C
（资料性附录）
入境货物报检单填写内容

C.1 入境货物报检单填写内容

入境货物报检单填写内容包括：

——编号：由检验检疫报检受理人员编写。
——报检单位登记号：报检单位在检验检疫机构登记的号码。
——联系人：报检人员姓名。
——电话：报检人员的联系电话。
——报检日期：检验检疫机构实际受理报检的日期。
——收货人：外贸合同中的收货人。
——发货人：外贸合同中的发货人。
——货物名称（中/外文）：填写本批货物的品名，应与进口合同、发票名称一致。
——HS 编码：填写本批货物的商品编码。以海关公布的商品税则编码分类为准。
——原产国（地区）：填写本批货物生产/加工的国家或地区。
——数（重）量：填写本批货物的数（重）量，应与合同、发票或报关单上所列的货物数（重）量一致，并应注明数（重）量单位；重量应注明毛重、净重；木质包装要注明材质及尺寸。
——货物总值：填写本批货物的总值及币种，应与合同、发票或报关单上所列的货物总值一致。
——包装种类及数量：填写本批货物实际运输包装的种类及数量，应注明包装的材质。
——运输工具名称号码：填写本批货物运输工具的名称和号码。
——合同号：填写外贸合同、订单或形式发票的号码。
——贸易方式：填写本批货物的贸易方式。
——贸易国别（地区）：填写本批货物的贸易国别（地区）。
——提单/运单号：货物海运提单号或空运单号，有二程提单的应同时填写。
——到货日期：填写本批货物到达口岸的日期。
——启运国家（地区）：填写装运本批货物的交通工具的启运国家或地区。
——许可证/审批号：需办理进境许可证或审批的货物应填写有关许可证号或审批号。
——卸毕日期：填写本批货物在口岸卸毕的实际日期。
——启运口岸：填写装运本批货物运输工具的启运口岸。
——入境口岸：填写装运本批货物的运输工具进境时首次停靠的口岸。
——索赔有效期：按外贸合同约定的日期填写，特别要注明截止日期。
——经停口岸：填写本批货物启运后，到达目的地前中途停靠的境外口岸名称。
——目的地：填写本批货物预定到达的交货地。
——集装箱规格、数量及号码：货物若以集装箱运输应填写集装箱的规格、数量及号码。
——合同订立的特殊条款以及其他要求：在合同中特别订立的有关检验检疫的特殊条款及其他要求应填入此栏。
——货物存放地点：填写本批货物存放的地点。
——用途：填写本批货物的实际用途。
——随附单据：按实际向检验检疫机构提供的单据，在随附单据的种类前划“√”或补填。

——标记及号码：填写本批货物的标记号码，应与合同、发票等有关外贸单据保持一致。若没有标记号码则填“N/M”。

——外商投资财产：由检验检疫机构报检受理人员填写。

——报检人郑重申明：由报检人员亲笔签名。

——检验检疫费：由检验检疫机构计费人员核定费用后填写。

——领取证单：报检人在领取检验检疫机构出具的有关检验检疫证单时填写领证日期及领证人姓名。

附 录 D
（资料性附录）
代理报检委托书

代理报检委托书

编号：

__________出入境检验检疫局：

本委托人（备案号/组织机构代码____________________）保证遵守国家有关检验检疫法律、法规的规定，保证所提供的委托报检事项真实、单货相符。否则，愿承担相关法律责任。具体委托情况如下：

本委托人将于________年____月间进口/出口如下货物：

品 名		HS 编码	
数（重）量		包装情况	
信用证/合同号		许可文件号	
进口货物 收货单位及地址		进口货物提/ 运单号	
其他特殊要求			

特委托______________________________（代理报检注册登记号____________________），代表本委托人办理上述货物的下列出入境检验检疫事宜：

□1. 办理报检手续。

□2. 代缴纳检验检疫费。

□3. 联系和配合检验检疫机构实施检验检疫。

□4. 领取检验检疫证单。

□5. 其他与报检有关的相关事宜：____

联 系 人：____________________

联系电话：____________________

本委托书有效期至________年____月____日　　　委托人（加盖公章）

年　　月　　日

受托人确认声明

本企业完全接受本委托书。保证履行以下职责：

1．对委托人提供的货物情况和单证的真实性、完整性进行核实。

2．根据检验检疫有关法律法规规定办理上述货物的检验检疫事宜。

3．及时将办结检验检疫手续的有关委托内容的单证、文件移交委托人或其指定的人员。

4．如实告知委托人检验检疫部门对货物的后续检验检疫及监管要求。

如在委托事项中发生违法或违规行为，愿承担相关法律和行政责任。

联 系 人：____________________

联系电话：____________________　　　　　　受托人（加盖公章）

年　　月　　日

附 录 E
（资料性附录）
出境货物木质包装除害处理合格凭证

出境货物木质包装除害处理合格凭证，见表 E.1。

表 E.1 出境货物木质包装除害处理合格凭证

编号：

标识加施企业名称（盖章）			
联系人		电话	
使用企业名称			
联系人		电话	
货物名称		拟输往国家/地区	
包装种类		数量/规格	
处理结果报告单编号			
备注：			

注：本表一式三联，第一联交使用企业，第二联交检验检疫机构备查核销，第三联标识加施企业留存。

附 录 F
（资料性附录）
预录报检单填写内容

F.1 预录报检单填写内容

预录报检单填写内容包括：

——录入序号：报检单唯一号码，由系统自动生成。
——报检号：为检验检疫机构端系统给出的报检号。
——申请日期：填写申报本批货物单证的日期。
——报检类别：可选择本批申报货物的报检类别。
——施检机构：填写对企业申报货物实施检验检疫的机构。
——目的机构：填写对企业入境货物实施检验检疫的机构。
——报检登记号：填写企业在所属机构进行报检备案登记后，指定的企业报检注册号。
——单位名称：填写企业公章上的中文名全称。
——企业性质：填写报检企业所属的企业性质。
——报检员编码：填写企业正式报检员在检验检疫局注册的编码。
——联系人：填写企业报检时的联系人姓名。
——联系电话：填写企业报检时的联系人电话。
——发货人代码：填写发货企业的注册代码。
——发货人(中文)：填写发货企业公章上的中文名全称。
——发货人(英文)：填写发货企业公章上的英文名全称。
——收货人代码：填写收货企业在检验检疫局注册的编码。
——收货人(中文)：填写收货企业公章上的中文名全称。
——收货人(英文)：填写收货企业公章上的英文名全称。
——运输工具：填写企业运输货物时常用的运输工具。
——船名：填写企业运输货物时所用船只的名称。
——号码：填写企业运输货物时所用船只的号码。
——贸易方式：填写申报货物的贸易方式。
——合同号：填写本批申报货物的对外贸易合同或订单的号码。
——提运单号：填写申报货物的海运提单号或空运单号，有二程提单的应同时提供。入境货物报检时，此栏为必填项。
——启运口岸：填写装运本批申报货物入境的启运口岸。
——启运国家/地区：根据启运口岸填写。
——贸易国别/地区：填写入境报检时，外贸合同中卖方(出口方)所在国家或地区。
——经停口岸：填写入境报检时，途中经停的口岸。
——目的地：填写本批申报货物的入境目的地。
——入境口岸：填写本批申报货物最终抵达目的地停靠口岸。
——到货日期：填写本批申报货物最终抵达目的地的日期。
——货存地点：填写申报货物的具体存放地点。
——卸毕日期：填写申报货物的卸货日期。

——索赔有效期:按说明填写。
——外商投资企业:选择是否为外商投资企业。
——是否退运:选择是否退运。
——报关地:选择报关地。
——标记及号码:填写货物运输包装标记。没有标记的,应填写 N/M。
——特殊要求:填写在合同中特别订立的有关质量、卫生等条款或报检单位对该批申报货物检验检疫的特别要求。
——随附单据:填写货物申报时必须提供的相关单据。
——需要单证:填写需由检验检疫机构出具的证单。
——HS 编码:填写申报货物的 HS 编码。
——监管条件:为申报货物的监管条件。
——类目:根据 HS 编码选择类目。
——中文货名:填写本批申报货物的中文名称。
——英文货名:填写本批申报货物的英文名称。
——原产地:填写申报货物的生产地。
——规格:填写本批申报货物的规格
——报检数量:填写本批申报货物的数量。
——报检数量单位:填写本批申报货物的数量单位。
——报检重量:填写本批申报货物的重量。
——报检重量单位:填写本批申报货物的重量单位。
——HS 标准量:如果重量单位为标准单位,此处带入重量值;如果数量单位为标准单位,此处带数量值。
——HS 标准量单位:为 HS 标准单位。
——用途:填写企业申报货物的用途。
——货物单价:填写申报货物的单件价格。
——货物总值:填写申报货物的总价款。
——货币单位:填写申报货物价值的货币种类。
——包装数量:填写申报货物的包装数量。
——包装数量单位:填写申报货物的包装数量的单位。
——辅包材料:填写申报货物的辅包材料。
——辅包厂家:填写申报货物的辅包材料厂家。
——辅包长:填写申报货物的辅包长。
——辅包宽:填写申报货物的辅包宽。
——辅包高:填写申报货物的辅包高。
——废旧物品:为申报货物的废旧物品标识。
——许可/审批(号码、证书):对实施许可/审批制度管理的申报货物,申报时应录入许可证编号或审批单编号。
——集装箱规格:填写装载本批申报货物的集装箱的具体规格。
——集装箱数量:填写该规格集装箱的数量。
——集装箱号码:填写该规格集装箱的号码。

参 考 文 献

［1］ GB/T 7284—1998 框架木箱
［2］ GB/T 12464—2002 普通木箱
［3］ GB/T 20478—2006 植物检疫术语
［4］ SN/T 1143—2002 植物检疫 简易熏蒸库熏蒸操作规程
［5］ SN/T 2371—2009 木质包装热处理操作规程
［6］ 朱政贤.木材干燥.2版.北京:中国林业出版社,1992
［7］ 国际贸易中木质包装材料管理准则(Guidelines for Regulating Wood Packing Material in International Trade)
［8］ 中华人民共和国进出境动植物检疫法
［9］ 中华人民共和国进出境动植物检疫法实施条例
［10］ 进境货物木质包装检疫除害处理方法及标识要求(国家质量监督检验检疫总局2005年第32号公告)
［11］ 出境货物木质包装检疫处理管理办法(国家质量监督检验检疫总局2005年第69号令)
［12］ 进境货物木质包装检疫监督管理办法(国家质量监督检验检疫总局2005第84号令)
［13］ 关于调整进出境货物木质包装溴甲烷熏蒸处理技术要求的公告(国家质量监督检验检疫总局2006年第105号公告)

ICS 03.100
A 10

中华人民共和国国家标准

GB/T 28840—2012

乡(镇)村商业零售店经营规范

Operating standards of township-village commercial retail store

2012-11-05 发布　　2012-12-01 实施

中华人民共和国国家质量监督检验检疫总局
中国国家标准化管理委员会　发布

前　言

本标准按照 GB/T 1.1—2009 给出的规则起草。

本标准由中华人民共和国商务部提出并归口。

本标准起草单位：中国合作贸易企业协会。

本标准主要起草人：李尧天、于美芝、付斌、张鹏、李涵冰。

乡(镇)村商业零售店经营规范

1 范围

本标准规定了乡(镇)和村级商业零售店经营设施设备和经营管理的基本要求。

本标准适用于各种投资主体在乡(镇)和村开办的零售店。

2 规范性引用文件

下列文件对于本文件的应用是必不可少的。凡是注日期的引用文件,仅注日期的版本适用于本文件。凡是不注日期的引用文件,其最新版本(包括所有的修改单)适用于本文件。

GB/T 17110 商店购物环境与营销设施的要求

SB/T 10393 农家店建设与改造规范

3 术语和定义

下列术语和定义适用于本文件。

3.1

乡(镇)村商业零售店 township-village commercial retail store

由各种投资主体设在乡(镇)和村的从事商品经营的零售店铺。

3.2

庄稼医院 crops hospital

配备持有庄稼医生职业资格证书的专业技术人员的农业生产资料零售店。

3.3

仓储超市 warehouse store

设在乡(镇),采取储销一体,前店后库,批零兼营,销售低价格商品的零售店。营业面积 2 000 m^2 以上。商品采取以原包装为主陈列,自选式售货方式。设有停车场。

4 乡(镇)村商业零售店营业设施设备配置基本要求

4.1 营业场所建筑设施及环境要求

4.1.1 乡(镇)村商业零售店应设在建筑物的一层。做到安全、方便、卫生。

4.1.2 农资零售店应与住宅分开。

4.1.3 店内装修、装饰材料应符合消防安全和环保安全规定。

4.1.4 地面应硬化、平整、不起尘。经营餐饮、生鲜、农产品的店应有排水通道,便于地面清洗,无积水。

4.1.5 店内应通风、明亮。

4.1.6 营业店面应留有通道,营业面积 200 m^2 以下的,通道的宽度应不少于 0.9 m,营业面积 200 m^2 以上的,通道宽度应不少于 1 m。通道地面应防滑。

4.1.7 批零兼营的仓储超市主通道宽度不少于 2 m,辅通道宽度不少于 1.5 m。

4.1.8 乡(镇)村商业零售店址应与有毒、有害场所及其他污染和交叉感染源保持安全距离。食品店或有食品经营的店址应与有毒、有害场所及其他污染、交叉感染源相隔直径距离25 m以上;农药、化肥零售店应与日用消费品、食品、农产品店相隔直径距离25 m以上。

4.1.9 农业生产资料零售店应将顾客接待与商品陈列、储备场地分开。设顾客接待室,为其提供培训、咨询。

4.2 营业设施设备配置基本要求

4.2.1 乡(镇)村商业零售店应根据所经营商品、经营规模、经营业态、交易方式等因素配置商品陈列、展示、保质、计量和便于顾客选购需要的设施设备。

4.2.2 乡(镇)村商业零售店应有与经营商品相匹配的陈列货架和柜台。

4.2.3 应配置检测合格的长度、重量、容量、时间等计量器具,并按规定定期送检。

4.2.4 经营食品和农产品的零售店应配有相应的消毒、照明、防腐、防尘、防蝇、防虫、洗涤以及处理废水、存放垃圾和废弃物的设备和设施。

4.2.5 经营食品和农产品的零售店应配置相应的冰柜、冰箱等低温冷藏设备;还应配备断电断水的应急设备。

500 m^2 以上的经营食品和农产品的零售店应设置低温冷藏区域和冷藏设施。

4.2.6 经营熟食制品的零售店应设操作间。在入口处设置洗手和消毒设备。

4.2.7 农产品零售店应配置药物残留快速检测设备。

4.2.8 农资零售店应配备装卸货叉车和送货车;还应配置与测土施肥、配方用药等农技、农化服务和农产品相关信息传递的设施设备。

4.2.9 仓储超市应配备装卸货叉车和运货车。

4.2.10 乡(镇)级商业零售店都应配置与其经营商品种类、规模、经营业态相适应的电话、电脑、POS机、条码扫描设备和数字智能终端等信息硬件设备,安装相应的商品进销存管理软件。经营面积在500 m^2 以上的店,应配备刷卡结算的POS系统。村级商业零售店应配备电话、传真机。

4.3 消防设施设备要求

乡(镇)村商业零售店应配备与经营商品和规模相适应的消防安全设施、设备或消防器材,并保证消防设施设备或消防器材完好、有效。

5 经营管理基本要求

5.1 乡(镇)村商业零售店应在醒目位置悬挂营业执照、税务登记、卫生许可等有效证件。公布工商、质检和连锁总部投诉电话,接受消费者和社会监督。

经营食品的零售店应悬挂食品流通许可证。

5.2 乡(镇)村商业零售店应具备多元化服务功能。除商品供应外,还应收购农产品和废旧物资;提供传真、复印、影像,信息产品、收费、邮政、报刊杂志、电话购物、网络购物代理等服务。

5.3 乡(镇)村商业零售店经营的所有商品都应明码标价,所有服务项目都应明码标价。

5.4 乡(镇)村商业零售店不得经营法律禁止的商品。

5.5 乡(镇)村商业零售店应按照经营业态,商品品类划分不同区域,参照GB/T 17110和SB/T 10393的相关规定设置商品布局。商品分品种陈列,应将容易互相串味、交叉污染的商品区域隔开。

5.6 乡(镇)村商业零售店可根据业态和销售商品情况,采取自由售货方式。

6 商品安全经营管理的基本要求

6.1 商品进入和售出的基本要求

6.1.1 乡(镇)村商业零售店应建立商品准入和可追溯制度。

6.1.2 对进货渠道和供应商进行登记管理。采购商品要查验供货者的经营许可证、营业执照和产品合格的证明文件,证照齐全,方准供货。

经营食品的零售店采购食品应查验供货者的食品生产(流通)许可证。

6.1.3 建立规范的商品进货查验记录,如实记录商品名称、规格、数量、生产日期、厂(场)名、厂(场)址、生产许可证、登记证、批准文件、供货者名称及联系方式、进货日期等内容。进货查验记录保存期限不得少于2年。

实行统一配送的连锁店,须将总部查验记录备份留存备查。

6.2 商品质量安全的基本要求

6.2.1 乡(镇)村商业零售店应建立商品质量安全管理制度。

6.2.2 对销售的商品应实行质量承诺,销售时应同时发放质量信誉承诺卡。发现有问题商品应及时召回并下架,造成损失的应依法赔偿,兑现承诺。

6.2.3 对经营的商品所作的店内外广告,应如实标明产地、成分、含量、性能,不夸大产品使用效果。

6.2.4 农资庄家医院应配有庄稼医生国家职业资格证的农业专业技术人员坐店经营。

6.2.5 乡(镇)村商业零售店应建立并履行商品更换退货制度。

6.3 食品经营流程的基本要求

6.3.1 经营食品的零售店应建立食品经营流程管理制度。

6.3.2 贮存食品的容器、工具和设备应当安全、无害,保持清洁,保证不同食品温湿度环境要求。不得将食品与有毒、有害物品一同贮存、陈列。

6.3.3 对贮存、销售的食品定期进行检查。及时清理变质、超过保质期及其他不符合食品安全标准的食品,主动将其下架,予以封存,并做好相关记录。

6.3.4 经营散装食品应有遮盖的容器,并在散装食品的容器、外包装上标明食品的名称、配方标准、生产日期、保质期、生产经营者名称及联系方式等内容。

6.3.5 销售生鲜食品和熟食制品,应符合食品安全所需要的温度、空间隔离等特殊要求,防止交叉污染。

6.3.6 应在销售食品的包装上附特殊身份标记,与其他店销售的同品牌食品相区分。

6.3.7 建立食品经营岗位责任制度。把食品安全责任落实到人。

7 从业人员要求

7.1 乡(镇)村商业零售店从业人员应诚实守信,身体健康,无传染性疾病。

经营食品和农产品的从业人员应每年进行一次健康检查。请医院出具无传染性疾病证明,并建立健康档案。对不符合本标准规定的从业人员应及时调离本岗位工作。

7.2 乡(镇)村商业零售店从业人员应具有与经营的商品相适应的文化知识、商品知识和业务技能。

ICS 03.080.01
A 20

中华人民共和国国家标准

GB/T 28841—2012

家用电子电器维修业服务经营规范

Regulations of service operation for household electronic and electrical appliances maintenance industry

2012-11-05 发布 2012-12-01 实施

中华人民共和国国家质量监督检验检疫总局
中国国家标准化管理委员会 发布

前　言

本标准按照 GB/T 1.1—2009 给出的规则起草。

本标准由中华人民共和国商务部提出并归口。

本标准起草单位：中国家用电器服务维修协会、四川长虹电器股份有限公司、博西华家用电器服务江苏有限公司、苏宁电器售后服务中心南京分公司、上海百联电器科技服务有限公司、青岛赛维家电服务产业有限公司、松下电器（中国）有限公司、东芝（中国）有限公司、同方股份有限公司消费电子事业部、广东志高空调有限公司、美延维修服务（上海）有限公司、安信龙电器维修服务（北京）有限公司。

本标准起草人：刘秀敏、郭赤兵、赵泽蕊、胥邦钦、陈辉、殷霞、汪伯申、秦健、刘志礼、刘松、王晖、张德康、王卫、刘建梅、孙小山、计群、鲍毅、赖乙星。

家用电子电器维修业服务经营规范

1 范围

本标准规定了家用电子电器维修业服务经营的范围、方式和方法，服务经营各方间的职责关系，经营服务的专业和技术保障资源条件（设施、设备、器材、技术支持、职业人员等），服务经营组织、经营者和从业人员的基本/有关行为，以及服务的质量控制和测评方法。

本标准适用于从事家用电子电器维修服务的各种经营组织、经营者和从业人员有关服务和管理的活动。

2 规范性引用文件

下列文件对于本文件的应用是必不可少的。凡是注日期的引用文件，仅注日期的版本适用于本文件。凡是不注日期的引用文件，其最新版本（包括所有的修改单）适用于本文件。

GB/T 2900.13—2008 电工术语 可信性与服务质量

GB/T 3787 手持式电动工具的管理、使用、检查和维修安全技术规程

GB 8877 家用和类似用途电器安装、使用、维修安全要求

GB 9448 焊接与切割安全

GB 12158 防止静电事故通用导则

GB/T 16784 工业产品售后服务 总则

GB/T 16784.2 工业产品售后服务 第2部分：维修

GB/T 16868 商品经营服务质量管理规范

GB/T 17242 投诉处理指南

GB 17916 毒害性商品储藏养护技术条件

GB/T 18760 消费品售后服务方法与要求

GB/T 21097.1 家用和类似用途电器的安全使用年限和再生利用通则

GB/T 21474 废弃电子电气产品再使用及再生利用体系评价导则

GB/T 22766.1 家用和类似用途电器售后服务 第1部分：通用要求

GB/T 23685 废电器电子产品回收利用通用技术要求

3 术语和定义

下列术语和定义适用于本文件。

3.1

家用电子电器 household electronic and electrical appliances

在家庭或类似环境中，用户为满足生活、娱乐和信息等消费需要自行使用的电子和电器用具。

3.2

维修业 maintenance industry

提供家用电子电器的安装和拆卸、维护保养、故障修理、维修器材保障等一系列服务经营及监督管理活动的行业。

3.3

服务经营者　service operator

为满足顾客的需要而提供完成接待、拆装和维修等服务全过程的经营单元(法人或自然人)。

3.4

服务经营组织　service operator organization

家电产品生产或销售责任企业(承担家电产品拆装、维修和接待等服务的保障支持、监管及质量控制等职责)的服务管理部门或分支机构。

3.5

经营模式　operation model

根据企业的经营宗旨,为实现企业所确认的价值定位所采取方式方法的总称。

3.6

服务质量　quality of service

决定被服务的用户满意度的服务综合效果。

注1:服务质量由服务保障性、服务可操作性、可服务性、服务完整性以及每项服务特有的其他因素来综合表征。

注2:国际标准化组织(ISO)定义的质量是产品或服务满足用户需求的能力。

[GB/T 2900.13—2008 中 2.19 服务有关的性能 191-19-01]

3.7

可服务性　serveability performance,serviceability performance

当用户要求时,能在规定的容限和其他给定的条件下获得服务并在要求的期间内可持续提供的能力。

注:可服务性可以细分为服务的可获得性和服务的保持性。

[GB/T 2900.13—2008 中 2.19 服务有关的性能 191-19-02]

3.8

服务保障性　service support performance

一个组织提供服务并在其服务过程中提供支持的能力。

[GB/T 2900.13—2008 中 2.19 服务有关的性能 191-19-05]

3.9

服务可操作性　service operability performance

一种能够被用户成功且容易操作的服务能力。

[GB/T 2900.13—2008 中 2.19 服务有关的性能 191-19-06]

3.10

服务完整性　service integrity

服务一旦获得,无过量损伤地提供的能力。

[GB/T 2900.13—2008 中 2.19 服务有关的性能 191-19-07]

3.11

服务满意度　service satisfaction

用户对其服务要求(明示的、通常隐含的或必须履行的需求或期望)已被满足的程度的感受。可用满意水平的量化来对程度做出区分。

3.12

质量保证期限　quality guarantees time

经拆装或维修等服务后,在用户正常使用的情况下,服务经营责任者保证实现该服务规定的质量的最短时间区间。

3.13

延保服务　extended warranty

在家用电子电器商品包修期后，为其提供的一种延长保修时间或扩大保修范围的独立服务商品。延期保修服务的内容由延保服务提供方及顾客在购买延保服务时以签订服务协议的方式确定。

注：家用电子电器的包修期由国家有关法规限定。

4　责任与义务

4.1　服务经营者

4.1.1　明确自营业务职责；与服务经营组织(产品生产者、商品销售者、维修服务物料供应者等)约定关于拆装和维修等服务的责任关系(签订合约)，及时获取商品设计、使用、拆装、维修及有关物料等的技术资料，接受专项技术培训；掌握相应服务技能，主动明示服务业务项目、内容、质量保证和价目，记录家用电子电器销售和消费者信息，了解用户拆装和维修等服务需求，保证服务质量，保证拆装和维修等服务物料的储量和质量，及时向服务经营组织反馈服务信息。

4.1.2　严格施行与消费者达成的家用电子电器拆装和维修等服务经营项目，保证质量。

4.1.3　组织好拆装和维修等服务物料的规格、质量、数量和供货期，及时供货。

4.2　产品生产者

4.2.1　设立售后拆装和维修服务的经营责任机构，明确出厂产品的拆装和维修服务责任。统筹设定产品拆装和维修等服务的可服务性、可操作性，规划并建立维修服务体系，保证实现服务的保障性和完整性。

4.2.2　及时向商品销售者、服务经营者、消费者传达商品拆装和维修服务有关经营信息；受理服务请求，接受消费者问询并提供咨询服务；受理、处理消费者投诉；认真履行与消费者达成的家电产品拆装和维修等服务承诺，保证质量。

4.2.3　协调、管控与自己签约(特约或授权委托)的各服务经营者为消费者提供相应服务；及时按约向服务经营者提供相应的技术和服务保障资源，监督和了解服务进程，监控维修服务质量；及时按约与服务经营者结算经费。

4.2.4　应组织保障好拆装和维修等服务物料的规格、质量、数量和供货期，及时供货。

4.3　产品销售者

4.3.1　设立家电商品拆装和维修等服务的经营管理机构，负责所售商品的拆装和维修等服务责任。

4.3.2　应主动明示家电商品拆装和维修等服务经营信息；接受问询并提供咨询服务；受理消费者服务请求；受理、处理消费者投诉，及时向产品生产者反馈消费者对产品质量及拆装和维修等服务质量的意见和建议。

4.3.2　及时向产品生产者、特约拆装和维修等服务经营者通报服务需求信息；协调与自己签约(特约或授权委托)的各服务经营者为消费者提供相应服务；监督和了解服务进程、服务质量；及时按约与服务经营者结算经费。

5　要求

5.1　机构设立

5.1.1　基本要求

5.1.1.1　服务经营组织和服务经营者为实现服务维修的保障性和完整性，应设置与经营规模、业务范围、服务能力相适应的经营体系和监管职能机构。符合GB/T 16784、GB/T 16784.2、GB/T 18760及国家有关市场经营的各项规定和有关要求。

5.1.1.2 服务经营组织应建立服务质量体系，且不低于行业标准有关要求，保障各项工作的开展。

5.1.1.3 服务经营组织应按照服务质量体系的要求定期对自身的工作进行自检，并开展第二方或第三方的检查或评估。

5.1.2 服务经营组织和经营者应有的职能机构

服务经营组织和经营者应有的职能机构包括：

a) 业务协调和质量监管机构；
b) 服务维修业务的营业场所及组合——营业网络体系(对外接待用户的营业点的集合)；
c) 服务呼叫机构(话服中心)；
d) 提供或受理服务信息的网站(网页)或电子邮箱；
e) 投诉处理机构，详见GB/T 17242的有关规定；
f) 服务维修备件器材仓储和物流配送体系。

5.1.3 经营者的营业场所及网络体系

5.1.3.1 维修服务的经营服务场地选址应符合产品销售和服务市场的规划，符合所在区域服务网点规划的设置要求，满足所在地的服务需求，并结合服务品牌的发展需要，设置在位置适中、交通便利、人口相对集中的区域。

5.1.3.2 与地域同类维修服务业态和环境相协调，避免因短期利益而造成过密建设和重复建设。

5.1.3.3 新建特约维修服务组织与功能完全相同维修服务组织之间的距离应控制在1 000 m以上。

5.1.4 服务经营者

配备与维修产品类别和经营规模相应的具有职业资格的专业人员队伍，必要的服务人员、质检人员和管理人员，个体经营者至少长期雇佣一名与经营范围相应的维修职业人员；有健全的组织结构和规章制度，规范管理。

5.2 设施设备

5.2.1 营业场所的基本条件

经营服务安全设施、卫生设施和环境设施要求按GB 9448、GB 12158、GB/T 16868、GB 17916中的相关规定执行。

5.2.2 营业场所的专用设施

5.2.2.1 有与经营规模、接待能力相适应的营业场所，营业面积满足服务职能需求。

5.2.2.2 营业场所应合理划分接待区域、维修作业区域、维修物料储放区域及收发与存放送修产品的专用区域，各区域面积应能满足基本功能需要。各区域内、区域间标识牌的位置、数量应满足功能的需要。

5.2.2.3 危险化学品应按分类分别设立专用储藏、使用场地，使用场地须与其他产品的维修场地分开设置。

5.2.2.4 有与经营规模、服务接待能力相适应的车辆停放场所。

5.2.3 营业场所的专业设备

5.2.3.1 配备电子电器拆装和维修检修设备

配备与拆装和维修产品类别相应的维修设备、工具,检修用的仪器、仪表,劳动保护用具。

5.2.3.2 配备制冷产品拆装和维修专用检修设备

配备与拆装和维修产品类别相应的维修设备、工具,检修用的仪器、仪表,劳动保护用具。

5.2.3.3 维修服务经营设备

配备与经营服务项目和规模相应的运输汽车、传真机、管理用计算机及外设系统、营业期间服务电话、上门服务人员用移动电话、互联网通信设备等。

5.3 从业人员

5.3.1 经营者

5.3.1.1 涉及特种作业人员和特殊工种作业的经营者,应明确安全生产负责人、管理人,并通过国家或行业安全生产负责人和管理人员专项安全管理培训,企业法定代表人应接受安全生产监督管理部门对企业负责人进行的安全资格培训并取得相应资格。

5.3.1.2 经营品牌产品的特约服务、指定维修、认定技术业务的特约经营者,应当取得产品生产者或销售者的允许授权。

5.3.1.3 应依法规要求组织进行职业及安全作业技术和管理的继续教育培训。

5.3.1.4 严格遵守价格行为规定。

5.3.2 职业人员

5.3.2.1 家用电子产品维修、家用电器产品维修、制冷设备维修、用户通信终端维修、计算机维修、照相器材维修、办公设备维修、焊工、维修电工以及电子电器电气设备的安装、组装、装调等技术工种属就业准入工种,从业人员须持有相应产品类别的国家职业证书才能上岗作业。

5.3.2.2 在家用电子电器产品拆装和维修中,需要实施国家规定的特种作业的从业人员,须持有相应类别的特种作业证书。

5.3.2.3 从事家用电器售后服务的从业人员应获得与其工作范围和所从事工作岗位相应的职业资质,经过专业培训并取得相关上岗资格证书。

5.4 从业行为

5.4.1 依法从业,遵守市场经营各项规定,自觉维护市场秩序。

5.4.2 符合 GB 8877、GB/T 3787 及特种作业有关安全作业规定。

5.4.3 遵守环境保护、节约能源、资源再利用有关规定要求。

5.5 物料保障

5.5.1 服务维修作业需要的零配件、耗材、辅料及备件、附件等物料,应符合相应的国家标准、行业标准或生产企业标准的规定,在产品服务维修保障期内具备提供相应规格、质量、数量的供货能力,储备合理,配送及时。

5.5.2 向消费者提供合格的零配件,确保各种配件、辅料的质量符合相应国家标准和行业标准的有关规定,配件销售应明码标价。

6 服务项目

家电服务经营者的业务项目主要有：

——咨询服务(选购、配套和使用咨询、技术辅导和培训)；
——物流配送；
——安装、拆卸、移机、调试；
——维护保养、耗材补充、清洁整理、改装升级；
——技术增值服务(信息内容的记录、编辑、制式或格式转换、载体转换及处理等)；
——租赁；
——零配件、耗材经销；
——使用状况测评鉴定；
——废旧品回收及再使用处理；
——延保服务；
——根据用户需要提供的其他服务。

7 服务主要方式

7.1 接修服务

7.1.1 服务维修门店

前台服务主要包括接待、咨询服务、接机、验机、登记记录、维修安排、试机交付、收费结算等，后台服务主要包括接待准备、服务礼仪、电话接待和回访、投诉处理、资料整理等。

前台接待服务参见附录A。

7.1.2 电信受理

7.1.2.1 话服中心(电话接待)

7.1.2.1.1 向社会公布服务电话，提供24 h受理服务请求，为消费者提供服务，监管服务流程，监督服务质量。电话接待中心人员在电话接待、电话回访和投诉处理时按有关规定执行。

7.1.2.1.2 服务、监督或投诉电话有人工转接服务，并由专业人员接听。服务电话线路的语音接通率应当为98%以上，人工接通率在95%以上(以90 s接通率计算)。

7.1.2.1.3 提供人工电话服务的时间在营业日不少于12 h，其他时间应当设语音留言并记录用户的留言，尽快主动回复。

7.1.2.2 互联网

公布本企业各类型产品拆装和维修服务经营范围、网络、质量以及备件器材和耗材等信息，提供产品、拆装、维护保养、修理和使用咨询，收取消费者意见建议，开展顾客满意调查。

7.1.2.3 电话传真

公布电话传真号码，受理服务维修有关咨询、投诉，及时反馈相应服务维修信息。

7.1.2.4 电子邮箱

公布电子邮箱，受理服务维修有关咨询、投诉，及时反馈相应服务维修信息。

7.1.2.5 手机电话短信

公布手机号码,受理服务维修有关咨询、投诉,及时反馈相应服务维修信息。

7.2 上门服务

上门安装、调试、维修、保养服务按 GB/T 22766.1 的规定执行。

上门服务参见附录 B。

7.3 回访服务

回访包括电话回访、电子网络征询意见、信函回访、顾客满意度调查问卷等。有明确回访方式、回访内容、回访信息收集、回访质量考核体系。具体要求包括:

——电子网络征询意见、信函回访应用规范用语,回访内容主要是征询用户期望服务经营者需改进的问题;

——回访信息收集主要包括:服务结果调查和意见征询;

——回访质量考核体系:有效信息收集量不得低于总服务量的 30%,且最低有效样本量不得低于 30 个;样本的分析要本着客观、公正、科学的原则进行。

7.4 物流配送中心服务

设立区域配送网络,建立物流配送渠道;储备、管理拆装和维修物料,根据服务需求和计划及时调配。

7.5 服务维修保障管理

7.5.1 应明示产品售后维修服务保障期限。

7.5.2 产品在维修服务保障期内,按照国家有关规定和企业的服务承诺履行服务责任,提供维修服务和技术保障。

7.5.3 维修服务保障期限外,应继续提供维修服务和技术服务,收取合理的费用。

7.5.4 产品退市或生产者破产的服务保障包括:

a) 家用电子电器产品退市或生产者破产,应明确(如网页公示 3 个月以上,全国性通用媒体公示等)产品后续维修服务保障方法。

b) 移交储备的维修服务保障期限内的拆装和维修服务专用器材耗材和产品使用、拆装、维修技术资料。

c) 预留维修服务保障期限内合理的服务费用。

7.6 服务维修质量监管

公布质量监督机构及联系方式,提供咨询服务,受理投诉,参照 GB 17242 进行处理。

7.7 延保服务

7.7.1 延保服务经营者收到顾客延保产品报修,根据约定,及时指派维修服务商接修或者上门服务。维修服务商根据顾客所提供延保协议及发票、产品购买发票及厂家“三包”凭证提供延保维修服务。

7.7.2 延保服务经营者应设立话服中心。

7.7.3 延保服务经营者开始销售延保服务时,应向顾客明示服务机构名称或品牌、服务覆盖范围,保证其签约维修服务网点能够 100%提供延保服务。

7.7.4 依据延保协议约定,当用户的家用电子电器产品发生了延保协议约定范围内的故障时,由延保服务经营者指定的维修服务商进行免费维修。

7.7.5　延保维修成本超过产品原购买价格或延保产品的零部件无法提供，延保服务经营者应给予消费者换机。

7.7.6　延保服务经营者给予消费者所换的机器，应满足类似功能或更高功能，但更换的机器原则上不超过原机价格。

7.7.7　延保服务经营者应设立投诉热线或网站，受理顾客对延保服务的投诉。

7.8　废旧品回收及再使用处理

符合 GB/T 21097.1、GB/T 21474、GB/T 23685 相关要求。

8　经营服务的水平测评

8.1　投入经营要素水平测评

单个营业网点投入经营要素由低至高划分为五至一等，测评指标见表 1。

表 1　经营要素的测评指标

经营要素	测评内容	测评指标(由低至高划分为以下五至一等)
人力资源	员工总数(全日制员工人数)/人	1～25；26～50；51～100；101～200；>200；
	职业资格员工总数(全日制)/人	1～5；6～10；11～20；20～50；>50；
经营服务场地	服务维修经营总面积/m^2	<25；25～50；>50～100；>100～200；>200；
经营设备	固定资产原值/万元	<20；20～100；>100～500；>500～1 000；>1 000；
	固定资产年增加值/万元	<5；5～10；>10～25；>25～50；>50；
资金 (财务收支)	年营业收入/万元	<30；30～80；>80～200；>200～500；>500；
	年营业成本或费用/万元	<20；20～50；>50～100；>100～300；>300；
	销售(营业)税金/万元	<5；5～10；>10～25；>25～50；>50；
	债务/万元	>100；100～>50；50～>20；20～>10；<10；
	营业利润/万元	<10；10～20；>20～50；>50～100；>100；

企业综合要素的水平等级，由三个或以上经营要素都达到等级来确定。

示例：四个要素等级分别为一至四级，则综合要素水平等级为三级(三个要素达到三级或以上)。

大型或连锁企业投入经营要素应为各单个经营网点的总和，总水平为上述单个各级网点的 5 倍或以上。

8.2　服务资源水平测评

根据经营服务职能机构、服务网点覆盖、服务部等级综合测评。

8.3　服务能力水平测评

按可服务性及服务约定水平、服务可操作性、服务保障性及服务提供能力、服务完整性(包括服务质量水平、企业信用评价、服务满意度等方面)内容综合测评。

附　录　A
（资料性附录）
前 台 服 务

A.1　前台接待

A.1.1　设前台接待人员。

A.1.2　前台接待人员使用规范的问候语向顾客打招呼，请顾客就座。

A.1.3　前台接待人员倾听、询问并记录相关内容如下：

——顾客信息：姓名、家庭地址、通信地址、邮政编码、电话号码、电子邮箱等；

——产品信息：名称、品牌、型号、规格、编号、购买日期、购买商店、发票编号、附带配件等；

——服务信息：接机日期、维修要求、产品状况、顾客特殊需求、取机日期。

A.2　接收产品

A.2.1　产品性能测试。接收产品后，当面测试，并请顾客确认。不能通电测试的，记录顾客对产品状况的陈述，并在维修单据上注明"未试机"、"顾客自述故障"、"其他待查"等字样。对其他非正常损坏现象，应该在维修单据上注明。事先告知维修服务收费、维修器材收费标准。

A.2.2　接收产品后，应将产品贴好标签，放在指定待修区。

A.3　维修产品

A.3.1　遵守国家、行业、企业的维修服务技术规范，保证维修质量，提高工作效率。

A.3.2　如顾客对维修服务收费有最高限价要求，修理过程中，如超过限价，应事先征得顾客同意后再继续修理。顾客不同意的要恢复原状。

A.4　交还产品

A.4.1　核对顾客信息。包括顾客姓名、地址、产品、机号、是否付费等，并确认是否已清洁产品外表。

A.4.2　试机。当面试机，并请顾客签字确认。

A.4.3　产品超过保修期，应将更换件随机退还。

A.4.4　主动告知顾客维修保质期以及使用注意事项，提请顾客保存维修单据。

A.4.5　主动介绍产品使用保养知识，耐心解答顾客的询问。

A.4.6　道别。

附 录 B
（资料性附录）
上 门 服 务

B.1 预约

B.1.1 家用电子电器产品生产者、销售者拆装和维修服务监管和经营机构应及早且至少提前一天与用户预约上门服务时间。用户同时留下固定、移动电话的，在与用户联系时，应先拨打固定电话。

B.1.2 遵守家用电子电器产品生产者、销售者拆装和维修服务监管和经营机构内部规定的拆装和维修服务时间承诺。尽可能满足用户的需求。

B.1.3 确认以下事项：

——拆装和维修服务产品信息：型号、购买日期、购买地点。

——用户信息：详细联系方式、性别。需明确为用户信息保密。根据语言交流判别用户的年龄、性格，并做记录，以便专业安装人员上门服务时选择用户接受的沟通方式。

——产品拆装和维修服务信息：上门时间、拆装和维修服务环境（安装位置、特殊要求等），以便拆装和维修专业人员上门服务时携带好相应的工具和辅料。

B.2 上门准备

B.2.1 出发前检查携带的设备、工具、资料是否齐备、规范。

B.2.2 出发前应考虑到与用户预约地址的远近、交通状况等因素，保证准时上门安装服务。

B.2.3 保持联系：当预计到达时间至少比预约上门时间晚 5 min 时，立即联系用户，说明原因，表示歉意，告知预计到达时间；因特殊原因不能如约上门时，立即告知用户，深表歉意，取得谅解。在征得用户同意后，重新预约上门时间，或与服务组织取得联系，改派其他专业安装人员上门服务；如按预约时间上门，确认用户不在时，在明显位置贴好留言条，说明情况，注明用户可直接联系的电话、联系人；留言条字迹清晰、用语规范。

B.3 上门

B.3.1 进门前准备：调整情绪，整理仪容仪表，再次检查携带物品。

B.3.2 按门铃（或敲门），并后退静候。

B.3.3 用户开门后，确认用户身份，主动自我介绍，通报姓名、单位名称、工号，出示上岗证。

B.3.4 征得用户同意，穿好鞋套进门。

B.4 拆装和维修前

B.4.1 合理摆放工具箱和安全防护用品，检查安全防护用品。

B.4.2 出示拆装和维修单，主动请用户监督拆装和维修服务质量。

B.4.3 需要收取费用事先向用户告知说明，并出示收费价目表、收费手册、维修服务手册及收费依据，争得用户同意或认可。

B.5　拆装和维修中

房间空气调节器拆卸和移机按相关标准的规定执行。

B.5.1　遵守国家、行业、企业的拆装和维修服务技术规范，保证拆装和维修技术质量，提高工作效率。在拆装和维修操作过程中严格遵守操作规程，保障自身安全。

B.5.2　听取用户提出合理的拆装和维修建议。

B.5.3　服务过程中应设身处地为用户着想，最大限度减少给用户带来的麻烦。

B.5.4　主动、耐心、全面地介绍产品使用和维护保养知识。

B.6　拆装和维修后

B.6.1　清扫现场，保持原卫生状况。

B.6.2　主动请用户监督、检验拆装和维修质量。

B.6.3　向用户收取费用时，严格按照《家用电器维修服务明码标价规定》的标价收费，开具收据、发票。

B.6.4　请用户评价、确认。征询用户是否方便接受回访。

B.6.5　向用户使用规范的道别语道别。

参 考 文 献

[1] 中华人民共和国商标法.
[2] 中华人民共和国环境保护法.
[3] 中华人民共和国产品质量法.
[4] 中华人民共和国反不正当竞争法.
[5] 中华人民共和国消费者权益保护法.
[6] 中华人民共和国职业教育法.
[7] 中华人民共和国价格法.
[8] 中华人民共和国合同法.
[9] 中华人民共和国节约能源法.
[10] 中华人民共和国安全生产法.
[11] 中华人民共和国侵权责任法.
[12] 职业资格证书规定.
[13] 关于部分商品修理更换退货责任规定.
[14] 招用技术工种从业人员规定.
[15] 关于商品和服务实行明码标价的规定.
[16] 关于特种作业人员安全技术培训考核工作的意见.
[17] 移动电话机商品修理更换退货责任规定,固定电话机商品修理更换退货责任规定.
[18] 微型计算机商品修理更换退货责任规定,家用视听商品修理更换退货责任规定.
[19] 家用电器维修服务明码标价规定.
[20] 危险化学品安全管理条例.
[21] 生产经营单位安全培训规定.
[22] 特种作业人员安全技术培训考核管理办法.

ICS 55.020
C 08

中华人民共和国国家标准

GB/T 28842—2012

药品冷链物流运作规范

Operation specification for drug cold chain logistics

2012-11-05 发布　　2012-12-01 实施

中华人民共和国国家质量监督检验检疫总局
中国国家标准化管理委员会　发布

前　言

本标准依据 GB/T 1.1—2009 给出的规则起草。

本标准由全国物流标准化技术委员会(SAC/TC 269)提出并归口。

本标准起草单位:浙江英特药业有限责任公司、北京松冷冷链物流有限公司、中国医药商业协会、浙江省医药行业协会、浙江英特物流有限公司、浙江英特生物制品营销有限公司、浙江英特疫苗医药有限公司、上海思博源冷链科技有限公司。

本标准主要起草人:姜巨舫、孙立军、姜晓丽、朱苗佳、张峰、吴华庆、邵越炯、王江伟、刘琼、李红伟、杨帅、俞敏、吴卫星。

药品冷链物流运作规范

1 范围

本标准规定了冷藏药品物流过程中的基本要求,收货、验收,贮存、养护,发货,运输,温度监测和控制,贮存、运输的设施设备,人员配备等方面的要求。

本标准适用于冷藏药品在生产与流通过程中的物流运作管理。

2 规范性引用文件

下列文件对于本文件的应用是必不可少的。凡是注日期的引用文件,仅注日期的版本适用于本文件。凡是不注日期的引用文件,其最新版本(包括所有的修改单)适用于本文件。

QC/T 449 保温车、冷藏车技术条件及试验方法

3 术语和定义

下列术语和定义适用于本文件。

3.1

冷藏药品 cold storage drug

对贮存、运输有冷处、冷冻等温度要求的药品。

3.2

冷处 cold condition

温度符合 2 ℃～10 ℃的贮存运输条件。

3.3

冷冻 freezing condition

温度符合－25 ℃～－10 ℃的贮存运输条件。

3.4

药品冷链物流 drug cold chain logistics

采用专用设施设备,使冷藏药品在生产与流通过程中温度始终控制在规定范围内的物流过程。

4 基本要求

4.1 冷藏药品在生产与流通过程中的温度应始终控制在规定范围内。

4.2 应配备确保冷藏药品温度要求的设施、设备和运输工具。

4.3 应采用信息技术和设备,提供温度监控记录,确保冷藏药品在生产与流通过程中温度可追溯。

4.4 应制定确保温度要求的管理制度及温度异常应急处理预案。

4.5 需要委托贮存或运输冷藏药品的单位,应对受托方的冷链条件进行查验,签订合同时应明确药品在贮存运输和配送过程中的温度要求。

5 冷藏药品的收货、验收

5.1 冷藏药品的收货区应根据药品说明书上规定的贮存温度要求而设置在相应的温度条件下或在阴凉处，不得置于阳光直射、热源设备附近或其他周围环境温度可能会提升的位置。

5.2 收货时收货方应检测药品及环境温度。

5.3 冷藏药品收货时，收货方应索取运输交接单，做好实时温度记录，并签字确认。有多个交接环节的，每个交接环节的收货方都要签收交接单。交接单参见附录A。

5.4 对退回的药品，接收企业应视同收货，应按5.1、5.2、5.3操作，并做好记录，必要时送检验部门检验。

5.5 冷藏药品的收货、验收记录应保存至超过冷藏药品有效期一年以备查，记录至少保留五年。疫苗的收货、验收记录应保存至超过冷藏药品有效期两年以备查，记录至少保留五年。

6 冷藏药品的贮存、养护

6.1 冷藏药品贮存的温度应符合冷藏药品说明书的要求。

6.2 贮存冷藏药品时应按冷藏药品的批号堆垛，不同批号的冷藏药品不得混垛。垛间距不小于5 cm，与仓间墙、柱、温湿度调控设备及管道的设备间距不小于30 cm，与地面的间距不小于10 cm。

6.3 在库冷藏药品按质量状态实行色标管理，待验冷藏药品库（区）、退货冷藏药品库（区）为黄色；合格冷藏药品库（区）、待发冷藏药品库（区）为绿色；不合格冷藏药品库（区）为红色。

6.4 冷藏药品应进行在库养护检查并记录。发现质量异常，应先行隔离，暂停发货，做好记录，及时送检验部门检验，并根据检验结果处理。

6.5 养护记录应保存至超过冷藏药品有效期一年以备查，记录至少保留五年。疫苗的养护记录应保存至超过冷藏药品有效期两年以备查，记录至少保留五年。

6.6 冷藏药品贮存库应根据验证结果配置温度记录设备。

7 冷藏药品的发货

7.1 应指定符合11.1条件的人员负责冷藏药品的发货、拼箱、装车工作，并选择适合的运输方式。

7.2 备货、拆零、拼箱、装箱、装车应使冷藏药品处于规定的贮存温度下。

7.3 冷藏药品的发货、装载区应根据药品说明书上规定的贮存温度要求而设置在相应的温度条件下或在阴凉处，不允许置于阳光直射、热源设备附近或其他周围环境温度可能会提升的位置。

7.4 装载冷藏药品时，冷藏车或冷藏（保温）箱应预冷至符合药品贮存运输温度，应在规定时间内完成装运，与冷藏（保温）箱配套的蓄能剂应满足冷藏药品温度的要求。

7.5 发货时应检查冷藏药品、装载环境及运输设备温度并做好记录，双方在运输交接单上签字确认。

7.6 采用冷藏车运输时，应根据装载空间大小配置相应数量温度记录设备随货发运；采用冷藏（保温）箱运输时，应配备温度检测设备或材料随货发运。

7.7 冷藏药品不得直接接触控温物质，防止对药品质量造成影响。

7.8 采用冷藏车运输冷藏药品时，应根据冷藏车标准装载药品。应合理码放，药品箱的装载高度应低于冷风机出口位置，避开回风口，与车厢内壁保持适当间距，便于气流循环。

8 冷藏药品的运输

8.1 冷藏药品运输方式选择应确保温度符合要求，应根据药品数量、路程远近、运输时间、贮存条件、外界温度等情况选择合适的运输工具，宜采用冷藏车或冷藏（保温）箱运输。

8.2 采用冷藏（保温）箱运输冷藏药品时，冷藏（保温）箱上应注明贮存条件、启运时间、保温时限、特殊注意事项或运输警示。

8.3 应制定冷藏药品发运流程。发运流程内容包括运输前通知、运输方式、线路、联系人、异常处理方案等。

8.4 运输人员出行前应对冷藏车及冷藏车的制冷设备、温度记录显示仪进行检查，要确保所有的设施设备正常并符合温度要求。在运输过程中，要及时查看温度记录显示仪，如出现温度异常情况，应及时报告并处置。

8.5 冷藏车在运输途中要对温度进行实时监测，数据应可导出或上传且不可更改。温度记录应当随药品移交收货方。

8.6 采用冷藏（保温）箱运输时，根据冷藏（保温）箱的性能验证结果，在冷藏（保温）箱支持的、符合药品贮存条件的保温时间内送达。

8.7 冷藏药品运输及配送时，要在规定时限内送达，运输及配送途中不得开启冷藏（保温）箱，确保在规定的温度范围内冷链运输及配送。

9 冷藏药品的温度监测和控制

9.1 冷藏药品在收货、验收、贮存、养护、发货、运输过程中应进行温度监控，可采用温度记录仪、温度电子标签、温湿度监控仪等温度记录设备或温度检测材料。

9.2 手工记录的温度监测数据应保留原始单据，自动温度监测数据可读取存档。

9.3 冷库温度记录间隔时间不得超过 30 min/次，冷藏车的温度记录间隔时间不超过 10 min/次，冷藏（保温）箱的温度不能超过药品贮存要求。

9.4 温度报警装置应能在临界状态下报警，应有专人及时处置，并做好温度超标报警情况的记录。

9.5 制冷设备的启停温度设定值：冷处应在 3 ℃～7 ℃范围内，冷冻应在 −23 ℃～−12 ℃范围内。

9.6 应按规定对自动温度记录设备、温度自动监控及报警装置等设备进行校验，保持准确完好。

9.7 冷藏药品的温度记录至少保留五年。

10 冷藏药品贮存、运输的设施设备

10.1 应配置与生产经营品种、规模相适应的冷库、冷藏车、冷藏（保温）箱或其他符合药品贮存温度要求的设施设备。

10.2 冷藏药品的贮存应有自动监测、自动调控、自动记录及报警装置，温度自动监测布点应经过验证，符合药品冷藏要求。

10.3 冷藏（保温）箱应根据不同材质、不同配置方式以及环境温度进行保温性能验证，并在验证结果支持的范围内进行运输。

10.4 冷藏车应符合 QC/T 449 的规定和要求，并应具有独立制冷（制热）系统、自动温度监控记录功能，实施实时温度监测。

10.5 对于使用的冷藏车，要进行空载温度分布验证，达到要求后方可投入使用。正式使用后，要进行冷藏车配送在途（满载）温度分布验证。根据冷藏车温度分布验证结果，制定冷藏车使用操作细则，明确

装车要求、货品摆放位置及注意事项。

10.6　在用的冷藏车辆每年在极端温度环境下进行在途温度验证。

10.7　冷藏设施设备应配有备用发电机组或安装双路电路。

10.8　冷藏药品贮存、运输设施设备应有校准方案、定期维护方案和紧急处理方案，有专人定期进行检查、校准、清洁、管理和维护，并有记录，记录至少保存五年。

10.9　建立健全冷藏药品贮存运输设施设备档案，并对其运行状况进行记录，记录至少保存五年。

11　人员配备

11.1　应配备与药品冷链管理、经营规模相适应的专业技术人员。

11.2　冷藏药品的收货、验收、养护人员应经过相应培训，熟悉冷链基础知识、所经营冷藏药品的温(湿)度敏感性特点、产品分销特点等冷链管理内容。

11.3　从事冷藏药品收货、验收、贮存、养护、发货、运输等工作的人员，应接受冷藏药品的贮存、运输、突发状况应急处理等业务培训。

11.4　冷藏(保温)箱的操作、使用、维护等人员应经过产品温(湿)度敏感性特点、箱体适用条件、蓄冷剂预冷条件等专业知识的培训。

11.5　冷链管理中所涉及的计算机系统、温度记录仪的使用等，应对相关人员进行培训。

11.6　应建立操作人员和管理人员培训计划，并定期进行培训有效性和充分性的评估。

11.7　参与冷链验证的人员应经过有关培训。

11.8　直接接触药品的人员应每年进行健康体检。

附　录　A
（资料性附录）
冷藏药品运输交接单

表 A.1　冷藏药品运输交接单

日期：　　　年　　月　　日

<table>
<tr><td>供货单位
（发运单位）</td><td colspan="5"></td></tr>
<tr><td>购货单位
（接收单位）</td><td colspan="5"></td></tr>
<tr><td rowspan="6">药品简要信息（应与所附销售随货同行联相对应）</td><td>序号</td><td colspan="2">药品名称/规格/生产企业/生产批号</td><td>数量</td><td>备注</td></tr>
<tr><td>1</td><td colspan="2"></td><td></td><td></td></tr>
<tr><td>2</td><td colspan="2"></td><td></td><td></td></tr>
<tr><td>3</td><td colspan="2"></td><td></td><td></td></tr>
<tr><td>4</td><td colspan="2"></td><td></td><td></td></tr>
<tr><td>5</td><td colspan="2"></td><td></td><td></td></tr>
<tr><td colspan="2">温度控制要求</td><td></td><td colspan="2">装载环境温度</td><td></td></tr>
<tr><td colspan="2">温度控制设备</td><td></td><td colspan="2">预冷温度</td><td></td></tr>
<tr><td colspan="2">运输方式</td><td></td><td colspan="2">运输工具</td><td></td></tr>
<tr><td colspan="2">启运时间</td><td></td><td colspan="2">启运时温度</td><td></td></tr>
<tr><td colspan="2">保温时限</td><td></td><td colspan="2">随货同行联编号</td><td></td></tr>
<tr><td colspan="2">发货人员签字</td><td></td><td colspan="2">运输人员签字</td><td></td></tr>
<tr><td colspan="2">备注</td><td colspan="4"></td></tr>
<tr><td colspan="6">以上信息发运时填写
以下信息收货时填写</td></tr>
<tr><td colspan="2">到达时间</td><td></td><td colspan="2">在途温度是否报警</td><td></td></tr>
<tr><td colspan="2">到达时温度</td><td></td><td colspan="2">接收人员签字</td><td></td></tr>
<tr><td colspan="2">备注</td><td colspan="4"></td></tr>
</table>

ICS 67.040
X 08

中华人民共和国国家标准

GB/T 28843—2012

食品冷链物流追溯管理要求

Management requirement for traceability in food cold chain logistics

2012-11-05 发布　　　　2012-12-01 实施

中华人民共和国国家质量监督检验检疫总局
中国国家标准化管理委员会　发布

前　言

本标准按照GB/T 1.1—2009给出的规则起草。

本标准由全国物流标准化技术委员会(SAC/TC 269)提出并归口。

本标准起草单位:上海市标准化研究院、中国物流技术协会、英格索兰制冷设备有限公司、上海市冷冻食品行业协会、上海海洋大学、河南众品食业股份有限公司。

本标准主要起草人:王晓燕、秦玉青、刘卫战、晏绍庆、王二卫、谢晶、康俊生、金祖卫、刘芳、乐飞红。

食品冷链物流追溯管理要求

1 范围

本标准规定了食品冷链物流的追溯管理总则以及建立追溯体系、温度信息采集、追溯信息管理和实施追溯的管理要求。

本标准适用于预包装食品从生产结束到销售之前的运输、仓储、装卸等冷链物流环节中的追溯管理。

2 规范性引用文件

下列文件对于本文件的应用是必不可少的。凡是注日期的引用文件，仅注日期的版本适用于本文件。凡是不注日期的引用文件，其最新版本(包括所有的修改单)适用于本文件。

GB/T 9829—2008 水果和蔬菜 冷库中物理条件 定义和测量

GB/T 22005 饲料和食品链的可追溯性 体系设计与实施的通用原则和基本要求(ISO 22005:2007,IDT)

3 术语和定义

下列术语和定义适用于本文件。

3.1

食品冷链物流 food cold chain logistics

采用低温控制的方式使预包装食品从生产企业成品库到销售之前始终处于所需温度范围内的物流过程，包括运输、仓储、装卸等环节。

4 追溯管理总则

4.1 冷链物流服务提供方应建立追溯体系、采集追溯信息并在必要时实施追溯。

4.2 冷链物流服务提供方在产品交接时应诚信、协作，互相配合。

4.3 食品冷链物流提供方应建立温度信息记录制度，保证物流全程食品冷链温度可追溯。

5 建立追溯体系

5.1 通用要求

5.1.1 追溯体系的设计和实施应符合 GB/T 22005 的规定，并充分满足客户需求。

5.1.2 追溯体系的设计应将食品冷链物流中的温度信息作为主要追溯内容，建立和完善全程温度监测管理和环节间交接制度，实现温度全程可追溯。

5.1.3 应配置相关的温度测量设备对环境温度和产品温度进行测量和记录。温度测量设备应通过计量检定并定期校准。

5.1.4 应制定详细的食品冷链物流温度监测作业规范，明确食品在不同物流环节的温度监测和记录要求(包括温度测量设备要求、测温点的选择、允许的温度偏差范围、温度监测方法、温度监测结果的记录),以及温度记录保存方法、保存期限等要求。

5.1.5 应制定适宜的培训、监视和审查制度,对操作人员进行必要的培训,使其能够根据检测方法对冷链物流温度进行监测和记录,完成交接确认等操作。

5.1.6 应对食品冷链物流追溯体系进行验证,确保追溯体系的记录连续、真实有效。

5.2 追溯信息

5.2.1 食品冷链物流服务提供方在物流作业过程中应及时、准确、完整地记录各物流环节的追溯信息。

5.2.2 食品冷链物流运输、仓储、装卸环节的追溯信息主要包括客户信息、产品信息、温度信息、收发货信息和交接信息,必要时可增加补充信息,见表1。

表1 食品冷链物流追溯信息

信息类型	信息内容
客户信息	客户名称、服务日期
产品信息	食品名称、数量、生产批号、追溯标识、保质期
温度信息	环境温度记录、产品温度记录(采集时间和温度)、运输载体或仓库名称、运输时间或仓储时间
收发货信息	上、下环节企业或部门名称、收发货时间、收发货地点
交接信息	产品温度确认记录、交接时间、交接地点、外包装良好情况、操作人员签名
补充信息	温度测量设备和方法(包括温度测量设备的名称、精确度、测温位置、测量和记录间隔时间等);装载前运输载体预冷温度信息(包括预冷时间、预冷温度、装车时间、作业环境温度以及开始装车后的载体内环境温度);特殊情况追溯信息

5.2.3 常见温度信息采集见第6章。运输和仓储环节追溯温度信息时对环境温度记录有争议的,可通过查验产品温度记录进行追溯。

5.2.4 当食品冷链物流环节中制冷设备或温度记录设备出现异常时,应将出现异常的时间、原因、采取的措施以及采取措施后的温度记录作为特殊情况的温度追溯信息。

5.3 追溯标识

5.3.1 食品冷链物流服务提供方应全程加强食品防护,保证包装完整,并确保追溯标识清晰、完整、未经涂改。

5.3.2 食品冷链物流服务过程中需对食品另行添加包装的,其新增追溯标识应与原标识保持一致。

5.3.3 追溯标识应始终保留在产品包装上,或附在产品的托盘或随附文件上。

5.4 温度记录

5.4.1 追溯体系中的温度记录应便于与外界进行数据交换,温度记录应真实有效,不得涂改。

5.4.2 温度记录载体可以是纸质文件,也可以是电子文件。温度表示可以用数字,也可以用图表。

5.4.3 温度记录在物流作业结束后作为随附文件提交给冷链物流服务需求方。

5.4.4 运输和仓储环节内的温度信息宜采用环境温度,交接时温度信息宜采用产品温度。各环节的产品温度测量方法参见附录A。

5.4.5 产品交接时应按以下顺序检查、测量并记录温度信息:

a) 环境温度记录:检查环境温度监测记录是否符合温控要求,并记录;

b) 产品表面温度:测量货物外箱表面温度或内包装表面温度,并记录;

c) 产品中心温度：如产品表面温度超出可接受范围，还应测量产品中心温度，或采用双方可接受测温方式测温并记录。

6 温度信息采集

6.1 运输环节

6.1.1 产品装运前应对运输载体进行预冷，查看相关产品质量证明文件，确认承运的货物运输包装完好，测量并记录产品温度，并和上一环节操作人员签字确认。

6.1.2 运输过程中应全程连续记录运输载体内环境温度信息。运输载体的环境温度一般可用回风口温度表示运输过程中的温度，必要时以载体三分之二至四分之三处的感应器的温度记录作为辅助温度记录。

6.1.3 运输过程中需提供产品温度记录时，产品温度测量点的选取参见A.1.2。

6.1.4 运输结束时，应与下一环节的操作人员对产品温度进行测量、记录，并双方签字确认。产品温度测量点的选取参见A.1.3。

6.1.5 运输服务完成后，根据冷链运输服务需求方要求，提供与运输时间段相吻合的温度记录。

6.1.6 运输过程中每一次转载视为不同的作业和追溯环节。转载装卸时应符合6.3的要求。

6.2 仓储环节

6.2.1 产品入库前，应查看相关产品质量证明文件，并与运输环节的操作人员对食品的运输温度记录、入库时间、交接产品温度进行记录并签字确认。

6.2.2 当接收食品的产品温度超出合理范围时，应详细记录当时产品温度情况，包括接收时产品温度、处理措施和时间、处理后温度以及入库时冷库温度等温度记录的补充信息。

6.2.3 冷库温度记录和显示设备宜放置在冷库外便于查看和控制的地方。温度感应器应放置在最能反映产品温度或者平均温度的位置，例如感应器可放在冷库相关位置的高处。温度感应器应远离温度有波动的地方，如远离冷风机和货物进出口旁，确保温度准确记录。

6.2.4 冷库环境温度的测量记录可按GB/T 9829—2008中第3章的要求，冷库内温度感应器的数量设置需满足温度记录的需要。

6.2.5 需提供仓储过程中的产品温度记录时，冷库产品温度的测量参见A.1.1。

6.2.6 产品出冷库时，应与下一环节的操作人员确认冷库环境温度记录，以及交接时的产品温度并签字确认。

6.2.7 涉及分拆、包装等物流加工作业的，应确保追溯标识符合5.3的要求，并详细记录食品名称、数量、批号、保质期、分拆和包装时的环境温度和产品温度，作为仓储环节的加工追溯信息。

6.2.8 仓储服务完成后，根据冷链仓储需求方要求，提供仓储过程中的温度记录。

6.3 装卸环节

6.3.1 装卸前应先对产品的包装完好程度、追溯标识进行检查，对环境温度记录进行确认，选取合适样品测量产品温度并双方确认签字。

6.3.2 装卸环节的温度追溯信息包括装卸前的环境温度、产品温度、装卸时间以及装卸完成后的产品温度和环境温度。

6.3.3 装载时的追溯补充信息包括装车时间、预冷温度、作业环境温度以及开始装车后的运输载体内环境温度。

6.3.4 卸载时的追溯补充信息包括到达时的运输载体环境温度、卸货时间及将要转入的冷库温度。

7　追溯信息管理

7.1　信息存储

7.1.1　应建立信息管理制度。

7.1.2　纸质记录及时归档，电子记录及时备份。记录应至少保存两年。

7.2　信息传输

7.2.1　冷链物流上、下环节交接时应做到信息共享。

7.2.2　每次冷链物流服务完成后服务提供方应将信息提供给服务需求方。

8　实施追溯

8.1　食品冷链物流服务提供方应保留相关追溯信息，积极响应客户的追溯请求并实施追溯。追溯请求和实施条件可在商务协议中进行规定。

8.2　食品冷链物流服务提供方应根据相关法律法规、商业惯例或合同实施追溯，特别是遇到以下情况：

——发现产品有质量问题时，应及时实施追溯；

——根据服务协议或者客户提出的追溯要求，向客户提交相关追溯信息；

——当上、下环节企业对产品有疑问时，应根据情况配合进行追溯；

——当发生食品安全事故时，应快速实施追溯。

8.3　实施追溯时，应将相关追溯信息数据封存，以备检查。

附 录 A
（资料性附录）
食品冷链物流环节产品温度的测量

A.1 直接测量产品温度的取样方法

A.1.1 冷库

冷库中，当货箱紧密地堆在一起时，应测量最外边的单元包装内靠外侧的包装的温度值，和本批货物中心的单元包装的内部温度值。它们分别被称为本批产品的外部温度和中心温度。两者的差异视为本批货物的温度差，需进行多次测量，以记录本批货物的准确温度。

A.1.2 运输

运输过程中产品温度测量应测量车厢门开启边缘处的顶部和底部的样品，见图 A.1。

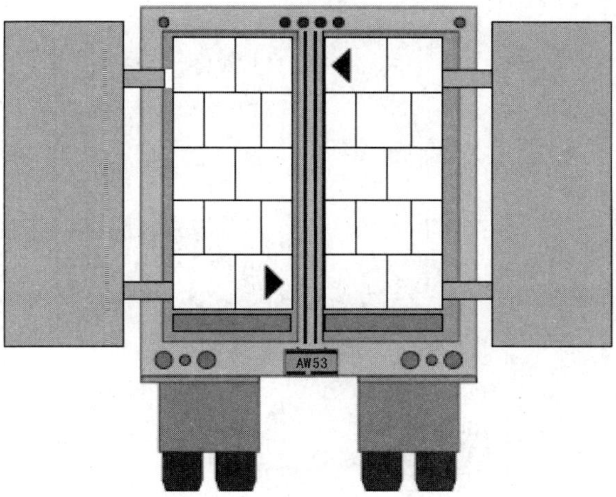

图 A.1 运输途中产品温度测量取样点

A.1.3 卸车

卸车时产品温度测量取样点见图 A.2，包括：

——靠近车门开启边缘处的车厢的顶部和底部；

——车厢的顶部和远端角落处（尽可能地远离制冷温控设备）；

——车厢的中间位置；

——车厢前面的中心（尽可能地靠近制冷温控设备）；

——车厢前面的顶部和底部角落（尽可能地靠近空气回流入口）。

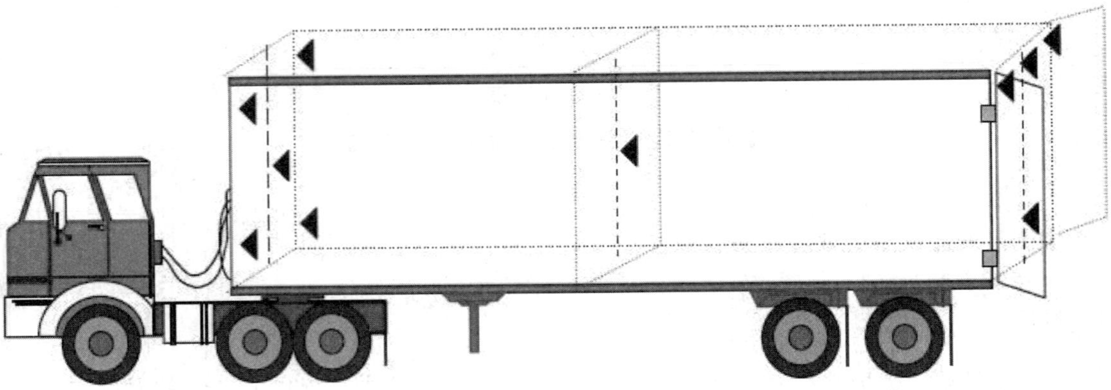

图 A.2 卸车时产品温度的取样点

A.2 间接的产品温度测量方法

食品冷链物流过程中可采取使用模拟产品、包装间放置温度感应器、采用射线或红外温度计等间接的产品温度测量方法进行温度测量。

参 考 文 献

[1] GB/T 18517—2001 制冷术语

[2] GB/T 18354—2006 物流术语

[3] GB/T 22005—2009 饲料和食品链的可追溯性 体系设计与实施的通用原则和基本要求

[4] GB/Z 25008—2010 饲料和食品链的可追溯性 体系设计与实施指南

[5] GB/T 22918—2008 易腐食品控温运输技术要求

[6] GB/T 23346—2009 食品良好流通规范

[7] GB 50072—2010 冷库设计规范

[8] NY/T 1761—2009 农产品质量安全追溯操作规程 通则

[9] SB/T 10428—2007 初级生鲜食品配送良好操作规范

[10] DB 31/T 388—2007 食品冷链物流技术与管理规范

[11] CAC/RCP 8—2008 Recommended international code of practice for the processing and handling of quick frozen foods

ICS 61.020
W 63

中华人民共和国国家标准

GB/T 28844—2012

针织运动服规格

Sizes for knitted sportwear

2012-11-05 发布 2013-06-01 实施

中华人民共和国国家质量监督检验检疫总局
中国国家标准化管理委员会 发布

前　言

本标准按照 GB/T 1.1—2009 给出的规则起草。

本标准由中国纺织工业协会提出。

本标准由全国纺织品标准化技术委员会针织品分技术委员会(SAC/TC 209/SC 6)归口。

本标准主要起草单位:李宁(中国)体育用品有限公司、泉州市七匹狼体育用品有限公司、国家针织产品质量监督检验中心、安踏(中国)有限公司、特步(中国)有限公司、贵人鸟(中国)有限公司、福建泉州匹克体育用品有限公司、广东溢达纺织有限公司、青岛即发集团股份有限公司、广州美标服饰实业有限公司。

本标准主要起草人:徐明明、郭沧旸、于建军、李苏、张宝春、赵德新、戴建辉、张玉高、黄聿华、林声展。

针织运动服规格

1 范围

本标准规定了针织运动服规格的术语和定义、产品分类、号型设置和要求。

本标准适用于以针织物为主要面料成批生产的普通针织运动服，不适用于特殊用途单独设计生产的针织运动服。

2 规范性引用文件

下列文件对于本文件的应用是必不可少的。凡是注日期的引用文件，仅注日期的版本适用于本文件。凡是不注日期的引用文件，其最新版本(包括所有的修改单)适用于本文件。

GB/T 1335.1 服装号型 男子

GB/T 1335.2 服装号型 女子

3 术语和定义

下列术语和定义适用于本文件。

3.1

号 size

人体的身高，以厘米作为单位表示，是设计和选购运动服长短的依据。

3.2

型 style

人体的胸围或腰围，以厘米作为单位表示，是设计和选购运动服肥瘦的依据。

4 产品分类

4.1 外套类：运动外套、领奖外套等。

4.2 球类及其他运动类：足球服、篮球服、排球服、乒乓球服、羽毛球服、网球服及高尔夫球服等运动服装。

4.3 紧身类：跑步服、跨栏上衣、健身服等紧身运动服。

5 号型设置

5.1 外套类、球类及其他类运动服装的号型按 GB/T 1335.1、GB/T 1335.2 中体型分类代号为 A 的号型设置。

5.2 紧身类运动服装的号型以厘米为单位，设置适合人体穿着的净身高和净胸(腰)围的范围，上装号型见表 1 和表 2，下装号型见表 3 和表 4。

表 1 男子紧身类运动服上装号型

单位为厘米

号	型				
160～170	80～90	85～95	90～100		
170～180		85～95	90～100	95～105	
180～190			90～100	95～105	100～110

表 2 女子紧身类运动服上装号型

单位为厘米

号	型					
150～160	70～80	75～85	80～90			
160～170		75～85	80～90	85～95		
170～180			80～90	85～95	90～100	
180～190				85～95	90～100	95～105

表 3 男子紧身类运动服下装号型

单位为厘米

号	型				
160～170	65～75	70～80	75～85		
170～180		70～80	75～85	80～90	
180～190			75～85	80～90	85～95

表 4 女子紧身类运动服下装号型

单位为厘米

号	型					
150～160	55～65	60～70	65～75			
160～170		60～70	65～75	70～80		
170～180			65～75	70～80	75～85	
180～190				70～80	75～85	80～90

6 要求

6.1 主要部位规格尺寸测量及测量方法

6.1.1 主要部位规格尺寸的测量部位见图 1～图 4。

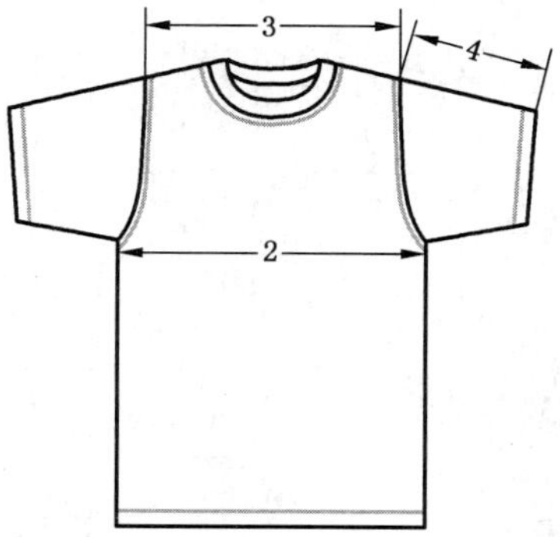

a） 短袖上衣主要部位规格尺寸的测量部位

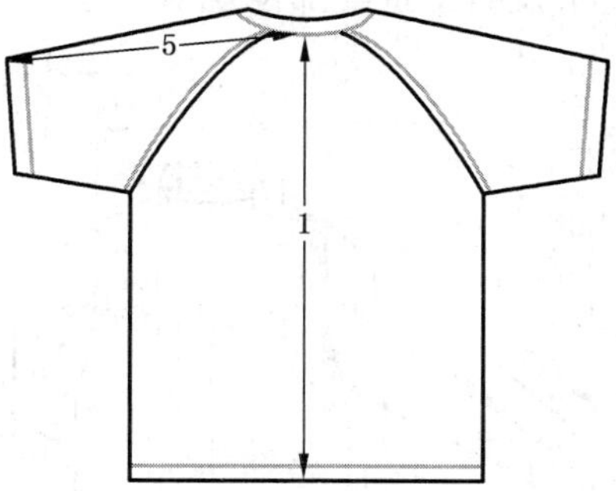

b） 短袖上衣主要部位规格尺寸的测量部位

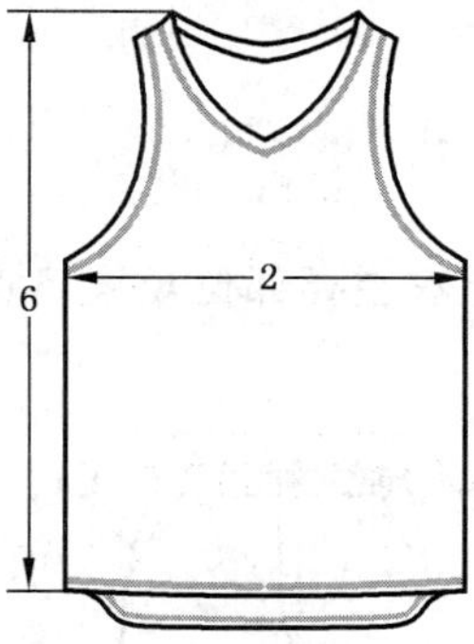

c） 背心主要部位规格尺寸的测量部位

1——后衣长；
2——1/2 胸围；
3——总肩宽；
4——平袖袖长；
5——插肩袖袖长；
6——前衣长。

图 1 短袖上衣及背心主要部位规格尺寸的测量部位

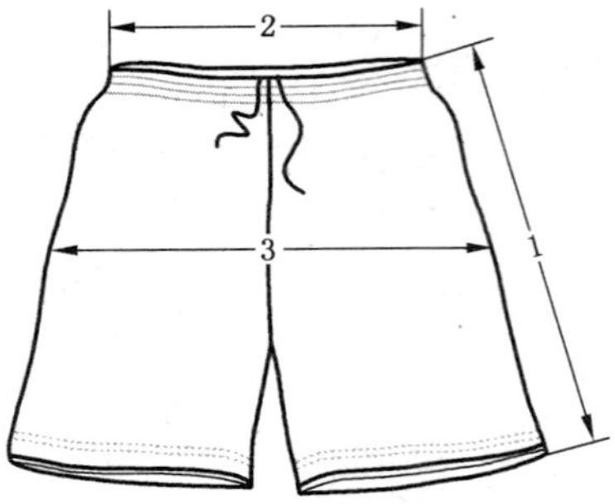

a） 短裤主要部位规格尺寸的测量部位

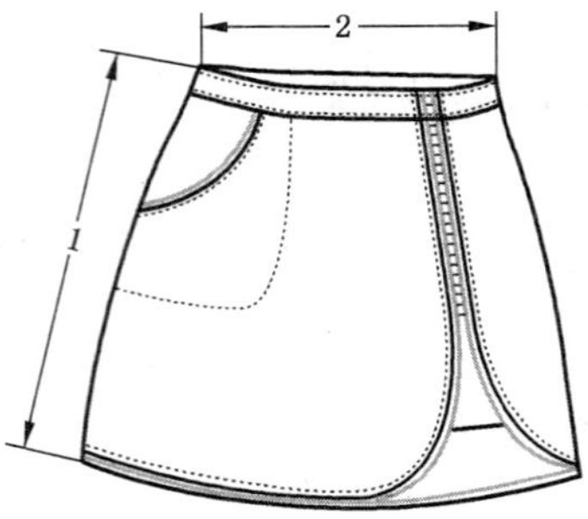

b） 裙子主要部位规格尺寸的测量部位

1——裤(裙)长；
2——1/2 腰围；
3——1/2 臀围。

图 2　短裤及裙子主要部位规格尺寸的测量部位

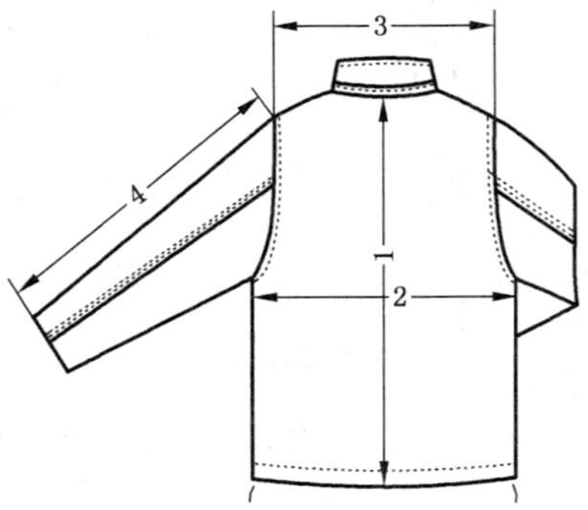

1——后衣长；
2——1/2 胸围；
3——总肩宽；
4——平袖袖长。

图 3　长袖上衣主要部位规格尺寸的测量部位

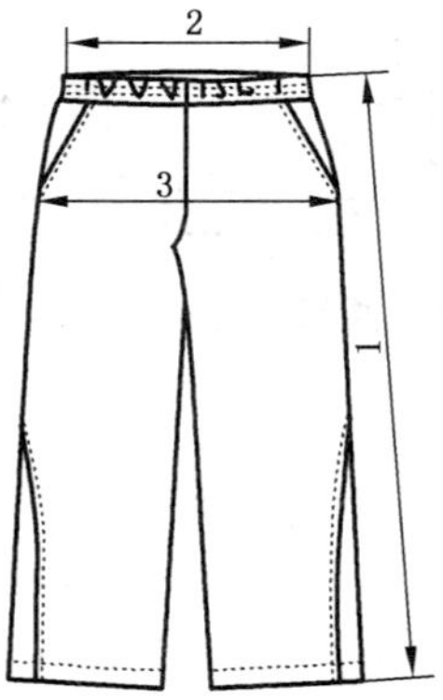

1——裤长；
2——1/2 腰围；
3——1/2 臀围。

图 4　长裤主要部位规格尺寸的测量部位

6.1.2 主要部位规格尺寸的测量规定见表5。

表5 主要部位规格尺寸的测量规定

类别	部位	测量方法
上衣	后衣长	由后领窝中间垂直量到底边
	前衣长	由前身肩缝的最高处垂直量到底边
	平袖袖长	由肩袖缝的交点量至袖口边
	插肩袖袖长	由后领窝中间量至袖口边上端点
	1/2 胸围	由袖窿缝最低点向下 2 cm 处横量
	总肩宽	由肩袖缝的交叉点摊平横量
裤(裙)子	裤长	由腰上口沿着裤子侧缝垂直量至脚口边
	裙长	由腰上口摊平垂直量至裙子底边
	1/2 腰围	腰头自然放松中间横量
	1/2 臀围	由腰上口向下至裆底 2/3 处横量
注：插肩袖的服装不测量总肩宽。		

6.2 外套类运动服规格

6.2.1 外套类运动服规格分档

6.2.1.1 男子外套类运动上衣按5·4系列以175/92A号型为中心，胸围以4 cm分档；总肩宽以1.2 cm分档；后衣长以2 cm分档；长袖长以1.5 cm分档。女子外套类运动上衣按5·4系列以165/88A号型为中心，胸围以4 cm分档；总肩宽以1 cm分档；后衣长以2 cm分档；长袖长以1.5 cm分档。

6.2.1.2 男子外套类运动裤按5·4系列以175/80A为中心，腰围以4 cm分档；臀围以4 cm分档；裤长以3 cm分档。女子外套类运动裤按5·4系列以165/72A为中心，腰围以4 cm分档；臀围以4 cm分档；裤长以3 cm分档。

6.2.2 外套类运动上衣的主要部位规格

男子外套类运动上衣的主要部位规格见表6，女子外套类运动上衣的主要部位规格见表7。

6.2.3 外套类运动裤的主要部位规格

男子外套类运动裤的主要部位规格见表8，女子外套类运动裤的主要部位规格见表9。

6.3 球类及其他运动服规格

6.3.1 球类及其他运动服规格分档

6.3.1.1 男子球类及其他服装的上衣按5·4系列以175/92A号型为中心。胸围以4 cm分档；总肩宽以1.2 cm分档；后衣长以2 cm分档；平袖袖长以1 cm分档，插肩袖袖长按号(身高)以1 cm分档、按型(胸围)以0.6 cm分档。女子球类及其他运动服装的上衣按5·4系列以165/88A号型为中心。胸围以4 cm分档；总肩宽以1 cm分档；后衣长以2 cm分档；平袖袖长以1 cm分档；插肩袖袖长按号(身高)以1 cm分档、按型(胸围)以0.5 cm分档。

6.3.1.2 男子球类及其他服装的裤子按5·4系列以175/80A为中心。腰围以4 cm分档；臀围以

4 cm 分档；裤长以 1.5 cm 分档。女子球类及其他运动服装的裤（裙）子按 5·4 系列以 165/72A 为中心。腰围以 4 cm 分档；臀围以 4 cm 分档；裤（裙）长以 1.5 cm 分档。

6.3.2 足球运动上衣的主要部位规格

男子足球运动上衣的主要部位规格见表 10，女子足球运动上衣的主要部位规格见表 11。

6.3.3 足球运动裤的主要部位规格

男子足球运动裤的主要部位规格见表 12，女子足球运动裤的主要部位规格见表 13。

6.3.4 篮球运动上衣的主要部位规格

男子篮球运动上衣的主要部位规格见表 14，女子篮球运动上衣的主要部位规格见表 15。

6.3.5 篮球运动裤的主要部位规格

男子篮球运动裤的主要部位规格见表 16，女子篮球运动裤的主要部位规格见表 17。

6.3.6 排球运动上衣的主要部位规格

男子排球运动上衣的主要部位规格见表 18，女子排球运动上衣的主要部位规格见表 19。

6.3.7 排球运动裤的主要部位规格

男子排球运动裤的主要部位规格见表 20，女子排球运动裤的主要部位规格见表 21。

6.3.8 乒乓球运动上衣的主要部位规格

男子乒乓球运动上衣的主要部位规格见表 22，女子乒乓球运动上衣的主要部位规格见表 23。

6.3.9 乒乓球运动裤的主要部位规格

男子乒乓球运动裤的主要部位规格见表 24，女子乒乓球运动裤的主要部位规格见表 25。

6.3.10 羽毛球运动上衣的主要部位规格

男子羽毛球运动上衣的主要部位规格见表 26，女子羽毛球运动上衣的主要部位规格见表 27。

6.3.11 羽毛球运动裤的主要部位规格

男子羽毛球运动裤的主要部位规格见表 28，女子羽毛球运动裤的主要部位规格见表 29。

6.3.12 网球运动上衣的主要部位规格

男子网球运动上衣的主要部位规格见表 30，女子网球运动上衣的主要部位规格见表 31。

6.3.13 网球运动裤（裙）的主要部位规格

男子网球运动裤的主要部位规格见表 32，女子网球运动裤（裙）的主要部位规格见表 33。

6.3.14 高尔夫球运动上衣的主要部位规格

男子高尔夫球运动上衣的主要部位规格见表 34，女子高尔夫球运动上衣的主要部位规格见表 35。

注：高尔夫球运动裤目前主要采用梭织面料生产，不属于针织运动服装范畴。

6.3.15 跑步、跨栏运动上衣的主要部位规格

男子跑步、跨栏运动上衣的主要部位规格见表36，女子跑步、跨栏运动上衣的主要部位规格见表37。

注：采用针织面料生产的跑步、跨栏运动裤的规格尺寸见6.4.3的表40、表41。

6.4 紧身类运动服规格

6.4.1 紧身类运动服规格分档

6.4.1.1 男子紧身类运动服上衣按10·5系列以170-180/90-100号型为中心，胸围以5 cm分档；总肩宽以1.8 cm分档；衣长以4 cm分档；长袖长以2.5 cm分档；短袖长以1.5 cm分档。女子紧身类运动服上衣按10·5系列以160-170/80-90号型为中心，胸围以5 cm分档；总肩宽以1.5 cm分档；衣长以4 cm分档；长袖长以2.5 cm分档；短袖长以1.5 cm分档。

6.4.1.2 男子紧身类运动服裤子按10·5系列以170-180/75-85号型为中心，腰围以5 cm分档；臀围以5 cm分档；长裤长以5 cm分档；中裤长以4 cm分档；短裤长以3 cm分档。女子紧身类运动服裤子按10·5系列以160-170/65-75号型为中心，腰围以5 cm分档；臀围以5 cm分档；长裤长以5 cm分档；中裤长以4 cm分档；短裤长以3 cm分档。

6.4.2 跑步、跨栏运动高弹上衣的主要部位规格

男子跑步、跨栏运动高弹上衣的主要部位规格见表38，女子跑步、跨栏运动高弹上衣的主要部位规格见表39。

6.4.3 跑步、跨栏运动高弹裤的主要部位规格

男子跑步、跨栏运动高弹裤的主要部位规格见表40，女子跑步、跨栏运动高弹裤的主要部位规格见表41。

6.4.4 健身运动高弹上衣的主要部位规格

男子健身运动高弹上衣的主要部位规格见表42，女子健身运动高弹上衣的主要部位规格见表43。

6.4.5 健身运动高弹裤的主要部位规格

男子健身运动高弹裤的主要部位规格见表44，女子健身运动高弹裤的主要部位规格见表45。

表 6 男子外套类运动上衣的主要部位规格

单位为厘米

号	部位名称	型																	
		80		84		88		92		96		100		104		108		112	
		成品规格																	
	胸围	96	98	100	102	104	106	108	110	112	114	116	118	120	122	124	126	128	130
	总肩宽	42.4	43	43.6	44.2	44.8	45.4	46	46.6	47.2	47.8	48.4	49	49.6	50.2	50.8	51.4	52.0	52.6
160	后衣长	62		62		62													
	长袖长	59.5		59.5		59.5													
165	后衣长	64		64		64		64											
	长袖长	61		61		61		61											
170	后衣长	66		66		66		66		66									
	长袖长	62.5		62.5		62.5		62.5		62.5									
175	后衣长			68		68		68		68		68							
	长袖长			64		64		64		64		64							
180	后衣长					70		70		70		70		70		70			
	长袖长					65.5		65.5		65.5		65.5		65.5		65.5			
185	后衣长							72		72		72		72		72		72	
	长袖长							67		67		67		67		67		67	
190	后衣长									74		74		74		74		74	
	长袖长									68.5		68.5		68.5		68.5		68.5	
195	后衣长											76		76		76		76	
	长袖长											70		70		70		70	

表 7　女子外套类运动上衣的主要部位规格

单位为厘米

号	部位名称	型 76		型 80		型 84		型 88		型 92		型 96		型 100		型 104	
		成品规格															
	胸围	84	86	88	90	92	94	96	98	100	102	104	106	108	110	112	114
	总肩宽	36	36.5	37	37.5	38	38.5	39	39.5	40	40.5	41	41.5	42	42.5	43	43.5
150	后衣长	52		52		52											
	长袖长	56		56		56											
155	后衣长	54		54		54		54									
	长袖长	57.5		57.5		57.5		57.5									
160	后衣长	56		56		56		56		56							
	长袖长	59		59		59		59		59							
165	后衣长			58		58		58		58		58					
	长袖长			60.5		60.5		60.5		60.5		60.5					
170	后衣长					60		60		60		60		60			
	长袖长					62		62		62		62		62			
175	后衣长							62		62		62		62		62	
	长袖长							63.5		63.5		63.5		63.5		63.5	
180	后衣长									64		64		64		64	
	长袖长									65		65		65		65	
185	后衣长											66		66		66	
	长袖长											66.5		66.5		66.5	

表 8　男子外套类运动裤的主要部位规格

单位为厘米

<table>
<tr><td rowspan="5">号</td><td rowspan="3">部位名称</td><td colspan="18">型</td></tr>
<tr><td colspan="2">68</td><td colspan="2">72</td><td colspan="2">76</td><td colspan="2">80</td><td colspan="2">84</td><td colspan="2">88</td><td colspan="2">92</td><td colspan="2">96</td><td colspan="2">100</td></tr>
<tr><td colspan="18">成品规格</td></tr>
<tr><td>腰围</td><td>62</td><td>64</td><td>66</td><td>68</td><td>70</td><td>72</td><td>74</td><td>76</td><td>78</td><td>80</td><td>82</td><td>84</td><td>86</td><td>88</td><td>90</td><td>92</td><td>96</td><td>98</td></tr>
<tr><td>臀围</td><td>94</td><td>96</td><td>98</td><td>100</td><td>102</td><td>104</td><td>106</td><td>108</td><td>110</td><td>112</td><td>114</td><td>116</td><td>118</td><td>120</td><td>122</td><td>124</td><td>126</td><td>128</td></tr>
<tr><td>160</td><td>裤长</td><td colspan="2">95</td><td colspan="2">95</td><td colspan="2">95</td><td colspan="2">95</td><td colspan="2"></td><td colspan="2"></td><td colspan="2"></td><td colspan="2"></td><td colspan="2"></td></tr>
<tr><td>165</td><td>裤长</td><td colspan="2">98</td><td colspan="2">98</td><td colspan="2">98</td><td colspan="2">98</td><td colspan="2">98</td><td colspan="2"></td><td colspan="2"></td><td colspan="2"></td><td colspan="2"></td></tr>
<tr><td>170</td><td>裤长</td><td colspan="2">101</td><td colspan="2">101</td><td colspan="2">101</td><td colspan="2">101</td><td colspan="2">101</td><td colspan="2">101</td><td colspan="2"></td><td colspan="2"></td><td colspan="2"></td></tr>
<tr><td>175</td><td>裤长</td><td colspan="2"></td><td colspan="2">104</td><td colspan="2">104</td><td colspan="2">104</td><td colspan="2">104</td><td colspan="2">104</td><td colspan="2">104</td><td colspan="2"></td><td colspan="2"></td></tr>
<tr><td>180</td><td>裤长</td><td colspan="2"></td><td colspan="2"></td><td colspan="2">107</td><td colspan="2">107</td><td colspan="2">107</td><td colspan="2">107</td><td colspan="2">107</td><td colspan="2">107</td><td colspan="2"></td></tr>
<tr><td>185</td><td>裤长</td><td colspan="2"></td><td colspan="2"></td><td colspan="2"></td><td colspan="2">110</td><td colspan="2">110</td><td colspan="2">110</td><td colspan="2">110</td><td colspan="2">110</td><td colspan="2">110</td></tr>
<tr><td>190</td><td>裤长</td><td colspan="2"></td><td colspan="2"></td><td colspan="2"></td><td colspan="2"></td><td colspan="2">113</td><td colspan="2">113</td><td colspan="2">113</td><td colspan="2">113</td><td colspan="2">113</td></tr>
<tr><td>195</td><td>裤长</td><td colspan="2"></td><td colspan="2"></td><td colspan="2"></td><td colspan="2"></td><td colspan="2"></td><td colspan="2">116</td><td colspan="2">116</td><td colspan="2">116</td><td colspan="2">116</td></tr>
</table>

表 9 女子外套类运动裤的主要部位规格

单位为厘米

号	部位名称	型															
		60		64		68		72		76		80		84		88	
		成品规格															
	腰围	58	60	62	64	66	68	70	72	74	76	78	80	82	84	86	88
	臀围	84	86	88	90	92	94	96	98	100	102	104	106	108	110	112	114
150	裤长	91		91		91											
155	裤长	94		94		94		94									
160	裤长	97		97		97		97		97							
165	裤长			100		100		100		100		100					
170	裤长					103		103		103		103		103			
175	裤长							106		106		106		106		106	
180	裤长									109		109		109		109	
185	裤长											112		112		112	

表 10　男子足球运动上衣的主要部位规格

单位为厘米

号	部位名称	型															
		80		84		88		92		96		100		104		108	
		成品规格															
	胸围	92	94	96	98	100	102	104	106	108	110	112	114	116	118	120	122
	总肩宽	42.4	43	43.6	44.2	44.8	45.4	46	46.6	47.2	47.8	48.4	49	49.6	50.2	50.8	51.4
160	后衣长	66		66		66											
	平袖袖长	21		21		21											
	插肩袖袖长	42.2		42.8		43.4											
165	后衣长	68		68		68		68									
	平袖袖长	22		22		22		22									
	插肩袖袖长	43.2		43.8		44.4		45.0									
170	后衣长	70		70		70		70		70							
	平袖袖长	23		23		23		23		23							
	插肩袖袖长	44.2		44.8		45.4		46.0		46.6							
175	后衣长			72		72		72		72		72					
	平袖袖长			24		24		24		24		24					
	插肩袖袖长			45.8		46.4		47.0		47.6		48.2					
180	后衣长					74		74		74		74		74			
	平袖袖长					25		25		25		25		25			
	插肩袖袖长					47.4		48.0		48.6		49.2		49.8			
185	后衣长							76		76		76		76		76	
	平袖袖长							26		26		26		26		26	
	插肩袖袖长							49.0		49.6		50.2		50.8		51.4	
190	后衣长									78		78		78		78	
	平袖袖长									27		27		27		27	
	插肩袖袖长									50.6		51.2		51.8		52.4	
195	后衣长											80		80		80	
	平袖袖长											28		28		28	
	插肩袖袖长											52.2		52.8		53.4	

表 11 女子足球运动上衣的主要部位规格

单位为厘米

号	部位名称	型															
		76		80		84		88		92		96		100		104	
		成品规格															
	胸围	86	88	90	92	94	96	98	100	102	104	106	108	110	112	114	116
	总肩宽	37	37.5	38	38.5	39	39.5	40	40.5	41	41.5	42	42.5	43	43.5	44	44.5
150	后衣长	60		60		60											
	平袖袖长	16		16		16											
	插肩袖袖长	34.5		35		35.5											
155	后衣长	62		62		62		62									
	平袖袖长	17		17		17		17									
	插肩袖袖长	35.5		36		36.5		37									
160	后衣长	64		64		64		64		64							
	平袖袖长	18		18		18		18		18							
	插肩袖袖长	36.5		37		37.5		38		38.5							
165	后衣长			66		66		66		66		66					
	平袖袖长			19		19		19		19		19					
	插肩袖袖长			38		38.5		39		39.5		40					
170	后衣长					68		68		68		68		68			
	平袖袖长					20		20		20		20		20			
	插肩袖袖长					39.5		40		40.5		41		41.5			
175	后衣长							70		70		70		70		70	
	平袖袖长							21		21		21		21		21	
	插肩袖袖长							41		41.5		42		42.5		43	
180	后衣长									72		72		72		72	
	平袖袖长									22		22		22		22	
	插肩袖袖长									42.5		43		43.5		44	
185	后衣长											73		73		73	
	平袖袖长											23		23		23	
	插肩袖袖长											44		44.5		45	

表 12 男子足球运动裤的主要部位规格

单位为厘米

号	部位名称	型															
		68		72		76		80		84		88		92		96	
		成品规格															
	腰围	60	62	64	66	68	70	72	74	76	78	80	82	84	86	88	90
	臀围	100	102	104	106	108	110	112	114	116	118	120	122	124	126	128	130
160	裤长	39.5		39.5		39.5											
165	裤长	41		41		41		41									
170	裤长	42.5		42.5		42.5		42.5		42.5							
175	裤长			44		44		44		44		44					
180	裤长					45.5		45.5		45.5		45.5		45.5			
185	裤长							47		47		47		47		47	
190	裤长									48.5		48.5		48.5		48.5	
195	裤长											50		50		50	

表 13 女子足球运动裤的主要部位规格

单位为厘米

号	部位名称	型															
		60		64		68		72		76		80		84		88	
		成品规格															
	腰围	56	58	60	62	64	66	68	70	72	74	76	78	80	82	84	86
	臀围	92	94	96	98	100	102	104	106	108	110	112	114	116	118	120	122
150	裤长	35.5		35.5		35.5											
155	裤长	37		37		37		37									
160	裤长	38.5		38.5		38.5		38.5		38.5							
165	裤长			40		40		40		40		40					
170	裤长					41.5		41.5		41.5		41.5		41.5			
175	裤长							43		43		43		43		43	
180	裤长									44.5		44.5		44.5		44.5	
185	裤长											46		46		46	

表 14　男子篮球运动上衣的主要部位规格

单位为厘米

号	部位名称	型															
		80		84		88		92		96		100		104		108	
		成品规格															
	胸围	104	106	108	110	112	114	116	118	120	122	124	126	128	130	132	134
160	后衣长	69		69		69											
165	后衣长	71		71		71		71									
170	后衣长	73		73		73		73		73							
175	后衣长			75		75		75		75		75					
180	后衣长					77		77		77		77		77			
185	后衣长							79		79		79		79		79	
190	后衣长									81		81		81		81	
195	后衣长											83		83		83	

表 15 女子篮球运动上衣的主要部位规格

单位为厘米

号	部位名称	型 76		型 80		型 84		型 88		型 92		型 96		型 100		型 104	
		成品规格															
	胸围	92	94	96	98	100	102	104	106	108	110	112	114	116	118	120	122
150	后衣长	62		62		62											
155	后衣长	64		64		64		64									
160	后衣长	66		66		66		66		66							
165	后衣长			68		68		68		68		68					
170	后衣长					70		70		70		70		70			
175	后衣长							72		72		72		72		72	
180	后衣长									74		74		74		74	
185	后衣长											76		76		76	

表 16 男子篮球运动裤的主要部位规格

单位为厘米

号	部位名称	型															
		68		72		76		80		84		88		92		96	
		成品规格															
	腰围	62	64	66	68	70	72	74	76	78	80	82	84	86	88	90	92
	臀围	110	112	114	116	118	120	122	124	126	128	130	132	134	136	138	140
160	裤长	50.5		50.5		50.5											
165	裤长	52		52		52		52									
170	裤长	53.5		53.5		53.5		53.5		53.5							
175	裤长			55		55		55		55		55					
180	裤长					56.5		56.5		56.5		56.5		56.5			
185	裤长							58		58		58		58		58	
190	裤长									59.5		59.5		59.5		59.5	
195	裤长											61		61		61	

表 17　女子篮球运动裤的主要部位规格

单位为厘米

号	部位名称	型															
		60		64		68		72		76		80		84		88	
		成品规格															
	腰围	56	58	60	62	64	66	68	70	72	74	76	78	80	82	84	86
	臀围	98	100	102	104	106	108	110	112	114	116	118	120	122	124	126	128
150	裤长	43.5		43.5		43.5											
155	裤长	45		45		45		45									
160	裤长	46.5		46.5		46.5		46.5		46.5							
165	裤长			48		48		48		48		48					
170	裤长					49.5		49.5		49.5		49.5		49.5			
175	裤长							51		51		51		51		51	
180	裤长									52.5		52.5		52.5		52.5	
185	裤长											54		54		54	

表 18　男子排球运动上衣的主要部位规格

单位为厘米

号	部位名称	型															
		80		84		88		92		96		100		104		108	
		成品规格															
	胸围	90	92	94	96	98	100	102	104	106	108	110	112	114	116	118	120
	总肩宽	40.4	41	41.6	42.2	42.8	43.4	44	44.6	45.2	45.8	46.4	47	47.6	48.2	48.8	49.4
160	后衣长	64		64		64											
	袖长	17		17		17											
165	后衣长	66		66		66		66									
	袖长	18		18		18		18									
170	后衣长	68		68		68		68		68							
	袖长	19		19		19		19		19							
175	后衣长			70		70		70		70		70					
	袖长			20		20		20		20		20					
180	后衣长					72		72		72		72		72			
	袖长					21		21		21		21		21			
185	后衣长							74		74		74		74		74	
	袖长							22		22		22		22		22	
190	后衣长									76		76		76		76	
	袖长									23		23		23		23	
195	后衣长											78		78		78	
	袖长											24		24		24	

表 19 女子排球运动上衣的主要部位规格

单位为厘米

号	部位名称	型 76		型 80		型 84		型 88		型 92		型 96		型 100		型 104	
		成品规格															
	胸围	72	74	76	78	80	82	84	86	88	90	92	94	96	98	100	102
150	后衣长	49		49		49											
155	后衣长	51		51		51		51									
160	后衣长	53		53		53		53		53							
165	后衣长			55		55		55		55		55					
170	后衣长					57		57		57		57		57			
175	后衣长							59		59		59		59		59	
180	后衣长									61		61		61		61	
185	后衣长											63		63		63	

表 20　男子排球运动裤的主要部位规格

单位为厘米

号	部位名称	型															
		68		72		76		80		84		88		92		96	
		成品规格															
	腰围	60	62	64	66	68	70	72	74	76	78	80	82	84	86	88	90
	臀围	96	98	100	102	104	106	108	110	112	114	116	118	120	122	124	126
160	裤长	34.5		34.5		34.5											
165	裤长	36		36		36		36									
170	裤长	37.5		37.5		37.5		37.5		37.5							
175	裤长			39		39		39		39		39					
180	裤长					40.5		40.5		40.5		40.5		40.5			
185	裤长							42		42		42		42		42	
190	裤长									43.5		43.5		43.5		43.5	
195	裤长											45		45		45	

表 21　女子排球运动裤的主要部位规格

单位为厘米

号	部位名称	型															
		60		64		68		72		76		80		84		88	
		成品规格															
	腰围	54	56	58	60	62	64	66	68	70	72	74	76	78	80	82	84
	臀围	70	72	74	76	78	80	82	84	86	88	90	92	94	96	98	100
150	裤长	23.5		23.5		23.5											
155	裤长	25		25		25		25									
160	裤长	26.5		26.5		26.5		26.5		26.5							
165	裤长			28		28		28		28		28					
170	裤长					29.5		29.5		29.5		29.5		29.5			
175	裤长							31		31		31		31		31	
180	裤长									32.5		32.5		32.5		32.5	
185	裤长											34		34		34	

表 22 男子乒乓球运动上衣主要部位规格

单位为厘米

号	部位名称	型															
		80		84		88		92		96		100		104		108	
		成品规格															
	胸围	94	96	98	100	102	104	106	108	110	112	114	116	118	120	122	124
	总肩宽	42.4	43	43.6	44.2	44.8	45.4	46	46.6	47.2	47.8	48.4	49	49.6	50.2	50.8	51.4
160	后衣长	66		66		66											
	平袖袖长	20		20		20											
	插肩袖袖长	41.2		41.8		42.4											
165	后衣长	68		68		68		68									
	平袖袖长	21		21		21		21									
	插肩袖袖长	42.2		42.8		43.4		44									
170	后衣长	70		70		70		70		70							
	平袖袖长	22		22		22		22		22							
	插肩袖袖长	43.2		43.8		44.4		45		45.6							
175	后衣长			72		72		72		72		72					
	平袖袖长			23		23		23		23		23					
	插肩袖袖长			44.8		45.4		46		46.6		47.2					
180	后衣长					74		74		74		74		74			
	平袖袖长					24		24		24		24		24			
	插肩袖袖长					46.4		47		47.6		48.2		48.8			
185	后衣长							76		76		76		76		76	
	平袖袖长							25		25		25		25		25	
	插肩袖袖长							48		48.6		49.2		49.8		50.4	
190	后衣长									78		78		78		78	
	平袖袖长									26		26		26		26	
	插肩袖袖长									49.6		50.2		50.8		51.4	
195	后衣长											80		80		80	
	平袖袖长											27		27		27	
	插肩袖袖长											51.2		51.8		52.4	

表 23 女子乒乓球运动上衣的主要部位规格

单位为厘米

号	部位名称	型															
		76		80		84		88		92		96		100		104	
		成品规格															
	胸围	74	76	78	80	82	84	86	88	90	92	94	96	98	100	102	104
	总肩宽	35	35.5	36	36.5	37	37.5	38	38.5	39	39.5	40	40.5	41	41.5	42	42.5
150	后衣长	52		52		52											
	平袖袖长	13		13		13											
	插肩袖袖长	30.5		31		31.5											
155	后衣长	54		54		54		54									
	平袖袖长	14		14		14		14									
	插肩袖袖长	31.5		32		32.5		33									
160	后衣长	56		56		56		56		56							
	平袖袖长	15		15		15		15		15							
	插肩袖袖长	32.5		33		33.5		34		34.5							
165	后衣长			58		58		58		58		58					
	平袖袖长			16		16		16		16		16					
	插肩袖袖长			34		34.5		35		35.5		36					
170	后衣长					60		60		60		60		60			
	平袖袖长					17		17		17		17		17			
	插肩袖袖长					35.5		36		36.5		37		37.5			
175	后衣长							62		62		62		62		62	
	平袖袖长							18		18		18		18		18	
	插肩袖袖长							37		37.5		38		38.5		39	
180	后衣长									64		64		64		64	
	平袖袖长									19		19		19		19	
	插肩袖袖长									38.5		39		39.5		40	
185	后衣长											66		66		66	
	平袖袖长											20		20		20	
	插肩袖袖长											40		40.5		41	

表 24　男子乒乓球运动裤的主要部位规格

单位为厘米

号	部位名称	型															
		68		72		76		80		84		88		92		96	
		成品规格															
	腰围	62	64	66	68	70	72	74	76	78	80	82	84	86	88	90	92
	臀围	98	100	102	104	106	108	110	112	114	116	118	120	122	124	126	128
160	裤长	38.5		38.5		38.5											
165	裤长	40		40		40		40									
170	裤长	41.5		41.5		41.5		41.5		41.5							
175	裤长			43		43		43		43		43					
180	裤长					44.5		44.5		44.5		44.5		44.5			
185	裤长							46		46		46		46		46	
190	裤长									47.5		47.5		47.5		47.5	
195	裤长											49		49		49	

表 25　女子乒乓球运动裤的主要部位规格

单位为厘米

号	部位名称	型															
		60		64		68		72		76		80		84		88	
		成品规格															
	腰围	56	58	60	62	64	66	68	70	72	74	76	78	80	82	84	86
	臀围	84	86	88	90	92	94	96	98	100	102	104	106	108	110	112	114
150	裤长	27.5		27.5		27.5											
155	裤长	29		29		29		29									
160	裤长	30.5		30.5		30.5		30.5		30.5							
165	裤长			32		32		32		32		32					
170	裤长					33.5		33.5		33.5		33.5		33.5			
175	裤长							35		35		35		35		35	
180	裤长									36.5		36.5		36.5		36.5	
185	裤长											38		38		38	

表 26 男子羽毛球运动上衣的主要部位规格

单位为厘米

号	部位名称	型															
		80		84		88		92		96		100		104		108	
		成品规格															
	胸围	92	94	96	98	100	102	104	106	108	110	112	114	116	118	120	122
	总肩宽	42.4	43	43.6	44.2	44.8	45.4	46	46.6	47.2	47.6	48.4	49	49.6	50.2	50.8	51.4
160	后衣长	64		64		64											
	平袖袖长	19		19		19											
	插肩袖袖长	40.2		40.8		41.4											
165	后衣长	66		66		66		66									
	平袖袖长	20		20		20		20									
	插肩袖袖长	41.2		41.8		42.4		43									
170	后衣长	68		68		68		68		68							
	平袖袖长	21		21		21		21		21							
	插肩袖袖长	42.2		42.8		43.4		44		44.6							
175	后衣长			70		70		70		70		70					
	平袖袖长			22		22		22		22		22					
	插肩袖袖长			43.8		44.4		45		45.6		46.2					
180	后衣长					72		72		72		72		72			
	平袖袖长					23		23		23		23		23			
	插肩袖袖长					45.4		46		46.6		47.2		47.8			
185	后衣长							74		74		74		74		74	
	平袖袖长							24		24		24		24		24	
	插肩袖袖长							47		47.6		48.2		48.8		49.4	
190	后衣长									76		76		76		76	
	平袖袖长									25		25		25		25	
	插肩袖袖长									48.6		49.2		49.8		50.4	
195	后衣长											78		78		78	
	平袖袖长											26		26		26	
	插肩袖袖长											50.2		50.8		51.4	

表 27　女子羽毛球运动上衣的主要部位规格

单位为厘米

号	部位名称	型															
		76		80		84		88		92		96		100		104	
		成品规格															
	胸围	74	76	78	80	82	84	86	88	90	92	94	96	98	100	102	104
	总肩宽	35	35.5	36	36.5	37	37.5	38	38.5	39	39.5	40	40.5	41	41.5	42	42.5
150	后衣长	52		52		52											
	平袖袖长	12		12		12											
	插肩袖袖长	29.5		30		30.5											
155	后衣长	54		54		54		54									
	平袖袖长	13		13		13		13									
	插肩袖袖长	30.5		31		31.5		32									
160	后衣长	56		56		56		56		56							
	平袖袖长	14		14		14		14		14							
	插肩袖袖长	31.5		32		32.5		33		33.5							
165	后衣长			58		58		58		58		58					
	平袖袖长			15		15		15		15		15					
	插肩袖袖长			33		33.5		34		34.5		35					
170	后衣长					60		60		60		60		60			
	平袖袖长					16		16		16		16		16			
	插肩袖袖长					34.5		35		35.5		36		36.5			
175	后衣长							62		62		62		62		62	
	平袖袖长							17		17		17		17		17	
	插肩袖袖长							36		36.5		37		37.5		38	
180	后衣长									64		64		64		64	
	平袖袖长									18		18		18		18	
	插肩袖袖长									37.5		38		38.5		39	
185	后衣长											66		66		66	
	平袖袖长											19		19		19	
	插肩袖袖长											39		39.5		40	

表 28 男子羽毛球运动裤的主要部位规格

单位为厘米

号	部位名称	型															
		68		72		76		80		84		88		92		96	
		成品规格															
	腰围	62	64	66	68	70	72	74	76	78	80	82	84	86	88	90	92
	臀围	98	100	102	104	106	108	110	112	114	116	118	120	122	124	126	128
160	裤长	37.5		37.5		37.5											
165	裤长	39		39		39		39									
170	裤长	40.5		40.5		40.5		40.5		40.5							
175	裤长			42		42		42		42		42					
180	裤长					43.5		43.5		43.5		43.5		43.5			
185	裤长							45		45		45		45		45	
190	裤长									46.5		46.5		46.5		46.5	
195	裤长											48		48		48	

表 29 女子羽毛球运动裤的主要部位规格

单位为厘米

号	部位名称	型															
		60		64		68		72		76		80		84		88	
		成品规格															
	腰围	56	58	60	62	64	66	68	70	72	74	76	78	80	82	84	86
	臀围	84	86	88	90	92	94	96	98	100	102	104	106	108	110	112	114
150	裤长	27.5		27.5		27.5											
155	裤长	29		29		29		29									
160	裤长	30.5		30.5		30.5		30.5		30.5							
165	裤长			32		32		32		32		32					
170	裤长					33.5		33.5		33.5		33.5		33.5			
175	裤长							35		35		35		35		35	
180	裤长									36.5		36.5		36.5		36.5	
185	裤长											38		38		38	

表 30　男子网球运动上衣的主要部位规格

单位为厘米

号	部位名称	型															
		80		84		88		92		96		100		104		108	
		成品规格															
	胸围	92	94	96	98	100	102	104	106	108	110	112	114	116	118	120	122
	总肩宽	42.4	43	43.6	44.2	44.8	45.4	46	46.6	47.2	47.8	48.4	49	49.6	50.2	50.8	51.4
160	后衣长	64		64		64											
	袖长	20		20		20											
165	后衣长	66		66		66		66									
	袖长	21		21		21		21									
170	后衣长	68		68		68		68		68							
	袖长	22		22		22		22		22							
175	后衣长			70		70		70		70		70					
	袖长			23		23		23		23		23					
180	后衣长					72		72		72		72		72			
	袖长					24		24		24		24		24			
185	后衣长							74		74		74		74		74	
	袖长							25		25		25		25		25	
190	后衣长									76		76		76		76	
	袖长									26		26		26		26	
195	后衣长											78		78		78	
	袖长											27		27		27	

表 31　女子网球运动上衣的主要部位规格

单位为厘米

号	部位名称	型															
		76		80		84		88		92		96		100		104	
		成品规格															
	胸围	72	74	76	78	80	82	84	86	88	90	92	94	96	98	100	102
	总肩宽	34	34.5	35	35.5	36	36.5	37	37.5	38	38.5	39	39.5	40	40.5	41	41.5
150	后衣长	50		50		50											
	袖长	13		13		13											
155	后衣长	52		52		52		52									
	袖长	14		14		14		14									
160	后衣长	54		54		54		54		54							
	袖长	15		15		15		15		15							
165	后衣长			56		56		56		56		56					
	袖长			16		16		16		16		16					
170	后衣长					58		58		58		58		58			
	袖长					17		17		17		17		17			
175	后衣长							60		60		60		60		60	
	袖长							18		18		18		18		18	
180	后衣长									62		62		62		62	
	袖长									19		19		19		19	
185	后衣长											64		64		64	
	袖长											20		20		20	

单位为厘米

表 32　男子网球运动裤的主要部位规格

号	部位名称	型															
		68		72		76		80		84		88		92		96	
		成品规格															
	腰围	62	64	66	68	70	72	74	76	78	80	82	84	86	88	90	92
	臀围	102	104	106	108	110	112	114	116	118	120	122	124	126	128	130	132
160	裤长	41.5		41.5		41.5											
165	裤长	43		43		43		43									
170	裤长	44.5		44.5		44.5		44.5		44.5							
175	裤长			46		46		46		46		46					
180	裤长					47.5		47.5		47.5		47.5		47.5			
185	裤长							49		49		49		49		49	
190	裤长									50.5		50.5		50.5		50.5	
195	裤长											52		52		52	

表 33　女子网球运动裤(裙)的主要部位规格

单位为厘米

号	部位名称	型															
		60		64		68		72		76		80		84		88	
		成品规格															
	腰围	56	58	60	62	64	66	68	70	72	74	76	78	80	82	84	86
	臀围	84	86	88	90	92	94	96	98	100	102	104	106	108	110	112	114
150	裤长	24.5		24.5		24.5											
	裙长	29.5		29.5		29.5											
155	裤长	26		26		26		26									
	裙长	31		31		31		31									
160	裤长	27.5		27.5		27.5		27.5		27.5							
	裙长	32.5		32.5		32.5		32.5		32.5							
165	裤长			29		29		29		29		29					
	裙长			34		34		34		34		34					
170	裤长					30.5		30.5		30.5		30.5		30.5			
	裙长					35.5		35.5		35.5		35.5		35.5			
175	裤长							32		32		32		32		32	
	裙长							37		37		37		37		37	
180	裤长									33.5		33.5		33.5		33.5	
	裙长									38.5		38.5		38.5		38.5	
185	裤长											35		35		35	
	裙长											40		40		40	

表 34 男子高尔夫球运动上衣的主要部位规格

单位为厘米

号	部位名称	型															
		80		84		88		92		96		100		104		108	
		成品规格															
	胸围	96	98	100	102	104	106	108	110	112	114	116	118	120	122	124	126
	总肩宽	44.4	45	45.6	46.2	46.8	47.4	48	48.6	49.2	49.8	50.4	51	51.6	52.2	52.8	53.4
160	后衣长	66		66		66											
	长袖长	58.5		58.5		58.5											
	短袖长	22		22		22											
165	后衣长	68		68		68		68									
	长袖长	60		60		60		60									
	短袖长	23		23		23		23									
170	后衣长	70		70		70		70		70							
	长袖长	61.5		61.5		61.5		61.5		61.5							
	短袖长	24		24		24		24		24							
175	后衣长			72		72		72		72		72					
	长袖长			63		63		63		63		63					
	短袖长			25		25		25		25		25					
180	后衣长					74		74		74		74		74			
	长袖长					64.5		64.5		64.5		64.5		64.5			
	短袖长					26		26		26		26		26			
185	后衣长							76		76		76		76		76	
	长袖长							66		66		66		66		66	
	短袖长							27		27		27		27		27	
190	后衣长									78		78		78		78	
	长袖长									67.5		67.5		67.5		67.5	
	短袖长									28		28		28		28	
195	后衣长											80		80		80	
	长袖长											69		69		69	
	短袖长											29		29		29	

表 35 女子高尔夫球运动上衣的主要部位规格

单位为厘米

号	部位名称	型															
		76		80		84		88		92		96		100		104	
		成品规格															
	胸围	76	78	80	82	84	86	88	90	92	94	96	98	100	102	104	106
	总肩宽	35	35.5	36	36.5	37	37.5	38	38.5	39	39.5	40	40.5	41	41.5	42	42.5
150	后衣长	52		52		52											
	袖长	14		14		14											
155	后衣长	54		54		54		54									
	袖长	15		15		15		15									
160	后衣长	56		56		56		56		56							
	袖长	16		16		16		16		16							
165	后衣长			58		58		58		58		58					
	袖长			17		17		17		17		17					
170	后衣长					60		60		60		60		60			
	袖长					18		18		18		18		18			
175	后衣长							62		62		62		62		62	
	袖长							19		19		19		19		19	
180	后衣长									64		64		64		64	
	袖长									20		20		20		20	
185	后衣长											66		66		66	
	袖长											21		21		21	

表 36 男子跑步、跨栏运动上衣的主要部位规格

单位为厘米

号	部位名称	型 80		型 84		型 88		型 92		型 96		型 100		型 104		型 108	
		成品规格															
	胸围	86	88	90	92	94	96	98	100	102	104	106	108	110	112	114	116
160	前衣长	62		62		62											
165	前衣长	64		64		64		64									
170	前衣长	66		66		66		66		66							
175	前衣长			68		68		68		68		68					
180	前衣长					70		70		70		70		70			
185	前衣长							72		72		72		72		72	
190	前衣长									74		74		74		74	
195	前衣长											76		76		76	

表 37　女子跑步、跨栏运动上衣的主要部位规格

单位为厘米

号	部位名称	型															
		76		80		84		88		92		96		100		104	
		成品规格															
	胸围	76	78	80	82	84	86	88	90	92	94	96	98	100	102	104	106
150	前衣长	52		52		52											
155	前衣长	54		54		54		54									
160	前衣长	56		56		56		56		56							
165	前衣长			58		58		58		58		58					
170	前衣长					60		60		60		60		60			
175	前衣长							62		62		62		62		62	
180	前衣长									64		64		64		64	
185	前衣长											66		66		66	

表 38 男子跑步、跨栏运动高弹上衣的主要部位规格

单位为厘米

号	部位名称	型				
		80-90	85-95	90-100	95-105	100-110
		成品规格				
	胸围	72	77	82	87	92
160-170	后衣长	58	58	58		
170-180	后衣长		62	62	62	
180-190	后衣长			66	66	66

表 39 女子跑步、跨栏运动高弹上衣的主要部位规格

单位为厘米

号	部位名称	型					
		70-80	75-85	80-90	85-95	90-100	95-105
		成品规格					
	胸围	66	71	76	81	86	91
150-160	后衣长	51	51	51			
160-170	后衣长		55	55	55		
170-180	后衣长			59	59	59	
180-190	后衣长				63	63	63

表 40 男子跑步、跨栏运动高弹裤的主要部位规格

单位为厘米

号	部位名称	型				
		65-75	70-80	75-85	80-90	85-95
		成品规格				
	腰围	60	65	70	75	80
	臀围	78	83	88	93	98
160-170	长裤长	83	83	83		
	中裤长	62	62	62		
	短裤长	37	37	37		
170-180	长裤长		88	88	88	
	中裤长		66	66	66	
	短裤长		40	40	40	
180-190	长裤长			93	93	93
	中裤长			70	70	70
	短裤长			43	43	43

表 41　女子跑步、跨栏运动高弹裤的主要部位规格

单位为厘米

号	部位名称	型					
		55-65	60-70	65-75	70-80	75-85	80-90
		成品规格					
	腰围	56	61	66	71	76	81
	臀围	70	75	80	85	90	95
150-160	长裤长	80	80	80			
	中裤长	58	58	58			
	短裤长	33	33	33			
160-170	长裤长		85	85	85		
	中裤长		62	62	62		
	短裤长		36	36	36		
170-180	长裤长			90	90	90	
	中裤长			66	66	66	
	短裤长			39	39	39	
180-190	长裤长				95	95	95
	中裤长				70	70	70
	短裤长				42	42	42

表 42　男子健身运动高弹上衣的主要部位规格

单位为厘米

号	部位名称	型				
		80-90	85-95	90-100	95-105	100-110
		成品规格				
	胸围	70	75	80	85	90
	总肩宽	40.4	42.2	44	45.8	47.6
160-170	后衣长	60	60	60		
	长袖长	61.5	61.5	61.5		
	短袖长	18.5	18.5	18.5		
170-180	后衣长		64	64	64	
	长袖长		64	64	64	
	短袖长		20	20	20	
180-190	后衣长			68	68	68
	长袖长			66.5	66.5	66.5
	短袖长			21.5	21.5	21.5

表 43　女子健身运动高弹上衣的主要部位规格

单位为厘米

号	部位名称	型					
		70-80	75-85	80-90	85-95	90-100	95-105
		成品规格					
	胸围	66	71	76	81	86	91
	总肩宽	31	32.5	34	35.5	37	38.5
150-160	后衣长	54	54	54			
	长袖长	59.5	59.5	59.5			
	短袖长	14.5	14.5	14.5			
160-170	后衣长		58	58	58		
	长袖长		62	62	62		
	短袖长		16	16	16		
170-180	后衣长			62	62	62	
	长袖长			64.5	64.5	64.5	
	短袖长			17.5	17.5	17.5	
180-190	后衣长				66	66	66
	长袖长				67	67	67
	短袖长				19	19	19

表 44　男子健身运动高弹裤的主要部位规格

单位为厘米

号	部位名称	型				
		65-75	70-80	75-85	80-90	85-95
		成品规格				
	腰围	60	65	70	75	80
	臀围	78	83	88	93	98
160-170	长裤长	83	83	83		
	中裤长	62	62	62		
	短裤长	37	37	37		
170-180	长裤长		88	88	88	
	中裤长		66	66	66	
	短裤长		40	40	40	
180-190	长裤长			93	93	93
	中裤长			70	70	70
	短裤长			43	43	43

表 45　女子健身运动高弹裤的主要部位规格

单位为厘米

号	部位名称	型					
		55-65	60-70	65-75	70-80	75-85	80-90
		成品规格					
	腰围	56	61	66	71	76	81
	臀围	70	75	80	85	90	95
150-160	长裤长	80	80	80			
	中裤长	58	58	58			
	短裤长	33	33	33			
160-170	长裤长		85	85	85		
	中裤长		62	62	62		
	短裤长		36	36	36		
170-180	长裤长			90	90	90	
	中裤长			66	66	66	
	短裤长			39	39	39	
180-190	长裤长				95	95	95
	中裤长				70	70	70
	短裤长				42	42	42

ICS 59.080.30
W 43

中华人民共和国国家标准

GB/T 28845—2012

色织领带丝织物

Yarn-dyed silk fabrics for neckties

2012-11-05 发布　　　　2013-06-01 实施

中华人民共和国国家质量监督检验检疫总局
中国国家标准化管理委员会　发布

前　　言

本标准按照 GB/T 1.1—2009 给出的规则起草。

本标准由中国纺织工业协会提出。

本标准由全国丝绸标准化技术委员会(SAC/TC 401)归口。

本标准主要起草单位:浙江丝绸科技有限公司、浙江巴贝领带有限公司、达利丝绸(浙江)有限公司、麦地郎集团有限公司。

本标准主要起草人:周颖、屠永坚、俞丹、金耀、伍冬平。

色织领带丝织物

1 范围

本标准规定了色织领带丝织物的要求、试验方法、检验规则、包装与标志。

本标准适用于评定由桑蚕丝、再生纤维素长丝、合成纤维长丝纯织或交织的色织领带丝织物的品质。

2 规范性引用文件

下列文件对于本文件的应用是必不可少的。凡是注日期的引用文件，仅注日期的版本适用于本文件。凡是不注日期的引用文件，其最新版本(包括所有的修改单)适用于本文件。

GB/T 250 纺织品 色牢度试验 评定变色用灰色样卡

GB/T 4841.3 染料染色标准深度色卡 2/1、1/3、1/6、1/12、1/25

GB/T 8170 数值修约规则与极限数值的表示和判定

GB/T 13772.2 纺织品 机织物接缝处纱线抗滑移的测定 第2部分:定负荷法

GB/T 15551 桑蚕丝织物

GB/T 15552 丝织物试验方法和检验规则

GB 18401 国家纺织产品基本安全技术规范

FZ/T 01053 纺织品 纤维含量的标识

3 要求

3.1 色织领带丝织物的要求包括密度偏差率、质量偏差率、断裂强力、纤维含量允差、纰裂程度、水洗尺寸变化率、干洗尺寸变化率、色牢度等内在质量和色差(与标样对比)、幅宽偏差率、外观疵点等外观质量。

3.2 色织领带丝织物的评等以匹为单位。质量偏差率、断裂强力、纤维含量允差、纰裂程度、水洗尺寸变化率、干洗尺寸变化率、色牢度等按批评等。密度偏差率、外观质量按匹评等。

3.3 色织领带丝织物的品质由内在质量、外观质量中的最低等级项目评定。其等级分为优等品、一等品、二等品、三等品。低于三等品的为等外品。

3.4 色织领带丝织物基本安全性能应符合 GB 18401 的要求。

3.5 色织领带丝织物的内在质量分等规定见表1。

表1 内在质量分等规定

项目		优等品	一等品	二等品	三等品
密度偏差率/%		±2.0	±3.0		±4.0
质量偏差率/%		±3.0	±4.0	±5.0	±6.0
断裂强力/N	≥	200			
纤维含量允差/%		按 FZ/T 01053 执行			

表 1（续）

项目			优等品	一等品	二等品	三等品
纰裂程度(负荷为 67 N)/mm ≤			6			
水洗尺寸变化率[a]/%			+2.0～−3.0	+2.0～−4.0		
干洗尺寸变化率/%			+2.0～−1.0	+2.0～−2.0		
色牢度/级 ≥	耐水	变色	4	3-4	3	
		沾色	4	3-4	3	
	耐汗渍	变色	4	3-4	3	
		沾色	4	3-4	3	
	耐热压	变色	4	3-4	3	
	耐洗[a]	变色	4	3-4	3-4	
		沾色	4	3-4	3	
	耐干洗	变色	4	4	3-4	
	耐干摩擦	沾色	4	3-4	3	
	耐湿摩擦	沾色	3-4	3,2-3(深色[b])	2-3,2(深色[b])	
	耐光	变色	4	3	3	

[a] 仅考核色织合成纤维丝织领带丝织物。

[b] 按 GB/T 4841.3 规定，颜色大于或等于 1/12 染料染色标准深度色卡为深色，小于 1/12 染料染色标准深度色卡为浅色。

3.6 外观质量的评定

3.6.1 外观质量分等规定见表 2。

表 2 外观质量分等规定

项目		优等品	一等品	二等品	三等品
色差(与标样对比)/级 ≥		4	3-4		3
幅宽偏差率/%	满地花	±1.5	±2.5	±3.5	±4.5
	定位花	±2			
外观疵点评分限度/(分/100m²)		0～15	16～30	31～50	51～100

3.6.2 外观疵点评分规定见表 3。

表 3 外观疵点评分规定

序号	疵点	分数			
		1	2	3	4
1	经向疵点	8 cm 及以下	8 cm 以上～16 cm	16 cm 以上～24 cm	24 cm 以上～100 cm
2	纬向疵点	8 cm 及以下	8 cm 以上～半幅	—	半幅以上
	纬档[a]	—	普通	—	明显

表 3（续）

序号	疵点	分数			
		1	2	3	4
3	污渍、油渍 破损性疵点	—	1.0 cm 及以下	—	1.0 cm 以上
4	边疵[b]	经向每 100 cm 及以下			
5	纬斜、幅不齐	—	—	—	3%
注：外观疵点的归类参照附录 A。					
[a] 纬档以经向 10 cm 及以内为一档。 [b] 针板眼进入内幅 1.5 cm 及以内不计。					

3.6.3 外观疵点评分说明：

a) 外观疵点的评分采用有限度的累计评分。

b) 外观疵点长度以经向或纬向最大方向量计。

c) 同匹色差(色泽不匀)达 GB/T 250 中 4 级及以下，1 m 及以内评 4 分。

d) 经向 1 m 内累计评分最多 4 分，超过 4 分按 4 分计。

e) 严重的连续性病疵每米扣 4 分，超过 4 米降为等外品。

f) 优等品、一等品内不允许有轧梭档、拆烊档、开河档等严重疵点。

g) 每匹色织领带丝织物最高允许分数由式(1)计算得出，计算结果按 GB/T 8170 修约至整数。

$$q=\frac{c}{100}\times l\times w \qquad \cdots\cdots(1)$$

式中：

q ——每匹最高允许分数，单位为分；

c ——每百平方允许分数，单位为分每百平方米(分/100 m^2)；

l ——匹长，单位为米(m)；

w ——幅宽，单位为米(m)。

3.7 开剪拼匹和标疵放尺的规定

3.7.1 色织领带丝织物允许开剪拼匹或标疵放尺，两者只能采用一种。

3.7.2 开剪拼匹各段的等级、幅宽、色泽、花型应一致。

3.7.3 绸匹平均每 10 m 及以内允许标疵一次。每 3 分和 4 分的疵点允许标疵，每处标疵放尺 10 cm。标疵后的疵点不再计分。局部性疵点的标疵间距或标疵疵点与绸匹端的距离不得少于 4 m。

4 试验方法

4.1 纰裂程度的试验方法按 GB/T 13772.2 执行，试样宽度为 75 mm。

4.2 其他各项内在质量和外观质量的试验方法按 GB/T 15552 执行。

5 检验规则

色织领带丝织物的检验规则按 GB/T 15552 执行。

6 包装、标志

色织领带丝织物包装与标志按 GB/T 15551 执行。

7 其他

对色织领带丝织物的品质、包装和标志另有特殊要求者,供需双方可另订协议或合同,并按其执行。

附 录 A
（资料性附录）
外观疵点归类表

表 A.1 外观疵点归类表

序号	疵点类别	疵点名称
1	经向疵点	宽急经柳、粗细柳、筘柳、色柳、筘路、多少捻、缺经、断通丝、错经、碎糙、夹糙、夹断头、断小柱、叉绞、分经路、小轴松、水渍急经、宽急经、错通丝、综穿错、筘穿错、单爿头、双经、粗细经、夹起、懒针、煞星、渍经、灰伤、皱印等
2	纬向疵点	破纸板、综框梁子多少起、抛纸板、错纹板、错花、跳梭、煞星、柱渍、轧梭痕、筘锈渍、带纬、断纬、叠纬、坍纬、糙纬、灰伤、皱印、杂物织入、渍纬等
	纬档	松紧档、撬档、撬小档、顺纡档、多少捻档、粗细纬档、缩纬档、急纬档、断花档、通绞档、毛纬档、拆毛档、停车档、渍纬档、错纬档、糙纬档、色纬档、拆烊档
3	污渍、油渍	色渍、锈渍、油污渍、洗渍、皂渍、霉渍、蜡渍、字渍、水渍等
	破损性疵点	蛛网、披裂、拔伤、空隙、破洞等
4	边疵	宽急边、木耳边、粗细边、卷边、边糙、吐边、边修剪不净、针板眼、边少起、破边、凸铗、脱铗等
5	纬斜、幅不齐	

ICS 59.080.30
W 59

中华人民共和国国家标准

GB/T 28846—2012

红领巾

Red scarf

2012-11-05 发布　　　　2013-06-01 实施

中华人民共和国国家质量监督检验检疫总局
中国国家标准化管理委员会　发布

前　言

本标准按照 GB/T 1.1—2009 给出的规则起草。

本标准由中国纺织行业协会提出。

本标准由全国纺织品标准化技术委员会(SAC/TC 209)归口。

本标准起草单位:纺织工业标准化研究所、中纺标(北京)检验认证中心有限公司。

本标准主要起草人:王欢、郑宇英。

红　领　巾

1　范围

本标准规定了中国少年先锋队队员佩戴的红领巾的要求、试验方法、检验规则、包装、储运和标志。

本标准适用于纺织纤维制成的红领巾。

注：红领巾的制作和使用，需符合中国少年先锋队全国工作委员会《中国少年先锋队队旗、队徽和红领巾、队干部标志制作和使用的若干规定》。

2　规范性引用文件

下列文件对于本文件的应用是必不可少的。凡是注日期的引用文件，仅注日期的版本适用于本文件。凡是不注日期的引用文件，其最新版本（包括所有的修改单）适用于本文件。

GB/T 250　纺织品　色牢度试验　评定变色用灰色样卡

GB/T 2910（所有部分）　纺织品　定量化学分析

GB/T 2912.1　纺织品　甲醛的测定　第1部分：游离和水解的甲醛（水萃取法）

GB/T 3920　纺织品　色牢度试验　耐摩擦色牢度

GB/T 3921—2008　纺织品　色牢度试验　耐皂洗色牢度

GB/T 3922　纺织品耐汗渍色牢度试验方法

GB/T 3923.1　纺织品　织物拉伸性能　第1部分：断裂强力和断裂伸长率的测定　条样法

GB 5296.4　消费品使用说明　纺织品和服装使用说明

GB/T 5713　纺织品　色牢度试验　耐水色牢度

GB/T 7573　纺织品　水萃取液 pH 值的测定

GB 12983—2004　国旗颜色标准样品

GB/T 17592　纺织品　禁用偶氮染料的测定

GB 18401　国家纺织产品基本安全技术规范

FZ/T 01053　纺织品　纤维含量的标识

3　要求

3.1　红领巾内在质量

红领巾的内在质量应符合表1规定。

表1　红领巾内在质量

项　目	要　求
纤维含量偏差/%	符合 FZ/T 01053 的规定
pH 值	符合 GB 18401 的规定
甲醛	
异味	
可分解芳香胺染料	

表 1（续）

项　　目		要　　求
断裂强力/N　　≥	经向	180
	纬向	180
耐摩擦色牢度/级　≥	干摩	3-4
	湿摩	3
耐汗渍色牢度/级　≥	变色	3-4
	沾色	3
耐水色牢度/级　≥	变色	3-4
	沾色	3
耐皂洗色牢度/级　≥	变色	3-4
	沾色	3

3.2 红领巾外观质量

3.2.1 形状和尺寸

红领巾的形状为等腰三角形，规格分为小号和大号两种，尺寸和允许偏差见表 2。

表 2　红领巾尺寸和允许偏差

单位为厘米

规格	部位名称与尺寸		允许偏差
小号	腰边长	60	−0.5～+1.0
	底边长	100	−1.0～+1.5
大号	腰边长	72	−0.5～+1.0
	底边长	120	−1.0～+2.0

3.2.2 颜色及色差

红领巾颜色采用国旗红。化学纤维织物制作的红领巾的红色，以 GB 12983—2004 的化学纤维织物制作的国旗颜色标准样品为准，按 GB/T 250 评定时，色差不低于 3-4 级。丝绸织物和其他纤维织物制作的红领巾的红色，以 GB 12983—2004 中丝绸织物制作的国旗颜色的标准样品为准，按 GB/T 250 评定时，色差不低于 3-4 级。

3.2.3 裁剪及缝制

裁剪时，红领巾的底边应平行于织物的经向，不允许拼接。

红领巾的缝份不小于 0.3 cm，不大于 0.5 cm。针距密度 3 cm 不少于 10 针。缝线顺直、整齐、牢固，针迹均匀，上下线松紧适宜，起止针处以回针缝牢。缝纫线迹 30 cm 内不允许有两处单跳针或连续跳针。

3.2.4 外观疵点

各部位的疵点允许存在程度按表 3 规定。未列入表 3 的疵点参照表 3 相似疵点规定执行。1 部位和 2 部位划分见图 1，其中 EF 为 10 cm，AB 和 CD 均为底边长的 1/3。

表 3 外观疵点要求

疵点类别	各部位疵点要求	
	1 部位	2 部位
线状疵点	长度不超过 2 cm	长度不超过 4 cm
条状疵点	不允许	长度不超过 1 cm,宽度不超过 0.3 cm
斑疵(油、锈、色斑)	不允许	不明显
缺纱	不允许	不超过 1 根
破洞、破边	不允许	不允许

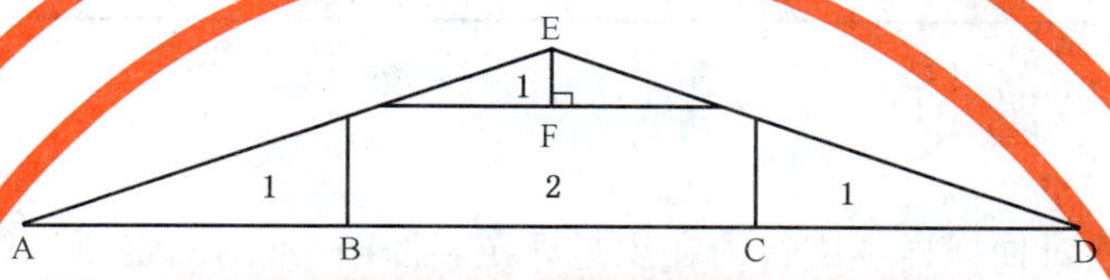

图 1 部位划分图

4 试验方法

4.1 纤维含量的测定按 GB/T 2910 的规定进行。

4.2 pH 值的测定按 GB/T 7573 的规定进行。

4.3 甲醛含量的测定按 GB/T 2912.1 的规定进行。

4.4 可分解芳香胺染料的测定按 GB/T 17592 的规定进行。

4.5 异味的测定按 GB 18401 的规定进行。

4.6 断裂强力的测定按 GB/T 3923.1 的规定进行。

4.7 耐摩擦色牢度的测定按 GB/T 3920 的规定进行。

4.8 耐汗渍色牢度的测定按 GB/T 3922 的规定进行。

4.9 耐水色牢度的测定按 GB/T 5713 的规定进行。

4.10 耐皂洗色牢度的测定按 GB/T 3921—2008 的规定进行,试验方法采用 C(3)的规定。

4.11 测定红领巾规格尺寸时,将试样平摊在试验台上,用手理平。用直尺测量红领巾两个腰边和一个底边长度,精确至 0.1 cm。

4.12 色差评定按 GB/T 250 的规定进行。

4.13 红领巾外观疵点的评定应以产品正面为主。检验应在水平检验台上进行,采用明亮的自然光或日光灯照明,照度不低于 600 lx,目光与台面距离 60 cm 左右。

5 检验规则

5.1 抽样规则

红领巾内在质量抽取样本量应满足试验需求,一般不少于 3 条。

红领巾外观质量抽样方案见表 4。

表 4 外观质量抽样方案

批量 N	样本量 n	接收数 Ac	拒收数 Re
≤15	2	0	1
16～25	3	0	1
26～90	5	0	1
91～150	8	1	2
151～280	13	1	2
281～500	20	2	3
501～1 200	32	3	4
>1 201	50	5	6

5.2 内在质量的判定

按 3.1 表 1 中所列项对抽样样本进行内在质量评定，抽样样本的测定项目符合表 1 要求的，则判定该抽样批产品内在质量合格，如果有一项或多项不符合表 1 要求，则该抽样批产品内在质量不合格。

5.3 外观质量的判定

按 3.2 外观质量要求对批样的每个样本进行外观质量评定，单件样本符合 3.2.1～3.2.4 要求的，则单件样本的外观质量合格。否则，单件样本为不合格品。如果所有样本的外观质量合格或不合格样本数不超过表 4 中的接收数 Ac，则该抽样批产品外观质量合格。如果不合格样本数达到了表 4 中的拒收数 Re，则该抽样批产品外观质量不合格。

5.4 结果判定

按 5.2 和 5.3 判定均为合格，则该批产品合格。

6 包装、储运和标志

6.1 包装和储运

产品按箱包装，每箱 20 包。每包 10 条，规格相同。包装数量也可按协议或合同规定执行。包装材料应适当，确保储运中包装不破损，产品不受潮、不散落。

6.2 标志

产品的使用说明应符合 GB 5296.4 的要求，每包上应注明产品名称、规格、纤维含量、洗涤方法、执行标准编号、生产企业名称和地址。

参 考 文 献

[1] 中国少年先锋队队旗、队徽和红领巾、队干部标志制作和使用的若干规定.

ICS 35.240.50
L 67

中华人民共和国国家标准

GB/T 28847.1—2012

建筑自动化和控制系统
第1部分:概述

Building automation and control systems—
Part 1: Summarize

2012-11-05 发布　　　　2013-02-15 实施

中华人民共和国国家质量监督检验检疫总局
中国国家标准化管理委员会　发布

前　言

GB/T 28847《建筑自动化和控制系统》分为七个部分：

——第1部分：概述；

——第2部分：硬件；

——第3部分：功能；

——第4部分：应用；

——第5部分：数据通信协议；

——第6部分：数据通信一致性测试；

——第7部分：工程实现。

本部分为GB/T 28847的第1部分。

本部分按照GB/T 1.1—2009给出的规则起草。

本部分由住房和城乡建设部提出。

本部分由全国智能建筑及居住区数字化标准化技术委员会(SAC/TC 426)归口。

本部分起草单位：住房和城乡建设部信息中心、中外建设信息有限责任公司、北京交通大学、机械工业仪器仪表综合技术经济研究所、住房和城乡建设部IC卡应用服务中心、深圳达实智能股份有限公司、广州市聚晖电子科技有限公司、松下电器研究开发(中国)有限公司、深圳慧锐通电器制造有限公司、北京复旦微电子技术有限公司、上海宸新智能系统集成有限公司、深圳市赛为智能股份有限公司、上海长江新成计算机系统集成有限公司。

本部分主要起草人：王辉、周欣、杨辉、周波、张永刚、陈列、尚治宇、马虹、申绯斐、王毅、程卫东、王春喜、林木青、贾东耀、黄吉文、肖明超、王宝鸫、何培新、林必毅、胡龙。

建筑自动化和控制系统
第1部分:概述

1 范围

GB/T 28847 的本部分规定了建筑自动化和控制系统的目标、作用及实现流程。

本部分适用于建筑自动化和控制系统的设计和实现。

2 术语和定义

下列术语和定义适用于本文件。

2.1

建筑自动化和控制　building automation and control

为了达到能源高效、节约、建筑服务设施安全运行的目的,而进行的监测、自动控制、优化和管理的活动。

2.2

建筑自动化和控制系统　building automation and control system

可实现对各类设备进行分布式监控和管理的系统,包括自动控制、监测、优化的产品和工程服务等。

2.3

互锁　interlock

用于控制序列,将一个设备通过布尔逻辑和闭路控制、开路控制的开/关动作连接到另外一个设备。

2.4

闭路控制　closed circuit control

输出以将测量值和期望值之差减少到0的方法对过程进行控制的工作方式。

2.5

开路控制　open circuit control

一个或多个测量输入在对过程不存在任何延续影响的条件下对输入进行控制的工作方式。

2.6

模拟信号　analogue signal

时间连续和数值连续的信息特征信号。

2.7

耦合　coupling

两个或两个以上的电路元件或电网络的输入与输出之间存在紧密配合与相互影响,并通过相互作用从一侧向另一侧传输能量的现象。

2.8

脉冲信号　pulse signal

时间上不连续的信息特征信号。

2.9

变送器　transmitter

输出为规定类型和数值信号的装置。

2.10

三触点控制　3-point control

具有三个位置输出的控制功能。这三个输出是零和两个符号相反的数，是通过两个二进制信号表示的三种控制状态。这些输出用于定位。

2.11

闭环控制　closed-loop control

被控的输出以一定方式返回到作为控制的输入端，并对输入端施加控制影响的一种控制关系。

2.12

节点　node

在BACS中，指可寻址设备连接到通信介质的点。

2.13

点地址　point address

在BACS中，指系统访问点信息的唯一的数据点标识符。

2.14

站点　site

在建筑物内，为安装设备而明确界定的区域。

2.15

备份　backup

复制/导出数据到外部备份设备，存储故障时便于找回和恢复的数据。

[YD/T 1731—2008，定义3.4]

2.16

调试　commissioning

校准现场设备、测试数据点、参数、功能和系统软件的特定过程。

2.17

电磁兼容　electromagnetic compatibility

设备或系统在其电磁环境中能正常工作且不对该环境中其他事物构成不能承受的电磁骚扰的能力。

[JGJ/T 16—2008，定义2.0.10]

3　缩略语

下列缩略语适用于本文件。

BACS：建筑自动化和控制系统(Building Automation And Control System)

4　概述

BACS是建筑智能化系统的重要组成部分。BACS作为整个建筑物机电设备运行信息的交汇与处理中心，应对汇集的各类信息进行分析、归类、处理和判断，采用最优化的控制手段，对各类设备进行分布式监控和管理，使各子系统及其设备始终在有条不紊、协调一致的高效、被控状态下运行。

BACS在为建筑物提供安全保证和舒适宜人的工作与生活环境的前提下，最大限度地节省了能耗和日常运行的维护管理费用。

5 目标

面向信息管理，系统应提供对楼宇基础设备的管理和控制，并应包括下列具体功能：

——实现各个子系统的系统集成；

——监视各个子系统的关键设备和关键点；

——执行上层下达的管理方面的控制指令，如：在设定时间内使特定空间处于特定的状态等；

——综合各个控制子系统的历史和当前状态信息，提供相关报告；

——提供实时的子系统间联动功能；

——系统内优化和联动控制。

6 作用

BACS 在整个建筑智能化中应是承上启下的通道，应是沟通控制与信息管理的桥梁。用户通过 BACS 可集中监视各种建筑设备的运行状态，统计设备的运行参数，同时系统自动提供设备的维修报告，具备强大的报警功能，具有可靠的联动功能。

在自动化的层次之上，系统应能为信息管理系统如物业管理、IC 卡支付系统等提供所需的设备历史状态信息，系统宜能提供完整的信息管理解决方案。

7 BACS 实现流程

7.1 BACS 实现流程图

BACS 的实现流程图见图 1。

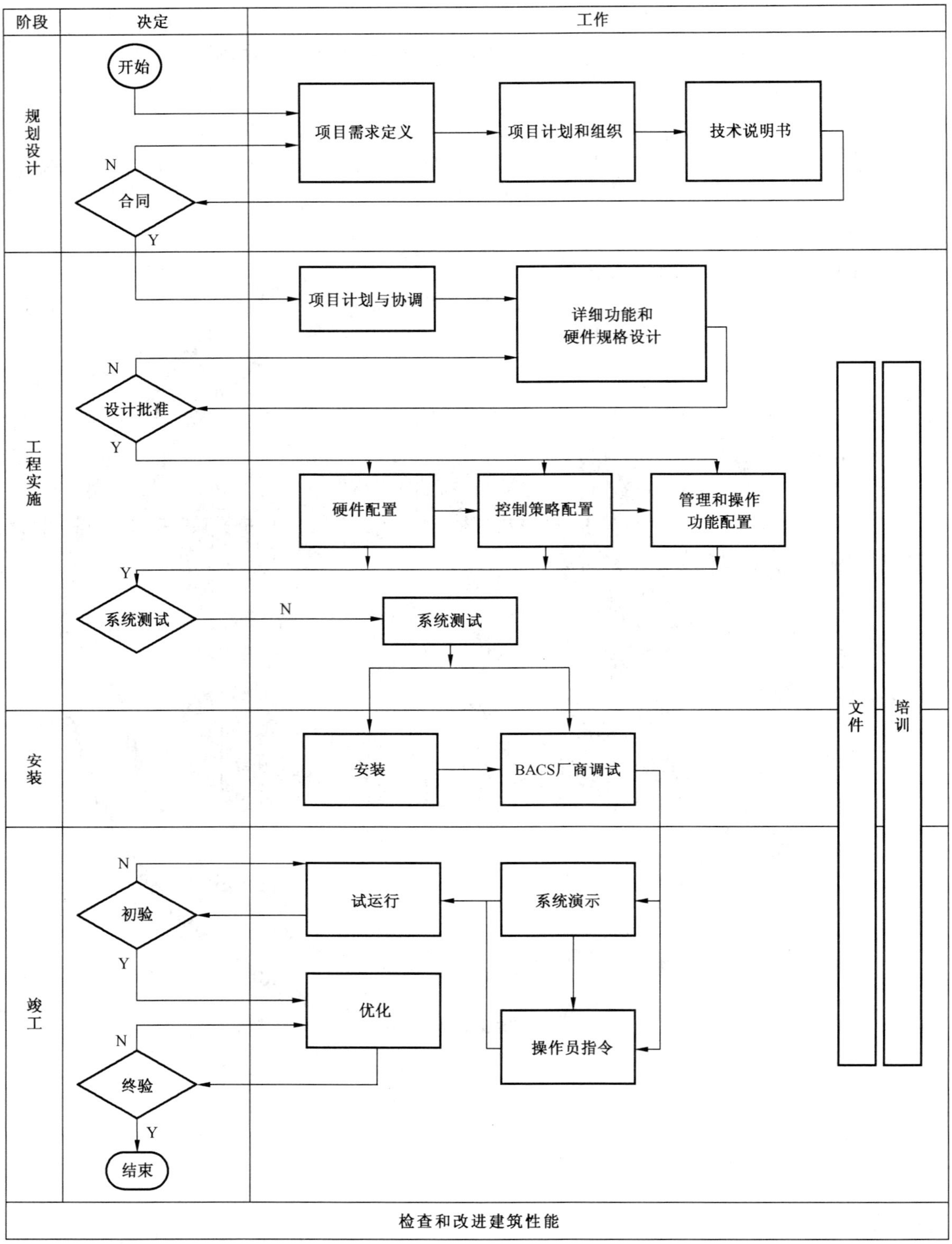

图 1 **BACS 实现流程图**

7.2 规划设计阶段

规划设计阶段应包括：

a） 项目需求定义；

b） 项目计划和组织；

c） 技术说明；

d） 合同。

7.3 工程实施阶段

工程实施阶段应包括：

a） 项目计划和协调；

b） 详细的功能和硬件规格设计；

c） 工程设计批准；

d） 硬件配置；

e） 控制策略配置；

f） 管理和操作功能配置；

g） 系统测试。

7.4 安装阶段

安装阶段应包括：

a） 安装；

b） BACS供应商调试。

7.5 竣工阶段

竣工阶段应包括：

a） 系统演示；

b） 操作员培训；

c） 试运行；

d） 初验；

e） 优化；

f） 终验。

ICS 35.240.50
L 67

中华人民共和国国家标准

GB/T 28847.2—2012

建筑自动化和控制系统 第2部分：硬件

Building automation and control systems—Part 2: Hardware

(ISO 16484-2:2004, Building automation and control systems(BACS)—Part 2: Hardware, NEQ)

2012-11-05 发布　　2013-02-15 实施

中华人民共和国国家质量监督检验检疫总局
中国国家标准化管理委员会　发布

前　言

GB/T 28847《建筑自动化和控制系统》分为七个部分：

——第1部分：概述；

——第2部分：硬件；

——第3部分：功能；

——第4部分：应用；

——第5部分：数据通信协议；

——第6部分：数据通信一致性测试；

——第7部分：工程实现。

本部分为GB/T 28847的第2部分。

本部分按照GB/T 1.1—2009给出的规则起草。

本部分使用重新起草法参考ISO 16484-2:2004《建筑自动化和控制系统　第2部分：硬件》编制，与ISO 16484-2:2004的一致性程度为非等效。

本部分由住房和城乡建设部提出。

本部分由全国智能建筑及居住区数字化标准化技术委员会(SAC/TC 426)归口。

本部分起草单位：住房和城乡建设部信息中心、中外建设信息有限责任公司、北京交通大学、机械工业仪器仪表综合技术经济研究所、住房和城乡建设部IC卡应用服务中心、深圳达实智能股份有限公司、松下电器研究开发(中国)有限公司、深圳慧锐通电器制造有限公司、北京复旦微电子技术有限公司、深圳市赛为智能股份有限公司、青岛海尔智能家电科技有限公司、北京海湾威尔电子工程有限公司。

本部分主要起草人：王辉、周欣、杨辉、周波、张永刚、陈列、尚治宇、马虹、申绯斐、王毅、程卫东、王春喜、林木青、黄吉文、肖明超、王宝鸫、林必毅、顾清坤、薛亚兵。

建筑自动化和控制系统
第2部分：硬件

1 范围

GB/T 28847的本部分规定了建筑自动化和控制系统的系统架构、管理设备、控制设备、现场执行设备、网络设备、线缆、工程调试工具等技术要求。

本部分适用于建筑自动化和控制系统的硬件定义、设计和实施。

2 规范性引用文件

下列文件对于本文件的应用是必不可少的。凡是注日期的引用文件，仅注日期的版本适用于本文件。凡是不注日期的引用文件，其最新版本(包括所有的修改单)适用于本文件。

GB/T 2423.43 电工电子产品环境试验 第2部分：试验方法 振动、冲击和类似动力学试验样品的安装

GB 3096 声环境质量标准

GB 3836.1 爆炸性环境 第1部分：设备 通用要求

GB 4208 外壳防护等级(IP代码)

GB 4343.1 家用电器、电动工具和类似器具的电磁兼容要求 第1部分：发射

GB 4343.2 家用电器、电动工具和类似器具的电磁兼容要求 第2部分：抗扰度

GB/T 4797.4 电工电子产品自然环境条件 太阳辐射与温度

GB 4798 电工电子产品应用环境条件

GB/T 5267.4 紧固件表面处理 耐腐蚀不锈钢钝化处理

GB/T 9312 行式打印机通用技术条件

GB/T 9387.1 信息技术 开放系统互连 基本参考模型 第1部分：基本模型

GB/T 9813 微型计算机通用规范

GB 16796 安全防范报警设备安全要求和试验方法

GB 16915 家用和类似用途固定式电气装置的开关

GB/T 17540 台式激光打印机通用规范

GB/T 17974 台式喷墨打印机通用规范

GB/T 19334 低压开关设备和控制设备的尺寸 在成套开关设备和控制设备中作电器机械支承的标准安装轨

GB 19517 国家电气设备安全技术规范

GB/T 28847.1 建筑自动化和控制系统 第1部分：概述

GB 50057 建筑物防雷设计规范

GB 50116 火灾自动报警系统设计规范

GB/T 50311 综合布线系统工程设计规范

GB 50348 安全防范工程技术规范

JB/T 8207 工业自动化仪表用电源电压

YD/T 838 数字通信用对绞/星绞对称电缆

YD/T 926 大楼通信综合布线系统

3 术语和定义

GB/T 28847.1界定的以及下列术语和定义适用于本文件。为了便于使用，以下重复列出了GB/T 28847.1中的某些术语和定义。

3.1

互锁 interlock

用于控制序列，将一个设备通过布尔逻辑和闭路控制、开路控制的开/关动作连接到另外一个设备。

3.2

闭路控制 closed circuit control

输出以将测量值和期望值之差减少到0的方法对过程进行控制的工作方式。

3.3

开路控制 open circuit control

一个或多个测量输入在对过程不存在任何延续影响的条件下对输入进行控制的工作方式。

3.4

模拟信号 analogue signal

时间连续和数值连续的信息特征信号。

3.5

耦合 coupling

两个或两个以上的电路元件或电网络的输入与输出之间存在紧密配合与相互影响，并通过相互作用从一侧向另一侧传输能量的现象。

3.6

脉冲信号 pulse signal

时间上不连续的信息特征信号。

3.7

变送器 transmitter

输出为规定类型和数值信号的装置。

4 缩略语

下列缩略语适用于本文件。

ATM：异步传输模式(Asynchronous Transfer Mode)

BACS PL：建筑自动化和控制系统点表(Building Automation And Control System Points List)

CRT：阴极射线管(Cathode Ray Tube)

GBIC：千兆位信号接口转换器(Gigabit Interface Converter)

I/O：输入/输出(input/output)

RTD：电阻式温度检测器(Resistance Temperature Detector)

SNMP：简单网络管理协议(Simple Network Management Protocol)

VLAN：虚拟局域网(Virtual Local Area Network)

VPN：虚拟专用网络(Virtual Private Network)

5 系统架构

5.1 系统架构示意

系统架构示意图如图1所示。

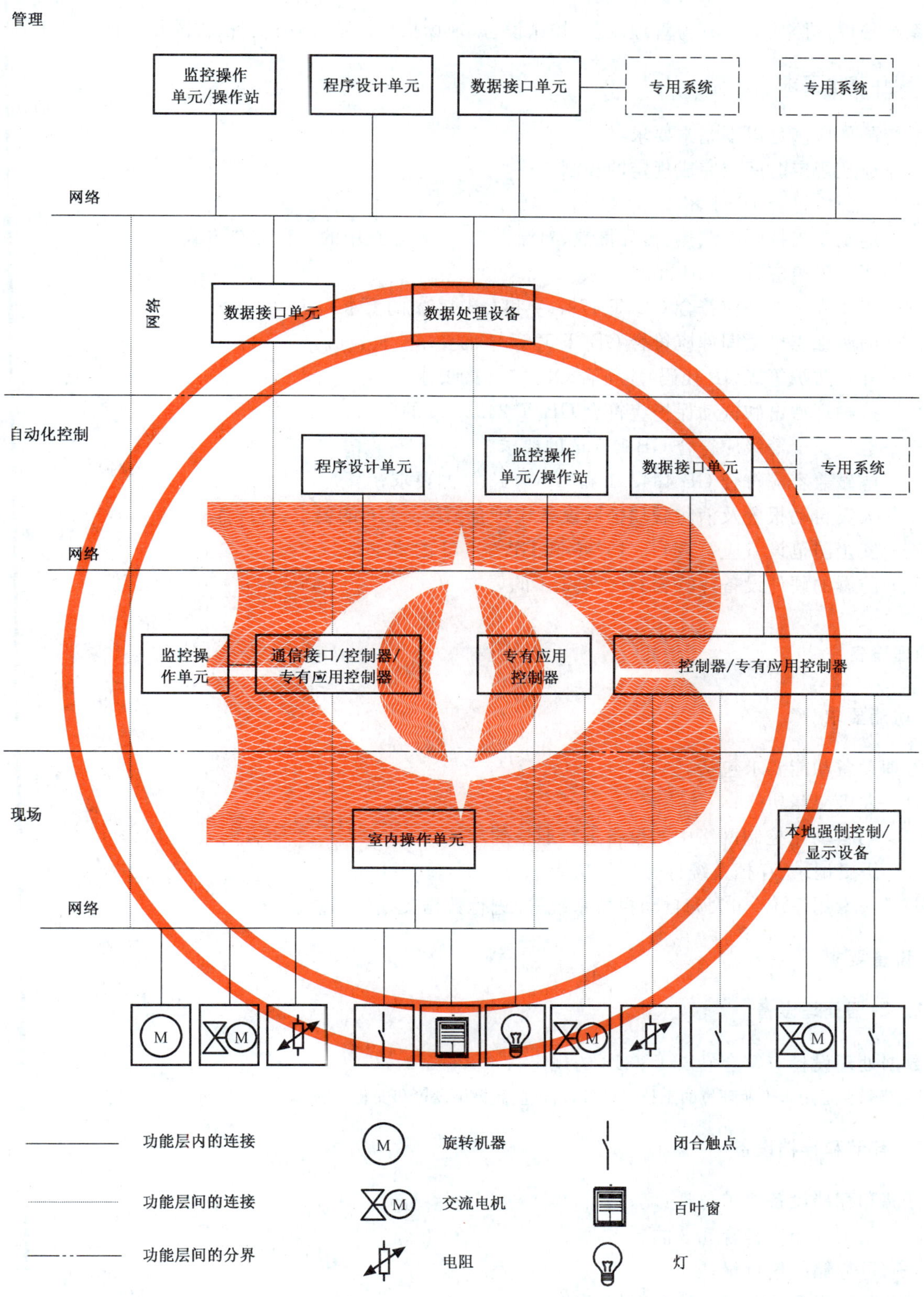
管理
监控操作单元/操作站
程序设计单元
数据接口单元
专用系统
专用系统
网络
网络
数据接口单元
数据处理设备
自动化控制
程序设计单元
监控操作单元/操作站
数据接口单元
专用系统
网络
监控操作单元
通信接口/控制器/专有应用控制器
专有应用控制器
控制器/专有应用控制器
现场
室内操作单元
本地强制控制/显示设备
网络
M
M
M
M
功能层内的连接
功能层间的连接
功能层间的分界
旋转机器
交流电机
电阻
闭合触点
百叶窗
灯

图 1　系统架构示意图

5.2 硬件设备

系统硬件按照功能可分为管理设备、控制设备、现场执行设备、网络设备、线缆和工程调试工具。

5.3 硬件基本要求

系统硬件应满足以下基本要求：

——应在规定时间内完成规定的控制；
——电源应符合 JB/T 8207 的要求；
——应至少支持辐射散热、传导散热、对流散热、蒸发散热中的一种散热方式；
——环境噪声应符合 GB 3096 的要求；
——工作环境条件应符合 GB/T 4797.4 和 GB 4798 的要求；
——耐腐蚀螺栓紧固件应符合 GB/T 5267.4 的要求；
——外壳防护等级(IP 代码)应符合 GB 4208 的要求；
——抗物理冲击和振动保护应符合 GB/T 2423.43 的要求；
——电气安全等级应符合 GB 19517 的要求；
——电磁兼容应符合 GB 4343.1 和 GB 4343.2 的要求；
——火灾自动报警及消防联动控制设备应符合 GB 50116 的要求；
——安全防范设备应符合 GB 16796 和 GB 50348 的要求；
——防爆的硬件设备应符合 GB 3836.1 的要求。

6 管理设备

6.1 功能要求

管理设备功能要求包括：

a) 人机交互功能；
b) 与自动化控制网络中的设备进行通信的功能；
c) 历史记录、存档及统计分析的功能；
d) 与专用系统(如火灾自动报警系统等)进行数据交换的功能。

6.2 设备要求

6.2.1 数据处理设备

数据处理设备应符合 GB/T 9813 的规定。

注：当需要适用于工业环境的工控机设备，由供应商提供设置和安装说明。

6.2.2 存储和存档设备

存储和存档设备要求包括：

——基本性能应符合 5.3 的要求；
——可存储的信息量；
——归档媒介的要求和检索数据的能力；
——存储设备冗余要求；
——数据存取速度；
——数据备份的更新时间。

6.2.3 可视化操作站

可视显示操作站应包含监视器、键盘和定位设备。监视器、鼠标和键盘应符合 GB/T 9813 的规定。

注：定位设备可为鼠标、轨迹球、触摸屏、光笔等。

6.2.4 打印设备

打印设备的要求包括：

a) 激光打印机应符合 GB/T 17540 的要求；

b) 喷墨打印机应符合 GB/T 17974 的要求；

c) 行式打印机应符合 GB/T 9312 的要求。

6.2.5 报警指示设备

6.2.5.1 声音提示装置

报警或系统信息事件能够生成声音提示，确认方式分为手动确认或自动确认。

6.2.5.2 视觉提示装置

报警或系统信息事件能够生成视觉提示，确认方式分为手动确认或自动确认。

7 控制设备

7.1 功能要求

控制设备功能要求包括：

a) 用于实现自动/人工控制功能的设备、站、单元以及外围设备功能如下：
   1) 直接数字自动化控制；
   2) 能源优化和操作优化；
   3) 装备运行监测；
   4) 报警、故障、维护和操作信息记录；
   5) 自动控制和手动控制(本地强制控制操作除外)；
   6) 数据统计与状态分析；
   7) 现场设备的处理功能与操作员和管理程序的功能之间的信息交换。

b) 面向实时处理的功能如下：
   1) 物理的输入和输出功能；
   2) 共享数据站点的通信输入和输出功能；
   3) 监视；
   4) 互锁；
   5) 联动；
   6) 闭路控制和开路控制；
   7) 计算/优化；
   8) 室内控制的功能(即单独区域控制、照明控制、亮/暗度控制)。

7.2 设备要求

7.2.1 控制器

7.2.1.1 一般规定

控制器可以由一个具有固定数量输入/输出的紧凑型模块或由一组控制模块组成。应规定每个设备或模块的物理输入/输出点的数量和类型、通信接口的数量和类型、可访问/可寻址的数据点和信息数量。

通信连接方式：

——采用点到点直接连接；

——通过网络通信设备连接。

7.2.1.2 电源

控制器电源要求包括：

——交流供电应能在 220 V±22 V,50 Hz±1 Hz 条件下正常工作。

——直流供电应能在直流电压标称值±5%的条件下正常工作。标称值在产品说明中规定,对于电源有特殊要求的应加以说明。

——电池供电应能在直流电压标称值+5%,−20%的条件下正常工作。标称值在产品说明中规定,对于电源有特殊要求的应加以说明。

——应有掉电、极性反接等保护措施,当电压恢复正常时,能正常工作。

注：控制器模块可自备电源或若干组控制模块共用一个电源。

7.2.1.3 处理单元

7.2.1.3.1 一般规定

为了操作所连接的任何物理输入/输出或通信模块,控制器的处理单元在其物理数据点和虚拟数据点上进行操作。

当控制器不配备不间断电源,断电情况下应能保证：

——保存程序,参数和必要的数据；

——设备内部时钟(时间和日历功能)连续正常工作至所规定的时间。

当电源恢复时应能保证：

——控制器的嵌入功能应自动重启,无需操作者手动干预,且按预设的方式运行；

——控制器包含进行自我监测的硬件设备和软件功能。

7.2.1.3.2 接口要求

控制器处理单元的接口要求包括：

——电源接口；

——物理数据点(输入/输出)接口；

——人机通信接口；

——通信网络接口。

7.2.1.3.3 硬件要求

控制器处理单元的硬件要求包括：

——需处理的不同物理点类型和虚拟点类型的最大数量；

——在每一个处理单元内扫描最大数量数据点的最小扫描周期；
——在每个处理单元内可用控制回路的最大数量；
——闭路控制最小周期；
——电源掉电期间程序和数据的最小缓存时间；
——根据当地或特定的应用要求，为确保在电源失效时存储程序和数据以及继续运行系统内部时钟(时间和日历功能)所需的最短时间；
——自检能力和运行/掉电显示。

7.2.1.4 输入/输出接口

7.2.1.4.1 一般规定

控制器处理单元可集成内部I/O接口、外部I/O接口的连接器，连接方式可采用点到点直接连接或本地总线连接，并应满足：
——物理输入/输出的最大数目；
——通信接口的最大数目；
——可用的输入/输出信号的类型；
——输入/输出信号操作状态的显示。

注：远程装置的通信输入/输出接口可与现场网络连接。

7.2.1.4.2 物理输入/输出

控制器物理输入/输出规定包括：
——过电压保护应符合GB 50057的要求；
——输入/输出信号纵向隔离；
——额定电压；
——数字信号和模拟信号输出的最大额定电流；
——防爆保护的要求应符合附录A的规定。

7.2.1.4.3 数字信号输入

控制器数字信号输入规定包括：
——用于输入一个二进制编码的信号，宜采用无源干触点；
——应规定二进制输入的最高频率和触点的最大电阻。

7.2.1.4.4 数字信号输出

控制器数字信号输出规定包括：
——用于命令执行器或接通接触器来控制电动机的开/关；
——二进制输出能生成脉冲信号或稳态信号的控制命令来进行多点控制；
——数字信号输出可与无源二触点的耦合继电器串接。

7.2.1.4.5 模拟信号输入

控制器模拟信号输入规定包括：

a) 用于测量幅值(如电压，电流)。有源传感器(变送器)可与无源电阻直接连接。模拟输入没有电隔离的情况下应接地。

注：使用3线或4线方式连接的低电阻无源传感器(如Pt 100，Ni 100)是获得恒压或恒流供电的保证。

b) 物理要求如下：

1） 信号范围与测量范围；

2） 模拟输入精度等级；

3） 传感器/变送器类型；

4） 模拟输入类型（例如，有源/无源）；

5） 由控制器输入电路处理的过程值的分辨率。

7.2.1.4.6 模拟信号输出

应具有短路保护，执行器可直接连接到模拟输出或通过耦合模块连接。

物理要求如下：

——电流输出时的最大电阻；

——电压输出时的最小电阻；

——电流/电压范围；

——由控制器输入电路处理的过程值的分辨率。

7.2.1.4.7 计数器输入

用于计数脉冲信号，应被设计为无电压连接或固态瞬时接触的数字信号输入。计数器应作为一个累加器运行，在断电时，数值应保存在具有掉电记忆功能的存储器内。同时计数器对累加值应提供预设/复位功能。

物理要求如下：

——最大脉冲率和最小持续时间；

——触点阻抗；

——计数值范围；

——溢出值。

7.2.1.4.8 通信接口

通信接口应为所有网络类型提供数据通信和数据交换，并具有如下功能：

——对于远程操作或编程，可使用通信设备接入公共网络；

——应同时支持不同通信接口。

典型通信接口及物理要求如下：

——应支持符合 GB/T 50311 规定的网络；

——协议实现一致性声明；

——网络支持的节点总数；

——中继器的最大数量；

——用于通信媒体和连接器的接口类型/标准应符合 GB/T 9387.1 的要求；

——通信接口所在网络的最高比特率；

——防爆保护的要求应符合附录 A 的规定；

——过电压应符合 GB 50057 的要求。

7.2.1.4.9 监视操作单元和编程单元

处理单元可与一个或多个人机接口连接进行交互作用，所用设备是监视和操作单元、操作面板、编程单元或操作站。操作站一部分的可视化装置应符合 6.2.3 的要求。

编程单元要求与工程调试工具的要求一致。监视操作单元和编程单元可包括内置设备、本地永久安装的设备、便携式手持设备，或者网络内的单元/站。

基本要求：

——基本性能要求应符合5.3的要求；

——外壳型式(例如内置式，壁挂式或暗装式，便携式)。

典型要求：

——电源；

——主电源断电条件下的运行时间；

——网络接口；

——可显示的大小和类型(如CRT，平板显示屏，触摸屏)；

——监视器类型(如单色或彩色)；

——键盘、定位设备等的类型；

——打印机的连接要求。

其他要求：

——重量；

——操作接口(如开关、旋钮)。

7.2.1.4.10 控制箱

应清晰、永久地标识控制设备的安装位置，提供相应的控制原理图/装备图及其他文件。所有部件都应便于维护时接近及更换，包括以下要求：

a) 安装方式要求：
   1) 面板安装；
   2) 导轨安装应符合GB/T 19334的要求；
   3) 机架式安装；
   4) 壁挂式安装。
b) 物理要求如下：
   1) 控制箱的最大外围尺寸；
   2) 安装型式；
   3) 材料；
   4) 锁定控制箱的措施；
   5) 颜色。
c) 其他要求：
   1) 易于更换控制箱或模块；
   2) 螺钉或插拔式连接器；
   3) 进线方式及封堵方法。

7.2.2 特定应用控制器

7.2.2.1 一般规定

特定应用控制器是为实现特定应用控制任务(如室内控制和终端单元)而设计的控制设备，通常是执行本地应用的紧凑型、全集成的单个设备，用于调整设定点和操作模式。

特定应用控制器通常与现场设备配合使用，应与现场网络连接。

7.2.2.2 处理单元要求

定制的应用(应用程序和缺省参数)应保存在非易失存储器内。

7.2.2.3 输入/输出要求

特定应用的硬件设备应能提供信号的输入/输出。

7.2.2.4 通信能力

应能满足 7.2.1.3.1 的要求。

7.2.2.5 配件

可提供如下配件：

——无外壳的印刷电路板；

——具有人机接口能力的电子面板；

——可以固定或导轨安装的独立完整设备。

8 现场执行设备

8.1 功能要求

现场执行设备由传感器和执行器组成。通过通信设备与控制器连接，传感器、执行器和其他现场设备应能提供环境现状、过程的状态和值、程序操作的结果。

8.2 设备要求

8.2.1 一般规定

现场执行设备一般规定包括：

a) 传感器：
   1) 数字信号输入的状态监测；
   2) 脉冲输入的计数；
   3) 模拟输入的测量；
   4) 通信输入的状态/值。

b) 执行器：
   1) 数字信号输出的开关；
   2) 模拟输出的定位；
   3) 通信输出状态/值。

c) 其他设备：
   1) 耦合模块；
   2) 手动控制本地强制控制和指示；
   3) 本地操作设备；
   4) 本地控制和自动安全功能的设备。

注：现场设备中专用安全设备的安全要求应符合附录 A 的规定。

d) 所有现场设备应清晰、永久地标识系统内地址。

8.2.2 耦合模块

耦合模块应完成控制器输入/输出信号和电源之间的电气隔离。耦合模块宜安装在电源机柜内，控制柜和电源机柜之间的连接宜使用超低压布线或现场总线接口。

应清晰、永久地标记耦合模块线缆连接/端子。

8.2.3 本地强制控制/指示装置

本地强制控制/指示装置与现场执行设备连接,提供手动开关、定位和指示,用于空调装置(如风机、阀、节气阀、泵)的限值操作。

装置组件可独立于处理单元,可直接开启、关闭或定位,并且直接显示状态。可以依据某些限制条件使装置通过手动断开控制信号(例如在控制柜内),进行本地控制。任何相关限制应明确说明。

注:本地强制控制/指示装置是不提供远程或面向对话的手工操作。

8.2.4 硬件设计

现场执行设备的硬件设计应从以下几个方面考虑:

a) 应在下列情况提供手动直接操作的本地强制控制:
   1) 作为单独的操作元件(如开关,电位器);
   2) 集成到输入/输出接口模块的操作元件;
   3) 与耦合继电器组合;
   4) 用特定模块实现手动直接操作。
b) 指示设备(如 LED)应指示装备组件输出和控制器命令的状态(如开/关)和实际位置。信号的(操作)状态由控制器监视。
c) 特定应用对设备的要求:
   1) 设备符合人体工程学;
   2) 用于开关、定位、指示等的模块范围;
   3) 用于二进制输入/输出的信号指示器;
   4) 模拟输入/输出信号显示和显示的方法;
   5) 失效情况下易于更换设备。

8.2.5 使用安全

本地强制控制/指示装置使用应授权。

重要的安全互锁禁止由手动强行停用。

传感器方面包括:

a) 二进制信号源传感器:
   1) 常开/常闭开关或用于计数功能的脉冲信号;
   2) 限制功能的开关和可选的手动复位。
b) 无源模拟传感器(例如可变电阻输出);
c) 有源传感器/变送器。

8.2.6 硬件要求

除满足 5.3 中规定的要求外,还应满足以下硬件要求:

——传感器/变送器测量范围;

——有源传感器/变送器的输出电压/电流;

——有源传感器和无源传感器的测量精度或精度等级;

——平均维修间隔时间;

——线缆应符合第 10 章的规定。

8.2.7 二进制信号源传感器

应为二进制信号源提供常开/常闭无压触点。在指示开操作状态时，触点应处于闭合状态(常开接点)。每个激活功能需要一对触点(每对触点状态反映数据点上的一个信息)，对于一些安全和报警功能，应使用常闭触点(故障检测)。

二进制信号源传感器的基本要求：

——系统能辨识状态改变的最短时间；

——最大接触电阻；

——触点最大反弹时间。

8.2.8 无源传感器

无源传感器的输出信号是一个模拟电阻值。应符合下列要求：

——当使用电阻值≤200 Ω 的 RTD 传感器(例如 Pt 100，Ni 100)时，应使用 3 线或 4 线连接；

——当使用最小电阻为 1 000 Ω 的 RTD 传感器(例如 Pt 1 000，Ni 1 000，热敏电阻)时，宜使用 2 线连接。

8.2.9 有源传感器/变送器

有源传感器/变送器具有以下特性：

a) 提供模拟信号输出。有源传感器包括一个无源传感元件和一个集成的变送器。

b) 变送器是电子设备，转换无源传感器的信号位为数字信号输出。

c) 有源传感器的基本要求：

  1) 规定的输出信号类型；

  2) 输出信号应有短路保护；

  3) 有源传感器/变送器的电源电压或电流应由一个单独的或控制器的内置电源供电；

  4) 规定额定的输出阻抗及其范围(例如，250 Ω，相对误差为±5%)。

8.2.10 总线/网络传感器/变送器

总线/网络传感器/变送器应符合下列要求：

a) 带现场网络耦合单元的传感器/变送器应使用一个标准化的通信协议，应说明所用协议，提供与通信接口的互操作性。

注：当没有相应的标准规定，可以采用供应商的特定协议。

b) 提供现场网络能力的传感器或变送器的基本要求：

  1) 可通信的传感器/变送器的供电电压或电流应由一个单独的或内置的电源或由网络供电的现场设备(网络供电设备)供电；

  2) 应明确说明所用通信协议。

c) 其他要求：

  1) 信号范围，测量范围；

  2) 精度等级；

  3) 过程值的分辨率。

8.2.11 执行器

8.2.11.1 一般规定

执行器(包括定位执行器)是与数字/模拟输出或控制器通信接口连接的设备。

对于每个控制应用，应规定执行器合适的类型和功能。执行器分为开关类型(单点或多点)或定位类型(3 触点/双向开/关或模拟)，还有带通信输入与现场网络连接的执行器。

——电气开关：

1) 单级和多级马达起动器；

2) 用于风扇、泵等的继电器。

——开/关型执行器(开关)：

1) 打开/关闭阀；

2) 脉宽调制阀执行器；

3) 打开/关闭节气阀执行器。

——3 触点/双向开/关型和模拟执行器：

1) 用于阀门和节气阀(3 触点/双向)的可逆执行器驱动器；

2) 信号范围模拟控制定位器应符合 7.2.1.4.6 的要求；

3) 标准信号或供应商特定信号进行调节控制的驱动。

8.2.11.2 执行器基本应用

执行器应确定在无辅助能源的情况下是否必须执行安全功能，以及要说明哪一个事件引起所要执行的安全功能。应至少包括如下事件：

——电源失效；

——保险丝/空气开关失效；

——霜冻；

——烟雾/火灾。

除符合 5.3 的相关要求外，还应符合以下硬件要求：

——供电类型；

——额定电压和功耗；

——最大功耗；

——直接手动强切；

——振动等级；

——控制媒体最高/最低条件(温度、湿度、气压等)；

——安装位置(例如横向或纵向)；

——机械连接类型(节气阀或阀门)；

——控制设备通信接口的现场网络能力；

——电气隔离等级的类型；

——防爆保护的要求应符合附录 A 的规定；

——平均维修间隔时间；

——线缆应符合 10.1 和 10.2 的规定。

8.2.11.3 电气开关一般应用

电气开关设备应符合 GB 16915 的要求。电气开关一般应用要求包括：

a) 规定每个电机的过载保护的特定启动条件：

1) 执行器接触器上的热继电器；

2) 线圈绕组的热敏电阻；

3) 星三角启动。

b) 基本要求：

1) 额定电气参数；
2) 单级或多级开关；
3) 不同速度电机线圈的类型和绕组数(如单绕组)；
4) 由起动继电器上的额外触点提供的开/关指示/核对信号。

c) 特定应用功能要求：
1) 每次时间间隔内启动/停止命令的最大数量(例如,每小时的启动次数、上次启动后暂停时间等)；
2) 组件处理满负荷所需的启动时间；
3) 最大和最小停机时间；
4) 通过气流检测器或类似设备进行的风机运行状态检查。

8.2.11.4 定位执行器

应根据要求的控制质量考虑闭路控制指标。应根据定位执行器的类型满足下列要求：
——执行器定位误差要求；
——阀类型(如单座,3 通/混合)；
——阀权度或阀流量系数；
——阀体的标称直径(DN)和标称压力(PN,单位 kPa)；
——阀体和阀芯的材料；
——阀特性(线性或等百分比)；
——周期时间(脉冲调制)；
——阀或节气阀全行程时的行程时间(2 触点和 3 触点/双向开/关型)；
——阀/执行器的额定关断力(单位 kPa)；
——介质类型,额定和最大介质压力(单位 kPa)；
——环境噪声应符合 GB 3096 的要求。

注：可调执行器提供位置反馈指示信号(与定位信号无关)的反馈值可以是 0～200 Ω 或 0～5 kΩ 的电阻或标准电压/电流信号(最低精确度±2.5%)。

8.2.11.5 开关执行器(开/关类型)

应规定如下特定要求：
——由执行器上的辅助触点提供开/关指示或确认信号；
——具有脉冲宽度调制的电热执行器的开/关时间；
——周期时间(脉冲调制)。

8.2.11.6 三触点控制定位执行器

阀、节气阀等带 3 触点信号调节执行器的伺服电机应使用规定电压,并应符合 7.2.1.2 的要求。

8.2.11.7 模拟信号定位器

模拟定位执行器的伺服电机应使用根据应用而指定的标准信号。

注：当没有相关规定时,则可采用供应商的特定信号,如:V 或 I/P(气压)转换器、频率变换器、调节电磁阀和总线/网络通信设备。

8.2.12 总线/网络执行器

带现场网络耦合单元的开关执行器(开/关类型)和定位执行器应使用标准的通信协议。应说明所用协议，提供与控制器/特定应用控制器通信接口的互操作性，应符合7.2.1.3.2的要求。

提供现场网络能力的开关执行器和定位执行器应符合下列要求：

——可通信的执行器的供电电压或电流必须由一个单独的或内置的电源或由网络供电的现场设备（网络供电设备）供电；

——应明确说明所用通信协议。

其他要求：

——电流/电压输出范围；

——定位输出值分辨率。

注：当没有相关规定时，则可采用供应商的特定协议。

8.2.13 室内设备

设置室内控制应用的操作模式、参数和显示功能，该人机接口设备由室内使用者操作。

9 网络设备

9.1 功能要求

使语音和数据通信设备、交换设备和其他信息管理系统彼此相连，又使这些设备与外部通信网络相连接。

9.2 设备要求

设备要求参见附录B。

10 线缆

10.1 功能要求

应满足所支持的语音、数据、图文、图像等多媒体业务的分级要求，并应选用相应等级的线缆和连接硬件设备。

线缆的相应等级应符合GB/T 50311的要求。

10.2 设备要求

选用的线缆、光缆、各种连接线缆、跳线，以及配线设备等所有硬件设施，均应符合YD/T 926和YD/T 838标准的要求。

11 工程调试工具

11.1 功能要求

调试工具应符合下列要求：

——具体数据、参数、文字和图表的收集和文件编制；

——具体控制功能的设计、实现和测试；

——校准现场装置；

——测试所有数据点的物理输入/输出功能；

——测试所有处理功能和系统软件；

——生成调试报告,证明工作完成;

——生成 BACS PL 实现版本。

注 1:最常用的工具是个人电脑及相关外设;

注 2:根据实际情况,设备所需的详细资料可由制造商提供。

11.2 设备要求

设备应符合 5.3 的要求。

附 录 A
（规范性附录）
专用安全设备的安全要求

A.1 一般规定

涉及人身安全的设备应采用经国家有关产品质量监督检测单位检验合格的产品，防爆产品应采用经国家授权机构签发的防爆合格证。

A.2 要求

专用安全设备的安全要求包括：

——火灾自动报警及消防联动控制系统的硬件设备应符合 GB 50116 的要求；

——安全防范系统的硬件设备应符合 GB 16796 的要求；

——防爆的硬件设备应符合 GB 3836.1 的要求。

附 录 B
（资料性附录）
网络设备要求

B.1 交换机的选择

B.1.1 主交换机的选择

主交换机的选择应为网络提供一个高性能、多层交换解决方案。其设计宗旨是满足集中式主干、分布式主干和服务器群应用及对千兆位密度、数据和语音集成、可缩放性、高可用性和多层交换不断增加的需求。主交换机应可以提供支持高容量千兆位交换和多层智能所需的基础结构，进而有效地管理网络流量。

主交换机的关键特性包括：

——可缩放的高速以太网多层交换；

——可扩充到满足当前和扩充需要的背板带宽，支持多个以太网端口；

——通过支持多种适用的协议提供有效的内部网多媒体和多点传送；

——支持关键任务应用的广泛服务质量(QoS)特性。

B.1.2 二级交换机的选择

二级交换机选用可堆叠 10/100 M 和 Gbps 以太网交换机系列。可提供支持与语音和 IP 电话集成的下一代可堆叠交换。它允许从单一 IP 地址管理所有交换端口，并为互联的交换机提供一个保护桌面端口的独立高速堆叠总线。二级交换机的主要特性包括：

a) 适用场合包括：
   1) 可堆叠的 Gbps 以太网交换机，带有多个 GBIC 的端口，用于集合一组 Gbps 以太网交换机和服务器；
   2) 专用的高速 Gbps 以太网性能。
b) 关键特性包括：
   1) 内置的 Gbps 以太网端口适合插入各种 GBIC 收发器；
   2) 低成本的 2 端口 GBIC 通过在菊链连接中提供 1Gbps 的连接，或者在专用的交换机到交换机连接中提供 2Gbps 的连接，提供广泛的高度可配置的堆叠和性能选项；
   3) 交换机集群技术允许用户使用基于标准的以太网、高速以太网和 Gbps 以太网介质组建由多个交换机组成的单一 IP 地址管理网络，而不受它们的地理位置的限制。
c) 技术特性包括：
   1) 固定端口：至少 2 端口 1 000BaseX(GBIC)；
   2) 背板：应与所连接的工作组交换机相适应；
   3) 可堆叠；
   4) 所有端口全双工功能；
   5) 支持 VLAN；
   6) 管理功能：SNMP、TELNET 等，基于 Web 的界面。

B.1.3 工作组交换机的选择

选用 10/100 M 自适应高速以太网交换机。服务器及其他系统采用 10 Mbps 或 100 Mbps 连接，通过10 BaseFX连接在延长距离上。提供高速上行链路，灵活性较大。

工作组交换机的关键特性包括：

——至少具有3.2Gbps交换机主干；

——基于Web的界面，可通过一个标准Web浏览器从网络上的任何地方对交换机进行管理；

——交换机集群技术的应用，可通过一个IP地址管理多个交换机；

——至少64个端口的VLAN；

——网络管理：历史、事件、报警、统计。

B.2 路由器的选择

路由器是当今网络中的主要构建块，可为关键任务的应用提供伸缩性。路由器是获得网络层服务的关键。网络层服务包括安全、服务质量和流量管理。

B.3 访问服务器的选择

在一个平台中结合了拨号访问、先进的局域网到局域网路由服务、ATM连接以及语音、视频和数据的多种业务集成，提供数据、语音、视频、混合拨号访问、虚拟专网(VPN)和多协议数据路由解决方式。

B.4 防火墙的选择

提供全面的防火墙保护，对外部世界完全隐藏了内部网体系结构。通过防火墙可以建立使用虚拟专网(VPN)连接。加强了内部网、外部网链路和Internet之间的安全访问。

防火墙的关键特性包括：

——适用的性能；

——实时嵌入式操作系统；

——位于Intranet和Internet访问路由器之间，并包括以太网、快速以太网、令牌环网或FD-DILAN连接选项；

——保护方案基于合适的安全算法；

——统一资源定位符(URL)过滤；

——图形用户界面简化了配置和管理；

——通过电子邮件和寻呼系统提供报警和告警通知；

——通过专用链路加密卡提供虚拟专网(VPN)支持；

——通过中国公安部安全检测中心的认证。

ICS 35.240.50
L 67

中华人民共和国国家标准

GB/T 28847.3—2012

建筑自动化和控制系统
第3部分:功能

Building automation and control systems—
Part 3:Function

(ISO 16484-3:2005,Building automation and control systems(BACS)—Part 3:Functions,NEQ)

2012-11-05 发布　　2013-02-15 实施

中华人民共和国国家质量监督检验检疫总局
中国国家标准化管理委员会 发布

前　言

GB/T 28847《建筑自动化和控制系统》分为七个部分：

——第1部分：概述；

——第2部分：硬件；

——第3部分：功能；

——第4部分：应用；

——第5部分：数据通信协议；

——第6部分：数据通信一致性测试；

——第7部分：工程实现。

本部分为GB/T 28847的第3部分。

本部分按照GB/T 1.1—2009给出的规则起草。

本部分使用重新起草法参考ISO 16484-3:2005《建筑自动化和控制系统　第3部分：功能》编制，与ISO 16484-3:2005的一致性程度为非等效。

本部分由住房和城乡建设部提出。

本部分由全国智能建筑及居住区数字化标准化技术委员会(SAC/TC 426)归口。

本部分起草单位：住房和城乡建设部信息中心、中外建设信息有限责任公司、北京交通大学、机械工业仪器仪表综合技术经济研究所、住房和城乡建设部IC卡应用服务中心、深圳达实智能股份有限公司、广州市聚晖电子科技有限公司、松下电器研究开发(中国)有限公司、深圳慧锐通电器制造有限公司、北京复旦微电子技术有限公司、上海宸新智能系统集成有限公司、深圳市赛为智能股份有限公司、青岛海尔智能家电科技有限公司、上海长江新成计算机系统集成有限公司、吉林省一夫智能科技有限公司、国家电网公司四川德阳电业局。

本部分主要起草人：王辉、周欣、杨辉、周波、张永刚、陈列、尚治宇、马虹、申绯斐、王毅、程卫东、王春喜、林木青、贾东耀、黄吉文、肖明超、王宝鸫、杨硕、林必毅、顾清坤、胡龙、顾国矛、廖学静。

建筑自动化和控制系统 第3部分：功能

1 范围

GB/T 28847 的本部分规定了建筑自动化和控制系统功能框架、基本功能，以及机电设备监控系统、火灾自动报警及消防联动控制系统和安全防范系统的功能要求。

本部分适用于建筑自动化和控制系统的功能设计和实施。

2 规范性引用文件

下列文件对于本文件的应用是必不可少的。凡是注日期的引用文件，仅注日期的版本适用于本文件。凡是不注日期的引用文件，其最新版本(包括所有的修改单)适用于本文件。

GB 4715 点型感烟火灾探测器

GB 4716 点型感温火灾探测器

GB/T 4718 火灾报警设备专业术语

GB 14003 线型光束感烟火灾探测器

GB 15631 特种火灾探测器

GB 16280 线型感温火灾探测器

GB 16796 安全防范报警设备安全要求和试验方法

GB 17859 计算机信息系统 安全保护等级划分准则

GB/T 18336.1 信息技术 安全技术 信息技术安全性评估准则 第1部分：简介和一般模型

GB/T 18336.2 信息技术 安全技术 信息技术安全性评估准则 第2部分：安全功能要求

GB/T 18336.3 信息技术 安全技术 信息技术安全性评估准则 第3部分：安全保证要求

GB 20815 视频安防监控数字录像设备

GB/T 28847.1 建筑自动化和控制系统 第1部分：概述

GB 50016 建筑设计防火规范

GB 50045 高层民用建筑设计防火规范

GB 50067 汽车库、修车库、停车场设计防火规范

GB 50098 人民防空工程设计防火规范

GB 50116 火灾自动报警系统设计规范

GB 50166 火灾自动报警系统施工及验收规范

GB 50189 公共建筑节能设计标准

GB/T 50314 智能建筑设计标准

GB 50348 安全防范工程技术规范

GB/T 50378 绿色建筑评价标准

GB 50394 入侵报警系统工程设计规范

GB 50395 视频安防监控系统工程设计规范

GB 50396 出入口控制系统工程设计规范

GB 50411 建筑节能工程施工质量验收规范

GB 50464　视频显示系统工程技术规范
GBZ 122　离子感烟火灾探测器放射防护标准
GA/T 72　楼宇对讲系统及电控防盗门通用技术条件
GA/T 74　安全防范系统通用图形符号
GA/T 75　安全防范工程程序与要求
GA/T 269　黑白可视对讲系统
GA 308　安全防范系统验收规则
GA/T 367　视频安防监控系统技术要求
GA/T 368　入侵报警系统技术要求
GA/T 394　出入口控制系统技术要求
JGJ 176　公共建筑节能改造技术规范

3　术语和定义

GB/T 28847.1 界定的以及下列术语和定义适用于本文件。为了便于使用，以下重复列出了GB/T 28847.1中的某些术语和定义。

3.1

三触点控制　3-point control

具有三个位置输出的控制功能。这三个输出是零和两个符号相反的数，是通过两个二进制信号表示的三种控制状态。这些输出用于定位。

3.2

闭环控制　closed-loop control

被控的输出以一定方式返回到作为控制的输入端，并对输入端施加控制影响的一种控制关系。

3.3

节点　node

在 BACS 中，指可寻址设备连接到通信介质的点。

3.4

点地址　point address

在 BACS 中，指系统访问点信息的唯一的数据点标识符。

3.5

脉冲信号　pulsed signal

时间上不连续的信息特征信号。

3.6

站点　site

在建筑物内，为安装设备而明确界定的区域。

4　缩略语

下列缩略语适用于本文件。

BACS：建筑自动化和控制系统（Building Automation And Control System）

BACS PL：建筑自动化和控制系统点表（Building Automation And Control System Points List）

I/O：输入/输出（Input/Output）

MCU：微控制单元（Micro Control Unit）

MOU:监视和操作单元(Monitoring And Operator Unit)

5 总则

5.1 BACS 框架

系统框架图如图 1 所示。

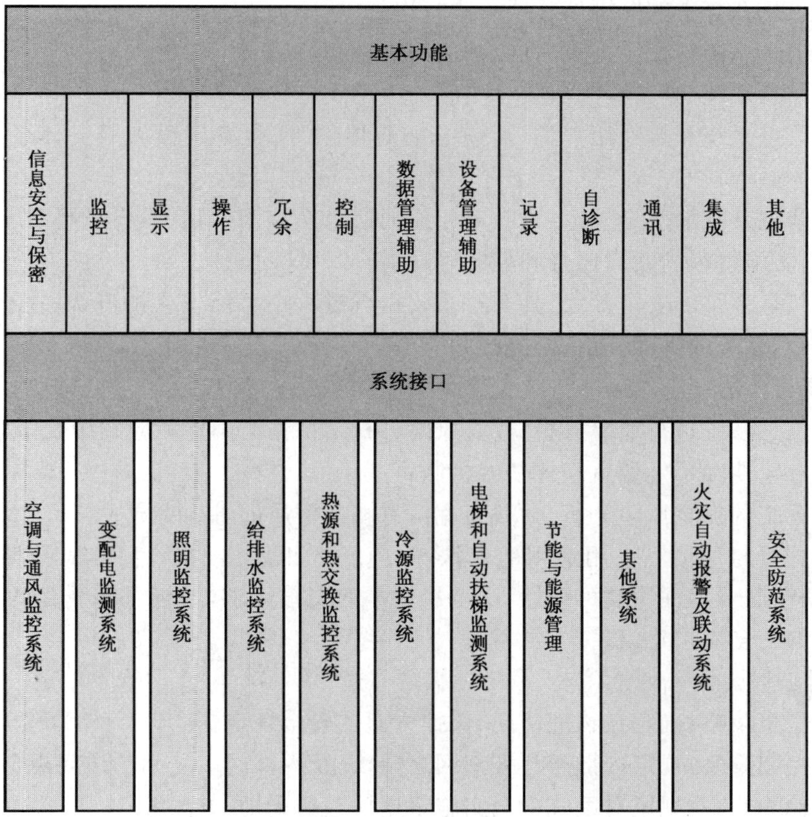

图 1 BACS 框架图

5.2 基本功能

5.2.1 一般规定

系统应具有信息安全与保密、监测功能、显示功能、操作功能、冗余功能、控制功能、数据管理功能、设备管理功能、记录功能、自诊断功能、通信功能、集成功能和其他功能等。

系统功能配置管理参见附录 A。

5.2.2 要求

5.2.2.1 信息安全与保密

5.2.2.1.1 信息安全

信息安全要求包括:

a) 一般规定:

- 对涉及人身安全的信息设备,应具有主管部门颁发的3C认证标志;
- 信息系统安全应符合GB 17859、GB/T 18336.1、GB/T 18336.2和GB/T 18336.3的要求;
- 保障运营服务信息系统的安全,保证运营服务系统不会对用户造成信息安全损害。

b) 基本安全活动:
- 根据信息系统特点和服务对象的需求,基于风险分析的结果,确定信息系统的安全等级;
- 具有安全策略的制定、发布、培训、评价、修正等功能;
- 确定信息系统中的关键信息资产,并进行资产分类管理;
- 根据信息系统的安全等级,具有相应的物理和环境安全保护体系;
- 根据信息系统的安全等级,具有相应的信息安全技术保障体系;
- 针对信息系统和普通用户,具有应急响应体系、安全基础设施服务体系、定期的安全风险评估体系等;
- 根据信息系统的安全等级,具有对相应的信息系统承包商、信息软硬件产品进行安全资质审查、实施过程的质量监督和控制等功能;
- 根据信息系统的安全等级,具有对系统运行过程中可能发生的升级、完善等活动做好安全规划,对系统的拆除提前做好规划和处理等功能。

c) 风险分析与评估:
- 应对信息系统进行风险分析,并将风险分析结果作为确定相应系统安全等级的主要依据;
- 应具有定期和不定期风险评估的机制;
- 信息系统的安全风险分析与评估,宜由有相应资质的机构完成;
- 风险分析与评估宜采用适用的方法,对每一个识别出的信息资产,按照资产的"保密性""完整性""可用性"和"可控性"四个最基本的安全要求,分析可能受到的威胁和后果,提出相应的安全需求建议。

d) 安全策略:
- 物理安全策略:确定在物理访问、保护方面的安全规定;
- 访问控制策略:规定内部网与外部网之间,以及内部网段之间的访问规定和策略要求;
- 安全检测策略:规定对系统安全实施定期检查的周期、方法等;
- 审计与监控策略;
- 网络防病毒策略;
- 备份与灾难恢复策略。

e) 安全体系:
- 具有明确的信息安全体系,包括明确的安全策略、网络系统配置安全服务和安全机制运行说明,指明在哪些部位必须配置哪些安全服务和安全机制,以及规定如何进行安全管理;
- 采取措施保护局域网;
- 采取措施保护基础通信设施;
- 采取措施保护边界;
- 配置或依托公共信息安全基础设施;
- 根据系统的实际情况,确定具体的安全措施。

f) 本地计算环境:
- 计算环境涉及的局域网络、主机设备、操作系统、应用支撑系统(包括WEB系统、数据库系统等)和应用系统,都应该采取相应的措施保护在计算环境内存储、传输和处理的数据的保密性。
- 计算机环境涉及的局域网络、主机设备、操作系统、应用支撑系统和应用系统,都应采取相应的措施保护本地计算环境内存储、传输和处理的数据的完整性，以及系统的完整性。系统完整性措施包括主机漏洞扫描、防病毒和补丁管理等。

- 确保本地计算环境内的网络平台、操作系统、应用支撑系统以及应用系统正常地运行，并使授权用户得到所需的系统和应用服务。
- 具有足够的防止内外人员进行违规操作和攻击的能力。

g) 网络基础设施：

- 具有机房和通信缆线的物理环境保护措施；
- 具有保护网络基础设施的可用性，保证基础设施所支持的业务应用的可用性的功能；
- 具有保护网络基础设施控制信息，保护网络基础服务系统的保密性和完整性的功能；
- 根据用户需求提供物理隔离或逻辑隔离的网络体系。

h) 边界：

- 具有网络访问控制体系，划分虚拟子网或安装网络防火墙；
- 根据安全需求，在网络边界之间建立安全的通信连接，以保护通过边界传输数据的保密性；
- 所有的边界节点都是合法的，并在有效的安全管理控制之下；
- 宜考虑边界的冗余配置、容错和负载均衡机制，以及加强边界设备自身安全保护，保证通过边界的通信的连续性；
- 具有系统远程访问安全系统，以保护系统边界远程访问的安全；
- 具有基于网络的入侵检测系统，以防止入侵者的攻击；
- 具有基于网络的防病毒系统，以防止病毒入侵；
- 具有漏洞扫描系统以改进系统的配置和功能设置。

i) 支撑性安全基础设施：

- 公共密钥基础设施；
- 密钥管理系统；
- 安全管理系统；
- 应急响应体系。

5.2.2.1.2 监测功能

系统信息安全与保密的监测功能应具有以下要求：

——状况监测：对数字和模拟管理点的状况进行监测。定期更新数据，并可将该数据随时显示在监视器上。

——警报发生监测：发生警报时，自动执行警报发生信息显示和强制画面显示，并在鸣响警报铃的同时，显示出警报和未确认警报指示器。对每一管理点可进行警报级别以及画面强制显示级别、警报声音信息等的设定，并且还可设定每一警报级别的警报铃声。

——启动/停止失败监测：在输入启动/停止指令并经过一段时间后，设备状况仍然与输出状况不一致，则被视为启动/停止失败(异常停止/启动)而发出警报。

——计测值上下限监测：对计测值进行上下限设定，当计测值大于设定值时，则执行警报判断操作。

——计测值偏差监测：对计测值进行偏差设定，当控制标准值和计测值的偏差大于该设定值时，则执行警报判断操作。

——连续运转时间监测：当设备的连续运转时间大于设定值时，则发出警报。

——运转时间累计：依据设备的运转状况累计运转时间，作为维修和检查的指南。

——启动/停止次数累计：累计设备的启动/停止次数，作为维修和检查的指南。

——监视器使用范围指定：可分别指定监视器、打印机、警报铃等的使用范围。当其中的一台监视器发生故障时，另一台监视器将会自动切入，或按照备份用的设定使用范围进行监测。

5.2.2.2 显示功能

系统显示功能包括：

——监视器系统图显示：以图表显示每一个系统的控制和管理内容，应显示设备的实际运转状况以及各种数据，并定时刷新。系统间重叠画面的转移和对图表全排列画面的切换，应以单触点操作完成，并显示出设备时间表中的时间。

——动画显示：以符号形状、颜色变化产生的动画来表示设备运行情况和计测值。

——多窗口显示：包括监视器系统图显示在内，可以同时显示出多种一览表，以及数幅控制画面。

——画面移动显示：当所有的数据无法一次显示在画面上时，可以利用滚动条移动画面以显示出剩余数据。

——单管理点的详细画面显示：可从系统中调出单管理点的详细画面，应显示有该管理点 48 h 间隔内的趋势图，并可对该管理点进行名称变更等的操作。

——趋势图、长条图显示：以最大 48 h 间隔的时间数列方式，每隔 1 min 将计测值记录，并且每隔 30 min 或 1 h 将累计值分别显示在趋势图、长条图、累计图、组合图上。

——日历显示：在监视器画面应显示有年月日、星期、时间等，也可依据指定条件解除该显示。

——警报一览表显示：以一览表方式显示出系统中所发生的警报，也可执行报表列印输出操作，并可利用警报级别和管理点名称等进行检索操作。

——未确认警报一览表显示：以一览表方式显示出系统中尚未经过确认的警报。警报确认操作可以汇总或个别被执行，也可执行报表列印输出操作，并可利用警报级别和管理点名称等进行检索操作。

——维修登录一览表显示：以一览表方式显示出维修登录管理点。可执行报表列印输出操作，也可利用管理点号码和管理点名称等进行检索操作，并可解除维修操作状态。

——设备一览表显示：以一览表方式显示出计测点、累计点、运转中的设备、停止运转中的设备、设备状况等的信息。可执行报表列印操作，并可利用管理点号码和管理点名称等进行检索操作。

——程序一览表显示：根据每一程序的类型，以一览表方式显示出日历、时间程序、联动程序、趋势图、长条图显示等各种程序的名称。

——日报/月报/年报显示：以日报（时间单位）、月报（日单位）、年报（月单位）的格式显示出所指定的计测值和计量值，画面显示数据可被列印输出。

——预约画面显示：可进行预约画面设定、显示。

——履历的显示：可调出被监视器上删除的最后 20 幅中的画面。

——选择显示：可跳过显示中的画面直接显示出所需的画面。

——警报指示显示：在警报发生时，可显示有处理程序以及紧急联络地址的画面。

5.2.2.3 操作功能

系统操作功能包括：

——手动启动/停止（切换）：可在系统中对特定设备进行手动启动/停止（切换）操作；

——程序设定值变更：更改时间、标准值、控制参数、登录管理点等的程序设定值；

——许可/禁止指定：以管理点和程序为单位，可执行暂停控制操作；

——维修登录/解除：以管理点为单位，可执行暂停控制操作和警报判断；

——鼠标操作：利用鼠标可以选择画面和进行操作；

——操作密码设定：在执行某一操作时，可设定操作许可级别/操作设备范围。

5.2.2.4 控制功能

系统控制功能包括：

——日历功能：使用自动判断闰年、大月、小月的万用日历，应可设定12个月份中的指定节假日；

——系统计时：

- 内部/外部时钟要求；
- 外部时钟的种类要求；
- 系统时钟的精度要求；
- 整个系统的时间同步要求；
- 本地数据处理设备或服务站的时间与日期变化要求；
- 网络和单机设备的时间与日期变化要求。

——时间程序：将动力设备等登录于时间程序中，即可自动驱动该设备的定时开/关动作。时间程序根据7天2假日的周期，可对各设备的启动/停止时间进行多次设定。不论是星期几均可在7天以内(包含当日)变更各设备的启动/停止时间(时间表的临时变更处理)，最小可以1 min为单位设定时间程序。

——联动程序：以管理点的状况变化、警报发生等为设定条件，可驱动预先设定的对象动作。

——火灾意外事故程序：发生火灾时，可联动停止空调器等相关设备的运作。在触发火灾信号时，火灾画面应显示在监视器上，并可由人工触发。

——停电处理：断电时(在没有备用电源的场合)，只有火灾意外事故程序和手动操作可以执行输出操作。

——自备发电时的强制驱动控制：当进行自备发电时，应自动记录设备的工作参数。

——恢复供电程序：恢复供电后，遵照自动或手动的恢复供电指令操作，并依照自备发电时的强制驱动控制让运转设备停止运作，参照时间表让停电瞬间正在运转(闭路)中的设备重新启动(投入)。

——最佳启动/停止控制(预冷预热控制)：根据温度的上升、下降特性的预测判断，控制空调器的最佳启动/停止时间。

——室外空气引入控制：在季节过渡期间，使用室外空气当作冷循环使用时，本控制系统将有效地控制引入室外空气。

——远程设定值的时间控制：在规定时间内对预先设定好的指定时间进行自动变更管理。

——简易运算控制：可执行加、减、乘、除、与、或等运算的设定。

注1：最佳启动/停止时间基于时间程序、室温、室温增益(变化趋势)等理论，以人工智能控制方式推算而得。

注2：室外空气的引入根据室外空气和循环空气(室内)的比例，与其室内温度的比较运算值来判断。

5.2.2.5 数据管理功能

系统数据管理功能包括：

——数据使用和存储：I/O、处理和其他管理功能的状态变化和数值的改变应以包含时间戳方式存储，用于事后分析。

——趋势数据的再显示功能：以月为单位，按时将趋势/长条图显示、高速趋势图显示、日报/月报/年报显示、警报记录、操作/状况变化记录等所搜集、累积的数据保存于存储设备之中。必要时也可再显示、列印出存储数据。

——用户数据处理辅助功能：可将指定计测值、累计值、趋势数据等输出于各种存储设备中，并可在常用软件中使用这些累积数据。

——警报记录：将累积的警报发生和复位等数据，以图表方式显示、列印输出。

——操作/状况变化记录：将累积的操作指令和设备的状况变化等数据，以图表方式显示、列印输出。
——数据归档：历史功能数据库所收集的数据和其他的系统数据可使用数据归档方法永久归档。
——数据的导入导出：数据处理装置或服务器应具有导入导出数据的能力，数据格式应予以规定。
——备份和存储：提供备份软件、备份方式、恢复所有功能及其配置的方法和使用的备份介质。
——备份与存储要求提供完成系统备份和系统恢复所需的时间。
——数据导入导出应至少提供数据处理装置或服务器的数据导入格式、传送到控制器/自动化站的数据导入格式和从控制器/自动化站传出数据的导出格式。

5.2.2.6 设备管理功能

系统设备管理功能包括：
——设备登记簿/记录履历管理；
——设备运转工况记录管理；
——设备操作人员情况登记管理；
——安全保障时间表管理。

5.2.2.7 记录功能

系统记录功能包括：
a) 信息打印：
- 执行警报记录；
- 正常复位记录；
- 启动/停止失败记录；
- 计测值上下限警报记录；
- 日报变化记录；
- 停电/恢复供电记录；
- 火灾时间记录；
- 操作记录；
- 状况变化记录。
- 警报发生时以红字，警报复位时以蓝字，其他状况时则以黑字进行列印。

b) 报表打印：
- 以指定的日、月、年使用量总计值为列印单位，或是手动输入日、月、年以列印日报、月报、年报；
- 可打印出极大值、极小值、平均值等的计算值；
- 可根据任意设定管理点、标题、检验章栏的有无等以格式化方式来列印日报、月报、年报。

c) 拷屏彩色打印：
- 对显示于监视器上的画面进行拷贝记录，并在拷贝时进行彩色输出。

5.2.2.8 自诊断功能

系统自诊断功能包括：
——传送系统故障监控：当远程装置传送异常时，实施警报显示；
——系统异常状况自行监控：监控系统中的各块模块状况、通信状况，以便在发生异常状况时列印信息；
——诊断功能应至少提供存储器和系统资源使用要求、所有系统网络通信活动的失效率要求、系统故障的原因要求。

5.2.2.9 冗余功能

规定可使用多重硬件自动克服任何设备失效的能力，系统可配置对电源供应、处理单元、输入输出单元、网络接口与访问单元、硬盘、主存储器、显示器、键盘、鼠标和其他定位设备、打印机失效/缺纸等设备冗余。

5.2.2.10 通信功能

系统通信功能包括：

——通话功能：利用鼠标器选择远程子机电话，进行呼叫和互相通话；

——音频监控功能：利用鼠标器选择远程子机电话，监控附近的声音；

——数据传输通信功能：实现各系统设备之间的数据通信，以及与系统外设备数据的通信。

5.2.2.11 集成功能

系统集成功能包括：

——系统内不同设备之间的数据通信、功能联动、数据库共享、系统报表的集成管理；

——与火灾自动报警系统、安全防范报警系统之间的功能联动、数据库共享、系统报表的集成管理；

——与其他系统的功能联动、数据共享、报表的集成管理；

5.2.2.12 其他功能

其他功能包括：

——节能设备应用；

——能源管理与节能控制管理；

——其他管理。

6 机电设备监控系统

6.1 一般规定

机电设备监控系统用于对建筑物或建筑群内的空调与通风、照明、给排水、热源和热交换、冷源等设备进行集中监视、控制及自动化管理，对变配电、电梯和自动扶梯等设备进行集中监测及自动化管理。

机电设备监控系统可分为空调与通风监控、变配电监测、照明监控、给排水监控、热源和热交换监控、冷源监控、电梯和自动扶梯监测，以及其他应用子系统。各子系统应满足下列要求：

——BACS PL 参见附录 B；

——应用子系统设计应符合 GB/T 50314、GB 50189、GB 50411、GB/T 50378 和 JGJ 176 的要求。

6.2 要求

6.2.1 空调与通风监控系统

空调与通风监控系统应符合下列要求：

a) 压缩式制冷机系统和吸收式制冷系统的运行状态监测、监视、故障报警、启停程序配置、机组台数或群控控制、机组运行均衡控制及能耗累计；

b) 蓄冰制冷系统的启停控制、运行状态显示、故障报警、制冰与溶冰控制、冰库蓄冰量监测及能耗累计；

c) 空调机组中冷冻水及冷却水相关状态:
- 冷冻水供、回水温度;
- 压力与回水流量监测;
- 冷冻泵启停控制(由制冷机组自备控制器控制时除外)和状态显示;
- 冷冻泵过载报警;
- 冷冻水进出口温度;
- 压力监测;
- 冷却水进出口温度监测;
- 冷却水最低回水温度控制;
- 冷却水泵启停控制(由制冷机组自带控制器时除外)和状态显示;
- 冷却水泵故障报警;
- 冷却塔风机启停控制(由制冷机组自带控制器时除外)和状态显示;
- 冷却塔风机故障报警。

d) 空调机组运行状态显示:
- 机组启停控制;
- 过载报警监测;
- 送、回风温度监测;
- 室内外温、湿度监测;
- 过滤器状态显示及报警;
- 风机故障报警;
- 冷(热)水流量调节;
- 加湿器控制;
- 风门调节;
- 风机、风阀和调节阀连锁控制;
- 室内 CO_2 浓度或空气品质监测;
- 防冻控制(寒冷地区);
- 送回风机组与消防系统联动控制。

e) 对变风量系统实现节能运行方式:
- 变风量系统的总风量调节;
- 送风压力监测;
- 风机变频控制;
- 最小风量控制;
- 最小新风量控制;
- 加热控制;
- 变风量末端自带控制器时应与建筑设备监控系统联网。

f) 风机的相关控制:
- 对通风用的送风机/排风机的运行状态进行监测和控制,并可按空气环境参数要求自动控制启停,风机与消防系统联动控制;
- 风机盘管机组的室内温度测量与控制;
- 冷(热)水阀开关控制;
- 风机启停及调速控制;
- 能耗分段累计。

6.2.2 变配电监测系统

变配电监测系统应满足：

a) 对变配电系统进行电压、电流、有功功率、功率因数、用电量等参数的测量与记录；

b) 对高、低压开关柜、直流电源柜、变压器、自备发电系统的工作状态和故障进行监视；

c) 供配电系统相关状态检测：

- 中压开关与主要低压开关的状态监视及故障报警；
- 中压与低压主母排的电压和电流及功率因数测量；
- 电能计量；
- 变压器温度监测及超温报警；
- 备用及应急电源的手动/自动状态、电压、电流及频率监测；
- 主回路及重要回路的谐波监测与记录。

6.2.3 照明监控系统

照明监控系统应满足：

a) 按照照度或预设时间表对公共照明设备包括开关、调光、场景等进行控制；

b) 系统根据房间每天不同时间的亮度情况，自动优化调节灯具的亮度，节约电能；

c) 照明设施的相关控制及故障报警：

- 大空间、门厅、楼梯间及走道等公共场所的照明按时间程序控制(值班照明除外)；
- 航空障碍灯、庭院照明、道路照明按时间程序或按亮度控制和故障报警；
- 泛光照明的场景；
- 亮度按时间程序控制和故障报警；
- 广场及停车场照明按时间程序控制。

d) 根据需要对公共照明的回路进行状态检测和故障报警。

6.2.4 给排水监控系统

给排水监控系统应满足：

a) 对给排水系统的运行状态与故障状态实行监控和记录，自动调整投运水泵台数；

b) 对中水系统的运行状态与故障状态进行监控；

c) 给水系统的运行状态显示：

- 水泵自动启停控制；
- 水泵故障报警；
- 水箱液位监测；
- 超高与超低水位报警。

d) 污水处理系统的运行状态显示：

- 水泵启停控制；
- 水泵故障报警；
- 污水集水井；
- 中水处理池监视；
- 超高与超低液位报警；
- 漏水报警监视。

6.2.5 热源和热交换监控系统

热源和热交换监控系统应满足：

a) 对热源和热交换设备运行状态、故障等进行监视、记录与报警；
b) 系统的负荷调节、预定时间表自动启停和节能优化控制；
c) 对热源和热交换系统设备的联动控制；
d) 对供回水压差或供回水温度的自动控制；
e) 热力系统的运行状态监视：
- 台数控制；
- 燃气锅炉房可燃气体浓度监测与报警；
- 热交换器温度控制；
- 热交换器与热循环泵连锁控制及能耗累计。

6.2.6 冷源监控系统

冷源监控系统应满足：
——系统的负荷调节、预定时间表自动启停和节能优化控制；
——系统设备的联动控制；
——对系统运行参数、状态、故障等的监视、记录与报警；
——对供回水压差或供回水温度的自动控制。

6.2.7 电梯和自动扶梯监测系统

电梯和自动扶梯监测系统应满足：
——对电梯和自动扶梯系统运行状态和故障进行监测；
——电梯及自动扶梯的运行状态显示及故障报警。

6.2.8 节能与能源管理系统

节能与能源管理系统应满足：
——对空调输配系统、照明系统、给排水系统、热源和热交换系统、冷源系统等部分的节能和能源进行监测；
——对空调输配系统、照明系统、给排水系统、热源和热交换系统、冷源系统等部分的节能实现分项和分区域计量；

6.2.9 其他系统

实现其他监测或控制功能。

7 火灾自动报警及消防联动控制系统

7.1 一般规定

火灾自动报警及消防联动控制系统由火灾探测器、火灾报警控制器、消防设施的联动控制三部分组成。相关部分应符合下列要求：
——对于重要的建筑物，火灾自动报警系统的主机宜设有热备份，当系统的主用主机出现故障时，备份主机能及时投入运行；
——应配置带有汉化操作的界面，操作软件的配置应简单易操作；
——应预留与建筑设备管理系统的数据通信接口，接口界面的各项技术指标均应符合相关要求；
——宜与安全技术防范系统实现互联，安全技术防范系统作为火灾自动报警系统有效的辅助手段；
——消防监控中心机房宜单独设置，当与建筑设备管理系统和安全技术防范系统等合用控制室时，应符合 GB/T 50314 和 GB 50116 的要求；

——系统应符合 GB 50166、GB 50045 和 GB 50016 的要求。

7.2 要求

火灾自动报警及消防联动控制系统要求包括：

——防空工程、汽车库、停车场防火规范应符合 GB 50098 和 GB 50067 的要求；

——火灾探测器应符合 GB 4716、GB 4715、GB 14003、GB 16280、GB 15631 和 GBZ 122 的要求；

——系统相关设备名称应符合 GB/T 4718 的要求。

8 安全防范系统

8.1 一般规定

安全防范系统主要由视频安防监控系统、入侵报警系统、出入口控制(门禁)系统、电子巡更系统、汽车停车场管理系统及访客对讲系统等组成。

注：出入口控制(门禁)系统设计见附录 C。

8.2 要求

安全防范系统应符合下列要求：

——系统应符合 GB 16796、GB 50348、GA/T 75、GA 308 和 GA/T 74 的要求；

——视频安防监控系统的设计应符合 GB 20815、GB 50395、GB 50464 和 GA/T 367 的要求；

——入侵报警子系统的设计应符合 GB 50394 和 GA/T 368 的要求；

——出入口控制子系统的设计应符合 GB 50396 和 GA/T 394 的要求；

——可视对讲系统应符合 GA/T 269 的要求；

——语音对讲系统应符合 GA/T 72 的要求。

附　录　A
（资料性附录）
系统功能配置

A.1　系统功能的一般描述

本附录描述在BACS各部分进行配置的过程中所实现的功能，执行的任务与特定系统相关。系统工程至少应包括硬件配置、控制策略配置、管理功能配置、调试和文件编制。

工程过程管理应满足工程工具和操作功能并存，系统许可证包括的工程工具。通过MODEM、LAN、WAN等的远程管理，自动生成文档。

A.2　硬件配置

硬件配置至少应包括：

——控制原理图或系统和仪表图；

——带有I/O功能部分和处理功能部分的数据点表，I/O功能部分用来配置物理I/O，处理功能部分用来估算处理器的性能和存储器的大小；

——系统和网络描述；

——设备清单；

——仪表图；

——布线进度表（现场连接图）；

——设备标签。

硬件配置应满足的要求至少应包括：

——相同数据需要进入系统不同部分的次数；

——自动核实；

——地址复制；

——点名称复制；

——设备的正确使用；

——进入信息的正确性。

A.3　控制策略配置

控制策略配置是将相关企业和用户的要求作为输入生成一个和多个控制策略，并下载到控制器。

控制策略配置至少应包含以下内容：

——下载控制策略文件；

——列出/画出控制策略蓝图；

——默认参数设置；

——带有处理和操作功能完善的BACS PL。

控制策略配置应满足的要求如下：

a)　编程方法：

- 基于文本（程序设计语言）；

- 基于图形(功能块方法);
- 面向对象型。

b) 可用的应用库函数的数目和类型;

c) 支持下载的类型:

- 用一条命令下载所有的控制器和自动化站软件;
- 部分下载到一个控制器/自动化站中;
- 部分下载程序段的能力,下载程序段时不中断控制器/自动化站运行的功能,也不中断网络上的其他功能运行;
- 下载所需时间。

d) 配置上传能力:

- 将配置上传到编程工具的能力;
- 源程序再生的能力;
- 源程序布局和注释再生的能力;
- 上传程序和源代码比对的能力。

A.4 管理功能配置

管理功能配置是利用相关企业和用户的要求作为输入而定义的要求来生成管理功能。

管理功能配置应包含以下内容:

——带有连接到点信息动态项的示意图;

——包含组、类和过滤识别的报警;

——用户访问权限;

——报告格式和相关的对数据点的连接;

——系统时间表;

——BACS PL 包括 I/O 功能、处理功能、管理功能和操作功能。

管理功能配置应满足的要求如下:

——根据第三方应用产生输入图的能力;

——支持的资料库;

——基本 HVAC(供热通风与空气调节)符号;

——HVAC(供热通风与空气调节)系统项目;

——建筑模型模板;

——报告模板;

——使用先前工程过程形成的能力,例如:用户地址/助记符;

——时间表项;

——基于文本;

——基于图形;

——基于日志;

——拷贝设施。

A.5 调试工具功能

A.5.1 一般规定

调试工具应能支持以下任务:

——现场设备和硬件的连接检查；

——通信系统测试和协议分析；

——控制策略仿真和验证；

——控制策略下载和参数的初始化；

——通过设备操作和连锁仿真得到的功能性验证；

——系统优化和协调。

调试工具功能应满足的要求包括：

——策略中暂时超驰值的能力；

——观察单个程序周期中系统行为的能力。

闭环控制的处理功能主要包括处理 I/O 和实现虚拟功能，其他功能类型都可使用此功能的结果。闭环控制由诸如 P、PI、PID 之类的算法形成，从受控媒体反馈。每个闭环控制环路均包含一个设置点。

为了在 BACS PL 中定义完整的控制环路，P 控制环路或 PI/PID 控制环路功能和至少有一个控制环路输出功能的组合是必不可少的，其他功能可按需要组合。对于级联控制，过程值通过主控环路功能和从控环路功能来控制。主控环路的输出信号用作从控环路的设置点输入。

在 BACS PL 中，开/关控制器需要一种处理功能 P/PI 控制环路，并增加一个比例到开关转换功能上。三触点控制则需要两个比例到开/关转换功能，设置点参数可经 MOU 在线更改。

A.5.2 闭环控制

A.5.2.1 P 控制环路

比例控制提供的输出比例于设置点和输入信号之间的偏差，输出级别取决于“P”的值。

P 控制环路功能包括固定设置点和关联参数，它至少要与一个输出功能相结合。

A.5.2.2 PI/PID 控制环路

比例和积分控制算法与 P 算法基本相同，但具有时间相关功能的波动，该波动以比例于输入信号和设置点之间的偏差的速率改变输出信号。

比例、积分和微分控制算法在操作上与 PI 算法基本相同，但在由于输入信号的变化率而确定的输出上增加了波动。

PI/PID 算法控制环路功能包括相关参数，并至少与一个输出功能相结合。

A.5.2.3 滑动/曲线设置点

滑动/曲线设置点功能在闭环控制中使用。实际设置点值由输入信号幅度、计算功能来定义。

示例 1：滑动设置点，夏季补偿。该功能是为避免对建筑占据者和节省能源造成热冲击提供一种方法。室内温度设置点线性增加，从预定的室外温度值(起点)开始。

示例 2：曲线设置点，冬季补偿。该功能是为改变室内温度提供一种方法。这种改变取决于室外温度。水流温度的当前设置点可以通过复位时间表来计算或定义。

设置点参数和/或复位时间表曲线的形状经 MOU 可以同时在线改变。设置点的极限值必须由分开的设置点/输出极限功能来定义。

滑动/曲线设置点的要求应满足：复位清单的步骤数、计算设定点。

A.5.2.4 比例输出等级

当负载排序需要时，比例输出等级功能将控制器的输出转化为 n 个虚拟值。一个输出功能可分裂为两个或多个输出，并具有定义的幅度和关联参数。输出值必须与 I/O 功能相结合。每个输出等级都应该在 BACS PL 中指出。

比例输出等级的图形功能实例见图 A.1 和图 A.2。

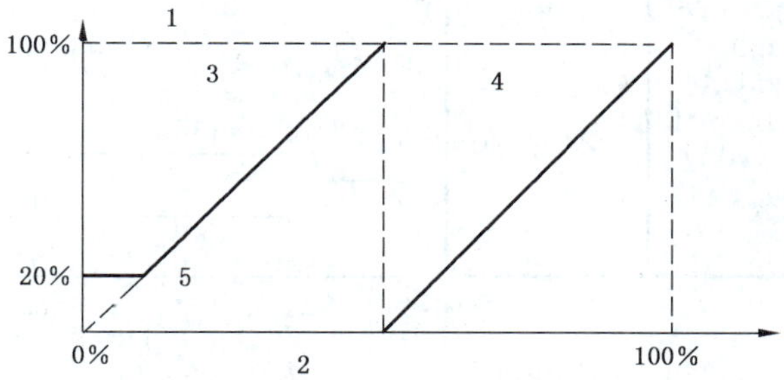

说明:

1——调节器位置;

2——控制环路算法输出值;

3——输出等级 1;

4——输出等级 2;

5——输出限制值。

图 A.1 节气门和阀门序列的比例输出等级功能

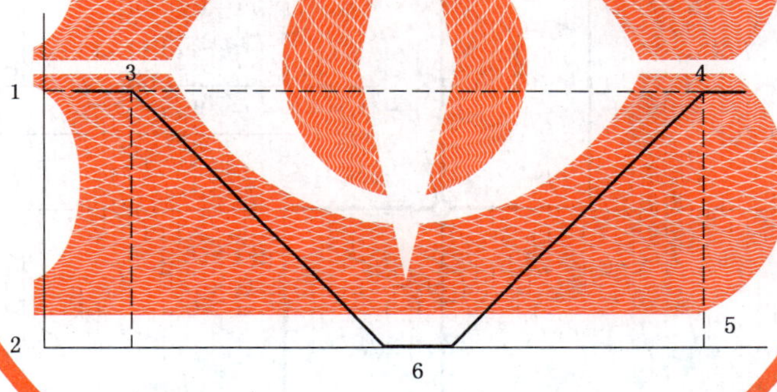

说明:

1——开始;

2——关闭;

3——制冷阀门位置;

4——加热阀门位置;

5——输出百分数;

6——控制环路算法输出值。

图 A.2 制冷/加热序列的比例输出等级功能

A.5.2.5 比例到 on/off 转换

比例到 on/off 转换功能将控制器的比例输出转换为 on/off 输出。转换的执行取决于设置点和滞后值,并用于逻辑、物理和通信输出功能。

比例到 on/off 转换的图形功能实例见图 A.3 和图 A.4。

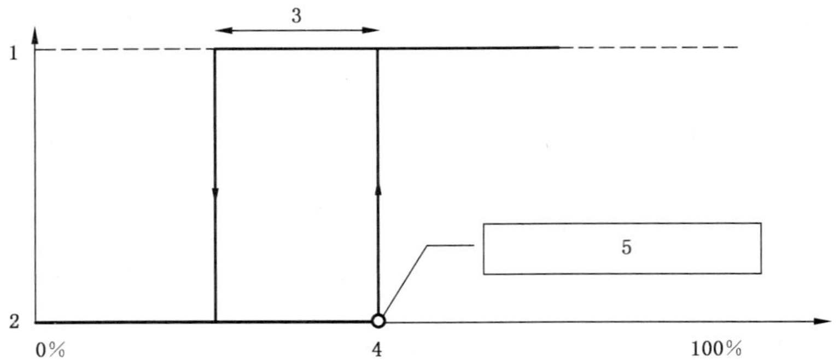

说明：

1——开；

2——关；

3——滞后；

4——控制器输出值；

5——转换设置点。

图 A.3 on/off 转换

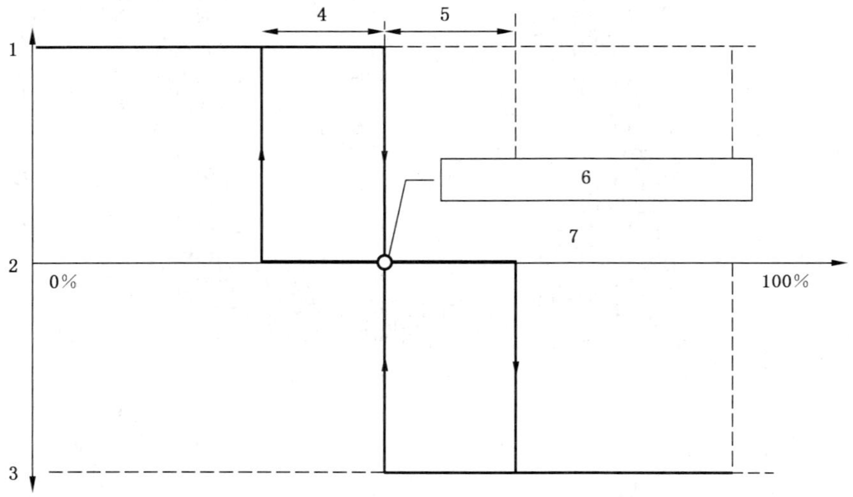

说明：

1——开 1；

2——关；

3——开 2；

4——滞后 1；

5——滞后 2；

6——转换设置点；

7——控制环路算法输出值。

图 A.4 三触点控制的 on/off 转换

A.5.2.6 比例到脉冲宽度调制

比例到脉冲宽度调制功能将 P、PI 或 PID 控制环路功能转换为带有可变标记/空格比值的脉冲，该比值取决于输入值的幅度。

A.5.2.7 设置点/输出限制

设置点和/或输出限制功能用来将信号限制到两个限制值之间的值,该功能可由安全功能超驰。每个设置点/输出限制通过在 BACS PL 中录入限制量来规定。

A.5.2.8 参数的切换

参数切换功能用来修改控制环路参数,以优化控制工作。

A.5.3 计算/优化功能

A.5.3.1 一般规定

计算功能用来计算引出的值,向用户或向另一种类型的功能提供复杂的数据,以便具有随之发生的决策功能。

跨设备/系统优化功能用于能量管理,降低能耗和费用。它们以预配置的标准功能来实现,不需要特定项目的编程。为了适配不断变化的需要,它们提供必须带有可调的参数,以给出处理各种类型建筑结构的灵活性,标准的监视、互锁和控制功能。

A.5.3.2 h,x-直接控制

在 h、x 直接控制功能的情况下,所用策略确定调节室外空气的优化方法,以便对规定的房间温度和相对湿度获得所需要的供空气的值。规定的温度和湿度,在舒适现场根据 h,x 图或用温度图表定义。该功能应在 BACS PL 中的与对应输入数据点的同一行列出,以指示专门用于对应的/受控的设备。

A.5.3.3 算术运算

算术运算功能提供任何数目的输入变量算术组合的输出,该输出可用于其他功能。

算术运算功能在 BACS PL 中与对应输入数据点同一行中列出,指示它们专门用于对应的/受控的设备项。计算结果呈现给虚拟数据点,这些虚拟点有自身的数据点地址,对应的备注列可用来指示所关联的输入功能。

A.5.3.4 事件切换

事件切换功能在预定事件发生时提供逻辑输出,该事件可由逻辑、物理或通信输入启动。

在 BACS PL 中的与对应/受控设备具有处理功能,事件切换功能应在其设备控制的同一行上列出,或作为对应的/受控的设备/部件的输出功能切换。BACS PL 应根据输出地址指示事件切换功能。

A.5.3.5 时间表

当设定时间和实际事件匹配时,时间表功能将提供一个逻辑输出。当实际时间与异常日期数据匹配时,则禁止输出,把结果分配给输出功能。应将该功能列于 BACS PL 中,其位置处于相应设备/受控设备的处理功能设备控制的同一行,所说明的数值表示每个指定时段内专用开/关的周期。

时间表应满足的要求包括:时间表的类型,例外天数。

A.5.3.6 优化启/停

A.5.3.6.1 一般规定

根据时间表功能的输入计算出打开/关闭设备的某个项目的最优时间,优化启/停功能将提供一个逻辑输出。应将该功能列于 BACS PL 中，其位置处于相应设备/受控设备的处理功能设备控制的同一行。

A.5.3.6.2 占空度

当算法计算出设备的某个项目为节能而关闭时，占空度功能将提供一个逻辑输出。设备运行时间的减少将是输入的温度和状态的结果。应将该功能列于 BACS PL 中，其位置处于相应设备/受控设备的处理功能设备控制的同一行，或者当需要的情况下，则对应于相应设备/受控设备的输出功能切换。

A.5.3.7 夜间冷却功能

当算法计算出内部温度高于居住期间所需温度时，夜间冷却功能将提供一个逻辑输出，还得考虑夜间室外温度。应将该功能列于 BACS PL 中，其位置处于相应设备/受控设备的处理功能设备控制的同一行，或者当需要的情况下，则对应于相应设备/受控设备的输出功能切换。

A.5.3.8 房间温度限制

房间温度限制功能作用是防止居住期间室温低于或高于可接受的限值，防止霜冻和露水侵害。当指示的室温达到限值时，HVAC 循环设备开启或关闭，有效地把室温维持在设定限值内。应将该功能列于 BACS PL 中，其位置处于相应设备/受控设备的处理功能设备控制的同一行，或者当需要的情况下，则对应于相应设备/受控设备的输出功能切换。

A.5.3.9 能量还原

能量还原功能是一种适用于还原加热/冷却/湿度的操作策略，它依据所控区域的能量要求和该区域内空气的可用能源。此功能依据焓计算，包括室外空气与回流空气焓值(或温度)的比较。由此可以以最小能量值达到所需的空间舒适条件。

当依靠焓值的差异切换调整输出时，则可提供一个可选择的功能。在使用此功能前，应确保最低限度的新生空气供应量。能量还原计算的结果是触发逻辑输出功能切换和/或定位。

应将能量还原功能列于 BACS PL 中，其位置处于相应设备/受控设备的处理功能设备控制的同一行，或者当需要的情况下，则对应于相应设备/受控设备的输出功能切换。

A.5.3.10 备用电源操作

当备用电源处于运行状态，应提供可用于切换设备的项目的逻辑输出(与可用电源能力相关)，应对设备中的各项排列优先次序。

备用电源操作一般是全系统范围的功能。应将该功能列于 BACS PL 中，其位置处于相应设备/受控设备的处理功能设备控制的同一行，或者当需要的情况下，则对应于相应设备/受控设备的输出功能切换。

注：在主电源恢复时，正常操作的恢复可通过主电源恢复程序功能来完成。

A.5.3.11 主电源恢复程序

主电源恢复程序触发一系列导致设备中项目的事件，可使用时间延迟和优先级。

主电源恢复程序一般是全系统范围的功能。应将该功能列于 BACS PL 中，其位置处于相应设备/受控设备的处理功能设备控制的同一行，或者当需要的情况下，则对应于相应设备/受控设备的输出功能切换。

A.5.3.12 峰值负载限制

峰值负载限制功能提供一个输出，该输出是在规定时段内能量达到最大值趋势计算的结果。对设备中的各项按预定义的优先级次序依次关闭，这样就不会超出最大能量值，任意瞬间使用的能量值通常由物理计数输入提供。可根据供电约定以多种方式决定计算能量等级所对应的时段。

峰值负载限制一般是全系统范围的功能。应将该功能列于 BACS PL 中，其位置处于相应设备/受控设备的处理功能设备控制的同一行，或者当需要的情况下，则对应于相应设备/受控设备的输出功能切换。

A.5.3.13 随能源价格切换

随能源价格切换是一个取决于能量价格成本的处理功能，能量价格成本每小时、每天和/或每周、每季都会变化。能源成本较高时，低优先级的设备会被禁用或减少使用。当随能源价格切换实现的情况下，可以依据价格情况、价格成本以及设置的优先级，触发输出功能切换。该功能主要应用于多种电能价格分配的情况。

随能源价格切换是全系统范围的功能。应将该功能列于 BACS PL 中，其位置处于相应设备/受控设备的处理功能设备控制的同一行，或者当需要的情况下，则对应于相应设备/受控设备的输出功能切换。

附 录 B
（资料性附录）
建筑自动化和控制系统功能

B.1 BACS PL 的使用

B.1.1 BACS PL 中的功能

BACS PL 是一种工具，用来确定和增加特定项目的功能。把 BACS PL 作为电子数据表计算格式添加功能，这些功能包括整个设备项目功能的所有软件和项目工程/调试/文件编制。处理功能用来监视、控制和优化电动设备和机械设备，所有的处理功能是复杂程序的组成部分，它们基于分配的物理功能或通信功能，并包含必要的参数、S.I.单元和文本。

B.1.2 BACS PL 的结构

BACS PL 被分为四个主要部分来制定设备的特殊功能，主要包括：

——I/O 功能，分为物理输入输出和共享输入输出；

——处理功能，分为监控、内联、闭环控制，计算和跨设备/系统优化；

——管理功能，分为通信和历史数据；

——操作功能，分为可视显示和其他消息传送功能。

BACS PL 工作的基础是设备控制原理图/控制流程图，宜使用的方法是沿着原理图中主要介质的走向，把控制相关设备项目填入这些输入输出行中。

BACS PL 的首列示出分配到所需各功能的点描述。备注栏用于对相关内容做进一步说明，当有必要时，则在单独的纸上予以说明，原则上应以面向对象的方式在一个行内结束，这样相应功能均在同一行显示。

B.1.3 通过 BACS PL 实现应用程序描述

为描述设备控制，可通过 BACS PL 描述应用程序实现。处理功能应通过在 BACS PL 中将填入的合适行和列的序号相结合，数据点功能取决于大量的所需功能，为了传送一组功能中所需的特定应用功能，可能需要使用若干列。应说明的是，不可把优化功能理解为互锁或循环功能。

当 BACS PL 不能完整地描述所需的控制方法（尤其是复杂的优化控制或附加的非标准功能）时，应准备附加的文件。这些将与相关的功能一起在 BACS PL 行中列出。为了标识通过该附加的或增强的功能所处理的数据点，应将该参考登入该数据点的行中。

B.1.4 通过 BACS PL 功能描述系统集成

当系统与共享数据点集成时，必须定义数据的客户机和服务器。BACS PL 可指示数据点对象的具体角色。

附 录 C
（资料性附录）
建筑及居住区门禁系统

C.1 门禁系统概述

C.1.1 系统构成

基于非接触式 IC 卡的门禁系统的密码应用涉及应用系统、密钥管理及发卡系统，如图 C.1 所示。

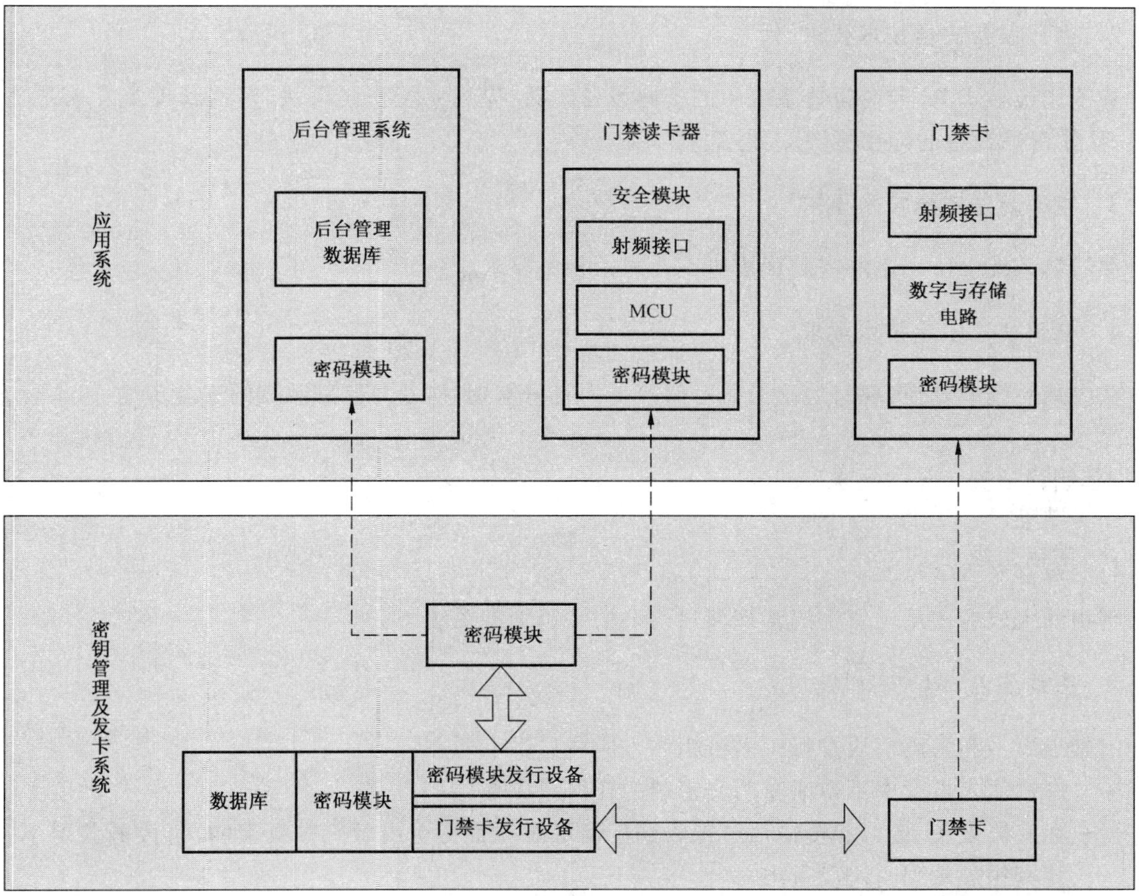

图 C.1 门禁系统中密码应用结构图

C.1.2 应用系统

一般由门禁卡、门禁卡读卡器和后台管理系统构成，通过各设备内的密码模块对系统提供密码安全保护。其中，门禁卡内的密码模块包含：

——用于门禁读卡器或后台管理系统对门禁卡进行身份鉴别时（鉴别门禁卡是否合法）提供密码服务（如计算鉴别码）；

——门禁读卡器/后台管理系统内的密码模块；

——用于对门禁卡进行身份鉴别/安全报文传输时提供密码服务（如密钥分散、验证鉴别码等）。

在门禁系统的具体方案设计时，应在门禁读卡器和后台管理系统内配用密码模块。

C.1.3 密钥管理及发卡系统

密钥管理及发卡系统的功能是为了门禁系统的密码应用生成密钥，并通过密码模块发行设备发行（初始化和注入密钥）密码模块，通过发卡设备对门禁卡发卡（初始化、注入密钥和写入应用信息）。系统中的密码设备提供密钥生成、密钥分散及对门禁卡发卡时的身份鉴别等密码服务。

C.2 与密码相关的安全技术要求

C.2.1 密码应用安全技术要求

基于非接触式IC卡的门禁系统中的密码应用方案应符合C.5的要求。

C.2.2 密码设备安全技术要求

基于非接触式IC卡的门禁系统中的密码设备包括：应用系统密码模块、密钥管理及发卡系统密码模块，具体密码设备的配用见图C.1。

C.2.3 密码算法安全技术要求

在门禁系统中所配用的密码算法应符合国家相关要求。

C.2.4 密码协议安全技术要求

在门禁系统中，应实现门禁读卡器对门禁卡的身份鉴别，以及对鉴别数据的安全传输。

C.3 密钥管理安全技术要求

C.3.1 密钥生成

密钥的生成应使用国家密码管理部门认可的密钥管理系统。

C.3.2 密钥注入

门禁卡发卡和密码模块发行时的密钥注入应注意以下两点：

——密钥注入过程中不得泄露明文密钥的任何组成部分；

——在密码设备、接口和传输信道未收到任何可能导致密钥或敏感数据泄露、篡改的状况下，可以将密钥加载到密码设备中。

C.3.3 其他要求

在密钥生成、注入、更新和存储等的整个过程中，应保证密钥不被泄露。

C.4 其他应考虑的安全因素

除对密码应用的安全要求外，从系统整体的安全性出发，应考虑以下因素：

——后台管理系统的管理要求；

——其他与密码安全机制无关的管理及技术措施，如口令识别、生物特征识别、人员值守等。

在系统方案设计及应用时，宜针对具体应用情况在密码安全保障的基础上采取其他适当的管理和技术措施,以增强门禁系统的安全性。

C.5 基于SM1算法的非接触式CPU卡方案

C.5.1 系统构成

本方案采用基于SM1算法的非接触CPU卡和基于SM1算法的安全模块,系统构成示意图如图C.2所示。

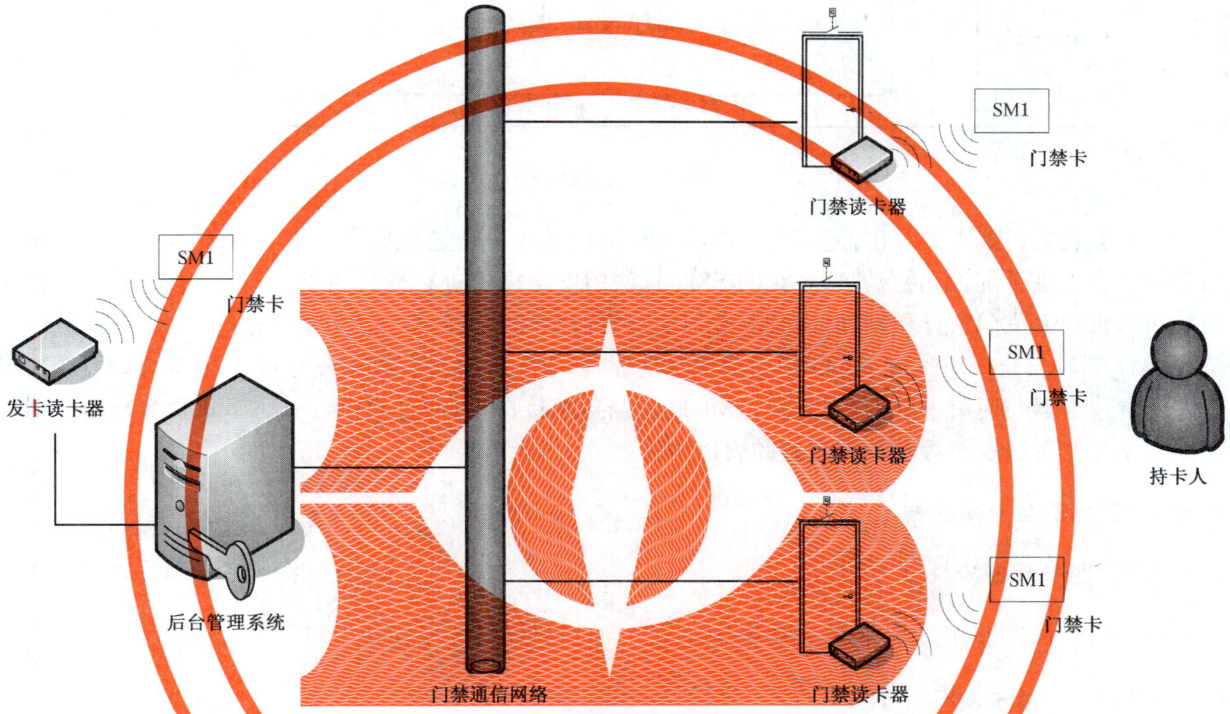

图 C.2 门禁卡的系统示意图

C.5.2 原理

该方案中门禁卡采用SM1算法的CPU卡,卡内存放安全认证码、发行信息和卡片密钥,并具有符合相关标准的片上操作系统。门禁卡与非接读卡器之间采用SM1算法进行身份鉴别和安全报文传输,在发卡系统中和读写器中的安全模块同样采用SM1算法进行门禁卡的密钥分散,实现一卡一密。

方案原理图如图C.3所示。

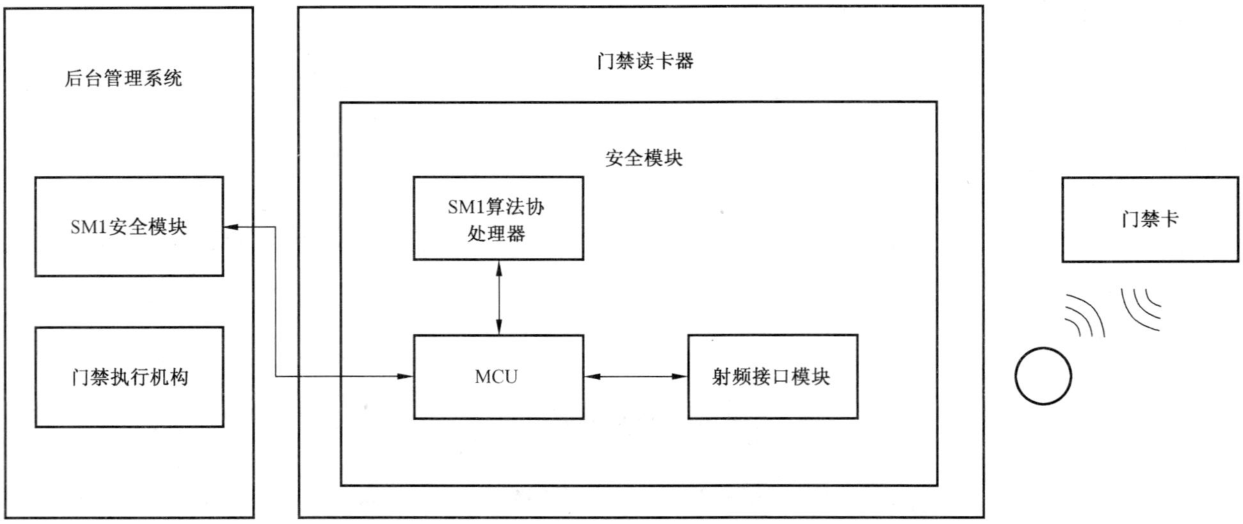

图 C.3 原理图

读卡器负责门禁卡的合法性鉴别，同时将获得的门禁卡身份鉴别信息以安全报文的方式反馈给门禁控制后台管理系统，由后台管理系统的 SM1 算法的安全模块进行双重鉴别门禁卡的合法性，并控制门禁执行机构完成门禁操作，同时门禁服务器还负责门禁读卡器的管理工作。

SM1 算法安全模块集成 MCU 和射频接口功能，所有的处理过程都在安全模块中实现。射频接口模块负责读卡器与门禁卡间的射频通信；MCU 控制射频接口模块与门禁卡的通信，负责实现读卡器内部的数据加密传送及与后台管理系统的通信功能。

C.5.3 密码安全应用流程

C.5.3.1 发卡系统

分为门禁卡发卡、门禁读写器安全模块发行、后台管理系统安全模块发行。

C.5.3.1.1 门禁卡发行

后台管理系统使用 SM1 算法对系统根密钥进行分散，实现一卡一密；通过发卡读卡器对卡片利用过程密钥采用 SM1 算法进行卡片身份鉴别，应用目录、文件系统等数据结构初始化并完成卡片密钥的下载，以及对卡片进行持卡人信息与签发单位信息的写入，该过程使用 CPU 卡的发卡流程保证信息写入的安全性、数据的机密性。

C.5.3.1.2 安全模块发行

门禁后台管理系统使用密钥管理系统成门禁系统根密钥，应安全导入安全模块。

C.5.3.2 门禁卡控制

门禁读卡器应直接对门禁卡做身份鉴别，同时对鉴别数据加密后送给后台管理系统控制门禁功能的执行，不仅保证身份鉴别的真实性，还能保证信息传输过程中的机密性。

具体方法如下：

——门禁读卡器读取门禁的安全识别码，作为卡片一卡一密的分散因子；

——门禁读卡器发送一个内部认证命令给门禁卡(门禁安全模块产生随机数)，门禁卡内部用存在的卡片中的一卡一密密钥 KEYC 对该随机数用 SM1 算法做加密运算，得到 RA′＝ENK(KEYC，RA)并回发给门禁读卡器；

——门禁读卡器首先用安全模块中的根认证密钥 KEYR 用 SM1 算法对安全识别码进行分散得到 KEYC，再对随机数 RA 做加密运算得到 RA″，如果 RA′=RA″，则卡片的身份鉴别正确，否则鉴别不通过；

——身份鉴别通过后，门禁读卡器安全模块使用加密密钥 KEY 对鉴别信息进行安全报文计算后传送给后台管理系统，后台管理系统用后台安全模块中对应的解密密钥 KEY 对安全报文进行认证。当认证通过后，与后台数据库对比门禁卡合法性执行开门操作。

身份鉴别过程如图 C.4 所示。

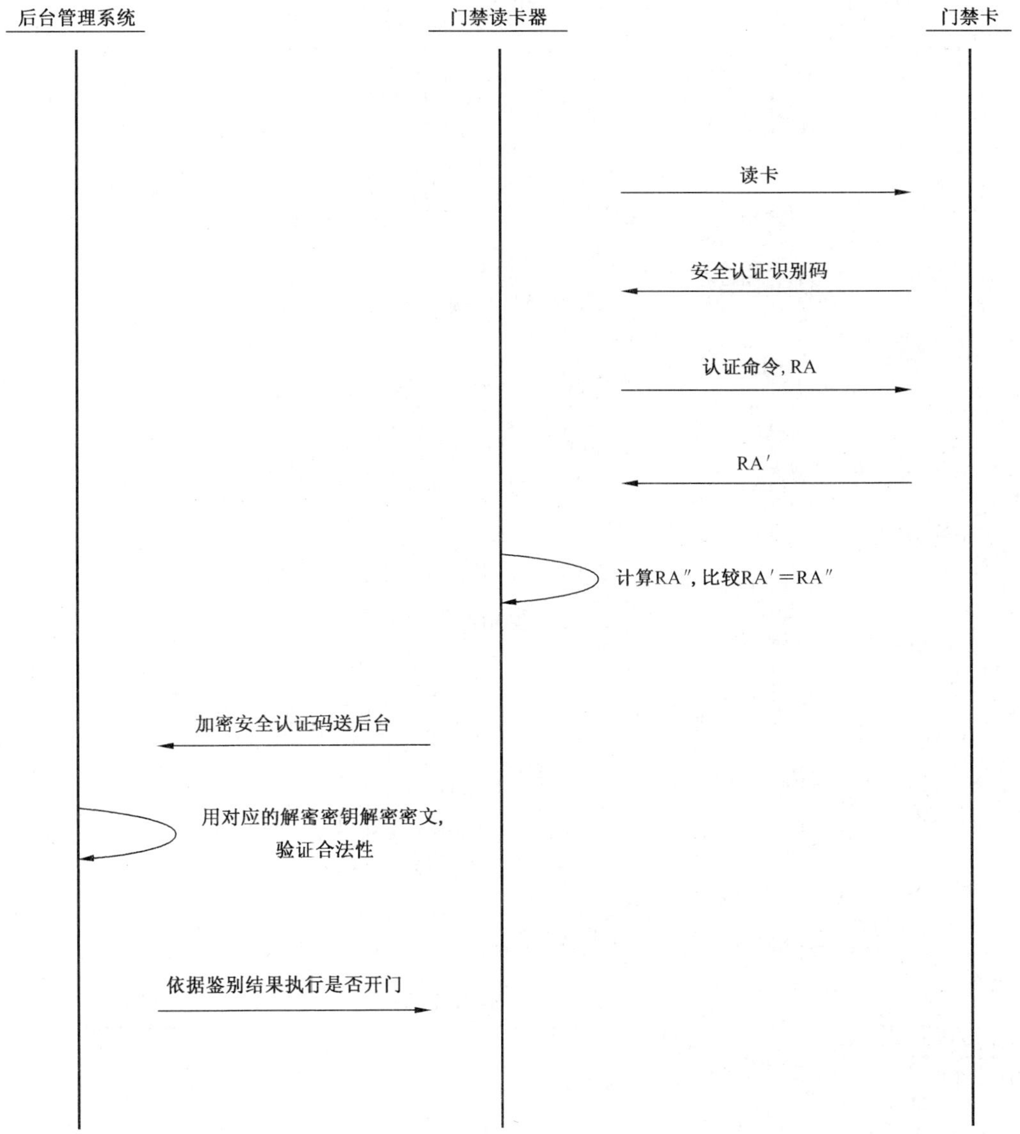

图 C.4　身份鉴别过程

ICS 17.120.10
N 12

中华人民共和国国家标准

GB/T 28848—2012

智能气体流量计

Intelligent gas flow meter

2012-11-05 发布 2013-02-15 实施

中华人民共和国国家质量监督检验检疫总局
中国国家标准化管理委员会 发布

前　言

本标准按照 GB/T 1.1—2009 给出的规则起草。

本标准由中国机械工业联合会提出。

本标准由全国工业过程测量和控制标准化技术委员会(SAC/TC 124)归口。

本标准负责起草单位:重庆市计量质量检测研究院。

本标准参加起草单位:天信仪表集团有限公司、浙江苍南仪表厂、埃创仪表系统(重庆)有限公司、上海 ELSTER-AMCO 燃气设备有限公司、重庆宝元森仪表有限公司、青岛自动化仪表有限公司、余姚市银环流量仪表有限公司、重庆山城燃气设备有限公司、天津市亿环自动化仪表技术有限公司、中国石油西南分公司、北京市计量检测科学研究院、辽宁省计量科学研究院和中国燃气控股有限公司。

本标准主要起草人:吴明清、廖新、龚中宇、叶朋、殷兴景、黄宝团、谢中华、朱海英、窦建军、朱家顺、熊涛、刘忠海、杨静、刘方、何志强、李万俊。

智能气体流量计

1 范围

本标准规定了智能气体流量计(以下简称流量计)的术语、符号、结构、要求、试验设备、试验方法、检验规则、标志、包装、运输及贮存。

本标准适用于测量封闭管道中的气体流量并具有电子修正装置的流量计。

本标准不适用于流量计预付费控制装置。

2 规范性引用文件

下列文件对于本文件的应用是必不可少的。凡是注日期的引用文件,仅注日期的版本适用于本文件。凡是不注日期的引用文件,其最新版本(包括所有的修改单)适用于本文件。

GB/T 191 包装储运图示标志

GB/T 2423.1 电工电子产品环境试验 第2部分:试验方法 试验A:低温

GB/T 2423.2 电工电子产品环境试验 第2部分:试验方法 试验B:高温

GB/T 2423.3 电工电子产品环境试验 第2部分:试验方法 试验Cab:恒定湿热试验

GB/T 2423.4 电工电子产品环境试验 第2部分:试验方法 试验Db:交变湿热(12 h+12 h循环)

GB/T 2423.7 电工电子产品环境试验 第2部分:试验方法 试验Ec和导则:倾跌与翻倒(主要用于设备型样品)

GB/T 2423.43 电工电子产品环境试验 第2部分:试验方法 振动、冲击和类似动力学试验样品的安装

GB/T 2423.56 电工电子产品环境试验 第2部分:试验方法 试验Fh:宽带随机振动(数字控制)和导则

GB/T 2624(所有部分) 用安装在圆形截面管道中的差压装置测量满管流体流量

GB 3836.1 爆炸性环境 第1部分:设备 通用要求

GB 3836.2 爆炸性环境 第2部分:由隔爆外壳“d”保护的设备

GB 3836.4 爆炸性环境 第4部分:由本质安全型“i”保护的设备

GB 4208 外壳防护等级(IP代码)

GB/T 6388 运输包装收发货标志

GB/T 9969 工业产品使用说明书 总则

GB/T 13384 机电产品包装通用技术条件

GB/T 15478 压力传感器性能试验方法

GB/T 15479 工业自动化仪表绝缘电阻、绝缘强度技术要求和试验方法

GB/T 17611 封闭管道中流体流量的测量 术语和符号

GB/T 17626.2 电磁兼容 试验和测量技术 静电放电抗扰度试验

GB/T 17626.3 电磁兼容 试验和测量技术 射频电磁场辐射抗扰度试验

GB/T 17626.4 电磁兼容 试验和测量技术 电快速瞬变脉冲群抗扰度试验

GB/T 17626.5 电磁兼容 试验和测量技术 浪涌(冲击)抗扰度试验

GB/T 17626.6 电磁兼容 试验和测量技术 射频场感应的传导骚扰抗扰度

GB/T 17626.8 电磁兼容 试验和测量技术 工频磁场抗扰度试验

GB/T 17626.11 电磁兼容 试验和测量技术 电压暂降、短时中断和电压变化的抗扰度试验

GB/T 17747.2—2011 天然气压缩因子的计算 第2部分:用摩尔组成进行计算

GB/T 18271.3 过程测量和控制装置 通用性能评定方法和程序 第3部分 影响量影响的试验

GB/T 20522 半导体器件 第14-3部分:半导体传感器——压力传感器

3 术语和定义

GB/T 17611 界定的以及下列术语和定义适用于本文件。

3.1

【智能气体】流量计 intelligent gas flow meter

具有修正功能(压力或温度或压缩系数等)的流量计。

3.2

流量传感器 flow transducer

通过检测元件直接感受(测量)流量并输出与流量相关的可测量信号的装置。

3.3

差压式流量传感器 differential pressure flow transducer

通过节流件产生差压信号的流量传感器。

3.4

速度式流量传感器 speed flow transducer

通过特定的原理和结构,测量流体流动速度的流量传感器。

3.5

容积式流量传感器 displacement flow transducer

通过重复不断地充满和排空已知回转体积的流体,测量流体体积量的流量传感器。

3.6

修正装置 correction device

和流量传感器组合,通过已知的修正关系对流量信号进行修正的装置。

注:修正关系可具有压力和/或温度、压缩系数以及流量误差或雷诺数等。流量误差或雷诺数的修正属于流量曲线修正,常用于传感器流量误差曲线非线性的流量计。

3.7

仪表系数 meter factor

在某个试验流量点,流量计通过试验测量出的与流量成某种关系的参数,是多次测量的平均值。

注:对于流量误差曲线分段修正的流量计,根据不同试验流量点的结果,分别置于修正装置中,不优先推荐使用。

3.8

平均仪表系数 mean meter factor

在规定的流量范围内,各试验流量点的仪表系数中,最大值与最小值的算术平均值。

注:根据试验结果,该系数置于流量计的修正装置中。

3.9

工作状态 working condition

通过某截面或测量点的介质的状态。

注:工作状态通常用一组物理和/或化学参数(例如,温度和压力等)来描述。

3.10

截止流量　low flowrate cut off

为克服干扰、零漂等影响,保证流量计正常运行而设置的一个特定流量值。流量低于该值时,按零流量处理;高于该值时,流量计正常运行。

3.11

瞬时流量　instantaneous flowrate

在足够短的(或单位)时间内,流过某截面的流体的量。瞬时流量包括瞬时体积流量和瞬时质量流量,瞬时体积流量包括工况体积流量和标况体积流量。

注1:工况体积流量是指工作状态下的瞬时体积流量。

注2:标况根据用户使用地区设定,在中华人民共和国境内,标况设定为气体介质在温度为 20 ℃、压力为 101 325 Pa。标况体积流量是指用户设定的标况下的瞬时体积流量。

3.12

总量(累积流量)　total quantity

在一段时间内,流过某截面的流体量的总和。

注:总量可以是体积量,也可以是质量,体积量可以是工况体积总量和标况体积总量。

3.13

显示系统　indicating system

可以连续地或根据指令显示流量测量结果或其他信息的部分。

3.14

运算系统　operational system

接收气体流量传感器及其他传感器输出信号并按规定的数学模型进行数据运算和储存的部分。

4　符号

表1的符号适用于本标准。

表1　量、符号和单位

符号	量	量纲	SI单位	备　注
C	平均流出系数	无量纲		有开孔直径或等效开孔直径的差压式传感器适用
C_i	流出系数	无量纲		
D	管道直径	L	m	
d	节流件的开孔直径	L	m	
d_f	节流件的等效开孔直径	L	m	
e	流量计示值误差	无量纲		
e_{KC}	差压式流量传感器的示值误差	无量纲		
e_f	流量计输出脉冲误差	无量纲		
e_I	流量计输出电流误差	无量纲		
e_{I_V}	输出电流(代表体积流量)的传感器示值误差	无量纲		
e_{I_m}	输出电流(代表质量流量)的传感器示值误差	无量纲		

表 1（续）

符号	量	量纲	SI 单位	备　注
e_K	脉冲输出的流量传感器的示值误差	无量纲		
e_L	线性度	无量纲		
e_p	压力示值误差	无量纲		
e_q	瞬时流量计算误差	无量纲		
e_Q	总量计算误差	无量纲		
e_r	重复性误差	无量纲		
e_Z	压缩系数计算误差	无量纲		
$e_{\Delta p}$	差压示值误差	无量纲		
$\bar{e}$	流量计的平均示值误差	无量纲		
Δe	影响量试验时流量计示值误差的相对变化量	无量纲		
Δe_I	输出电流测量值的相对变化量	无量纲		
Δe_q	瞬时流量显示值的相对变化量	无量纲		
f	传感器输出脉冲显示值	T^{-1}	s^{-1}	
f_n	流量计频率输出计算值	T^{-1}	s^{-1}	
f_o	流量计频率输出测量值	T^{-1}	s^{-1}	
I	传感器输出电流显示值	I	mA	
I_m	传感器输出电流测量值	I	mA	
I_n	流量计电流输出计算值	I	mA	
I_o	流量计输出电流测量值	I	mA	
K	平均仪表系数	L^{-3}	$1/m^3$	脉冲输出的流量传感器
		L^2	m^2	差压式流量传感器
K_i	仪表系数	L^{-3}	$1/m^3$	脉冲输出的仪表
		L^2	m^2	差压式流量传感器
m	试验流量点数	无量纲		用于下脚标时可表示为：(1)与流量计(或传感器)有关；(2)质量流量
M	摩尔质量	M	kg/kmol	
M_m	流量计质量总量的变化量	M	kg	
MPE	最大允许误差	无量纲		
n	测量次数	无量纲		用于下脚标时可表示为：(1)理论计算值；(2)标准状态
N	脉冲总数	无量纲		
p	流量计的压力显示值	$ML^{-1}T^{-2}$	Pa	
p_A	大气压力	$ML^{-1}T^{-2}$	Pa	
p_m	流量计(传感器)处流体绝对压力测量值	$ML^{-1}T^{-2}$	Pa	

表 1 (续)

符号	量	量纲	SI 单位	备　注
p_{max}	最大工作压力或压力量程	$ML^{-1}T^{-2}$	Pa	
p_n	标准状态的压力	$ML^{-1}T^{-2}$	Pa	p_n=101 325 Pa
p_r	临界压力比	无量纲		
p_s	主标准器处流体绝对压力测量值	$ML^{-1}T^{-2}$	Pa	
Δp	流量计的差压显示值	$ML^{-1}T^{-2}$	Pa	
Δp_m	流量传感器处的差压测量值	$ML^{-1}T^{-2}$	Pa	
Q_m	质量总量	M	kg	
Q_{mm}	流量计的质量总量显示值	M	kg	
Q_{mmn}	流量计的质量总量计算值	M	kg	
Q_{ms}	标准装置的质量总量显示值	M^3	kg	
Q_V	体积总量	L^3	m^3	
Q_{Vm}	流量计工况体积总量显示值	L^3	m^3	
Q_{Vn}	流量计标况体积总量计算值	L^3	m^3	
$Q_{Vm,n}$	流量计标况体积总量显示值	L^3	m^3	
Q_{Vs}	标准装置工况体积总量显示值	L^3	m^3	
$Q_{Vs,n}$	标准装置标况体积总量显示值	L^3	m^3	
q	瞬时流量	MT^{-1}或L^3T^{-1}	kg/h 或 m^3/h	
q_m	瞬时质量流量计算值	MT^{-1}	kg/h	
q_{max}	最大流量	MT^{-1}或L^3T^{-1}	kg/h 或 m^3/h	
q_{min}	最小流量	MT^{-1}或L^3T^{-1}	kg/h 或 m^3/h	
q_{mm}	流量计瞬时质量流量显示值	MT^{-1}	kg/h	
q_{mmn}	流量传感器瞬时质量流量计算值	MT^{-1}	kg/h	
q_{ms}	标准装置的瞬时质量流量	MT^{-1}	kg/h	
q_V	流量计工况体积流量计算值	L^3T^{-1}	m^3/h	
q_{Vm}	流量计工况体积流量显示值	L^3T^{-1}	m^3/h	
q_{Vmn}	流量传感器工况体积流量计算值	L^3T^{-1}	m^3/h	
$q_{Vm,n}$	流量计标况体积流量显示值	L^3T^{-1}	m^3/h	
q_{Vn}	流量计标况体积流量计算值	L^3T^{-1}	m^3/h	
q_{Vs}	标准装置工况体积流量显示值	L^3T^{-1}	m^3/h	
q_{Vst}	标准装置以被测仪表处工况折算的体积流量值	L^3T^{-1}	m^3/h	
$q_{Vs,n}$	标准装置标况体积流量显示值	L^3T^{-1}	m^3/h	
q_t	分界流量	L^3T^{-1}	m^3/h	
R	通用气体常数	$ML^2T^{-2}\theta^{-1}$	J/(mol·K)	R=8 314.5 J/(mol·K)

表 1（续）

符号	量	量纲	SI 单位	备　注
R_m	介质的气体常数	$L^2T^{-2}\theta^{-1}$	J/(kg·K)	$R_m=R/M$
s	重复性相对标准偏差	无量纲		用于下脚标时表示与标准装置有关
T	流量计的热力学温度显示值	θ	K	
T_m	流量计(传感器)处流体热力学温度测量值	θ	K	
T_n	标准状态的温度	θ	K	
T_r	临界温度比	无量纲		
T_s	主标准器处流体热力学温度测量值	θ	K	
ΔT	温度示值误差	θ	K	
t	测量时间	T	s	
V	气体体积	L^3	m^3	
V_m	流量计工况体积总量变化量	L^3	m^3	
$V_{m,n}$	流量计标况体积总量变化量	L^3	m^3	
WME	加权示值平均误差	无量纲		
Z	气体压缩系数	无量纲		
Z_m	流量计气体压缩系数显示值	无量纲		
Z_{mn}	传感器处气体压缩系数计算值	无量纲		
Z_n	标准状态下的气体压缩系数	无量纲		
Z_N	流量计(传感器)处压缩系数计算值	无量纲		
Z_s	标准装置处气体压缩系数计算值	无量纲		
β	直径比,$\beta=d/D$ 或 d_t/D	无量纲		
ε	可膨胀性系数	无量纲		
ρ	介质密度	ML^{-3}	kg/m^3	
ρ_n	气体介质标准状态的密度	ML^{-3}	kg/m^3	

5 结构

5.1 构成

智能气体流量计由流量传感器和修正装置组成。

修正装置包括流量运算系统、调节系统、显示系统和输入、输出系统以及管理系统等。

调节系统是指使误差曲线平移或拟合到需要位置，以满足流量计计量性能的部分。通常分为机械调节和软件修正，用以改善提高流量计的准确度。包括温度传感器、压力(或差压)传感器零点和量程的调节。

管理系统是指协调各系统间的联系，使气体流量计按规定程序运行并实现功能和保证计量能力的部分。

5.2 型式

5.2.1 按流量传感器的测量原理分为：

a) 差压式流量计(例如：孔板、喷嘴、文丘里喷嘴、文丘里管、楔形、V锥、均速管等)；

b) 速度式流量计(例如：涡轮、涡街、超声等)；

c) 容积式流量计(例如：腰轮、刮板、双转子等)；

d) 采用其他传感器的流量计。

5.2.2 按流量传感器的采样方式分为：

a) 插入式流量计——点采样；

注：点采样可以是单点的或多点的。

b) 非插入式流量计——面采样。

5.2.3 按传感器有无分界流量分为：

a) 有；

b) 无。

5.2.4 按流量传感器和修正装置的连接方式分为：

a) 一体式；

b) 分体式。

5.2.5 按修正方式分为：

a) T 修正(仅与温度相关的函数的修正)；

b) p 修正(仅与压力相关的函数的修正)；

c) pT 修正(压力与温度函数的修正)；

d) pTZ 修正(考虑气体压缩系数情况下压力与温度函数的修正)；

e) 其他修正方式(如流量误差修正、雷诺数修正等)。

5.2.6 按流量计测量介质分为：

a) 蒸汽(干饱和蒸汽或过热蒸汽)；

b) 一般气体(包括空气、天然气、煤气等)。

5.2.7 按流量计的信号传输方式分为：

a) 脉冲信号；

b) 模拟信号；

c) 数据通信。

注：传输方式可以是一种或一种以上的组合。

5.2.8 按流量计的信号输入方式分为：

a) 有外界信号输入端口(含端子)；

b) 无外界信号输入端口(含端子)。

5.2.9 按流量计的电气防爆类型分为：

a) 普通型；

b) 本安型；

c) 隔爆型。

5.3 基本参数

5.3.1 管道直径

流量计的管道直径系列值为(单位为毫米)：

3,4,5,6,8,10,15,20,25,(32),40,50,(65),80,100,(125),150,200,250,300,350,400,450,500,

600,700,800,900,1 000,1 200,1 400,1 600,1 800,2 000。

注：括号内的数值不优先推荐使用。

5.3.2 最大工作压力(或公称压力)

流量计的最大工作压力(或公称压力)系列值为(单位为兆帕)：

0.25,0.4,0.6,1,1.6,2.5,4.0,6.4,10.0,16.0,25.0,32.0,40.0,50.0。

5.3.3 最大流量

流量计的最大流量系列值为(流量单位为立方米每小时或千克每小时)：

1,(1.2),1.25,1.6,2,2.5,(3),3.2,4,5,6,(6.3),8 的 10^n 倍数(n 为任意正整数、负整数或零)。

注：系列值中括号内的数值不优先推荐使用。

5.3.4 范围度

流量计的范围度为：

a) 差压式流量计范围度应不小于 5；

b) 速度式流量计范围度应不小于 10；

c) 容积式流量计范围度宜不小于 20,对于管道直径小的或测量低粘度介质的可适当降低；

d) 采用其他传感器的流量计的范围度应不小于相应产品标准的规定值。

5.3.5 准确度等级

流量计的准确度等级系列值为：

0.5,1.0,1.5,(2.0),2.5,4.0,5.0。

注：括号内的数值不优先推荐使用。

5.3.6 使用环境温度

流量计使用的环境温度的极限值从下述范围内选择：

a) 下限：−40 ℃～+5 ℃；

b) 上限：30 ℃～70 ℃。

5.3.7 介质温度

流量计测量的介质温度的极限值从下述范围内选择：

a) 下限：−40 ℃～0 ℃；

b) 上限：50 ℃～600 ℃。

5.3.8 电源

5.3.8.1 供电类型

流量计的电源供电类型有：

a) 外接电源；

b) 不可更换电池；

c) 可更换电池。

5.3.8.2 外接电源

流量计的外接电源有：

a) 交流电源电压应为(220^{+22}_{-33}) V a.c.,电源频率应为(50±2.5)Hz;

b) 直流电源电压一般为 5 V d.c.,6 V d.c.,9 V d.c.,12 V d.c.,24 V d.c.,36 V d.c.,45 V d.c.,电压的变化范围在−15%~+10%之间,优先选取 24 V d.c.。

5.3.8.3 不可更换电池

在流量计使用寿命内,电池能保证流量计功能正常。电池电压有:

3 V d.c.,3.6 V d.c.,4.5 V d.c.,5 V d.c.,6 V d.c.,9 V d.c.。

5.3.8.4 可更换电池

应有具体的型号参数,如果一个可选的电源(具有足够的电流容量的标准供电)被用于做替补电池,应与指定类型的电池的内部阻抗相符合,制造商应指明电池的最大阻抗。

更换电池过程中,流量计的参数不应改变。

更换电池不应破坏计量封印。如果破坏了计量封印,则应重新进行计量封印。

5.3.9 输出参数

5.3.9.1 输出信号

流量计除数字显示外,还应具有下列一种或一种以上输出信号:

a) 脉冲输出信号。是可直接测量的脉冲信号,应与流量计显示的工况体积流量或标况体积流量相对应。

b) 模拟输出信号。优先推荐选用二线制(4~20)mA d.c.,应与流量计显示的标况体积流量相对应,也可以是(0~10)mA d.c.或(1~5)V d.c.。

c) 通信信号。

5.3.9.2 负载电阻

流量计模拟信号输出的负载能力不小于 300 Ω。

5.3.10 输入信号

流量计可具有输入端口从流量计外部输入信号,输入端口可设置在修正装置的表体或内部。

输入信号的类型如下:

a) 流量输入信号有:

  1) 当流量信号为脉冲时,一般为 TTL 电平脉冲输入信号,也可为流量传感器输出信号或其他脉冲信号;

  2) 当流量信号为模拟量时,一般为(4~20)mA 模拟输入信号,也可为流量传感器输出信号或其他模拟信号;

b) 温度输入信号一般为电阻信号或(4~20)mA 模拟输入信号,也可为温度传感器输出信号或其他模拟信号;

c) 压力输入信号一般为(4~20)mA 模拟输入信号,也可为压力传感器输出信号或其他模拟信号。

注:不论采取何种输入信号,输入信号均能被准确测量。

5.3.11 通信接口

流量计可选用 RS232 或 RS485 通信接口(或者其他标准总线),或红外线、公用频段等无线数据通信接口。

5.3.12 功能

5.3.12.1 显示功能

流量计可采用简体中文、符号(包括字母)或数字等,用液晶显示屏或数码管的方式显示。显示的字体应足够大,以确保偏离窗口15°角时能清晰而准确读取。

显示的刷新时间一般不超过5 s。

显示的参数应包含:

a) 流量计计量的过程参数和计量结果,所用符号应符合表1;

b) 内置电池的电量;

c) 所有需设置的参数。

配有机械计数器的流量计,计数器的数字高度至少4 mm,宽度至少2.4 mm,同时须显示工况体积总量,其值与机械计数器的读数应一致。

5.3.12.2 密码保护功能

流量计应有密码保护功能。

5.3.12.3 设定和调整功能

流量计应有参数设定和调整的功能,也可以有功能设定。

5.3.12.4 修正功能

流量计应具有修正功能,可对多种气体的实际温度或压力或压缩系数等参数进行修正。如有必要,可进行流量误差或雷诺数的修正。

5.3.12.5 自诊断功能

流量计可以通过适当的方式对自身的故障予以诊断和提示。

5.3.12.6 报警功能

通过采用提示、声、光等方式,流量计可以具有报警功能。

5.3.12.7 断电保护功能

流量计应能保证供电电源断开后,关键数据(例如,总量等)不丢失,并保持准确。

5.3.12.8 历史记录和查询功能

流量计宜具有历史记录和查询功能。

5.3.12.9 其他功能

流量计关键数据可以有备份功能;

流量计可以设置黑匣子功能,以记录异常情况,保护流量计正常计量;

在不影响正常计量的情况下,显示屏幕可以有屏幕锁定功能;

流量计可以设置休眠功能;

流量计可以设置截止流量功能,截止流量不超过$0.08q_{max}$并且小于q_{min};

流量计可以设置机械计数功能。

5.4 连接方式

5.4.1 流量计与管道的连接

流量计与管道的连接方式有：

a) 法兰连接；

b) 卡装连接；

c) 螺纹连接。

5.4.2 压力传感器的连接

5.4.2.1 压力测量的取压位置应位于流量传感器的前端。取压口的轴线与管道轴线垂直相交，取压口与管道内壁平齐，无焊斑和毛刺，取压口可设计关闭阀。压力传感器及连接件不得凸入管壁。

5.4.2.2 分体式流量计其压力传感器与管壁的连接应有接口和标志，且易于拆卸和安装，以方便试验。

5.4.3 温度传感器的连接

5.4.3.1 温度测量的取温位置应位于流量传感器的后端。取温口的轴线与管道轴线垂直或45°相交，温度传感器的测温头应位于管道轴线上，温度传感器应不影响压力的测量。

5.4.3.2 分体式流量计其温度传感器的连接应有接口和标志，且易于拆卸和安装，以便于试验。

5.5 使用条件

5.5.1 安装条件

流量计的安装符合下述要求：

a) 流量计应根据厂商说明书要求安装在与其管道直径一致的经过清扫干净的管道上；

b) 安装时要保证流体流动方向与流量计标志的流体方向一致；

c) 流量计进出口轴线与相连管道轴线目测无偏斜；

d) 流量计与管道连接部分应没有渗漏，连接处的密封垫与管道内壁相齐，不应有凹凸现象；

e) 有直管段要求的流量计应符合有关国家标准的要求，并参照厂商说明书要求设置；

f) 流量计的上游可安装过滤器和流动整直器；

g) 在流量计上、下游要求的直管段范围内，不可安装流量调节阀；

h) 应充分考虑流量计的拆卸和维护的需要，必要时可安装旁通；

i) 安装应保证在没有流体通过时，流量计显示的瞬时流量为零，总量也应不改变；

j) 从使用安全角度考虑，流量计应装配安全控制阀门，在出现意外时能及时关闭阀门；

k) 安装在户外的流量计，应有适当的防护措施，如接地、防雨、防尘等。

5.5.2 流体条件

被测流体应是单相流体或近似为单相流体。

5.6 命名规则

一体化结构的流量计命名一般为(分体式和插入式结构流量计参照)：

“智能”＋被测介质＋流量传感器类型＋“流量计”＋(“分体式”或/和“插入式”)

示例：智能蒸汽均速管流量计(分体式/插入式)。

6 要求

6.1 计量性能要求

6.1.1 计量性能控制

计量性能控制方式可选择：

a) 流量计的计量性能，按6.1.2的要求执行；

b) 流量计各组件及参数的计量性能，按6.1.3的要求执行。

控制方式可任取一种，优先推荐选择控制方式a)。

6.1.2 流量计的计量性能

6.1.2.1 流量计示值误差

6.1.2.1.1 最大允许误差

流量计最大允许误差应符合表2的要求。在流量范围内，流量计示值误差应在其最大允许误差内。

表2 流量计计量性能要求

条文号	名称		要求						
	准确度等级		0.5	1.0	1.5	(2.0)	2.5	4.0	5.0
6.1.2.1	流量计最大允许误差 MPE/%	不分界或分界的高区	±0.5	±1.0	±1.5	±2.0	±2.5	±4.0	±5.0
		分界的低区	±1.0	±2.0	±3.0	±4.0	±5.0	±8.0	±10.0
6.1.2.2	流量计重复性误差 e_r/%		0.16	0.33	0.5	0.66	0.83	1.33	1.66
6.1.2.3	输出电流误差限 e_I/%		±0.5	±1.0	±1.5	±2.0	±2.5	±4.0	±5.0
6.1.2.4	输出脉冲误差限 e_f/%		±0.5	±1.0	±1.5	±2.0	±2.5	±4.0	±5.0
注：分界的流量计有涡轮、涡街、超声、腰轮等。									

6.1.2.1.2 分界流量

有分界流量的流量计，其分界流量应与对应的流量传感器一致，流量传感器的分界流量见表3，流量计的分界流量应在铭牌上或说明书中注明。

表3 流量传感器的分界流量

q_{max}/q_{min}	q_t/q_{max}
≥100或准确度0.5级	≤0.05
≥50或准确度1.0级	≤0.1
≥30或准确度1.5级	≤0.15
≥5	≤0.2

6.1.2.2 **流量计重复性误差**

流量计重复性误差不应超过相应准确度等级规定的最大允许误差绝对值的 1/3，见表 2。

6.1.2.3 **输出电流误差**

在流量范围内，电流输出的流量计，输出电流误差应在输出电流误差限内，见表 2。

6.1.2.4 **输出脉冲误差**

在流量范围内，脉冲输出的流量计，输出脉冲误差应在输出脉冲误差限内，见表 2。

6.1.3 **流量计各组件及参数的计量性能**

6.1.3.1 **流量传感器示值误差**

6.1.3.1.1 **最大允许误差**

流量传感器最大允许误差应符合表 4 的要求。在流量范围内，流量传感器的示值误差应满足最大允许误差。

表 4 流量计各组件及参数的计量性能要求

条文号	名称		要求						
	流量计准确度等级		0.5	1.0	1.5	(2.0)	2.5	4.0	5.0
6.1.3.1	流量传感器最大允许误差 %	不分界或分界的高区	±0.3	±0.7	±1.0	±1.5	±2.0	±3.0	±4.0
		分界的低区	±0.6	±1.4	±2.0	±3.0	±4.0	±6.0	±8.0
6.1.3.2	流量传感器重复性误差 e_r/%		0.10	0.23	0.33	0.50	0.66	1.00	1.33
6.1.3.3	瞬时流量计算误差限 e_q/%		±0.10		±0.20			±0.30	
6.1.3.4	总量计算误差限 e_Q/%		±0.10		±0.20			±0.30	
6.1.3.5	压缩系数计算误差限 e_Z/%		±0.20		±0.50				
6.1.3.6	压力(或差压)传感器示值误差限 e_p、$e_{\Delta p}$/%		±0.10	±0.20	±0.30			±0.50	
6.1.3.7	温度传感器示值误差限 ΔT/℃		±0.3	±0.5	±0.8			±1.0	

注 1：流量计各组件及参数的计量性能是对各组成部分(硬件和软件)的计量要求。只要各组成部分的计量性能符合要求，由其组合而成的流量计整体符合相应的准确度等级。

注 2：分界的流量传感器有涡轮、涡街、超声、腰轮等。

注 3：瞬时流量计算误差，指流量计用流量传感器、温度传感器以及压力传感器的输出显示值计算瞬时流量的误差。

注 4：总量计算误差，指流量计对显示的瞬时流量值，通过时间的累积，追加到标况体积总量显示的计算误差。

6.1.3.1.2 **分界流量**

流量传感器的分界流量应与相关国家标准规定一致，需分界而无明确规定的宜参照表 3 并从严选择。

6.1.3.2 **流量传感器重复性**

在流量范围内，流量传感器的重复性应符合表 4 的要求。

6.1.3.3 瞬时流量计算误差

在流量范围内，瞬时流量计算误差应在准确度等级规定的瞬时流量计算误差限内，见表4。

6.1.3.4 总量计算误差

在流量范围内，总量计算误差应在准确度等级规定的总量计算误差限内，见表4。

6.1.3.5 压缩系数计算误差

对于有压缩系数修正的流量计，压缩系数计算误差应在准确度等级对应的计算误差限内，见表4。

6.1.3.6 压力(或差压)传感器示值误差

对于量程不大于2.0 MPa的压力传感器宜选用绝对压力传感器。

在压力(或差压)传感器量程范围内，压力(或差压)传感器示值误差应在其误差限内，见表4。

6.1.3.7 温度传感器示值误差

在温度量程范围内，温度传感器示值误差应在相应准确度等级规定的示值误差限内，见表4。

6.2 功能要求

6.2.1 显示功能

通过安装在流量计上的显示器，应能显示瞬时流量和总量，显示体积流量的流量计应显示工况体积流量、标况体积流量、标况体积总量等，介质差压(或频率、电流、电压等表征流量传感器输出量的值)，介质压力，介质温度，电池电量标志等；还可以选择显示当前时间，工作条件下的总量等。

总量显示位数要能保证流量计在最大流量下工作2 000 h而不溢出，其小数位数要保证在试验条件下满足：最小读数不超过相对于最小流量下运行1 min的读数的百分之一或者屏幕刷新能有变化。

瞬时流量、压力、差压等显示的分辨力应优于其准确度的五分之一；温度显示的分辨力不得大于0.1 ℃。

配有机械计数器的流量计，其工况体积总量显示值与机械计数器的读数值之差不应大于流量计最小流量运行1 h的值。

显示所用符号应符合表1的规定。

示例1：最大流量为100 m^3/h的流量计，2 000 h总量读数为200 000，显示位数为6位；

示例2：最小流量为6 m^3/h的流量计，其1 min的总量读数为0.1 m^3，其百分之一(0.001 m^3)的小数位数为3位；

示例3：最小流量为6 m^3/h的流量计，屏幕刷新时间5 s的总量读数为0.008 m^3，小数位数为3位；

示例4：最小流量为6 m^3/h，准确度1.5级的流量计，瞬时流量的分辨力优于($6\times0.015\div5=0.018$)，即分辨力可为0.01 m^3/h。

6.2.2 密码保护功能

流量计的参数设定和调整必须通过密码验证方能进行。

6.2.3 设定和调整功能

6.2.3.1 参数的设定和调整

流量计在设置状态下应能够对各参数进行设定和调整。

6.2.3.2 气体介质的设置

制造商应提供流量计适用气体介质种类的设置。由用户根据用途，在流量计设置状态下选择设定。

6.2.3.3 标况的设定

制造商宜提供3种(国际上规定的温度分别为273.15 K、288.15 K、293.15 K，压力为101 325 Pa)不同的标准状况设置。由用户根据使用地区的规定，在流量计设置状态下设定。

6.2.3.4 其他设定

用户可在设置状态下设定流量计信号传输方式等。

6.2.4 修正功能

流量计应具有修正运算功能。修正方式应根据流量传感器的测量原理、测量介质、采样方式等进行选择。

6.2.5 自诊断功能

流量计可设定自诊断功能。诊断的内容包括：电源电压、流量、压力及温度超限，蒸汽是否是干饱和蒸汽或过热蒸汽等。

6.2.6 报警功能

流量计可有电源电压、流量、压力、温度、蒸汽等方面的超限报警功能。报警应能持续地用声音或显示表达，直到报警原因解除。若为流量、压力、温度等方面的报警，在报警的时间范围内，标况体积总量的显示值应停止累加，改用其他比较合理的解决方案评估，其评估值储存在与标况体积总量不同的单元。报警时，宜形成历史记录，以便查询。

6.2.7 断电保护功能

在供电电源断开时，流量计中设定的参数、总量以及历史数据应能准确保持，待供电电源恢复后，无需重新设置。

6.2.8 历史记录和查询功能

流量计宜具有历史记录的查询功能。历史记录的数据应不小于一个检定周期的日记录，数据至少包括日期、日平均流量、截止流量、介质的日平均温度、介质的日平均压力、报警信息、总量等。

6.2.9 其他功能

流量计关键数据可以通过操作恢复，关键数据由用户与厂家协议；

流量计可以设置记录异常情况，如自诊断触发的时间和结果、通电和断电的时间、参数的更改，以备和历史记录印证；

显示屏幕可以有屏幕锁定功能，屏幕锁定后能自动恢复，屏幕锁定不得影响正常计量；

流量计可以设置休眠功能，休眠状态到工作状态的响应时间应足够短；

流量计可以设置机械计数功能，机械字轮的位数和分辨力应满足6.2.1的要求。

6.3 影响量影响

6.3.1 主电源变化

6.3.1.1 交、直流主电源电压变化影响

直流主电源在额定电压－15％～＋10％范围内变化时，流量计或流量传感器的示值误差应符合要求。

交流主电源在额定电压－15％～＋10％范围、电源频率为(50±2.5)Hz范围内供电时，流量计或流量传感器的示值误差应符合要求。

6.3.1.2 电池供电的性能影响

在最低工作电压下，流量计或流量传感器的示值误差应符合要求。

6.3.2 电源短时中断

交流主电源中断严酷等级为2类；对直流供电的流量计，电源中断时间为5 ms、20 ms、100 ms、200 ms、500 ms。流量计的瞬时流量显示或输出变化量 Δe 应不超过最大允许误差绝对值的一半。

6.3.3 电快速瞬变/脉冲群影响

6.3.3.1 电快速瞬变/脉冲群对信号、数据和控制电缆的影响

电快速瞬变/脉冲群电压尖端脉冲重复频率5 kHz，电压峰值1 kV，试验等级为3级。流量计的瞬时流量显示或输出变化量 Δe 应不超过最大允许误差绝对值的一半。

6.3.3.2 电快速瞬变/脉冲群对交流、直流主电源的影响

电快速瞬变/脉冲群电压尖端脉冲重复频率5 kHz，电压峰值2 kV，试验等级为3级。流量计的瞬时流量显示或输出变化量 Δe 应不超过最大允许误差绝对值的一半。

6.3.4 浪涌影响

6.3.4.1 浪涌对信号、数据和控制电缆影响

浪涌电压线对线0.5 kV，线对地1.0 kV。流量计的瞬时流量显示或输出变化量 Δe 应不超过最大允许误差绝对值的一半。

6.3.4.2 浪涌对交流、直流主电源线路影响

对交流主电源线路，浪涌电压线对线1.0 kV，线对地2.0 kV。流量计的瞬时流量显示或输出变化量 Δe 应不超过最大允许误差绝对值的一半。

对直流主电源线路，浪涌电压线对线0.5 kV，线对地0.5 kV。流量计的瞬时流量显示或输出变化量 Δe 应不超过最大允许误差绝对值的一半。

6.3.5 输出负载

模拟电流信号输出的流量计，在(0～300)Ω范围内改变负载电阻值，流量计的瞬时流量显示或输出变化量 Δe 应不超过最大允许误差绝对值的一半。

6.3.6 输出短路

模拟信号输出的流量计，将输出正负端短接历时 5 min。正常连接后，流量计的瞬时流量显示或输出变化量 Δe 应不超过最大允许误差绝对值的一半。

6.3.7 工频磁场抗扰度影响

流量计在 400 A/m 的工频磁场影响下，瞬时流量显示或输出变化量 Δe 应不超过最大允许误差绝对值的一半。

6.3.8 射频电磁场辐射抗扰度影响

按频率范围 80 MHz～2 GHz，场强 10 V/m，调制频率 1 kHz 施加影响，试验等级 3 级，流量计的瞬时流量显示或输出变化量 Δe 应不超过最大允许误差绝对值的一半。

6.3.9 射频场感应的传导骚扰抗扰度影响

按频率范围(0.15～80)MHz，RF 振幅(或射频电平)10 V，调制频率 1 kHz 施加影响，试验等级 3 级，流量计的瞬时流量显示或输出变化量 Δe 应不超过最大允许误差绝对值的一半。

6.3.10 静电放电

导体表面接触放电电压 6 kV，非导体表面空气放电电压 8 kV，试验等级 3 级。流量计的瞬时流量显示或输出变化量 Δe 应不超过最大允许误差绝对值的一半。

6.3.11 环境温度

6.3.11.1 低温影响

按流量计规定的环境温度中低温条件由表 5 选定相应的严酷等级，流量计的瞬时流量显示或输出变化量 Δe 应不超过最大允许误差绝对值的一半。低温条件介于等级温度之间的，按较严的一级试验。

表 5 低温影响

严酷等级/级	1	2	3	4
温度/℃	5	−10	−25	−40
持续时间/h	2	2	2	2
注：持续时间指在流量计到达高温而且稳定后开始计时。				

6.3.11.2 高温影响

按流量计规定的环境温度中高温条件由表 6 选定相应的严酷等级，流量计的瞬时流量显示或输出变化量 Δe 应不超过最大允许误差绝对值的一半。高温条件介于等级温度之间的，按较严的一级试验。

表 6 高温影响

严酷等级/级	1	2	3	4
温度/℃	30	40	55	70
持续时间/h	2	2	2	2

6.3.12 湿热

6.3.12.1 恒定湿热(不凝结)影响

按表7的规定,流量计的瞬时流量显示或输出变化量 Δe 应不超过最大允许误差绝对值的一半。

表7 恒定湿热(不凝结)影响

严酷等级/级	1	2
温度/℃	30	40
相对湿度/%	85	93
持续时间/天	2	4
注:1级用于规定的最高温度是30 ℃的流量计。其他情况适用于2级。		

6.3.12.2 交变湿热(不凝结)影响

按表8的规定试验。试验后,流量计的瞬时流量显示或输出变化量 Δe 应不超过最大允许误差绝对值的一半。

表8 交变湿热(不凝结)影响

严酷等级/级	1	2
温度/℃	40	55
持续时间(循环)	2	4
相对湿度/%	93～95	
注:1级用于规定的最高温度是30 ℃至40 ℃的流量计。2级用于规定的最高温度是55 ℃至70 ℃的流量计。		

6.3.13 机械振动(随机)

按表9的规定试验后,流量计的瞬时流量显示或输出变化量 Δe 应不超过最大允许误差绝对值的一半。

表9 机械振动(随机)

总频率范围	(10～150)Hz
总 RMS 水平	7 $m \cdot s^{-2}$
ASD 水平(10～20)Hz	1 $m^2 \cdot s^{-3}$
ASD 水平(20～150)Hz	−3 dB/octave
轴数	3
每轴持续时间	2 min

6.3.14 倾跌

跌落高度50 mm或底部和工作面间的角度不超过30°,两者取一,选择要求低的一种,每一个底边跌落一次后。试验后，流量计的瞬时流量显示或输出变化量 Δe 应不超过最大允许误差绝对值一半。

6.3.15 安装位置

对于安装位置无特别说明的流量计，应按垂直向上、垂直向下等位置变化，流量计或流量传感器的示值误差应符合要求，同时平均仪表系数或示值误差与水平安装时的平均仪表系数或示值误差的变化不超过最大允许误差绝对值的一半。

6.3.16 过载能力

流量计在承受 1.2 q_{max}，历时 60 min 后，显示或输出变化量 Δe 应不超过最大允许误差绝对值的三分之一。

6.3.17 逆流

流量计在 q_{max} 下逆向运行 1 min 后，恢复正常流向安装，流量计或流量传感器的示值误差应符合要求。

6.3.18 流量干扰

对于容积式流量计以及不受流场干扰或无直管段要求的流量计，在进行流量干扰试验后，流量计或流量传感器的示值误差应符合要求，同时平均仪表系数或示值误差与干扰前平均仪表系数或示值误差的变化不超过最大允许误差绝对值的三分之一。

6.3.19 零点漂移

流量计在 24 h 内，零点的最大变化量应不超过最大允许误差绝对值的一半。

6.4 安全性能

6.4.1 耐压强度

流量计的外壳及其他受压部位应能承受试验介质为水(或者其他无影响液体)、试验压力为 1.5 倍最大工作压力，历时 5 min 的静压力试验，不应有机械损坏和渗漏。

6.4.2 密封性

流量计应能承受试验介质为氮气(或者空气)、试验压力为 1.1 倍最大工作压力，历时 5 min 的静压力试验，不应有漏气现象。

6.4.3 绝缘电阻

流量计的外电源端子与接地端子、输出端子与接地端子、输入端子与接地端子之间的绝缘电阻均应不小于 20 MΩ。

6.4.4 绝缘强度

流量计的外电源端子与接地端子、输出端子与接地端子、输入端子与接地端子之间应能承受频率 50 Hz、电压 500 V(主电源 220 V 供电时，试验电压为 1.5 kV)、历时 1 min 的绝缘强度试验，均不出现击穿和飞弧。

6.4.5 直流电源反向保护

供电电源反接，保持 10 min 后，电源恢复正常，流量计应能正常工作。

6.4.6 防爆性能

防爆型流量计的防爆性能应符合 GB 3836.1 和 GB 3836.2 或 GB 3836.4 的有关规定。防爆性能试验由国家指定的防爆认证检验单位进行试验，并应取得防爆合格证书。

6.4.7 外壳防护

流量计的外壳防护等级应不低于 GB 4208 中规定的 IP65。

6.5 其他要求

6.5.1 压力损失

流量计的压力损失应满足相应流量传感器相关标准的规定要求。

6.5.2 外观

流量计的外观应满足下列要求：

a) 外表面应有良好的处理，外表面涂(镀)层应色泽均匀，不得有毛刺、刻痕、裂纹、起皮、剥落、锈蚀和霉斑等缺陷；
b) 密封面不得有损伤；
c) 表体的连接部分的焊接应平整光洁，不得有虚焊、脱焊，紧固件无松动、脱落等现象，接插件应牢固可靠，不得因振动而松动或脱落；
d) 铭牌应有足够的信息，并符合 10.1.2 的要求；
e) 表体明显部位应有永久性流向标志；
f) 所有可见文字、数字、符号及标志应正确、清晰，操作流量计的安全提示或限制使用场合的特殊说明应醒目；
g) 透明材料应无妨碍准确读数的缺陷；
h) 电池拆卸更换应有封印保护；
i) 按键宜设置在流量计的控制面板上，也可以设在表体内。所有按键应灵活，没有粘连现象。一组按键应该区分其所代表的功能，并赋予必要的文字或符号说明；
j) 信号输入接口和输出接口应有保护措施；
k) 流量计可设置排污孔，排污孔应能密封良好，并设置封印位置；
l) 对于测量蒸汽的流量计，流量传感器和修正装置间应有良好的散热系统；
m) 仪表内部传感器具有可动部件的，可设注油装置。

7 试验设备

7.1 流量标准装置

7.1.1 方法与原理

试验可采用容积法、质量法、标准表法、p. V. T. t 法和几何测量法等原理的流量标准装置或流量标准。主标准器可以并联，装置可以采用正压和负压的方法，装置可以采用自动或非自动误差试验程序。

在满足流量计安装条件和流量条件的情况下，流量计可以串联。

7.1.2 流量标准装置的准确度或测量不确定度

流量标准装置的测量不确定度应不大于流量计最大允许误差绝对值的三分之一。在流量标准装置不能达到以上要求时，按相应的流量计或流量传感器的标准的规定。

几何测量法试验的计量标准应满足 GB/T 2624 的要求。

7.1.3 试验用介质

流量标准装置所用介质应尽可能和流量计使用介质一致。如果不能达到一致时，用空气作介质。

7.1.4 流量范围

流量标准装置应能覆盖流量计的流量测量范围。

7.2 配套设备要求

7.2.1 用于试验差压、压力示值误差的设备

用于试验差压、压力示值误差的设备应满足 GB/T 15478 或 GB/T 20522 中试验设备的要求。

7.2.2 用于试验温度传感器示值误差的设备

用于试验温度传感器示值误差的恒温槽(包括恒温水槽或恒温油槽)应满足相关的技术要求。

7.2.3 用于试验瞬时流量、总量计算的设备

应根据修正装置输入信号的实际情况(见 5.3.10)配置相应的设备。

信号输入设备有直流信号源、脉冲信号源、电阻等；

测量仪表有电流表、电压表、毫伏表、频率计及计时器等，其准确度等级应满足相关标准的要求。

7.2.4 用于试验影响量和安全性能的设备

用于影响量试验和安全性能试验的设备应按所采用相关标准的规定配备。

7.3 溯源

所有试验用计量仪器仪表应具有有效的检定证书或校准证书。

8 试验方法

8.1 试验条件

8.1.1 参比大气条件

环境温度：(20.0±5.0)℃，蒸汽流量计为(15.0～35.0)℃；

相对湿度：≤93%；

大气压：(70～106)kPa，变化不超过±1 kPa。

8.1.2 一般试验大气条件

环境温度：(5.0～35.0)℃；

相对湿度：≤93%；

大气压：(70～106)kPa。

8.1.3 电源条件(见 5.3.8)

8.1.4 其他环境条件

外界磁场应小到对流量计的影响可忽略不计。

机械振动(随机)和噪声应小到对流量计的影响可忽略不计。

试验时要避开或消除所有与流量计工作频率接近的其他干扰。

8.1.5 安装条件

安装条件符合 5.5.1 的 a)～g)的要求。

8.1.6 介质温度

介质温度:(20.0±5.0)℃,蒸汽温度应保证是过热蒸汽。

8.2 计量性能试验

8.2.1 流量计示值误差试验准备

8.2.1.1 运行前检查

通电、预热,按流量计说明书中指定的方法检查流量计参数的设置,并将其中的气体种类和介质密度修改为试验介质及其密度。

8.2.1.2 预运行

流量计应在可达到的最大试验流量的 70%～100% 范围内运行至少 5 min,待流体温度、压力和流量稳定后,进行流量计示值误差测量。调节流量时,阀门打开和关闭要缓慢,保证流量逐步变大或变小,以免损伤装置或流量计。

8.2.1.3 试验流量点和测量次数

8.2.1.3.1 试验流量点

最少试验流量点数按式(1)确定:

$$m = 1 + n \times \log(q_{max}/q_{min}) \qquad \cdots\cdots(1)$$

式中:

m ——试验流量点数;

n ——每个试验流量点的试验次数。一般性试验或检验 n 不少于 3,型式检验时 m、n 不少于 6;

q_{max}——流量计的最大流量,即流量范围的上限;

q_{min}——流量计的最小流量,即流量范围的下限。

第 i 个试验流量点 q_i 按式(2)确定:

$$q_i = (q_{min}/q_{max})^{(i-1)/(m-1)} q_{max} \qquad \cdots\cdots(2)$$

流量计的试验流量点见表 10。

表 10 型式检验的试验流量点

<table>
<tr><td>范围度</td><td>5～<10</td><td>10～<20</td><td>20～<30</td><td>30～<50</td><td>50～<100</td><td>≥100</td></tr>
<tr><td>试验点数</td><td>6</td><td>7</td><td>9</td><td>10</td><td>11</td><td>12</td></tr>
<tr><td rowspan="4">试验流量</td><td colspan="6">q_{max} *</td></tr>
<tr><td>0.70 q_{max}</td><td colspan="5">0.68 q_{max}</td></tr>
<tr><td>0.55 q_{max}</td><td colspan="5">0.46 q_{max} *</td></tr>
<tr><td>0.40 q_{max} *</td><td colspan="5">0.32 q_{max}</td></tr>
</table>

表 10（续）

<table>
<tr><td>范围度</td><td>5～<10</td><td>10～<20</td><td>20～<30</td><td>30～<50</td><td>50～<100</td><td>≥100</td></tr>
<tr><td>试验点数</td><td>6</td><td>7</td><td>9</td><td>10</td><td>11</td><td>12</td></tr>
<tr><td rowspan="8">试验流量</td><td>0.25 q_{max}</td><td colspan="5">0.22 q_{max} *</td></tr>
<tr><td>—</td><td colspan="5">0.15 q_{max}</td></tr>
<tr><td colspan="2">—</td><td colspan="4">0.10 q_{max} *</td></tr>
<tr><td colspan="2">—</td><td colspan="4">0.07 q_{max}</td></tr>
<tr><td colspan="3">—</td><td colspan="3">0.05 q_{max} *</td></tr>
<tr><td colspan="4">—</td><td colspan="2">0.03 q_{max}</td></tr>
<tr><td colspan="5">—</td><td>0.02 q_{max} *</td></tr>
<tr><td colspan="6">q_{min} *</td></tr>
<tr><td colspan="7">注："＊"表示出厂检验时的流量点；"—"表示无流量点。</td></tr>
</table>

试验中，每个流量点的每次实际试验流量与设定流量的偏差应不超过设定流量的±5%。

8.2.1.3.2　测量次数

每个试验流量点的测量次数应不少于3次；

型式检验和准确度0.5级的流量计，每个流量点的测量次数应不少于6次；

分界流量以下的流量点，测量次数可以减半。

8.2.1.3.3　测量时间

每个试验流量点的每次测量时间不少于60 s，分界流量及以下的试验流量点应根据标准装置或流量计的实际情况，测量时间可以更长一些。

8.2.1.3.4　通气量

试验时，通气量应足够，且对误差测量的影响应尽可能小。

通常通气量不小于流量计总量最小分辨力的200倍。

8.2.2　流量计示值误差试验总则

8.2.2.1　示值误差试验条件

流量计示值误差应在参比大气条件下进行。试验期间，对流量计的任何调整均应列入报告，并说明这些调整对参比大气条件下确定的性能有何影响。

8.2.2.2　示值误差试验方法

流量计示值误差试验可根据具体情况，从下面两种试验方法中任意选取一种。推荐优先选择方法一。

——试验方法一：对于无信号输入端口的流量计，或者流量标准装置试验压力在流量计1/3的最大工作压力（或公称压力或压力量程）或0.5 MPa以下并设有信号输入端口的流量计，流量计的示值、输出信号直接与标准装置比较，确认是否符合表2的要求；

——试验方法二：对于设有信号输入端口的流量计，分别测量流量传感器示值误差、流量传感器重复性、瞬时流量计算误差、总量计算误差、压力(和差压)传感器示值误差、温度传感器示值误差,并满足各自在表4中的要求。压力或温度设置为固定值的流量计,不试验压力、温度示值误差。

8.2.2.3 示值误差表示方法

流量计各试验流量点的总量示值与其相应的实际值进行比较,用相对误差表示,根据流量段取各试验流量点的最大示值误差为流量计示值误差。

模拟信号输出的流量传感器,按输出信号所代表的工况流量与相应的实际值进行比较,用相对误差表示,根据流量段取各试验流量点的最大示值误差为传感器示值误差。

脉冲信号输出的流量传感器或差压流量传感器,通过平均仪表系数或平均流出系数计算各流量点的流量示值误差,取各流量段试验流量点中的最大示值误差为传感器示值误差。

8.2.3 试验方法一

8.2.3.1 流量计示值误差

通过流量计显示的总量变化量和标准装置显示的总量比较,测量单次的示值误差。试验方法一按附录A执行。

8.2.3.2 流量计的重复性

重复性试验可与8.2.3.1示值误差试验同时进行。

重复性试验应按最大流量到最小流量的顺序进行,每个试验流量点重复测量 n 次。流量计在该流量点单次测量的重复性标准偏差按贝塞尔公式计算。

流量计的重复性误差按(3)式计算:

$$e_r = s_{max} \quad \cdots\cdots(3)$$

式中:

s_{max}——流量计分别在流量范围内各试验流量点单次测量标准偏差的最大值,%。

8.2.3.3 输出电流误差 e_I

在流量计示值误差试验过程中,在 q_{max} 和 q_{min} 试验流量点,通过测量流量计的输出电流,与输出电流的理论值比较。

输出电流的理论计算值计算方法按附录A的规定。

8.2.3.4 输出脉冲误差 e_f

在流量计示值误差试验过程中,在 q_{max} 和 q_{min} 试验流量点,通过测量流量计的输出脉冲,与输出脉冲的理论值比较。

输出脉冲的理论计算值计算方法按附录A的规定。

8.2.4 试验方法二

8.2.4.1 流量传感器的示值误差试验

流量传感器的示值误差试验方法按附录B的规定。

其中,插入式结构的流量传感器,除采用与实际使用情况相同条件进行试验外(该种情况,厂商应提供流量计算方法),还可以按与其相应的国家标准或国际标准规定的试验方法。

8.2.4.2 流量传感器的重复性

流量传感器的重复性同 8.2.3.2 流量计的重复性计算方法。

8.2.4.3 瞬时流量计算误差 e_q

通过输入流量信号、输入(或设置)压力、温度等信号，根据流量计显示的瞬时流量和理论计算值的比较，得到瞬时流量计算误差。

显示工况体积流量和标况体积流量的流量计，应分别测量误差，取最大值为瞬时流量计算误差。

瞬时流量理论计算值计算方法按附录 C 的规定。

8.2.4.4 总量计算误差 e_Q

在测量时间段 t 内流量计总量显示值的变化量和根据流量计瞬时流量计算的理论总量值比较，得到总量计算误差。

显示工作状态和标准状态下总量的流量计，应分别测量总量计算误差，取最大值为总量计算误差。

总量理论计算值计算方法按附录 C 的规定。

8.2.4.5 压缩系数计算误差 e_Z

通过流量计的显示的气体压缩系数，与根据流量计显示参数计算的理论压缩系数值比较，得到压缩系数计算误差。

压缩系数理论计算值计算方法按附录 D 的规定。

8.2.4.6 压力(或差压)传感器示值误差

8.2.4.6.1 流量计的压力(或差压)传感器示值误差应在流量计示值误差试验之前进行。标准压力由压力传感器输入端口输入，差压由差压传感器高压端输入。

8.2.4.6.2 对于普通的压力(或差压)传感器，在压力(或差压)测量范围内，测量 5 个均匀分布的压力值的示值误差。压力试验点为：$0 \rightarrow 0.25p_{max} \rightarrow 0.5p_{max} \rightarrow 0.75p_{max} \rightarrow p_{max} \rightarrow 0.75p_{max} \rightarrow 0.5p_{max} \rightarrow 0.25p_{max} \rightarrow 0$。

8.2.4.6.3 对于绝对压力传感器，真空部分还应增加 3 个测量点，疏空度至少达到 5 kPa。压力试验点为：大气压力→50 kPa→5 kPa→50 kPa→大气压力。

8.2.4.6.4 在各试验点，示值误差为修正装置压力(或差压)读数的平均值减去输入的标准压力值的引用误差(量程的百分数)。取各试验点中的最大值为压力(或差压)传感器示值误差。

8.2.4.7 温度传感器示值误差

在温度测量范围内，测量包括最低温度和最高温度在内 5 个均匀分布的温度值的示值误差。每个试验点测量一次，温度传感器在温度槽中应有足够的时间以达到热平衡。示值误差为修正装置温度读数减去温度槽显示温度值的绝对误差。取各试验点中的最大值为温度传感器示值误差。

8.3 功能检查

8.3.1 显示功能

通过键盘或按键，记录(或观察)并确认流量计是否能够显示应显示的各参数。

配有机械计数器的流量计，记录流量计工况体积总量显示值与机械计数器的读数，确认差值是否小于流量计最小流量运行 1 h 的值。

8.3.2 密码保护功能

分别在不输入密码、输入错误密码和输入正确密码的情况下，进行流量计参数的设定和调整，记录（或观察）并确认流量计是否具有密码保护功能。

8.3.3 设定和调整功能

通过键盘或按键，查看并记录流量计可以设定和调整的各参数、气体介质、标准状态以及传输方式。

8.3.4 修正功能

对于不同修正方式的流量计，输入或改变相应的信号，检查流量计是否具有修正功能。

8.3.5 自诊断功能

对于有自诊断功能的流量计，输入或改变相应的信号，检查流量计是否具有提示故障信息的功能。

8.3.6 报警功能

对于有报警功能的流量计，输入或改变相应的信号，记录流量计电源、流量、压力、温度等参数的报警值及报警或提示的方式。

8.3.7 断电保护功能

流量计正常工作 20 min 后，切断供电电源 10 min，然后重新接通电源，检查 8.3.1 和 8.3.3 的各参数是否有变化。

8.3.8 历史记录和查询功能

具有历史记录的查询功能的流量计，选择某一个历史时刻，查询并确认历史记录值是否正确、完整地保持。

8.3.9 其他功能

关键数据可以通过操作恢复的流量计，检查恢复功能。

具有记录异常情况的流量计，查阅并记录异常情况。

具有屏幕锁定功能的流量计，应按 8.2.4.4 总量计算误差 e_Q 的试验方法，每次试验屏幕锁定次数不少于 10 次，其试验结果与没有屏幕锁定的试验结果相同。同时测量锁幕时间。

具有休眠功能的流量计，测量从输入信号输入开始，直到显示值达到稳定的时间。

8.4 影响量试验

8.4.1 影响量试验的一般规定

8.4.1.1 影响量试验的原则

试验每一种影响量时，应使其他条件保持在规定的范围内，观察由该影响量变化或流体特性改变所引起的流量计性能变化。除本标准规定的流量点外，根据需要亦可在其他流量试验点上进行，以便确定影响量的严重影响点。

对于某些影响量试验[如环境温度、机械振动（随机）和湿度等]，由于流量计的尺寸、重量及试验设备等条件原因，流量计不可能在流体实际流经的状态下进行，只可以在模拟的状态下或在流量计内充满测量介质的状态下试验。试验类型为：

a) 若在理论上可证明影响量对流量计性能的影响与仪表尺寸无关，则可通过对同类型小尺寸流量计来试验。

b) 影响量对流量计机械结构的影响，应以充满测量介质的具有实际尺寸的流量计来试验。

c) 各影响量试验采用标准信号和脉冲输入的方法进行试验。此种模式下，可以通过物理的或电子按钮(开关)切换。

8.4.1.2 影响量试验计算方法

通过信号输入的方式测量流量计的变化量时。流量输入选择 q_{min}、$0.9q_{max}$ 两个流量试验点的信号，压力输入为压力量程的 0.5 倍信号，温度输入为温度量程的 0.5 倍信号。

根据不同流量计选择输入(4～20)mA 直流电流或脉冲频率信号或电阻，信号由输入端口输入。对于无信号输入端口的流量计，则按 8.4.1.1 中 a)的方法试验，试验流量点为 q_{min} 和 $0.9q_{max}$。

记录流量计显示的瞬时流量值或输出信号值，流量计显示的瞬时流量值为至少 10 次连续显示的瞬时流量值的平均值。

在影响量影响时或影响后，再次测量流量计的性能，试验时间见表 11。记录该时刻流量计显示的瞬时流量值或输出信号值。瞬时流量显示值相对变化量按式(4)计算，对于有电流输出的流量计其输出电流测量值的相对变化量按式(5)计算：

表 11 影响量试验表

条款编号	试验项目	试验内容	要求	性能试验时间			试验规定
8.4.2	电源电压变化	e	MPE	—	D	—	8.4.1.2 8.4.1.3
8.4.3	电源短时中断	Δe	|MPE|/2	B	D	—	8.4.1.2
8.4.4	脉冲群试验	Δe	|MPE|/2	B	D	—	8.4.1.2
8.4.5	浪涌试验	Δe	|MPE|/2	B	D	—	8.4.1.2
8.4.6	输出负载	Δe	|MPE|/2	B	D	—	8.4.1.2
8.4.7	输出短路	Δe	|MPE|/2	B	—	A	8.4.1.2
8.4.8	工频磁场抗扰度试验	Δe	|MPE|/2	B	D	—	8.4.1.2
8.4.9	射频电磁场辐射抗扰度试验	Δe	|MPE|/2	B	D	—	8.4.1.2
8.4.10	射频场感应的传导骚扰抗扰度试验	Δe	|MPE|/2	B	D	—	8.4.1.2
8.4.11	静电放电	Δe	|MPE|/2	B	D	—	8.4.1.2
8.4.12	环境温度	Δe	|MPE|/2	B	D	—	8.4.1.2
8.4.13	恒定湿热	Δe	|MPE|/2	B	D	—	8.4.1.2
	交变湿热	Δe	|MPE|/2	B	—	A	8.4.1.2
8.4.14	机械振动(随机)	Δe	|MPE|/2	B	—	A	8.4.1.2
8.4.15	倾跌	Δe	|MPE|/2	B	—	A	8.4.1.2
8.4.16	安装位置	e，Δe	MPE，|MPE|/2	—	D	—	8.4.1.2 8.4.1.3
8.4.17	过载能力	Δe	|MPE|/3	B	—	A	8.4.1.2

表 11（续）

条款编号	试验项目	试验内容	要求	性能试验时间			试验规定
8.4.18	逆流	e	MPE	B	—	A	8.4.1.2 8.4.1.3
8.4.19	流量干扰	e，Δe	MPE，|MPE|/3	B	D	—	8.4.1.2 8.4.1.3
8.4.20	零点漂移	Δe	|MPE|/2	B	D	A	8.4.1.2

注 1：性能试验时间：B 表示试验前；D 表示试验中；A 表示试验后；—表示不适合。
注 2：除机械振动（随机）和倾跌，流量计均上电。

$$\Delta e_q=\frac{q_2-q_1}{q_{\max}}\times100\% \quad\cdots\cdots(4)$$

$$\Delta e_I=\frac{I_2-I_1}{16}\times100\% \quad\cdots\cdots(5)$$

式中：

q_1，I_1——分别为施加影响前流量计的瞬时流量显示值和输出电流值测量值；

q_2，I_2——分别为施加影响时（或施加影响后）流量计的瞬时流量显示值和输出电流值测量值。

有标况体积流量显示的流量计，瞬时流量以标况体积流量试验。有多组试验结果时，取其中的最大值。

8.4.1.3 影响量试验的示值误差

采用试验方法一试验的流量计，示值误差按附录 A 中 A.1.1～ A.1.3 执行，采用试验方法二试验的流量传感器，示值误差按附录 B 执行。

8.4.2 主电源变化

8.4.2.1 交、直流主电源电压变化影响

本试验按照 GB/T 18271.3 的要求进行试验，根据 8.4.1.3 的要求确定流量计或流量传感器的示值误差。

8.4.2.2 电池供电的性能影响

在最低电压下，根据 8.4.1.3 的要求确定流量计或流量传感器的示值误差。

8.4.3 电源短时中断

本试验按照 GB/T 17626.11 的要求进行试验，根据 8.4.1.2 计算变化量。

8.4.4 电快速瞬变/脉冲群影响试验

8.4.4.1 电快速瞬变/脉冲群对信号、数据和控制电缆影响

本试验按照 GB/T 17626.4 的要求进行试验，根据 8.4.1.2 计算变化量。

8.4.4.2 电快速瞬变/脉冲群对交流、直流主电源影响

本试验按照 GB/T 17626.4 的要求进行试验，根据 8.4.1.2 计算变化量。

8.4.5 浪涌影响试验

8.4.5.1 浪涌对信号、数据和控制电缆影响

本试验按照 GB/T 17626.5 的要求进行试验，根据 8.4.1.2 计算变化量。

8.4.5.2 浪涌对交流、直流主电源线路影响

本试验按照 GB/T 17626.5 的要求进行试验，根据 8.4.1.2 计算变化量。

8.4.6 输出负载

模拟电流信号输出的流量计，在(0～300)Ω 范围内改变负载电阻值，根据 8.4.1.2 计算变化量。

8.4.7 输出短路

模拟信号输出的流量计，将输出的正负短接历时 5 min，正常连接后，根据 8.4.1.2 计算变化量。

8.4.8 工频磁场抗扰度影响

本试验按照 GB/T 17626.8 的要求进行试验，根据 8.4.1.2 计算变化量。

8.4.9 射频电磁场辐射抗扰度影响

本试验按照 GB/T 17626.3 的要求进行试验，根据 8.4.1.2 计算变化量。

8.4.10 射频场感应的传导骚扰抗扰度影响

本试验按照 GB/T 17626.6 的要求进行试验，根据 8.4.1.2 计算变化量。

8.4.11 静电放电

本试验按照 GB/T 17626.2 的要求进行试验，根据 8.4.1.2 计算变化量。

8.4.12 环境温度

8.4.12.1 低温影响

本试验按照 GB/T 2423.1 的要求进行试验，根据 8.4.1.2 计算变化量。

8.4.12.2 高温影响

本试验按照 GB/T 2423.2 的要求进行试验，根据 8.4.1.2 计算变化量。

8.4.13 湿热

8.4.13.1 恒定湿热(不凝结)影响

本试验按照 GB/T 2423.3 的要求进行试验，根据 8.4.1.2 计算变化量。

8.4.13.2 交变湿热(不凝结)影响

本试验按照 GB/T 2423.4 的要求进行试验，根据 8.4.1.2 计算变化量。

8.4.14 机械振动(随机)

本试验按照 GB/T 2423.43 和 GB/T 2423.56 的要求进行试验，根据 8.4.1.2 计算变化量。

8.4.15 倾跌

本试验按照 GB/T 2423.7 的要求进行试验，根据 8.4.1.2 计算变化量。

8.4.16 安装位置

将流量计按水平、垂直向上、垂直向下等位置分别安装，根据 8.4.1.3 试验流量计或流量传感器的示值误差，并计算各安装位置的平均仪表系数或示值误差的变化。

8.4.17 过载能力

流量计在承受 1.2 q_{max}，历时 60 min 后，根据 8.4.1.2 计算变化量。

8.4.18 逆流

流量计逆向在 q_{max} 下运行 1 min。正常安装后，根据 8.4.1.3 试验流量计或流量传感器的示值误差。

8.4.19 流量干扰

按照附录 E 的要求，根据 8.4.1.3 试验流量计或流量传感器的示值误差，并计算干扰前后平均仪表系数或示值误差的变化。

8.4.20 零点漂移

流量计进气端、出气端接通大气，在无流量通过的情况下，将有截止流量设置的流量计的截止流量设为 0。

24 h 内，每 2 h 观察一次流量计显示的标况体积流量或质量流量，共计观察数据 13 个。

取数据中的最大值和最小值的差值按式(6)或式(7)计算零点变化量 Δe_q：

$$\Delta e_q = \frac{(q_{Vm,n})_{max} - (q_{Vm,n})_{min}}{q_{max}} \times 100\% \qquad (6)$$

或

$$\Delta e_q = \frac{(q_{mm})_{max} - (q_{mm})_{min}}{q_{max}} \times 100\% \qquad (7)$$

式中：

$(q_{Vm,n})_{max}$，$(q_{Vm,n})_{min}$——流量计显示的标况体积流量的最大值和最小值，立方米每小时(m^3/h)；

$(q_{mm})_{max}$，$(q_{mm})_{min}$——流量计显示的质量流量的最大值和最小值，千克每小时(kg/h)；

q_{max}——流量计的最大流量，立方米每小时(m^3/h)或千克每小时(kg/h)。

8.5 安全性能试验

8.5.1 耐压强度

流量计的耐压强度试验在专用的试验装置上进行。试验介质为水，在外壳及其受压部位上加压至规定最大工作压力的 1.5 倍，并保持该压力 5 min，观测并记录有无渗漏或损坏。

8.5.2 密封性能

流量计的密封性能试验在专用的试验装置上进行。通入气压为最大工作压力的 1.1 倍的气体，历时 5 min，观测并记录有无泄漏。

8.5.3 绝缘电阻

根据 GB/T 15479 分别测量流量计的电源端子与接地端子、输出端子与接地端子、输入端子与接地端子间的绝缘电阻。

8.5.4 绝缘强度

根据 GB/T 15479 分别在流量计的电源端子与接地端子、输出端子与接地端子、输入端子与接地端子间进行绝缘强度试验，观察是否出现击穿和飞弧现象。

8.5.5 直流电源反向保护

将流量计供电电源反接，保持 10 min，正常连接电源后，检查流量计的显示及参数。

8.5.6 防爆性能

按 GB 3836.1 和 GB 3836.2 或 GB 3836.4 中的有关规定进行试验。

8.5.7 外壳防护

按 GB 4208 中的有关规定对外壳进行 IP65 的试验。

8.6 其他试验

8.6.1 压力损失

按相关标准，根据具体要求设置取压口，在规定的流量下，测量流量计上游取压口和下游取压口之间的压力差。

8.6.2 外观检查

用目测法检查并操作按键。

9 检验规则

9.1 出厂检验

9.1.1 总则

流量计应经生产单位的检验部门逐台按规定的试验项目进行试验，试验合格后，由检验部门出具检定证书或产品合格证书后方能出厂。

9.1.2 出厂检验项目

流量计的出厂检验项目按表 12 的规定。

表 12 出厂检验、型式检验项目

序号	试验项目	技术要求章条号	试验方法章条号	出厂检验项目		型式检验项目	
				方案一1)	方案二2)	方案一1)	方案二2)
1	流量计示值误差	6.1.2.1	8.2.3.1	√	—	√	—
2	流量传感器示值误差	6.1.3.1	8.2.4.1	—	√	—	√
3	流量计(传感器)重复性	6.1.2.2 6.1.3.2	8.2.3.2 8.2.4.2	√	√	√	√

表 12(续)

序号	试验项目	技术要求章条号	试验方法章条号	出厂检验项目		型式检验项目	
				方案一[1)]	方案二[2)]	方案一[1)]	方案二[2)]
4	瞬时流量计算误差	6.1.3.3	8.2.4.3	—	√	—	√
5	总量计算误差	6.1.3.4	8.2.4.4	—	√	—	√
6	输出电流误差[3)]	6.1.2.3	8.2.3.3	√	—	√	—
7	输出脉冲误差	6.1.2.4	8.2.3.4	√	—	√	—
8	压缩系数计算误差	6.1.3.5	8.2.4.5	—	√	—	√
9	压力(或差压)传感器示值误差	6.1.3.6	8.2.4.6	—	√	—	√
10	温度传感器示值误差	6.1.3.7	8.2.4.7	—	√	—	√
11	功能检查	6.2	8.3	√		√	
12	耐压强度	6.4.1	8.5.1	√		√	
13	密封性	6.4.2	8.5.2	√		√	
14	绝缘电阻	6.4.3	8.5.3	√		√	
15	绝缘强度	6.4.4	8.5.4	√		√	
16	直流电源反向保护[4)]	6.4.5	8.5.5	√		√	
17	压力损失	6.5.1	8.6.1	√		√	
18	外观	6.5.2	8.6.2	√		√	
19	主电源变化	6.3.1	8.4.2	—		√	
20	电源短时中断	6.3.2	8.4.3	—		√	
21	脉冲群试验	6.3.3	8.4.4	—		√	
22	浪涌试验	6.3.4	8.4.5	—		√	
23	输出负载[3)]	6.3.5	8.4.6	—		√	
24	输出短路[3)]	6.3.6	8.4.7	—		√	
25	工频磁场抗扰度试验	6.3.7	8.4.8	—		√	
26	射频电磁场辐射抗扰度试验	6.3.8	8.4.9	—		√	
27	射频场感应的传导骚扰抗扰度试验	6.3.9	8.4.10	—		√	
28	静电放电	6.3.10	8.4.11	—		√	
29	环境温度	6.3.11	8.4.12	—		√	
30	湿热	6.3.12	8.4.13	—		√	
31	机械振动(随机)	6.3.13	8.4.14	—		√	
32	倾跌	6.3.14	8.4.15	—		√	
33	安装位置	6.3.15	8.4.16	—		√	
34	过载能力	6.3.16	8.4.17	—		√	
35	逆流	6.3.17	8.4.18	—		√	
36	流量干扰[5)]	6.3.18	8.4.19	—		√	

表 12（续）

序号	试验项目	技术要求章条号	试验方法章条号	出厂检验项目		型式检验项目	
				方案一[1]	方案二[2]	方案一[1]	方案二[2]
37	零点漂移	6.3.19	8.4.20	—		√	
38	防爆性能	6.4.6	8.5.6	—		√	
39	外壳防护	6.4.7	8.5.7	—		√	

注："√"表示需检验项目，"—"表示不检验项目；

[1] 适用于无信号输入端口的流量计；

[2] 适用于有信号输入端口的流量计；

[3] 适用于电流等模拟信号输出的流量计；

[4] 适用于直流电源；

[5] 适用于无直管段要求的流量计。

9.2 型式检验

流量计型式检验应按表 12 规定的全部技术要求中适用的项目进行。

有下列情况之一时，流量计应进行型式检验：

a) 新产品或老产品转厂生产的试制定型鉴定；

b) 正式生产后，如结构、材料、工艺有较大改变，可能影响产品性能时；

c) 正常生产时，定期或累积一定数量后，应周期性进行一次检验；

d) 产品长期停产后(一般为一年及以上)，恢复生产时；

e) 同类型产品比对时；

f) 出厂检验结果与上次型式检验有较大差异时；

g) 国家质量监督机构提出型式评价要求时。

10 标志、包装、运输、贮存和使用说明书

10.1 产品标志

10.1.1 标志

流量计的标志应有：

a) 输入、输出接口标志；

b) 连接线或接线柱极性标志；

c) 温度、压力取孔标志；

d) 在流量计外壳的明显部位应有表示流体流向的永久性标志；

e) 封印保护标志。

10.1.2 铭牌

在流量计的适当位置应有铭牌，铭牌上至少应标志下列内容：

a) 产品名称及型号；

b) 制造厂名、商标；

c) 流量范围；

d) 分界流量(如果适用);
e) 流量计特征参数或平均仪表系数(如果适用);
f) 最大工作压力(或公称压力);
g) 准确度等级;
h) 差压传感器量程(如果适用);
i) 压力传感器量程(如果适用);
j) 温度传感器量程(如果适用);
k) 出厂编号和制造日期;
l) 供电电源;
m) 防爆标志“Ex”及“防爆合格证”编号;
n) CMC 标志及“计量器具生产许可证”编号。

10.1.3 包装标志

在产品包装材料的外表面上应有收、发货标志和包装储运图示标志,其标志应符合 GB/T 6388 中的规定,包装储运图示标志应符合 GB/T 191 中的规定。

10.2 包装

流量计的包装应符合 GB/T 13384 的要求。随机文件装入资料袋,资料应有以下内容:
a) 产品合格证;
b) 使用说明书;
c) 装箱单。

10.3 贮存

流量计应贮存在环境温度(−10～+55)℃,相对湿度不大于 75%,通风,不含有腐蚀性气体的室内。

10.4 运输

流量计按规定装箱,可用无强烈震动的交通工具运输。

10.5 产品合格证

每台流量计均应有产品合格证,合格证应有以下内容:
a) 产品名称、型号及编号;
b) (平均)仪表系数;
c) 准确度等级;
d) 检验员签字;
e) 检验日期;
f) 检验合格印章。

10.6 使用说明书

使用说明书应符合 GB/T 9969 的要求,并有以下内容:
a) 产品用途;
b) 工作原理;
c) 主要性能指标;

d） 所用程序的版本号；

e） 安装调试方法；

f） 注意事项；

g） 制造计量器具许可证标志和编号；

h） 执行标准代号。

附　录　A
（规范性附录）
流量计示值误差及其输出误差的试验方法

A.1　流量计的示值误差

A.1.1　流量计单次测量示值误差

流量计示值误差用相对误差表示。

单次测量的示值误差按式(A.1)、式(A.3)或式(A.2)、式(A.4)计算：

$$(e_{Q_V})_{ij}=\frac{(V_{\mathrm{m,n}})_{ij}-(Q_{\mathrm{Vs,n}})_{ij}}{(Q_{\mathrm{Vs,n}})_{ij}}\times 100\% \quad\cdots\cdots(\mathrm{A.1})$$

或

$$(e_{Q_m})_{ij}=\frac{(M_m)_{ij}-(Q_{ms})_{ij}}{(Q_{ms})_{ij}}\times 100\% \quad\cdots\cdots(\mathrm{A.2})$$

$$V_{\mathrm{m,n}}=(Q_{\mathrm{Vm,n}})_2-(Q_{\mathrm{Vm,n}})_1 \quad\cdots\cdots(\mathrm{A.3})$$

$$M_m=(Q_{mm})_2-(Q_{mm})_1 \quad\cdots\cdots(\mathrm{A.4})$$

式中：

$(e_{Q_V})_{ij}$，$(e_{Q_m})_{ij}$ ——第 i 试验流量点第 j 次测量时流量计标况体积总量和质量总量示值误差，%；

$V_{\mathrm{m,n}}$ ——流量计显示的标况体积总量的变化量，立方米(m^3)；

$(Q_{\mathrm{Vs,n}})_{ij}$ ——第 i 试验流量点第 j 次测量时标准装置标况体积总量显示值，立方米(m^3)；

M_m ——流量计显示的气体质量总量的变化量，千克(kg)；

$(Q_{ms})_{ij}$ ——第 i 试验流量点第 j 次测量时标准装置质量总量显示值，千克(kg)；

$(Q_{\mathrm{Vm,n}})_1$，$(Q_{\mathrm{Vm,n}})_2$ ——试验前、后，流量计标况体积总量显示值，立方米(m^3)；

$(Q_{mm})_1$，$(Q_{mm})_2$ ——试验前、后，流量计质量总量显示值，千克(kg)。

A.1.2　各试验流量点的示值误差

流量计各试验流量点的示值误差按式(A.5)计算：

$$e_i=\frac{1}{n}\sum_{j=1}^{n}e_{ij} \quad\cdots\cdots(\mathrm{A.5})$$

式中：

e_i ——第 i 试验流量点流量计的示值误差，%；

n ——第 i 试验流量点的试验次数；

e_{ij} ——第 i 试验流量点第 j 次测量流量计的示值误差，%。

A.1.3　流量计示值误差

流量计示值误差应按式(A.6)的规定：

$$e=\pm|e_i|_{\max} \quad\cdots\cdots(\mathrm{A.6})$$

式中：

e ——流量计的示值误差，%；

$|e_i|_{\max}$ ——流量计第 i 试验流量点的最大示值误差的绝对值，%；

± ——选择取绝对值之前的相同符号。

对于有分界流量的流量计，应分别取高区和低区的最大值为流量计示值误差。

流量计示值误差应在表 2 中相应准确度等级规定的最大允许误差内。

A.1.4 流量计示值误差调整

A.1.4.1 流量计线性度的计算

当流量计示值误差超过表 2 规定的最大允许误差时，通过式(A.7)计算流量计的线性度：

$$e_L = \frac{e_{max} - e_{min}}{2} \quad \cdots\cdots(A.7)$$

式中：

e_L ——流量计的线性度，%；

e_{max}，e_{min}——流量计在 $q_{min} \leqslant q \leqslant q_{max}$(有分界流量的传感器为 $q_t \leqslant q \leqslant q_{max}$)范围内各试验流量点示值误差最大值和最小值，%。

A.1.4.2 平均仪表系数或平均流出系数的计算

当线性度 e_L 不满足流量计准确度对应的高区的最大允许误差要求时，流量计不得进行流量特性调整。

对于线性度 e_L 满足流量计准确度对应的高区的最大允许误差要求的，可以重新调整平均仪表系数或平均流出系数。

首先按式(A.8)计算流量计的平均示值误差：

$$\bar{e} = \frac{e_{max} + e_{min}}{2} \quad \cdots\cdots(A.8)$$

式中：

$\bar{e}$ ——流量计标况体积总量或质量总量的平均示值误差，%；

e_{max}，e_{min}——流量计在 $q_t \leqslant q \leqslant q_{max}$ 范围内各试验流量点示值误差最大值和最小值，%。

注：平均示值误差也可以按式(A.9)的加权平均误差计算：

$$\bar{e} = \text{WME} = \sum_{i=1}^{n} [(q_i/q_{max}) \cdot e_i] / \sum_{i=1}^{n} (q_i/q_{max}) \quad \cdots\cdots(A.9)$$

式中：

q_i——第 i 个流量点的平均流量，当 $q_i/q_{max} \geqslant 0.9$ 时按 0.4 计算。

然后按式(A.10)和式(A.11)计算平均仪表系数 K 或平均流出系数 C：

$$K = K_0 \times (1 \pm \bar{e}) \quad \cdots\cdots(A.10)$$

$$C = C_0 \times (1 - \bar{e}) \quad \cdots\cdots(A.11)$$

式中：

K_0——为流量计上次试验所得并置入流量计修正装置中的平均仪表系数；

± ——当平均仪表系数 K 和流量的关系成单调增加时，如，差压式流量计，使用“－”；当 K 和流量的关系成单调减小时，如，脉冲输出的流量计，使用“＋”；

C_0 ——为流量计上次试验所得并置入流量计修正装置中的平均流出系数。

A.1.4.3 调整平均仪表系数或平均流出系数

重新调整平均仪表系数或平均流出系数后的流量计应按 A.1.1 的方法再次试验，并按 A.1.2、A.1.3 的方法计算各流量点的示值误差，取最大值为流量计的示值误差。有分界流量的流量计，应给出各试验段最大示值误差。

A.2 输出脉冲误差

输出脉冲误差在 q_{max} 和 q_{min} 试验流量点进行试验。

输出脉冲对应流量计工况体积流量时，理论输出脉冲 f_n 按式(A.12)、式(A.13)计算。

$$(f_n)_{ij} = (q_{Vst})_{ij} \times K/3\ 600 \quad \cdots\cdots(A.12)$$

$$(q_{Vst})_{ij} = (q_{Vs})_{ij} \cdot \frac{(p_s)_{ij}}{(p_m)_{ij}} \cdot \frac{(T_m)_{ij}}{(T_s)_{ij}} \cdot \frac{(Z_N)_{ij}}{(Z_s)_{ij}} \quad \cdots\cdots(A.13)$$

式中：

$(f_n)_{ij}$ ——输出脉冲理论计算值，赫兹(Hz)；

$(q_{Vst})_{ij}$ ——第 i 试验流量点第 j 次测量时标准装置以流量计工况折算的体积流量值，立方米每小时(m^3/h)；

K ——经检验置入流量计修正装置的平均仪表系数，每立方米($1/m^3$)；

$(q_{Vs})_{ij}$ ——第 i 试验流量点第 j 次测量时标准装置工况体积流量显示值，立方米每小时(m^3/h)；

$(p_s)_{ij}$，$(p_m)_{ij}$ ——分别为第 i 试验流量点第 j 次测量时主标准器处和流量计处试验介质的绝对压力测量值，帕(Pa)。

$(T_s)_{ij}$，$(T_m)_{ij}$ ——分别为第 i 试验流量点第 j 次测量时主标准器处和流量计处试验介质的气体热力学温度测量值，开尔文(K)；

$(Z_s)_{ij}$，$(Z_N)_{ij}$ ——分别为第 i 试验流量点第 j 次测量时主标准器处和流量计处试验介质的压缩系数计算值。

流量计实际输出脉冲 f_o 与该计算值 f_n 比较，得到输出脉冲误差 e_f：

$$(e_f)_{ij} = \frac{(f_o)_{ij} - (f_n)_{ij}}{f_{max}} \times 100\% \quad \cdots\cdots(A.14)$$

式中：

$(f_o)_{ij}$ ——第 i 试验流量点第 j 次流量计实际输出脉冲的测量值，应取连续至少 10 次的平均值，赫兹(Hz)；

f_{max} ——流量计最大工况体积流量所对应的输出脉冲。未知时，可以在最大流量试验点时，测量流量计实际输出脉冲，取连续至少 10 次的平均值代替，赫兹(Hz)。

按 A.1.2、A.1.3 的方法计算各流量点的输出脉冲误差。

输出脉冲对应流量计标况体积流量时，理论输出脉冲 f_n 与标况体积流量 $q_{Vs,n}$ 有关，按式(A.15)、式(A.16)计算。

$$(f_n)_{ij} = (q_{Vs,n})_{ij} \times K/3\ 600 \quad \cdots\cdots(A.15)$$

$$(q_{Vs,n})_{ij} = (q_{Vs})_{ij} \cdot \frac{(p_s)_{ij}}{p_n} \cdot \frac{T_n}{(T_s)_{ij}} \cdot \frac{Z_n}{(Z_s)_{ij}} \quad \cdots\cdots(A.16)$$

式中：

$(q_{Vs})_{ij}$ ——第 i 试验流量点第 j 次测量时标准装置工况体积流量显示值，立方米每小时(m^3/h)；

$(q_{Vs,n})_{ij}$ ——第 i 试验流量点第 j 次测量时标准装置以标准状态折算的体积流量值，立方米每小时(m^3/h)；

$(p_s)_{ij}$，$(T_s)_{ij}$，$(Z_s)_{ij}$ ——第 i 试验流量点第 j 次测量时主标准器处试验介质的压力，帕(Pa)、温度测量值，开尔文(K)和压缩系数计算值；

p_n，T_n，Z_n ——试验介质在标准状态下的压力，帕(Pa)、热力学温度，开尔文(K)和压缩系数。

流量计实际输出脉冲 f_o 与该计算值 f_n 比较，得到输出脉冲误差，计算同式(A.14)，其中 f_{max} 为流量计最大标况体积流量所对应的输出脉冲。按 A.1.2、A.1.3 的方法计算各试验流量点的输出脉冲误差。

A.3 输出电流误差

输出电流误差在 q_{max} 和 q_{min} 试验流量点进行试验。

输出电流对应流量计标况体积流量时，理论输出电流 I_n 和标况体积流量 $q_{Vs,n}$ 有关，按式(A.17)计算(以 4 mA～20 mA 为例，以下同，其他电流输出类型可同理参照进行)：

$$(I_n)_{ij} = \frac{(q_{Vs,n})_{ij}}{q_{max}} \times 16 + 4 \qquad \text{(A.17)}$$

式中：

q_{max}——流量计产品铭牌上标志的或流量计输出 20 mA 时所代表的最大标况体积流量，立方米每小时(m^3/h)。

$(q_{Vs,n})_{ij}$ 的计算同式(A.16)。

流量计输出电流 I_o 与该计算值 I_n 比较，得到输出电流误差 e_I：

$$(e_I)_{ij} = \frac{(I_o)_{ij} - (I_n)_{ij}}{16} \times 100\% \qquad \text{(A.18)}$$

按 A.1.2、A.1.3 的方法计算各流量点的输出电流误差。

附 录 B
（规范性附录）
流量传感器的示值误差试验方法

B.1 速度式流量传感器

B.1.1 模拟信号输出的流量传感器

B.1.1.1 单次测量的体积流量误差

在参比大气条件下，通过用传感器输出信号所代表的工况体积流量和标准装置代表的瞬时体积流量比较的试验方法来计算工况体积流量误差。

传感器输出电流测量值所代表的工况体积流量按式(B.1)计算：

$$(q_{V\mathrm{mn}})_{ij}=\frac{(I_{\mathrm{m}})_{ij}-4}{16}\times q_{\max} \qquad \text{(B.1)}$$

式中：

$(q_{V\mathrm{mn}})_{ij}$——第 i 试验流量点第 j 次测量时流量传感器的工况体积流量计算值，立方米每小时（m^3/h）；

$(I_{\mathrm{m}})_{ij}$ ——第 i 试验流量点第 j 次传感器输出电流测量值，mA；

$q_{\max}$ ——传感器输出 20 mA 电流所代表的最大工况体积流量，立方米每小时（m^3/h）。

传感器输出电流测量值 I_{m} 为测量时间范围内连续至少 10 次观察值的平均值。

测量单次的工况体积流量误差按式(B.2)计算：

$$(e_{I_V})_{ij}=\frac{(q_{V\mathrm{mn}})_{ij}-(q_{V\mathrm{st}})_{ij}}{(q_{V\mathrm{st}})_{ij}}\times 100\% \qquad \text{(B.2)}$$

式中：

$(e_{I_V})_{ij}$ ——第 i 试验流量点第 j 次测量时传感器的工况体积流量误差，%；

$(q_{V\mathrm{st}})_{ij}$ ——第 i 试验流量点第 j 次测量时标准装置以流量传感器工况折算的体积流量值，计算方法同式(A.13)，立方米每小时（m^3/h）。

B.1.1.2 单次测量的质量流量误差

在参比大气条件下，通过用传感器输出电流所代表的质量流量和标准装置的质量流量显示值比较的试验方法来计算质量流量误差或平均仪表系数。

传感器输出电流测量值所代表的质量流量按式(B.3)计算：

$$(q_{m\mathrm{mn}})_{ij}=\frac{(I_{\mathrm{m}})_{ij}-4}{16}\times q_{\max} \qquad \text{(B.3)}$$

式中：

$(q_{m\mathrm{mn}})_{ij}$——第 i 试验流量点第 j 次测量时流量传感器的质量流量计算值，千克每小时（kg/h）；

$(I_{\mathrm{m}})_{ij}$ ——第 i 试验流量点第 j 次传感器输出电流测量值，mA；

$q_{\max}$ ——传感器输出 20 mA 电流所代表的最大质量流量，千克每小时（kg/h）。

传感器输出电流测量值为测量时间范围内连续至少 10 次观察值的平均值。

测量单次的示值误差按式(B.4)计算：

$$(e_{I_m})_{ij}=\frac{(q_{m\mathrm{mn}})_{ij}-(q_{m\mathrm{s}})_{ij}}{(q_{m\mathrm{s}})_{ij}}\times 100\% \qquad \text{(B.4)}$$

式中：

$(e_{q_m})_{ij}$——第 i 试验流量点第 j 次测量时传感器的质量流量误差，%；

$(q_{ms})_{ij}$——第 i 试验流量点第 j 次时标准装置的质量流量显示值，千克每小时(kg/h)。

B.1.1.3 示值误差

各试验流量点的示值误差、传感器示值误差均同附录 A.1.2 和 A.1.3。

B.1.2 脉冲输出的传感器

B.1.2.1 单次测量的仪表系数 K_{ij}

在参比大气条件下，通过测量传感器输出脉冲总数和标准装置气体体积总量显示值比较的试验方法来计算平均仪表系数和示值误差。

每个试验流量点单次测量的仪表系数 K_{ij} 按式(B.5)计算：

$$K_{ij}=\frac{N_{ij}}{(Q_{Vs})_{ij}}\cdot\frac{(p_m)_{ij}}{(p_s)_{ij}}\cdot\frac{(T_s)_{ij}}{(T_m)_{ij}}\cdot\frac{(Z_s)_{ij}}{(Z_{mn})_{ij}} \quad\cdots\cdots\cdots\cdots(B.5)$$

式中：

$(Q_{Vs})_{ij}$——第 i 试验流量点第 j 次标准装置工况体积总量显示值，立方米(m^3)；

N_{ij}——第 i 试验流量点第 j 次测量时流量传感器脉冲总数测量值；

$(T_s)_{ij}$，$(T_m)_{ij}$——分别为第 i 试验流量点第 j 次试验时主标准器处和流量传感器处试验介质的热力学温度测量值，开尔文(K)；

$(p_s)_{ij}$，$(p_m)_{ij}$——分别为第 i 试验流量点第 j 次试验时主标准器处和流量传感器处试验介质的绝对压力测量值，帕(Pa)；

$(Z_s)_{ij}$，$(Z_{mn})_{ij}$——分别为第 i 试验流量点第 j 次试验时主标准器处和流量传感器处的试验介质压缩系数计算值。

B.1.2.2 各试验流量点的仪表系数 K_i

各试验流量点的仪表系数 K_i 按式(B.6)计算：

$$K_i=\frac{1}{n}\sum_{j=1}^{n}K_{ij} \quad\cdots\cdots\cdots\cdots(B.6)$$

B.1.2.3 平均仪表系数 K

流量传感器平均仪表系数 K 按式(B.7)计算：

$$K=\frac{K_{max}+K_{min}}{2} \quad\cdots\cdots\cdots\cdots(B.7)$$

式中：

K_{max}，K_{min}——分别是在 $q_{min}\leqslant q\leqslant q_{max}$(有分界流量的传感器为 $q_t\leqslant q\leqslant q_{max}$)范围内各试验流量点仪表系数 K_i 的最大值和最小值。

B.1.2.4 流量传感器的示值误差

在 $q_{min}\leqslant q\leqslant q_{max}$ 范围内，脉冲输出的流量传感器的示值误差按式(B.8)计算：

$$e_K=\frac{K_i-K}{K}\times100\% \quad\cdots\cdots\cdots\cdots(B.8)$$

B.2 容积式流量传感器

容积式流量传感器的误差试验方法与速度式流量传感器相同。

B.3 差压式流量传感器

B.3.1 非标准节流装置的差压式流量传感器

B.3.1.1 使用流出系数的差压式流量传感器

B.3.1.1.1 总则

对于孔板、喷嘴、V形锥、楔形等结构的有开孔直径 d 或等效开孔直径 d_f 的流量传感器，通过测量平均流出系数来计算示值误差。

B.3.1.1.2 流出系数 C_{ij}

在参比大气条件下，每个试验流量点单次测量的流出系数 C_{ij} 按式(B.9)或式(B.10)计算：

$$C_{ij}=\frac{4(q_{ms})_{ij}\times\sqrt{1-\beta^4}}{3\,600\pi d^2\varepsilon\sqrt{2(\Delta p_m)_{ij}\times\rho_{ij}}} \qquad \cdots\cdots(B.9)$$

或

$$C_{ij}=\frac{4(q_{Vst})_{ij}\times\sqrt{1-\beta^4}}{3\,600\pi d^2\varepsilon\sqrt{2(\Delta p_m)_{ij}/\rho_{ij}}} \qquad \cdots\cdots(B.10)$$

$$\rho_{ij}=\frac{(p_m)_{ij}}{(Z_{mn})_{ij}R_m(T_m)_{ij}} \qquad \cdots\cdots(B.11)$$

式中：

$(q_{ms})_{ij}$ ——第 i 试验流量点第 j 次标准装置气体质量流量测量值，千克每小时(kg/h)；

β ——节流件开孔直径 d(或等效开孔直径 d_f)和管道直径 D 的比值；

d ——节流件开孔直径测量值或等效开孔直径 d_f计算值，米(m)；

ε ——可膨胀性系数，ε 按 GB/T 2624 的计算方法计算；

$(\Delta p_m)_{ij}$ ——第 i 试验流量点第 j 次测量时流量传感器处的差压测量值，帕(Pa)；

ρ_{ij} ——第 i 试验流量点第 j 次测量时流量传感器处按式(B.11)的计算的介质密度值，千克每立方米(kg/m^3)，$(p_m)_{ij}$ 为该处气体介质的绝对压力测量值，帕(Pa)，$(T_m)_{ij}$ 为该处气体介质的热力学温度测量值，开尔文(K)，Z_{mn}为该处气体介质的压缩系数计算值；

R_m ——试验气体介质的气体常数，焦耳每千克开尔文[J/(kg·K)]；

$(q_{Vst})_{ij}$ ——第 i 试验流量点第 j 次测量时标准装置以流量传感器工况折算的体积流量值，计算方法同式(A.13)，立方米每小时(m^3/h)。

B.3.1.1.3 流出系数 C_i、平均流出系数 C

各试验流量点的流出系数 C_i、平均流出系数 C 的处理方法同 B.1.2.2 和 B.1.2.3。

B.3.1.1.4 流量传感器的示值误差

在 $q_{min}\leqslant q\leqslant q_{max}$ 范围内，流量传感器的示值误差计算见式(B.12)：

$$e_{KC}=\frac{C-C_i}{C_i}\times 100\% \qquad \cdots\cdots(B.12)$$

B.3.1.2 使用仪表系数的差压式流量传感器

B.3.1.2.1 总则

对于均速管、弯管等无开孔直径 d 或等效开孔直径 d_f 的结构的流量传感器，通过测量平均仪表系数来计算示值误差。

B.3.1.2.2 仪表系数 K_{ij}

在参比大气条件下，仪表系数 K_{ij} 按式(B.13)或式(B.14)计算：

$$K_{ij}=\frac{(q_{Vst})_{ij}}{\varepsilon\sqrt{(\Delta p_{m})_{ij}/\rho_{ij}}} \quad \text{……(B.13)}$$

或

$$K_{ij}=\frac{(q_{m})_{ij}}{\varepsilon\sqrt{(\Delta p_{m})_{ij}\times\rho_{ij}}} \quad \text{……(B.14)}$$

式中符号同B.3.1.1.2。

B.3.1.2.3 仪表系数 K_i、平均仪表系数 K

各试验流量点的仪表系数 K_i、平均仪表系数 K、示值误差的处理方法同B.3.1.1.3。

B.3.1.2.4 流量传感器的示值误差

在 $q_{min}\leqslant q\leqslant q_{max}$ 范围内，流量传感器的示值误差计算见式(B.15)：

$$e_{KC}=\frac{K-K_i}{K_i}\times 100\% \quad \text{……(B.15)}$$

B.3.2 标准节流装置的差压式流量传感器

对于符合GB/T 2624的差压流量传感器，按GB/T 2624的尺寸试验方法根据实际工作状态或设计工作状态计算流出系数，流出系数的不确定度按GB/T 2624的计算方法计算。

B.4 插入式结构的流量传感器

B.4.1 与实际使用情况相似条件的试验

误差试验时，如果仪表系数与B.1、B.2和B.3计算方法相同，则按相应的方法试验。

误差试验时，如果仪表系数与B.1、B.2和B.3计算方法不同，则应按厂商提供的流量计算方法试验。

B.4.2 其他试验方法

插入式结构的流量传感器，可以按与其相应的国家标准或国际标准规定的方法进行试验。

附　录　C
（规范性附录）
流量计瞬时流量、总量计算及误差

C.1　速度式流量计

C.1.1　流量传感器输出为脉冲的速度式流量计

C.1.1.1　工况体积流量的计算

流量传感器输出为脉冲的速度式流量计，对应输入修正装置的脉冲频率，流量计工况体积流量的理论值按式(C.1)计算：

$$q_V = 3\ 600 \times \frac{f}{K} \qquad \cdots\cdots(C.1)$$

式中：

q_V ——流量计工况体积流量的理论计算值，立方米每小时(m^3/h)；

K ——经检验置入流量计修正装置的平均仪表系数，每立方米($1/m^3$)；

f ——流量计修正装置显示的流量传感器输出的脉冲，赫兹(Hz)。频率输入信号见表C.1。

流量计显示的工况体积流量 q_{Vm} 与该理论计算值 q_V 比较，按式(C.2)计算得到工况体积流量计算误差：

$$e_{q_V} = \frac{q_{Vm} - q_V}{q_V} \times 100\% \qquad \cdots\cdots(C.2)$$

表 C.1　流量传感器输出为脉冲的速度式流量计的输入信号

输入信号	输入信号值	
流量信号	$0.5f_{max}$	
压力信号	$0.1(p_{max}-p_{min})+p_{min}$	$0.9(p_{max}-p_{min})+p_{min}$
温度信号	$0.1(T_{max}-T_{min})+T_{min}$	$0.9(T_{max}-T_{min})+T_{min}$
注：总量的计算误差选取一组输入信号。		

C.1.1.2　标况体积流量的计算及误差

对应输入修正装置的温度、压力信号，工况体积流量按式(C.3)修正为标况体积流量：

$$q_{Vn} = \frac{pT_nZ_n}{Tp_nZ_m} q_V \qquad \cdots\cdots(C.3)$$

式中：

q_{Vn} ——流量计标况体积流量的理论计算值，立方米每小时(m^3/h)；

p_n, T_n, Z_n ——流量计设置的标准状态的压力，帕(Pa)、热力学温度，开尔文(K)和设定介质的压缩系数；

p, T, Z_m ——流量计显示的流体的绝对压力，帕(Pa)、热力学温度，开尔文(K)和设定介质的压缩系数。如果流量计显示的压力值是相对于大气压的压力，计算时应加上当地大气压力 p_A；如果流量计显示摄氏温度，计算时应加上273.15 K。

流量计显示的标况体积流量 $q_{Vm,n}$ 与该计算值 q_{Vn} 比较，按式(C.4)计算得到标况体积流量计算误差：

$$e_{q_{Vn}}=\frac{q_{Vm,n}-q_{Vn}}{q_{Vn}}\times 100\% \qquad \cdots\cdots\cdots\cdots(C.4)$$

输入频率、压力和温度信号见表 C.1，取最大值为瞬时流量计算误差值。

C.1.1.3 质量流量的计算及误差

质量流量按式(C.5)计算：

$$q_m=q_{Vn}\times\rho_n \qquad \cdots\cdots\cdots\cdots(C.5)$$

式中：

q_m——瞬时质量流量计算值，千克每小时(kg/h)；

q_{Vn}——标况体积流量计算值，立方米每小时(m^3/h)；

ρ_n——设定的气体介质在标准状态下的密度，千克每立方米(kg/m^3)。

流量计显示的质量流量 q_{mm} 与该计算值 q_m 比较，按式(C.6)计算得到质量流量计算误差：

$$e_{q_m}=\frac{q_{mm}-q_m}{q_m}\times 100\% \qquad \cdots\cdots\cdots\cdots(C.6)$$

C.1.1.4 总量的计算及误差

C.1.1.4.1 标况体积总量的理论计算值

标况体积总量的理论值按式(C.7)计算：

$$Q_{Vn}=q_{Vm,n}\times t \qquad \cdots\cdots\cdots\cdots(C.7)$$

式中：

Q_{Vn}——流量计标况体积流量计算值，立方米(m^3)；

$q_{Vm,n}$——流量计显示的标况体积流量，立方米每小时(m^3/h)；

t——测量时间，小时(h)。

流量计显示的标况体积总量的变化量 V_{mn}(见 A.1.1)与该计算值 Q_{Vn} 比较，按式(C.8)计算得到体积总量计算误差：

$$e_{Q_V}=\frac{V_{mn}-Q_{Vn}}{Q_{Vn}}\times 100\% \qquad \cdots\cdots\cdots\cdots(C.8)$$

输入频率、压力和温度信号见表 C.1，测量时间至少 10 min。

C.1.1.4.2 质量总量理论计算值

质量总量理论值按式(C.9)计算：

$$Q_{mmn}=q_{mm}\times t \qquad \cdots\cdots\cdots\cdots(C.9)$$

式中：

Q_{mmn}——流量计质量总量计算值，立方米(kg)；

q_{mm}——流量计显示的质量流量，千克每小时(kg/h)。

流量计显示的质量总量的变化量 M_m(见 A.1.1)与该计算值 Q_{mmn} 比较，按式(C.10)计算得到质量总量流量计算误差：

$$e_{Q_m}=\frac{M_m-Q_{mmn}}{Q_m}\times 100\% \qquad \cdots\cdots\cdots\cdots(C.10)$$

输入频率、压力和温度信号见表 C.1，测量时间至少 10 min。

C.1.2 流量传感器输出为电流的速度式流量计

C.1.2.1 工况体积流量的计算

C.1.2.1.1 方法一

流量计修正装置显示（4～20）mA 电流值的信号，转化为对应频率 0～f_{max}，对应频率计算公式为：

$$f=\frac{I-4}{16}\times f_{max} \quad \cdots\cdots(C.11)$$

式中：

f ——计算中间过程量，类似于流量计显示的流量传感器的输出脉冲，赫兹（Hz）；

I ——流量计修正装置显示的电流信号的电流值，毫安（mA）；

f_{max}——20 mA 电流对应的流量传感器的脉冲频率，赫兹（Hz）。通常根据管道直径和使用的温度压力作为仪表的参数而设定。

根据式（C.1），流量计的工况体积流量值按式（C.12）计算：

$$q_V=3\ 600\times\frac{f}{K}=\frac{3\ 600}{16}(I-4)\frac{f_{max}}{K} \quad \cdots\cdots(C.12)$$

式中：

K——计算中间过程量，类似于平均仪表系数，每立方米（$1/m^3$）。

C.1.2.1.2 方法二

流量计修正装置显示（4～20）mA 电流值的信号，对应工况体积流量范围为（0～q_{max}），工况体积流量按式（C.13）计算：

$$q_V=\frac{I-4}{16}\times q_{max} \quad \cdots\cdots(C.13)$$

式中：

I ——流量计修正装置显示的电流信号的电流值，毫安（mA）；

q_{max}——流量传感器输出为 20 mA 时对应的最大工况体积流量，立方米每小时（m^3/h）。

C.1.2.1.3 工况体积流量的计算误差

流量计显示的工况体积流量 q_{Vm} 与理论计算的工况体积流量 q_V 比较，按式（C.14）计算得到工况体积流量计算误差：

$$e_{q_V}=\frac{q_{Vm}-q_V}{q_V}\times 100\% \quad \cdots\cdots(C.14)$$

电流输入信号见表 C.2。

表 C.2 流量传感器输出为模拟信号的速度式流量计的输入信号

输入信号	输入信号值	
流量信号	12 mA	
压力信号	$0.1(p_{max}-p_{min})+p_{min}$	$0.9(p_{max}-p_{min})+p_{min}$
温度信号	$0.1(T_{max}-T_{min})+T_{min}$	$0.9(T_{max}-T_{min})+T_{min}$
注：总量的计算误差选取一组输入信号。		

C.1.2.2 标况体积流量的计算及误差

标况体积流量的计算及计算误差同 C.1.1.2。

输入电流、压力和温度信号见表 C.2,取最大值为计算误差值。

C.1.2.3 质量流量的计算及误差

质量流量的计算及计算误差同 C.1.1.3。

输入电流、压力和温度信号见表 C.2,取最大值为计算误差值。

C.1.2.4 总量的计算及误差

总量的计算及计算误差同 C.1.1.4。

C.2 差压式流量计

C.2.1 使用流出系数的差压式流量计

C.2.1.1 瞬时流量的计算

质量流量理论计算值按式(C.15)、式(C.16)计算:

$$q_m = 3\,600\ \frac{\pi}{4}d^2\varepsilon\ \frac{C}{\sqrt{1-\beta^4}}\sqrt{2\Delta p\rho} \qquad \text{(C.15)}$$

$$\rho = \frac{p}{Z_{\mathrm{m}}R_m T} \qquad \text{(C.16)}$$

工况体积流量理论计算值按式(C.17)、式(C.16)计算:

$$q_V = 3\,600\ \frac{\pi}{4}d^2\varepsilon\ \frac{C}{\sqrt{1-\beta^4}}\sqrt{2\Delta p/\rho} \qquad \text{(C.17)}$$

式中:

q_m ——气体质量流量计算值,千克每小时(kg/h);

d ——节流件开孔直径 d 或等效开孔直径 d_{f},米(m);

ε ——可膨胀性系数,ε 按 GB/T 2624 的计算方法计算;

C ——经检验置入流量计修正装置的平均流出系数;

Δp ——流量计差压显示值,帕(Pa),$\Delta p_{\max}$ 为差压传感器的量程;

ρ ——设定的气体介质密度按式(C.16)的计算值,千克每立方米(kg/m^3),根据流量计显示的绝对压力为 p,帕(Pa),热力学温度为 T,开尔文(K),压缩系数为 Z_{m} 计算;

β ——节流件开孔直径 d(等效开孔直径 d_{f})和管道直径 D 的比值;

R_m ——设定的气体介质的气体常数,焦耳每千克开尔文[J/(kg·K)];

q_V ——气体工况体积流量计算值,立方米每小时(m^3/h)。

流量计显示的瞬时质量流量 q_{mm} 或工况体积流量 $q_{V\mathrm{m}}$ 与该 q_m 值或 q_V 值比较,按式(C.18)或式(C.19)计算得到质量流量计算误差或工况体积流量计算误差:

$$e_{q_m} = \frac{q_{m\mathrm{m}} - q_m}{q_m} \times 100\% \qquad \text{(C.18)}$$

或

$$e_{q_V} = \frac{q_{V\mathrm{m}} - q_V}{q_V} \times 100\% \qquad \text{(C.19)}$$

输入电流、压力和温度信号见表 C.2,取最大值为计算误差值。

C.2.1.2 标况体积流量的计算及误差

标况体积流量按式(C.20)计算：

$$q_{V\mathrm{n}}=q_m/\rho_\mathrm{n} \qquad \cdots\cdots(\mathrm{C}.20)$$

式中：

q_m ——流量计气体质量流量计算值，千克每小时(kg/h)；

ρ_n ——设定的气体介质在标准状态下的密度，千克每立方米(kg/m^3)。

流量计显示的标况体积流量 $q_{V\mathrm{m,n}}$ 与该计算值 $q_{V\mathrm{n}}$ 比较，按式(C.21)计算得到标况体积流量计算误差：

$$e_{q_{V\mathrm{n}}}=\frac{q_{V\mathrm{m,n}}-q_{V\mathrm{n}}}{q_{V\mathrm{n}}}\times 100\% \qquad \cdots\cdots(\mathrm{C}.21)$$

C.2.1.3 总量的计算及误差

总量的计算及计算误差同 C.1.1.4。

电流、压力和温度信号见表 C.2，测量时间至少 10 min。

C.2.2 使用仪表系数的差压式流量计

C.2.2.1 瞬时流量的计算

质量流量理论计算值按式(C.22)计算：

$$q_m=K\varepsilon\sqrt{\Delta p\rho} \qquad \cdots\cdots(\mathrm{C}.22)$$

工况体积流量理论计算值按式(C.23)计算：

$$q_V=K\varepsilon\sqrt{\Delta p/\rho} \qquad \cdots\cdots(\mathrm{C}.23)$$

式中：

K ——经检验置入流量计修正装置的平均仪表系数，平方米(m^2)；

ε ——可膨胀性系数；

Δp——流量计差压显示值，帕(Pa)，$\Delta p_{\max}$ 为差压传感器的量程；

ρ ——设定的气体介质密度按式(C.16)的计算值，千克每立方米(kg/m^3)，根据流量计显示的绝对压力为 p，帕(Pa)，热力学温度为 T，开尔文(K)，压缩系数为 Z_m 计算。

流量计显示的瞬时流量 q_{mm} 值或 $q_{V\mathrm{m}}$ 与该 q_m 值或 q_V 值比较，得到瞬时流量计算误差，计算式同式(C.18)或式(C.19)。

输入电流、压力和温度信号见表 C.2，取最大值为计算误差值。

C.2.2.2 标况体积流量的计算及误差

标况体积流量的计算及计算误差同 C.2.1.2。

C.2.2.3 总量的计算及误差

总量的计算及计算误差同 C.1.1.4。

电流、压力和温度信号同表 C.2，测量时间至少 10 min。

C.3 容积式流量计

参照 C.1 速度式流量计的处理方法。

C.4 其他类型的流量计

其他类型的流量计可以根据实际情况参照速度式流量计、差压式流量计或相关标准的处理方法。

C.5 插入式流量计

插入式流量计应根据厂商提供的参数和计算方法处理。

附 录 D
（规范性附录）
压缩系数的计算及误差

D.1 非烃类干气体

D.1.1 压缩系数计算公式

气体压缩系数 Z 采用 Redlich-Kwong 方程（简称 R-K 方程）计算，见式（D.1）、式（D.2）、式（D.3）：

$$Z^3 - Z^2 - (B^2 + B - A)Z - AB = 0 \quad \cdots\cdots\cdots\cdots (D.1)$$

$$A = \frac{0.42748P_r}{T_r^{2.5}} \quad \cdots\cdots\cdots\cdots (D.2)$$

$$B = \frac{0.086647P_r}{T_r} \quad \cdots\cdots\cdots\cdots (D.3)$$

式中：

P_r ——临界压力比，流量计显示的气体绝对压力与气体临界压力之比；

T_r ——临界温度比，流量计显示的气体热力学温度与气体临界温度之比；

A，B——非烃类干气体压缩系数计算中间过程量，与介质和介质的压力、温度有关。

采用迭代法求 Z_N：

$$Z_N = Z_{N-1} - \frac{F_{N-1}}{F'_{N-1}} \quad \cdots\cdots\cdots\cdots (D.4)$$

$$F_{N-1} = Z_{N-1}^3 - Z_{N-1}^2 - (B^2 + B - A)Z_{N-1} - AB \quad \cdots\cdots\cdots\cdots (D.5)$$

$$F'_{N-1} = 3Z_{N-1}^2 - 2Z_{N-1} - (B^2 + B - A) \quad \cdots\cdots\cdots\cdots (D.6)$$

N 为迭代次数。第一次的 Z_0 为初始赋值。通过迭代计算使 R-K 公式成立。Z_N 为最终求出的一个根。

D.1.2 压缩系数计算误差

流量计显示的压缩系数 Z_m 与压缩系数计算值 Z_N 比较，按式（D.7）得到压缩系数计算误差：

$$e_Z = \frac{Z_m - Z_N}{Z_N} \times 100\% \quad \cdots\cdots\cdots\cdots (D.7)$$

压力和温度输入信号按附录 C 表 C.1 的规定，按流量计显示的热力学温度和绝对压力值计算，取最大值为计算误差值。

D.2 天然气

D.2.1 压缩系数计算

天然气压缩系数按 GB/T 17747.2—2011 规定的方法计算。

D.2.2 误差计算

同 D.1.2。

D.3 计算实例

例 1:用于测量空气的流量计显示的绝对压力 0.8 MPa、热力学温度 308.15 K(35 ℃)。求流量计压缩系数。

空气的临界压力为 3.766 MPa,空气的临界温度为 132.42 K。

绝对压力 0.8 MPa 时的临界压力比 $P_r=0.212\ 4$,热力学温度 308.15 K 时的临界温度比 $T_r=2.327\ 1$。

根据式(D.2)、式(D.3),得到 $A=0.010\ 99$,$B=0.007\ 91$。

根据式(D.5)、式(D.6),第一次的 Z_0 初始赋值为 1,得到 $F_0=0.002\ 934$ 和 $F'_0=1.003\ 02$,将 F_0 和 F'_0 带入式(D.4),得到 $Z_1=0.997\ 08$,完成第一次循环。

同样将 $Z_1=0.997\ 08$ 带入式(D.5)、式(D.6),得到 $F_1=1.71\times10^{-5}$ 和 $F'_1=0.991\ 35$,将 F_1 和 F'_1 带入式(D.4),得到 $Z_2=0.997\ 06$,完成第二次循环。

同样可得到 $Z_3=0.997\ 06$。

根据同样的计算方法,可得到表 D.1。

表 D.1 常用温度、压力下空气的压缩系数

绝对压力 p/MPa	热力学温度 T/K	压缩系数 Z_N
1.015	293.15(20 ℃)	0.995 00
0.394	293.15(20 ℃)	0.998 00
0.300	293.15(20 ℃)	0.998 47
0.200	293.15(20 ℃)	0.998 98
0.110	298.15(25 ℃)	0.999 49
0.105	298.15(25 ℃)	0.999 51
0.100	298.15(25 ℃)	0.999 53
0.110	293.15(20 ℃)	0.999 43
0.105	293.15(20 ℃)	0.999 46
0.101 325	293.15(20 ℃)	0.999 48
0.100	293.15(20 ℃)	0.999 49
0.110	288.15(15 ℃)	0.999 38
0.105	288.15(15 ℃)	0.999 41
0.100	288.15(15 ℃)	0.999 44
注:经查,在标准状态下空气的压缩系数为 0.999 63,表明用该方法的误差约为 0.02%。		

例 2:根据 GB/T 17747.2—1999,用计算机程序,对下述表 D.2 的气样进行压缩系数计算,结果见表 D.3。如果编制的计算程序得到的结果在表 4 规定的误差限要求内,则表明程序经过验证可使用。

表 D.2 以摩尔分数表示的天然气组分

气体组成	气样 1	气样 2	气样 3	气样 4	气样 5	气样 6
x_{co_2}	0.006	0.005	0.015	0.016	0.076	0.011
x_{N_2}	0.003	0.031	0.010	0.100	0.057	0.117
x_{H_2}	0.00	0.00	0.00	0.095	0.00	0.00
x_{co}	0.00	0.00	0.00	0.010	0.00	0.00
x_{CH_4}	0.965	0.907	0.859	0.735	0.812	0.826
$x_{C_2H_6}$	0.018	0.045	0.085	0.033	0.043	0.035
$x_{C_3H_8}$	0.004 5	0.008 4	0.023 0	0.007 4	0.009 0	0.007 5
$x_{i-C_4H_{10}}$	0.001 0	0.001 0	0.003 5	0.001 2	0.001 5	0.001 2
$x_{n-C_4H_{10}}$	0.001 0	0.001 5	0.003 5	0.001 2	0.001 5	0.001 2
$x_{i-C_5H_{12}}$	0.000 5	0.000 3	0.000 5	0.000 4	0.00	0.000 4
$x_{n-C_5H_{12}}$	0.000 3	0.000 4	0.000 5	0.000 4	0.00	0.000 4
$x_{C_6H_{14}}$	0.000 7	0.000 4	0.00	0.000 2	0.00	0.000 2
$x_{C_7H_{16}}$	0.00	0.00	0.00	0.000 1	0.00	0.000 1
$x_{C_8H_{18}}$	0.00	0.00	0.00	0.000 1	0.00	0.00

表 D.3 压缩系数 Z_N 的计算结果

绝对压力 p/MPa	热力学温度 T/K	气样 1	气样 2	气样 3	气样 4	气样 5	气样 6
6	270	0.840 53	0.833 48	0.793 80	0.885 50	0.826 09	0.853 80
6	280	0.861 99	0.855 96	0.822 06	0.901 44	0.849 69	0.873 70
6	290	0.880 06	0.874 84	0.845 44	0.915 01	0.869 44	0.890 52
6	310	0.908 67	0.904 46	0.881 83	0.936 74	0.900 52	0.917 23
6	330	0.930 11	0.926 96	0.908 68	0.953 18	0.923 68	0.937 30
12	270	0.721 33	0.710 44	0.641 45	0.810 24	0.695 40	0.750 74
12	280	0.760 25	0.750 66	0.689 71	0.837 82	0.737 80	0.785 86
12	290	0.793 17	0.784 75	0.731 23	0.861 37	0.773 69	0.815 69
12	310	0.845 15	0.838 63	0.796 98	0.899 13	0.830 22	0.863 11
12	330	0.883 83	0.878 70	0.845 53	0.927 66	0.872 11	0.898 62

附　录　E
（规范性附录）
流量干扰试验

E.1　通用规定

对容积式流量计以及其他种类的声明计量特性不受管道内流体扰动发生影响的流量计需要依据本附录进行试验。

本附录所做试验采用环境条件下的空气，在流量点 0.25 q_{max}、0.4 q_{max} 和 q_{max} 下试验。也可以选择高压空气或者燃气。

如果流量计的标称直径系列和所有规格的口径相似，试验两种规格就足够了。

E.2　轻度干扰

流场轻度干扰管道的配置有（见图 E.1a 和 E.1b）：

——标称直径 5DN_1 的长管；

——直径为 DN_1 的两个弯管，不在一个平面上；

——直径 DN 和 DN_1 同心放大管，长度在 DN 和 1.5 DN 之间；

——安装 2DN 上游直管段（见图 E.1c），或者采用更长的上游直管段/或者安装制造商说明的流量整流器。后一种情形，有必要对上游直管段/或者流量整流器的实际情况在报告中说明。

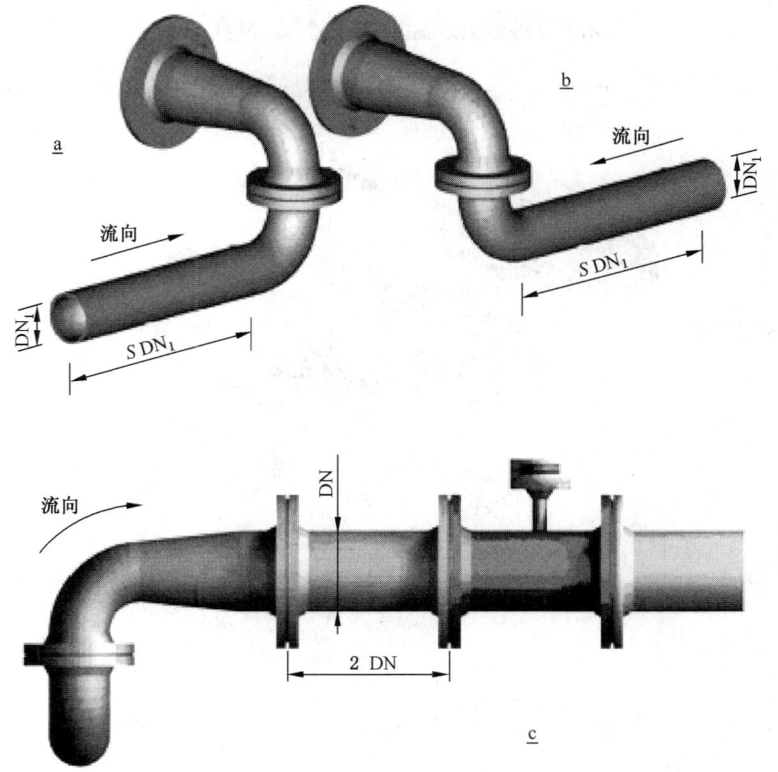

图 E.1　轻度干扰管道图

直径 DN 和 DN_1 的关系如表 E.1 所示。

表 E.1　直径 DN 和 DN_1 的关系

DN(流量计)/mm	DN_1(管道)/mm	DN(流量计)/mm	DN_1(管道)/mm
50	40	300	250
80	50	400	300
100	80	500	400
150	100	600	500
200	150	750	600
250	200	1 000	750
注：DN 更小的或更大的参照执行。			

E.3　严重的干扰

如 E.2 所述配置的管段。另外增加半开的阀门或挡板，如图 E.2 所示，安装在两个弯管之间，开口朝向在第一个弯管半径外。

流场严重干扰和轻度干扰的三维表示图如图 E.3 所示。

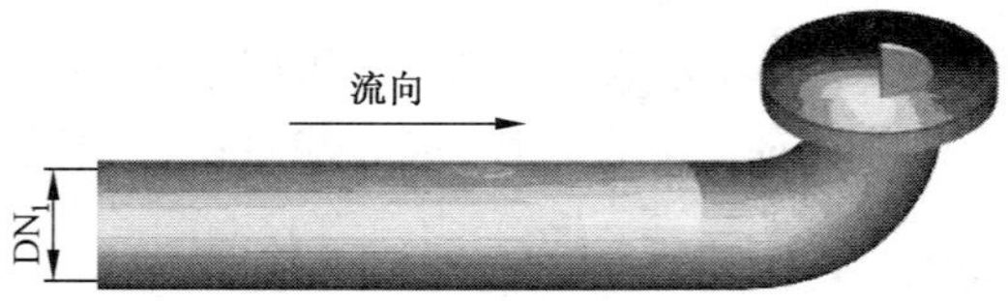

图 E.2　由半开管路造成的严重干扰

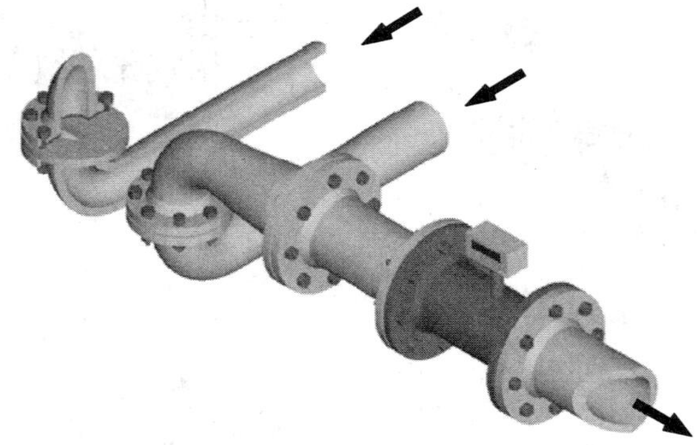

图 E.3　流量干扰的三维表示图

参 考 文 献

[1] GB/T 1048—2005 管道元件 PN(公称压力)的定义和选用

[2] GB/T 9112～9124—2010 钢制管法兰

[3] GB/T 9248—2008 不可压缩流体流量计性能评定方法

[4] GB/T 17614.1—2008 工业过程控制系统用变送器 第1部分:性能评定方法

[5] GB/T 18604—2001 用气体超声流量计测量天然气流量

[6] GB/T 22133—2008 流体流量测量 流量计性能表述方法

[7] GB/T 21391—2008 用气体涡轮流量计测量天然气流量

[8] JB/T 9247—1999 分流旋翼式蒸汽流量计

[9] JB/T 10564—2006 流量测量仪表基本参数

[10] JJG 1003—2005 流量积算仪

[11] OIML R137-1:2012 Gas meters—Part 1:Requirements

[12] EN 14205-1:2005 Gas meters—Conversion divices—Part 1:Volume conversion

[13] IEC 60068-2-64:2008 Environmental testing—Part 2-64:Tests-Test Fh:Vibration,broadband random and guidance

ICS 25.180.10
N 61

中华人民共和国国家标准

GB/T 28849—2012

SX系列实验用箱式电阻炉

SX series experimental box-shape resistance furnace

2012-11-05 发布　　2013-02-15 实施

中华人民共和国国家质量监督检验检疫总局
中国国家标准化管理委员会　发布

前　言

本标准按照GB/T 1.1—2009给出的规则起草。

本标准由中国机械工业联合会提出。

本标准由中国机械工业联合会归口。

本标准负责起草单位：重庆市计量质量检测研究院。

本标准参加起草单位：重庆鑫邦电炉有限公司、上海意丰电炉有限公司、重庆松藻煤电有限责任公司。

本标准主要起草人：张雯、高成、宣丁、陆永新、李平、任婷婷、黄嗣竣、张秋泉、莫洪波、钟正国。

SX 系列实验用箱式电阻炉

1 范围

本标准规定了 SX 系列实验用箱式电阻炉的术语和定义、型号和主要参数、要求、试验方法、检验规则以及标志、包装、运输和贮存。

本标准适用于工作温度在 100 ℃～1 600 ℃的 SX 系列自然气氛和保护气氛实验用箱式电阻炉(以下简称箱式炉)。

2 规范性引用文件

下列文件对于本文件的应用是必不可少的。凡是注日期的引用文件,仅注日期的版本适用于本文件。凡是不注日期的引用文件,其最新版本(包括所有的修改单)适用于本文件。

GB 5959.4—2008 电热装置的安全 第 4 部分:对电阻加热装置的特殊要求

GB/T 10066.1—2004 电热设备的试验方法 第 1 部分:通用部分

GB/T 10066.4—2004 电热设备的试验方法 第 4 部分:间接电阻炉

GB/T 10067.1—2005 电热装置基本技术条件 第 1 部分:通用部分

GB/T 10067.4—2005 电热装置基本技术条件 第 4 部分:间接电阻炉

JB/T 8195.7—2007 间接电阻炉 第 7 部分:SX 系列实验用箱式炉

3 术语和定义

下列术语和定义适用于本文件。

3.1

炉温均匀度 furnace temperature uniformity

在试验温度下的热稳定状态时箱式炉工作区内的温度均匀程度。

[GB/T 10066.4—2004,定义 3.15]

注 1:以℃为单位。

注 2:除非另有规定,炉温均匀度一般表示为:在规定的各个测温点上测得的温度真实值减去设定温度(即监控点上所测得的温度)所得的最大差值(可正可负)。没有特别说明时,为空炉状态。

3.2

炉温稳定度 furnace temperature stability

在试验温度下的热稳定状态时箱式炉控温点温度的稳定程度。

[GB/T 10066.4—2004,定义 3.16]

注:以℃为单位。

3.3

表面温升 surface temperature rise

箱式炉在最高温度下的热稳定状态时,炉体外表面指定范围内任意点的温度与环境温度的差。

[GB/T 10066.4—2004,定义 3.17]

注:以℃为单位。

3.4

工作传感器　working sensor

控温传感器　sensor for temperature control

安装在炉膛内能准确反映炉膛温度，用于控制、指示和记录炉温的传感器。

[GB/T 10066.4—2004，定义 3.24]

3.5

检测传感器　test sensor

安放在工作区测温架的规定位置上用于检测该点温度的传感器。

[GB/T 10066.4—2004，定义 3.25]

3.6

监控传感器　monitoring sensor

炉温均匀度试验时，安装在控温传感器延伸方向处的工作区内，能准确反映工艺规定温度，并以此为基准判定炉温均匀度的传感器。

[GB/T 10066.4—2004，定义 3.26]

3.7

炉膛尺寸　dimensions of furnace chamber

箱式炉炉膛的宽、长和高。"宽"为炉口宽度，"长"为炉口内侧到炉膛后墙之间的净空距离，"高"为炉口高度，不计炉口上部的拱形部分。

注 1：本标准所指的炉膛尺寸是炉膛的标称尺寸。

注 2：改写 JB/T 8195.7—2007，定义 3.1。

3.8

保护气氛　protective atmosphere

炉内用来保护炉料使之在加热时避免或减少氧化和脱碳的气氛。

[JB/T 8195.7—2007，定义 3.2]

3.9

冷态　cold state

箱式炉电热装置的所有构件温度都处于环境温度时的一种热力学状态。

[GB/T 10066.1—2004，定义 3.1]

3.10

热态　hot state

箱式炉构件处于它们的工作温度或稳态温度下，其炉料（如有的话）已达到稳态温度或想要的温度分布的一种热力学状态。

[GB/T 10066.1—2004，定义 3.2]

3.11

热稳态　thermal steady state

输入箱式炉电热装置全部能量用于补偿其热损失的一种热力学状态。

[GB/T 10066.1—2004，定义 3.3]

注 1：又称热稳定状态，是指箱式电阻炉达到吸、放热平衡的一种热力学状态，热稳定状态时炉膛内温度在某一范围内波动。

注 2：本标准中在以下各条款中提及的箱式电阻炉达到热稳定状态，是指对砖砌复合炉衬的箱式电阻炉达到设定点温度 3 h 后，其他类型的箱式电阻炉达到设定点温度 2 h 后。

4 型号和主要参数

4.1 品种和规格

4.1.1 箱式炉按炉内气氛和最高工作温度分为多个品种，如表1所示。在企业产品标准中允许采用其他最高工作温度值。此时，品种代号中的数字（最高工作温度除以100后取整）应作相应改变。

表1 品种

品种代号	气氛	最高工作温度 ℃
SX10	自然气氛	1 000
SX12		1 200
(SX13)		1 300
SX14		1 400
SX16		1 600
SXQ10	保护气氛	1 000
SXQ12		1 200
SXQ14		1 400
SXQ16		1 600
注：加括号的品种代号，表示该品种为保留品种。		

4.1.2 各个品种的箱式炉按工作尺寸分为多个规格。工作尺寸（宽×长×高）应符合以下规定：

a) 最小规格：60 mm×120 mm×40 mm；

b) 其余规格：宽和高分别按40 mm递增到300 mm和200 mm；长先按40 mm递增到200 mm，以后按80 mm递增到600 mm。

4.1.3 工作区在炉内的位置应在箱式炉产品说明书所附图样上标明。

4.1.4 各箱式炉制造厂可按4.1.1和4.1.2规定的品种规格进行选择，并由此制定各自的箱式炉企业产品标准。

4.2 型号

箱式炉的型号应按照JB/T 8195.7—2007编制，其中的技术类别代号按JB/T 8195.7—2007中7.4确定。

4.3 主要参数

各个型号的箱式炉应分别列出以下各项：

a) 电源电压，单位为V；

b) 电源频率，单位为Hz；

c) 电源相数；

d) 额定功率，单位为kW；

e) 加热元件接法（适用于三相箱式炉）；

f) 工作温度，单位为℃；

g) 炉膛尺寸,单位为 mm;

h) 工作区尺寸,单位为 mm;

i) 炉温均匀度,单位为℃;

j) 炉温稳定度,单位为℃;

k) 空炉损失,单位为 kW;

l) 空炉升温时间,单位为 min;

m) 适用气氛和气体(或液体)耗量,单位为 Nm^3/h (或 kg/h)(适用于 SXQ 型箱式炉);

n) 炉体重量,单位为 kg;

o) 炉体外形尺寸,单位为 mm。

当箱式炉通过调压器或变压器供电时,应另列出工作电压。

5 要求

5.1 通则

除本标准的规定外,箱式炉还应符合 GB/T 10067.4—2005 中第 5 章的规定。当与本标准规定有差异时,以本标准为准。

5.2 外观

5.2.1 总体设计

5.2.1.1 箱式炉主要由炉体和控制器组成,两者可组合成一体。

5.2.1.2 炉体一般为台式。

5.2.1.3 SXQ 型箱式炉应为气密结构。

5.2.2 炉壳

5.2.2.1 箱式炉外壳由钢板制造并加固。所有焊接处都应可靠焊接,以形成刚性结构。炉口所在的炉面板应用热变形小的材料制成,炉面结构应能避免翘曲。

5.2.2.2 无炉罐的 SXQ 型箱式炉的炉壳应焊接成一个气密性整体,在炉壳适当位置上设置供保护气体进出用的管接头。

5.2.2.3 外壳采用不锈钢或经表面处理的钢板制造的,其外表面应喷涂耐热防护漆,漆膜表面应色泽均匀,应无明显的刷痕、伤痕、修整痕迹和机械杂质。

5.2.3 炉衬

5.2.3.1 炉衬的材料和结构应能满足对箱式炉的性能要求(见 5.4～5.7)。C 级炉的炉衬,除承载和易受碰撞的部分外,应全部采用耐火纤维。

5.2.3.2 炉衬的使用期限,对普通耐火炉衬箱式炉不应少于 1 100 天;对耐火纤维炉衬箱式炉不应少于 550 天。但对炉衬需附加热元件同时更换的箱式炉,不应低于热元件的使用期限。

5.2.4 炉门

5.2.4.1 炉门一般用人力操作,炉门的启闭应轻巧、灵活,必要时应配有适当的平衡装置。

5.2.4.2 炉门应具有与炉衬同样良好的耐火和隔热性能,并有可靠的密封设施,以确保炉膛可靠密封。炉门与炉口四周搭接部分的宽度不应小于 20 mm。

5.3 加热元件制造质量

5.3.1 加热元件的发热部分应截面均匀，表面平整光滑，无明显裂纹和划伤。

5.3.2 最高工作温度不超过 1 200 ℃的 SX 型箱式炉，其加热元件一般采用电热合金制成；1 200 ℃以上者，用碳化硅、二硅化钼或具有相同或综合性能更好的材料。在选用 SXQ 型箱式炉的加热元件材料时应考虑气氛对材料的作用。

5.3.3 对采用碳化硅等非金属加热元件的炉子，应配备多抽头变压器或其他调压装置，并应保证加热元件在整个使用期限内都能正常工作。

5.3.4 加热元件的使用期限见表 2，以其在额定电源电压或最高工作电压下的输入功率不小于其额定功率 15%为限。

表 2 加热元件的使用期限

品种代号	使用期限 h
SX10、SXQ10	≥1 500
SX12、SXQ12	≥750
(SX13)、SX14、SXQ14	
SX16、SXQ16	
注：加括号的品种代号，表示该品种为保留品种。	

5.3.5 加热元件的设计和在炉内的布置应符合加热和炉温均匀度的要求，并应避免与炉料接触的可能性。表面负荷应合理选择，使加热元件有足够长的使用寿命。加热元件应可靠固定，以免反复加热后因位移、变形而影响安全和炉温均匀度。

5.3.6 金属加热元件引出棒的截面积至少为加热元件发热部分的 3 倍。

5.4 工作温度

5.4.1 通则

5.4.1.1 除另有规定(见 4.1)外，箱式炉的工作温度应在表 3 所列的范围内。

5.4.1.2 在工作温度范围内，箱式炉应满足 5.4.2 炉温均匀度和 5.4.3 炉温稳定度的要求。

5.4.2 炉温均匀度

5.4.2.1 箱式炉的炉温均匀度不应超过表 4 规定的范围。

5.4.2.2 最高工作温度不同于 4.1 所列的箱式炉，取最接近的品种的炉温均匀度的限值。

表 3 工作温度

品种代号	工作温度 ℃
SX10、SXQ10	750～1 000
SX12、SXQ12	950～1 200
(SX13)	1 150～1 300

表 3（续）

品种代号	工作温度 ℃
SX14、SXQ14	1 150～1 400
SX16、SXQ16	1 350～1 600
注：加括号的品种代号，表示该品种为保留品种。	

表 4　炉温均匀度

品种代号	炉温均匀度 ℃		
	A 级	B 级	C 级
SX10、SXQ10、SX12、SXQ12	±15	±10	±6
(SX13)、SX14、SXQ14	±18	±13	±8
SX16、SXQ16	±20	±15	±10
注：加括号的品种代号，表示该品种为保留品种。			

5.4.3　炉温稳定度

箱式炉的炉温稳定度不应超过下列规定的范围：

a)　A 级炉：±10 ℃；

b)　B 级炉：±4 ℃；

c)　C 级炉：±1 ℃。

5.5　表面温升

箱式炉在最高工作温度下的热稳定状态时，炉壳的表面温升不应超过 70 ℃，金属操作手柄的表面温升不应超过 20 ℃，非金属操作手柄的表面温升不应超过 30 ℃。

5.6　空炉升温时间

除另有要求，箱式炉的空炉升温时间应符合表 5 的规定。

表 5　空炉升温时间

品种代号	工作区容积 L	空炉升温时间 min		
		A 级	B 级	C 级
SX10、SXQ10	＜5.0	≤60	≤40	≤20
	≥5.0	≤70	≤45	
SX12、SXQ12	＜5.0	≤75	≤45	
	≥5.0	≤80	≤50	

表 5（续）

品种代号	工作区容积 L	空炉升温时间 min		
		A 级	B 级	C 级
(SX13)	<5.0	≤70	≤45	≤20
	≥5.0	≤90	≤55	
SX14、SXQ14	<5.0	≤80	≤50	
	≥5.0	≤100	≤60	
SX16、SXQ16	<5.0	≤220	≤120	
	≥5.0	≤250	≤140	
注：加括号的品种代号，表示该品种为保留品种。				

5.7 额定功率和空炉损失

5.7.1 箱式炉的额定功率应考虑炉膛尺寸、空炉升温时间和最高工作温度等因素，在企业标准中规定。

5.7.2 箱式炉的空炉损失应在企业产品标准中规定，其与额定功率的比值应符合表 6 的规定。

表 6 额定功率和空炉损失

品种代号	工作区容积 L	空炉损失/额定功率
SX10、SXQ10	<5.0	≤0.30
	≥5.0	≤0.25
SX12、SXQ12	<5.0	≤0.35
	≥5.0	≤0.25
(SX13)、SX14、SXQ14	<5.0	≤0.40
	≥5.0	≤0.35
SX16、SXQ16	<5.0	≤0.45
	≥5.0	≤0.40
注：加括号的品种代号，表示该品种为保留品种。		

5.8 绝缘电阻

按 GB/T 10066.1—2004 中 7.1.2 的规定，电阻炉的炉衬经充分干燥并冷却到环境温度后，各相加热元件对炉壳和各相之间的绝缘电阻不应低于 0.5 MΩ。控制电路对地(在电路不直接接地时)的绝缘电阻不低于 1 MΩ。

5.9 绝缘耐压强度

5.9.1 电阻炉应在规定的试验条件(冷态)和 GB/T 10066.1—2004 中 7.1.3 规定的试验电压下保持 1 min 而无飞弧或击穿现象。

5.9.2 对属于电击保护Ⅰ类设备(见 GB 5959.4—2008 中 16.2.1.3)的电阻炉,应首先在冷态情况下进行试验,试验电压为交流 1 500 V,然后在最高工作温度下进行试验,试验电压等于电阻炉的额定电压。

5.9.3 对属于电击保护Ⅱ类设备(见 GB 5959.4—2008 中 16.2.1.5)的电阻炉,应在其最高工作温度下进行试验,试验电压为交流 3 750 V。

6 试验方法

6.1 外观检查

根据产品标准和设计图样规定目测或用量具、专用仪器进行测量和检查,如用放大镜检查加热元件表面焊接部位有无裂纹等缺陷。气密性检漏方法按生产厂的工艺规定进行。结果应满足 5.2 的要求。

6.2 加热元件制造质量检查

在加热元件的制造和电阻炉的装配安装过程中应按设计图样要求,用量具测量加热元件的主要尺寸,必要时用放大镜检查加热元件表面(尤其焊接部位)有无裂纹等缺陷,结果应满足 5.3 的要求。

6.3 工作温度试验

6.3.1 炉温均匀度试验

6.3.1.1 测量条件

测量条件如下:

a) 对第一次使用或长期不用的电阻炉需要按制造厂产品说明书的要求进行烘炉;
b) 炉温均匀度在电阻炉未装炉料(空炉)情况下测量,用户要求在装料情况下测量时,炉料的材质、形状、大小、布置方式、测量点的位置和要求达到的指标等由用户和制造厂另行商定;
c) 对试验温度规定如下:
   - 最高温度不超过 1 200 ℃的箱式炉,其试验温度分别是最低工作温度和最高工作温度;
   - 最高工作温度超过 1 200 ℃的箱式炉,其试验温度分别是最低工作温度和 1 200 ℃;
d) 炉温均匀度在规定的测量点上,在试验温度下的热稳定状态时测量,用户如果有其他要求,可与制造厂另行商定;
e) 具有风机的电阻炉,在试验期间风机应正常运转;
f) 对于布置在控温点(或监控点)和各测温点上的传感器应通过转换开关用同一只准确度不低于 0.2 级,分辨力不低于 0.001 mV 直流数字电压表或相同准确度等级的其他仪表,如 DR 系列等多点巡回检测仪表来测量;
g) 控温传感器应固定在设计规定的位置上,其端点不应伸入到工作区内(但监控传感器应在距控温传感器端点延伸方向不超过 150 mm 处的工作区内,并以此测量值为基准,判定炉温均匀度)。对多区电阻炉,每个控温传感器附近都应有一个监控传感器;
h) 试验用传感器(即检测传感器、控温传感器、监控传感器)应事先在试验温度范围内与标准传感器进行校准,求出其修正值;
i) 对各个温区的控温仪表应分别进行校准。

6.3.1.2 试验装置

测温装置由测温架(桩、柱、笆)、传感器、补偿导线、转换开关及检测仪表等组成。

6.3.1.3 **测温点(不含控温点传感器)的布置**

对间歇式电阻炉测温区呈现长方体且其容积等于或小于0.15 m^3 时,共设5个测温点,布置在测温区的中心点和前下左、前上右及后上左和后下右4个端角上。如图1所示。

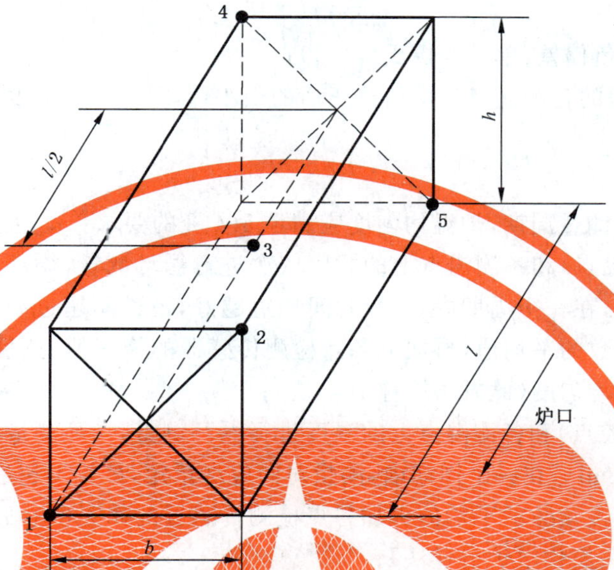

说明:

l——长;

b——宽;

h——高。

图1 小容积箱式电阻炉工作区测温点位置示意图

6.3.1.4 **试验步骤**

试验步骤如下:

a) 根据炉型和工作区尺寸,首先确定测温点数量和位置,然后将传感器(推荐采用铠装传感器)牢固地固定在测温架(椿、柱)上,并作好标识;
b) 用补偿导线将传感器依标识序号分别连接检验仪器上,注意极性,推荐采用多点温度巡检仪;
c) 测温架一般在室温下入炉;
d) 送电升温后,应密切注视检测传感器在检测仪器上的显示值。若发现异常情况,应及时排除;
e) 当温度达到试验温度后,应在适当保温一段时间(如0.5 h)后,预先检测一下各检测点的温度;
f) 经判稳确认电阻炉已达到热稳定状态后,依下述3种检验方法之一测量炉温均匀度。炉温均匀度按式(1)、式(2)、式(3)计算。

$$\theta_{pn}=\frac{1}{m}\sum_{i=1}^{m}\theta_i \qquad \cdots\cdots(1)$$

式中:

θ_{pn}——试验期间所有检测点测得温度读数的算术平均值,单位为摄氏度(℃);

m——测量次数;

θ_i——试验期间测得的炉温瞬时值,单位为摄氏度(℃)。

$$\Delta\theta_{+}=\theta_{p\,max}-\theta_{p} \qquad \cdots\cdots(2)$$

式中：

$\Delta\theta_+$ ——炉温的最大正偏差，单位为摄氏度(℃)；

$\theta_{p\,max}$ ——由式(1)求得的各测温点温度值修正后的最大值，单位为摄氏度(℃)；

θ_p ——由式(1)求得的控温点(或监控点)温度值修正后的值，单位为摄氏度(℃)。

$$\Delta\theta_- = \theta_{p\,min} - \theta_p \quad \cdots\cdots(3)$$

式中：

$\Delta\theta_-$ ——炉温的最大负偏差，单位为摄氏度(℃)；

$\theta_{p\,min}$ ——由式(1)求得的各测温点温度值修正后的最小值，单位为摄氏度(℃)。

6.3.1.5 试验方法选择

采用下述任一种循环测量周期，炉温均匀度应满足 5.4.2 的要求：

a) 对控温点(或监控点)和各测温点上的温度依次进行循环测量，循环测量次数不少于 60 次，测量周期定为 60 s，在一个周期内，测量时间越短越好，最长不超过 30 s，全部测量结束后，分别求得各点温度读数的平均值，再加上各点检测传感器的修正值，然后按式(1)～式(3)，确定所测电阻炉的炉温均匀度(此方法简称 IEC 法)；

b) 对控温点(或监控点)和各测温点上的温度进行循环测量，循环测量次数应不少于 20 次，循环测量周期定为 3 min，在一个周期内，测量时间应尽量短，最长不超过 1 min，全部测量结束后，分别求得各点温度读数的平均值再加各点检测传感器的修正值然后按式(1)～式(3)，确定炉温均匀度(此方法简称电炉行业法)；

c) 根据电阻炉在工作时要求保温时间的长短，确定测量周期和测量次数，如表 7 所示(此法简称热处理行业法)。

表 7 温度测量间隔和次数

炉型	间歇式		连续式		
工艺保温时间/ min	＜30	≥30	＜30	30～120	＞120
测量周期	3	5～10	3	5～20	10～15
循环测量次数	10	≥10	≥5	≥6	≥8

注 1： 对多区电阻炉，控温点(或监控点)温度应是各区控温点(或监控点)温度的算术平均值。

注 2： 若 c)项测量结果有异议时，以 a)或 b)项测量结果为准。

6.3.2 炉温稳定度试验

用 6.3.1 试验中在控温点上测得的温度，按式(4)或式(5)计算，结果应满足 5.4.3 的规定。

$$\delta_+ = \theta_h - \theta_{p'} \quad \cdots\cdots(4)$$

$$\delta_- = \theta_{p'} - \theta_l \quad \cdots\cdots(5)$$

式中：

δ_+ ——炉温稳定度，单位为摄氏度(℃)；

δ_- ——炉温稳定度，单位为摄氏度(℃)；

$\theta_{p'}$ ——控温传感器(监控传感器)测得的温度读数的算术平均值，单位为摄氏度(℃)；

θ_h ——试验期间大于 $\theta_{p'}$ 的最大温度读数，单位为摄氏度(℃)；

θ_l ——试验期间小于 $\theta_{p'}$ 的最小温度读数，单位为摄氏度(℃)。

注 1： 对多控温区，应分别求出各控温区的炉温稳定度。

注 2： 经用户和制造厂协商，也可按式(6)计算炉温稳定度。

$$\Delta\theta=\sqrt{\frac{\sum_{i=1}^{m}(\theta_i-\theta_p)^2}{m-1}} \quad \cdots\cdots(6)$$

6.3.3 最高工作温度试验

在6.3.2的试验后，用电阻炉本身配备的温度仪表或其他合适的仪表进行测量。

6.4 表面温升试验

6.4.1 在电阻炉最高工作温度下的热稳定状态时按GB/T 10066.1—2004中的7.2.1的规定用表面温度计或其他能给出可靠读数的测温装置，先测出电阻炉的表面温度，然后减去测量时的环境温度即得到表面温升，结果应满足5.5的要求。

6.4.2 测量点的位置应在炉门(或炉盖)、炉壳(炉顶、炉侧、炉后)，操作手柄(或手轮)等外表面任意点上，但距炉门口和炉盖口附近及加热元件和热电偶引出孔的边缘和炉衬穿透紧固件中心75 mm的范围内除外。距非金属加热元件引出孔和观察窗边缘90 mm的范围内也除外。

6.5 空炉升温时间试验

6.5.1 试验前电阻炉应已充分干燥，在空炉冷态情况下连接电源，用秒表测量炉温上升到最高工作温度所需时间，结果应满足5.6的要求。

6.5.2 测量空炉升温时间应根据电阻炉所用加热元件的性质和控制方式，分别进行测量。

6.5.3 对采用镍铬和铁铬铝等电阻温度系数不大的金属加热元件的电阻炉，在测量过程中，若有条件(如有调压器等)应使输入电压的波动不超过额定值的±2%，否则用秒表和电能表测出试验过程中的平均输入功率(等于升温期间输入给炉子的电能除以实测升温时间)，并用经验式(7)近似计算：

$$t=t'(P'/P_n)^x \quad \cdots\cdots(7)$$

式中：

t ——电阻炉的空炉升温时间，单位为小时(h)；

t' ——实测升温时间，单位为小时(h)；

P_n ——电阻炉的实测额定功率，单位为千瓦(kW)；

x ——修正系数；

P' ——t'期间实测的平均输入功率，单位为千瓦(kW)。

注1：凡是通过调压器或变压器等供电者，按下述规定调节其输入功率：对于无级调压的电阻炉，其输入功率的偏差应在±2%范围内，对于有级调压的电阻炉，其输入功率的偏差应在±10%范围内，试验结果也应用上述方法折算。

注2：x范围为1.5～2.0，一般实验电阻炉取高值，工业电阻炉取低值。

6.5.4 对于采用钨、钼、钽、铬酸镧、碳化硅、二硅化钼等电阻温度系数较大的加热元件和石墨作为加热元件的电阻炉，在测量时其输入电压应先调节在最低值上，然后根据企业产品标准中所规定的升温方式逐渐升高电压，并且根据是分级和无级调压，使输入电压的波动不超过额定值的±2%。

6.6 额定功率和空炉损失试验

6.6.1 额定功率试验

在上述试验中，当炉温将达到最高工作温度而温控仪尚未起作用时，用功率表测量，对于位式控温电阻炉也可在炉温达到最高工作温度以后的通电期间内测量，结果应满足5.7的要求。若检验期间受电压波动的影响，测量结果按式(8)进行折算。

$$P_n=P_n'(U_n/U)^2 \quad \cdots\cdots(8)$$

式中：

P_n ——额定功率，单位为千瓦(kW)；

P_n' ——在电压与 U_n 的偏差不超过±5%时测得的功率，单位为千瓦(kW)；

U_n ——额定电压，单位为伏特(V)；

U ——测量功率时的电压，单位为伏特(V)。

6.6.2 空炉损失试验

6.6.2.1 通则

空炉损失应在空炉最高工作温度下热稳定状态时进行测量，结果应满足 5.7 的要求。炉内气氛应与正常工作时相同，炉内风机所消耗的功率应包括在内。

电阻炉的热稳定状态和空炉损失应在电阻炉达到最高工作温度后用下述 3 种方法之一来确定。

6.6.2.2 平均功率法

用高精度(0.5 级)、高分辨率数字电能表测量电阻炉相邻各段时间内的耗电量，如在第一段时间 Δt_1 内的耗电量为 E_1，在第二段时间 Δt_2 内的耗电量为 E_2，……在第 n 段时间 Δt_n 内的耗电量为 E_r……等。

对于一般位式控制的电阻炉，Δt_1，Δt_2，…Δt_n…，各段时间都必须是整数个通断周期，即 $\Delta t+\delta_i$，其中 $\delta_i=(\delta_1,\delta_2,\cdots,\delta_n)$要尽可能小。

对于连续控温的电阻炉，各段时间都应相等，即 $\Delta t_1=\Delta t_2=\cdots\Delta t_n=\Delta t$，h。除非另有规定，$\Delta t$ 的值对于实验电阻炉和全纤维炉衬工业电阻炉取 20 min，对砖砌炉衬电阻炉取 30 min。求出各段时间内的平均功率：

$P_1=E_1/\Delta t_1$，$P_2=E_2/\Delta t_2$，……，$P_n=E_n/\Delta t_n$；设 $P_{\max 1}$ 和 $P_{\min 1}$ 分别是 P_1，P_2，P_3 中的最大值和最小值，求得 $\Delta_1=P_{\max 1}/P_{\min 1}$。

同样，对于 P_2，P_3，P_4 求得 $\Delta_2=P_{\max 2}/P_{\min 2}$

重复类似计算，直到 $\Delta_{n-1}\leqslant 1.03$；$\Delta_n\leqslant 1.03$；$\Delta_{n+1}\leqslant 1.03$。这时，就认为在 Δt_n 时间段结束时，电阻炉已达到实际上的热稳定状态。电阻炉的空炉损失按式(9)计算。

$$P_0=\frac{E_{n-1}+E_n+E_{n+1}}{\Delta t_{n-1}+\Delta t_n+\Delta t_{n+1}}\cdot\frac{\theta_h-20}{\theta_h-\theta_a} \qquad \cdots\cdots(9)$$

式中：

P_0 ——电阻炉空炉损失，单位为千瓦(kW)；

Δt_{n-1}，Δt_n，Δt_{n+1} ——测量时间段，单位为小时(h)；

E_{n-1}，E_n，E_{n+1} ——在测量时间段内的电阻炉耗电量，单位为千瓦小时(kW·h)；

θ_h ——电阻炉的最高工作温度，单位为摄氏度(℃)；

θ_a ——试验最后阶段的环境温度，单位为摄氏度(℃)。

注：如果试验中不能出现连续 3 个 Δ 都小于 1.03 的情况，则允许在出现连续 2 个 Δ 小于 1.03 以后，再次出现连续 2 个 Δ(Δ_n 和 Δ_{n+1})小于 1.03 时就认为已达热稳定状态。并用最后 2 个 Δ≤1.03 计算空炉损失。

6.6.2.3 表面温升法(适用于多区炉)

用分辨力不低于 0.2 ℃的温度计测量炉壳的表面温度和环境温度，测量点应选择在炉膛侧壁中心并远离引出孔的位置上，每隔 Δt 小时测量一次温度值，并求出该点的温升值(Δt 的取值同平均功率法)。

设在测量过程中求得的炉壳表面温升分别为 $\Delta\theta_1$，$\Delta\theta_2$，$\Delta\theta_3$…。为进行类似于上述平均功率法的计算，求得每 3 个相邻温升值的最大和最小值之比 Δ_1，Δ_2，…Δ_n…，直到：$\Delta_{n-1}\leqslant 1.03$；$\Delta_n\leqslant 1.03$；$\Delta_{n+1}\leqslant$

1.03。这时就认为电阻炉在 Δt_n 时间段结束时已达到热稳定状态。电阻炉的空炉损失按式(10)计算。

$$P_0=\left(\frac{E_{\mathrm{I}}}{\Delta t_{\mathrm{I}}}+\frac{E_{\mathrm{II}}}{\Delta t_{\mathrm{II}}}+\cdots+\frac{E_M}{\Delta t_M}\right)\cdot\frac{\theta_h-20}{\theta_h-\theta_a}\qquad(10)$$

式中：

Δt_{I},Δt_{II},Δt_M ——各控制区的测量时间段,单位为小时(h);

E_{I},E_{II},E_M ——各控制区的测量时间段内各区的耗电量,单位为千瓦小时(kW·h);

M ——控制区数,对单区炉,$M=1$。

注：对各控制区的测量时间段 Δt_M 应不小于 1 h;对位式控温的电阻炉,各区的测量时间中应分别包含整数个通断周期。

如果将电能表接到主回路,而非各区,则这时空炉损失按式(11)计算,即:

$$P_0=\frac{E}{\Delta t}\cdot\frac{\theta_h-20}{\theta_h-\theta_a}\qquad(11)$$

式中：

E ——Δt 测量时间段输入给电阻炉的耗电量,单位为千瓦小时(kW·h);

Δt ——测量时间,单位为小时(h)。

注：Δt 应不小于 1.5 h。

6.6.2.4 经验判稳法

由于炉衬结构和试验温度相同的同一品种电阻炉实际上达到热稳定状态的时间近似相等,因此可以根据以往的经验(用平均功率法)在企业标准中规定同一品种电阻炉实际上达到热稳定状态的时间。对所规定的值有争议时,用平均功率法或表面温升法校验。

电阻炉的空炉损失按式(12)计算:

$$P_0=\frac{E}{\Delta t}\cdot\frac{\theta_h-20}{\theta_h-\theta_a}\qquad(12)$$

式中：

E ——在 Δt 时间内输入给电阻炉的电能,单位为千瓦小时(kW·h);

Δt ——从电阻炉实际上达到热稳定状态开始计算的测量时间段,单位为小时(h)。

注：Δt 应不小于 1 h;对于位式控温电阻炉,Δt 应包含整数个通断周期。

如果是位式控温,且主回路中未接电能表,也可用功率表测量,则空炉损失按式(13)计算。

$$P_0=P_n\frac{t}{T}\cdot\frac{\theta_h-20}{\theta_h-\theta_a}\qquad(13)$$

式中：

P_n ——达热稳定状态时电阻炉的实测额定功率,单位为千瓦(kW);

Δt ——通断周期的通电时间,单位为秒(s);

T ——通断周期,单位为秒(s)。

平均功率法是基本方法,当平均功率法难以得到正确结果时(如对多控温区电阻炉等)可采用表面温升法。经验判稳法在对由平均功率法所取得的结果有成熟经验的情况下采用或在双方商定认可时采用。

6.7 绝缘电阻试验

用工作电压为 500 V,准确度为 10 级的绝缘电阻测量仪测量各相加热元件对炉壳和各相之间的绝缘电阻,结果应满足 5.8 的要求。

6.8 绝缘耐压强度试验

用能提供不低于 1 500 V 工作电压的耐压测试仪测量绝缘耐压强度,结果应满足 5.9 的要求。

7 检验规则

7.1 检验分类

检验分出厂检验和型式检验。检验项目、要求及试验方法的条款号见表8。

表8 检验项目表

序号	检验项目	要求的条款号	试验方法的条款号	出厂检验	型式检验	不合格分类
1	外观	5.2	6.1	●	●	B
2	加热元件制造质量	5.3	6.2	●	●	B
3	工作温度	5.4	6.3	—	●	A
4	表面温升	5.5	6.4	●	●	A
5	空炉升温时间	5.6	6.5	—	●	B
6	额定功率和空炉损失	5.7	6.6	—	●	A
7	绝缘电阻	5.8	6.7	●	●	A
8	绝缘耐压强度	5.9	6.8	●	●	A
注：符号"●"表示应检验的项目，符号"—"表示不必检验的项目。						

7.2 出厂检验

出厂检验由制造商质量检验部门负责，逐台检验合格后出具质量合格证明文件，并准许出厂。

7.3 型式检验

7.3.1 在下列情况之一时，进行型式检验：

a) 新产品或老产品转厂生产的试制定型鉴定；

b) 正常生产后，若结构、材料、工艺有较大改变，可能影响产品性能时；

c) 批量生产时，每两年不少于1次的检验；

d) 产品停产2年及以上，恢复生产时；

e) 出厂检验结果与上次型式检验有较大差异时；

f) 国家质量监督机构提出要求时。

7.3.2 型式检验应在出厂检验合格的产品中随机抽取1台。

7.3.3 单位产品不满足标准中任一项质量特性的规定称为不合格。一般分为A类不合格和B类不合格。

7.3.4 有一项A类或两项B类不合格，则判型式检验为不合格。

8 标志、包装、运输和贮存

8.1 标志

8.1.1 每套箱式炉都应有铭牌。铭牌应固定在电热设备明显易见的位置上。

8.1.2 制造厂自制的配套件都应有各自的铭牌。

8.1.3 箱式炉铭牌上应标出下列各项：

a) 产品的型号和名称；

b) 电源电压额定值，单位为 V；

c) 电源频率额定值，单位为 Hz；

d) 电源相数；

e) 额定功率，单位为 kW；

f) 加热元件接法(适用于三相箱式炉)；

g) 工作温度，单位为℃；

h) 工作区尺寸，单位为 mm；

i) 重量，单位为 kg；

j) 产品编号；

k) 制造日期；

l) 制造厂名称(对出口产品应标明国名)。

当箱式炉配备调压器或变压器时应另列出工作电压。

8.1.4 箱式炉的指示、控制、操作等部分应有必要的表示名称、位置或状态(方向)、接地等标志。

8.2 包装

8.2.1 箱式炉包装应符合 GB/T 10067.1—2005 的规定。

8.2.2 箱式炉的随机文件：

a) 装箱单；

b) 合格证；

c) 使用说明书。

8.3 运输

在运输方面有特殊要求的箱式炉，应规定其运输要求，一般应防止强烈的冲击、雨淋及曝晒。

8.4 贮存

经包装的箱式炉，应妥善地存放在相对湿度不超过 90% 和通风良好的场所，不应颠倒、侧放。对临时露天存放的包装箱应采取防雨、防潮和防止碰撞等措施。

ICS 19.040
N 61

中华人民共和国国家标准

GB/T 28850—2012

恒温槽与恒温循环装置 高温恒温槽

Thermostatic baths and circulators—Heated liquid baths

2012-11-05 发布　　2013-02-15 实施

中华人民共和国国家质量监督检验检疫总局
中国国家标准化管理委员会　发布

前　言

本标准按照 GB/T 1.1—2009 给出的规则起草。

本标准由中国机械工业联合会提出。

本标准由中国机械工业联合会归口。

本标准主要起草单位:杭州雪中炭恒温技术有限公司、重庆四达试验设备有限公司、机械工业仪器仪表综合技术经济研究所、浙江省计量科学研究院、无锡苏南试验设备有限公司、湖南省计量检测研究院、工业和信息化部电子第五研究所、上海爱斯佩克环境设备有限公司。

本标准参加起草单位:沈阳仪表科学研究院、安徽省计量科学研究院、衡阳衡仪电气有限公司、中国电器科学研究院、宁波东方加热设备有限公司、上海精宏实验设备有限公司、重庆银河试验仪器有限公司。

本标准主要起草人:徐月明、陈云生、金丽辉、周连琴、倪一明、熊知明、邹苏阳、冯华、徐秋玲、何纲健、刘湘衡、周修源、王晓峰、励雅琴、廉振荣、王家龙、沈才忠、金美峰、王华斌。

恒温槽与恒温循环装置 高温恒温槽

1 范围

本标准规定了高温恒温槽的分类、使用条件、要求、试验方法、检验规则、标志、包装、运输、贮存及随行文件。

本标准适用于未装备有源制冷装置，以液体传热介质形式提供恒温环境的高温恒温槽（以下简称高温槽）。

2 规范性引用文件

下列文件对于本文件的应用是必不可少的。凡是注日期的引用文件，仅注日期的版本适用于本文件。凡是不注日期的引用文件，其最新版本（包括所有的修改单）适用于本文件。

GB/T 191—2008 包装储运图示标志

GB/T 2829—2002 周期检验计数抽样程序及表（适用于对过程稳定性的检验）

GB 4793.1—2007 测量、控制和实验室用电气设备的安全要求 第1部分：通用要求

GB 4793.6—2008 测量、控制和实验室用电气设备的安全要求 第6部分：实验室用材料加热设备的特殊要求

GB/T 9969—2008 工业产品使用说明书 总则

GB/T 16895.10—2010 低压电气装置 第4-44部分：安全防护 电压骚扰和电磁骚扰防护

GB/T 17248.3—1999 声学 机器和设备发射的噪声 工作位置和其他指定位置发射声压级的测量现场简易法

JB/T 9512—1999 气候环境试验设备与试验箱 噪声声功率级的测定

3 分类

不燃液体或可燃液体均可作为高温槽的液体传热介质。高温槽的分类名称、要求及标志见表1。

表1

分类名称	液体传热介质	要求	标志[e]
Ⅰ	不燃液体[a]	过温保护[c]	NFL
Ⅱ	可燃液体[b]	可调温度过温保护[d]	FL
Ⅲ		可调温度过温保护和附加液位保护[d]	

[a] 通常是水以及其他在单一故障条件和规定温度范围内不燃烧的液体。

[b] 液体传热介质的闪点不应小于 65 ℃，Ⅱ类要求适用，如硅油。否则Ⅲ类要求适用，如乙醇。

[c] 独立的、非自复位的、能同时切断加热器所有极的过温或液位保护装置。

[d] 可以调节的过温和液位保护装置，应只有借助于工具才能进行。

[e] 制造商可选择采用或不采用。

4 使用条件

4.1 环境条件

高温槽应在下列条件下使用：

a) 室内使用；

b) 温度为 5 ℃～35 ℃，无剧烈的环境温度变化；

c) 环境温度低于 31 ℃时最大相对湿度为 80%，环境温度为 35 ℃时最大相对湿度线性降到 67%；

d) 海拔高度不超过 2 000 m；

e) 周围应无影响高温槽使用的振动、磁场（地磁场除外）以及其他冷热源辐射的存在；

f) 按 GB 4793.1—2007，污染等级不高于 2 级，周围无高浓度粉尘或腐蚀性、爆炸性气体；

g) 周围无强烈气流，当周围空气需强流动时，气流不应直接吹到高温槽开口表面。

4.2 供电条件

为高温槽供电的电源应符合以下条件：

a) 额定电压：交流 220 V、380 V 或其他额定电压，允许偏离额定值的范围为－15%～＋10%；

b) 额定频率：50 Hz 或其他额定频率，允许偏离额定值的范围为±2%；

c) 允许电网电源上出现典型的瞬态过电压。瞬态过电压的标称等级为 GB/T 16895.10—2010 规定的脉冲承受电压（过电压）类别Ⅱ。

4.3 液体传热介质

使用与工作温度范围和产品分类相适应的液体传热介质，如水、硅油、矿物油等，其中水介质的总硬度不应大于 4 mmol/L，满足工业锅炉用水水质标准。液体传热介质在 4.1 环境条件下的沸点，应比制造商规定的最高工作温度高 5 ℃以上，且无明显油烟形成。

在较低工作温度试验时，液体传热介质在工作温度范围内的运动黏度不应大于 30 mm^2/s。在 150 ℃以上工作温度条件试验时，液体传热介质的比热容不应大于 2.5 kJ/(kg·K)，运动黏度不应小于 1 mm^2/s。

5 要求

5.1 外观及结构

5.1.1 表面涂镀层应色泽均匀、平整光洁，不应有露底、起皱、起泡、斑痕、裂纹及显见的划痕。

5.1.2 高温槽壳体焊接、棱角部位应按要求磨光、倒钝以后喷涂、抛光或镀层。整体结构应牢固。

5.1.3 拼接安装部位缝隙应均匀一致。

5.1.4 固定机脚应放置平稳，移动脚轮应转动灵活且无异常噪声产生，万向脚轮应在正常操作条件和其最不利的位置确保高温槽无倾覆危险。

5.1.5 内胆焊缝应均匀、无渗漏，电热器的安装应整齐、无泄漏，无锈斑。

5.1.6 高温槽盖板与槽体应结合良好，方便操作。

5.2 技术性能

高温槽技术性能项目及指标要求见表 2。

表 2

序号	项目	单位	技术指标
1	工作温度范围	℃	应符合制造商技术文件的规定
2	扩展温度范围	℃	应符合制造商技术文件的规定
3	温度波动度	℃	在以下规格中选取：±(1，2，5)×10^n，$-3\leqslant n\leqslant 0$ 且为整数
4	温度均匀度	℃	在以下规格中选取：≤(1，2，5)×10^n，$-3\leqslant n\leqslant 0$ 且为整数
5	升温时间	min	应符合制造商技术文件的规定

5.3 安全和环境保护

5.3.1 保护连接

保护连接的完整性、保护导体端子以及保护连接的阻抗应满足 GB 4793.1—2007 中 6.5.1 的规定。

5.3.2 介电强度

将受试高温槽的保护导体端子(或电源插头的保护导体端子)作为一端，所有电源输入端短接作为另一端，在两端之间施加按表 3 确定的 50 Hz 交流正弦波试验电压，在 5 s 内将试验电压升高到规定值，使试验电压不出现明显跳变，然后至少保持 5 s，应无闪络、电流突然增加或重复飞弧现象。

表 3

受试设备相线-中线电压(U) V	电气间隙[a] mm	基准试验电压 V	试验地海拔高度 1 m～500 m 时试验电压修正系数[b]	海拔校正后试验电压 V
$100<U\leqslant 150$	0.5	840	1.12	950
$150<U\leqslant 300$	1.5	1 390	1.12	1 560

[a] 其他电网电源的电气间隙，按 GB 4793.1—2007 表 4 确定。

[b] 试验地海拔高度不是 2 000 m 时，按 GB 4793.1—2007 表 10 确定修正系数。

5.3.3 接触电流

高温槽在断开保护接地的供电条件下，在 4.2a)规定的 1.1 倍额定电压和 10.1 制造商技术文件中规定的最不利使用组合试验条件下，接触电流有效值不应大于 3.5 mA。

5.3.4 过温保护

如果高温槽装备电加热装置，应按照高温槽的分类和表 1 的要求实施过温保护。其过温保护措施应符合 GB 4793.6—2008 中 10.101 的规定，过温保护装置应满足 GB 4793.6—2008 中 14.3 的要求。

5.3.5 表面温度限值

高温槽工作在制造商规定的最高工作温度和 4.1 规定的温湿度环境条件下，2 h 内壳体易触及发热表面的温度限值应符合 GB 4793.1—2007 中 10.1 和 GB 4793.6—2008 中 10.1 的规定。

5.3.6 噪声

5.3.6.1 高温槽发射的噪声，在操作者(或观察者)位置和距离高温槽表面 1 m 处的 A 计权发射声压级 L_{PA}不应大于 65 dB(基准声压为 20 μPa)。如果超过，制造商应在其技术文件中规定使用设备的责任部门应采取的防护措施。

5.3.6.2 高温槽发射噪声的 A 计权声功率级 L_{WA}(基准声功率为 1 pW)宜在制造商技术文件中规定。

6 试验方法

6.1 主要试验仪器与设备

6.1.1 温度测量系统

采用铂电阻、热电偶等温度传感器及温度显示仪表组成温度测量系统，应满足以下要求：

a) 温度测量范围满足被测高温槽的测量要求；

b) 时间常数为(8±2)s；

c) 由测量系统所引入的相应不确定度换算成温度值不应大于被测温度波动度和均匀度绝对值的 1/3；

d) 温度测量通道数量 2 个～9 个。

6.1.2 接地电阻测试仪

能提供满足试验要求的试验电流。

6.1.3 介电强度测试仪

能提供满足试验要求的试验电压。

6.1.4 接触电流测试仪

应包含满足 GB 4793.1—2007 规定的模拟人体网络 A.1 和额定功率满足高温槽正常工作要求的可调输出电压隔离变压器。

6.2 试验条件

6.2.1 高温槽的试验条件应符合 4.1～4.3 的有关规定。

6.2.2 除特别规定，高温槽的温度测定应按照图 1 的示意，在制造商规定的高温槽工作空间内的几何中心位置进行。如果制造商没有规定工作空间，应根据表 4 的规定确定工作空间(见图 2、图 3)。如果加热装置、冷却装置位于高温槽的底部或侧面，工作空间的计算应从相关装置接近工作空间的表面开始。如果制造商已经为这些部件采取隔离措施，如隔板、挡板等，则从隔板或挡板开始计算可用工作空间。除非制造商明确规定，高温槽的开口大小不影响可用工作空间的计算。任何情况下，测试用温度传感器离开加热器和辅助冷却器表面的距离应不少于 20 mm/kW，距离液面应不少于 30 mm。特殊规格或用途的高温槽，测试用温度传感器的数量及布置位置宜与用户协商确定。

试验时，应将高温槽按最大充装量装入适用的液体传热介质，并允许在高温槽到达试验温度点时按要求调整一次液位。如果高温槽盖板为标准附件，应将盖板按正常使用方式盖上。

6.2.3 除了特别规定的以外，温度测量系统应每分钟采样 2 次，取图 2 或图 3 的第 9 个测量点作为温度测试点。

表 4

单位为毫米

槽尺寸	距底面、液面(或隔板)	距槽壁(或挡板、加热器、冷却器)
$W\times D\times H$(矩形高温槽)[a]	$\geqslant 0.15H$	$\geqslant 0.15W$ 或 D
$Dia\times H$(圆形高温槽)[b]		$\geqslant 0.15\ Dia$

[a] 以操作者正常操作为基准点,W 表示高温槽左右方向尺寸,D 表示高温槽前后方向尺寸,H 表示液体传热介质的液位高度。

[b] Dia 表示高温槽直径。

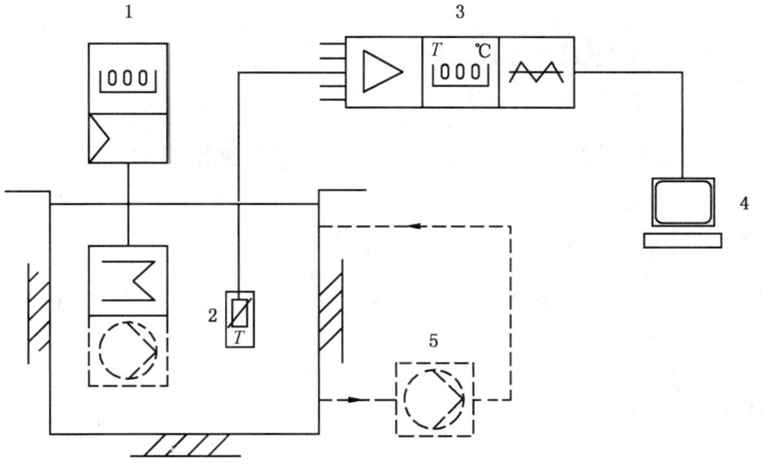

说明:

1——高温槽;

2——温度传感器 ;

3——温度测量系统 ;

4——计算机;

5——管道式循环泵。

注: 搅拌方式可能为循环泵射流式或机械搅拌式,循环泵可能为浸入式或管道式。

图 1　高温槽温度测量示意图

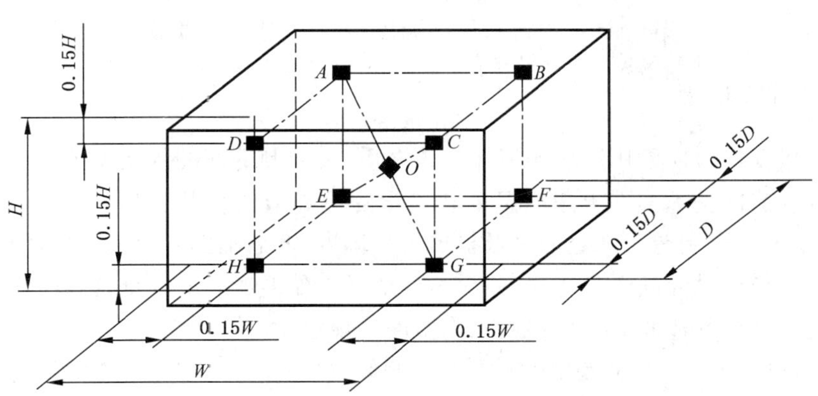

说明:

■ ——8 个测量点位于工作空间的角点位置;

◆ ——第 9 个测量点位于由 8 个测量点组成的工作空间的几何中心。

图 2　矩形高温槽工作空间的确定及测量点的布置

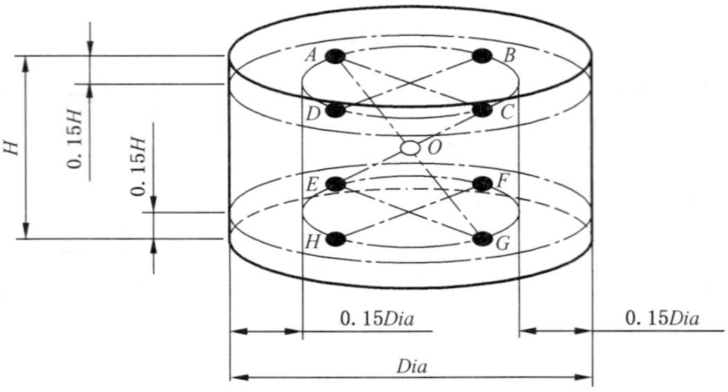

说明：

●—— 8 个测量点位于上、下两个假想平面的四个象限点上；

○——第 9 个测量点位于由 8 个测量点组成的工作空间的几何中心。

图 3 圆形高温槽工作空间的确定及测量点的布置

6.3 外观及结构试验

采用目视，结合样品、照片、涂层测试仪等方法进行检查。在 6.4 规定的试验前及 6.9 规定的试验后各检查一次，结果应符合 5.1 的规定。

6.4 工作温度范围试验

6.4.1 内在温度试验

内在温度的测量应采用水作为液体传热介质，在(20±5)℃的环境温度和 6.2 规定的其他试验条件下进行。在关闭加热器的情况下运行高温槽，启动温度测量系统记录温度变化过程，在温度上升不大于 0.1 ℃/10 min 时测得的工作温度即为内在温度。其结果应小于制造商规定的最低工作温度。

6.4.2 最高工作温度试验

最高工作温度试验应采用适用的工作介质，在(20±5)℃的环境温度下，将高温槽温度设置到由制造商规定的最高工作温度，运行高温槽，同时启动温度测量系统记录升温过程，并在达到最高工作温度时继续维持 30 min 以上。高温槽能够达到的最高温度应符合制造商对最高工作温度的规定。

6.5 最低扩展工作温度试验

最低扩展工作温度试验应采用适用的液体传热介质，按照制造商的规定安装辅助冷却装置，并在冷却装置中通入符合制造商技术文件规定的温度和流量的冷却液体传热介质，在(20±5)℃的环境温度下，将高温槽温度设置到由制造商规定的最低扩展工作温度，开启辅助制冷装置和循环泵，运行高温槽，同时启动温度测量系统记录温度变化过程，并在达到最低工作温度时继续维持 30 min 以上。高温槽能够达到的最低温度应符合制造商对最低扩展工作温度的规定。

注：通过内置的辅助冷却循环管和冷却循环液而达到的最低工作温度为最低扩展工作温度。

6.6 温度波动度试验

6.6.1 高温槽温度波动度的测量应采用适当的或制造商指定的液体传热介质，并在工作温度范围的最高工作温度、最低工作温度(或最低扩展工作温度)和+70 ℃中间温度条件下进行。如果最高工作温度或最低工作温度在(70±30)℃范围，则无需进行最高或最低工作温度条件下的温度波动度试验。如果高温槽的温度范围无法使试验在+70 ℃温度条件下进行，则中间温度试验宜在+150 ℃温度条件下进行。

6.6.2 最高工作温度的温度波动度试验应采用适用的工作介质，在(20±5)℃的环境温度下，将高温槽温度设置到由制造商规定的最高工作温度，运行高温槽，并在达到最高工作温度时继续维持30 min以上。

6.6.3 最低工作温度的温度波动度试验应采用适用的液体传热介质，在(20±5)℃的环境温度下，将高温槽温度设置到由制造商规定的最低扩展工作温度，开启辅助制冷装置和循环泵，运行高温槽，并在达到最低工作温度时继续维持30 min以上。

6.6.4 中间工作温度的温度波动度试验应采用适用的工作介质，在(20±5)℃的环境温度下，将高温槽温度设置到中间温度，运行高温槽，并在达到中间工作温度时继续维持30 min以上。

6.6.5 温度波动度试验应使高温槽达到规定的试验温度并保持30 min以上开始。启动温度测量系统记录恒温过程，保持连续记录30 min以上，然后将30 min时间范围内的最高温度读数和最低温度读数之差值的1/2，前面冠以"±"符号，即为温度波动度，其计算见式(1)。

$$\Delta T_S = \pm \frac{T_{max} - T_{min}}{2} \qquad \cdots\cdots(1)$$

式中：

ΔT_S——温度波动度，单位为摄氏度(℃)；

T_{max}——最高温度读数，单位为摄氏度(℃)；

T_{min}——最低温度读数，单位为摄氏度(℃)。

温度波动度结果应符合5.2的规定。

6.6.6 出厂检验只进行中间工作温度点试验，周期检验和定型检验应进行全部的3个或2个工作温度点试验。如果测得的温度波动度在+150 ℃工作温度或其他温度下进行，则应当进行说明。

6.7 温度均匀度试验

应采用适当的液体传热介质，在6.6相同的工作温度条件下进行。

实施温度均匀度测量以前，应对温度测量系统各通道温度测量的系统误差进行校正。将9支(至少为2支)温度传感器的敏感部位集中固定在由高温槽可用工作空间(图2、图3)组成的立方体的几何中心位置(O点)。启动温度测量系统并保持连续记录15 min以上，计算各温度计的平均值，以及8支(或第2支)温度传感器与固定在几何中心位置(O点)的温度传感器平均值的偏差ΔT_i，并将其作为起始偏差。

将八支温度传感器分配到可用工作空间的8个测试点上。对于矩形槽高温槽，8个测试点应位于可用工作空间的各个角点(图2)；对于圆形槽高温槽，8个测试点应位于可用工作空间上、下两个假想圆平面的象限点上(图3)，第9个测试点应当位于由其他8个温度测试点组成的立方体的几何中心(O点)。

启动温度测量系统，测量所有9个测量点的温度，保持连续记录15 min以上，然后将15 min时间范围内的所有数据按测量点进行平均，将其中8支温度计进行ΔT_i修正，按式(2)计算温度均匀度。

$$\Delta T_U = \overline{T'}_{max} - \overline{T'}_{min} \qquad \cdots\cdots(2)$$

式中：

ΔT_U——温度均匀度，单位为摄氏度(℃)；

$\overline{T'}_{max}$——数据修正后值最大的测量点的温度平均值，单位为摄氏度(℃)；

$\overline{T'}_{min}$——数据修正后值最小的测量点的温度平均值，单位为摄氏度(℃)。

用几个测试点的测试结果和式(2)，可以计算水平温度均匀度和垂直温度均匀度。计算水平温度均匀度时,取工作空间任一水平平面上的最大对角线两点的最大平均值和最小平均值之差;计算垂直温度均匀度时,取工作空间最大的垂直平面的对角线顶点的最大平均值和最小平均值之差。

如果温度传感器的数量少于9支,应保持中心位置(O点)的温度传感器固定不变,其他温度点(如A点)的测量需要通过移动温度传感器实施测量(见图2、图3)。在温度传感器移动到每一位置(如A点)的测量顺序为:O点温度传感器→A点温度传感器→A点温度传感器→O点温度传感器→O点温度传感器→A点温度传感器→A点温度传感器→O点温度传感器的测量顺序,依次得到示值R_{A1}^{O}、R_{A1}、R_{A2}、R_{A2}^{O}、R_{A3}^{O}、R_{A3}、R_{A4}、R_{A4}^{O}。

计算O点温度传感器示值平均值:

$$\overline{R_A^O}=(R_{A1}^O+R_{A2}^O+R_{A3}^O+R_{A4}^O)\div 4$$

计算A点温度传感器示值平均值:

$$\overline{R_A}=(R_{A1}+R_{A2}+R_{A3}+R_{A4})\div 4$$

则此时A点相对于O点的温度示值差为:

$$R_{A-O}=\overline{R_A}-\overline{R_A^O}$$

保持O点温度传感器的原有位置,移动A点温度传感器到图2、图3的其他温度点,同样方法可以测量工作区域内B、C、D、E、F、G和H点相对于O点的示值差R_{B-O}、R_{C-O}、R_{D-O}、R_{E-O}、R_{F-O}、R_{G-O}、R_{H-O}。

在R_{A-O}、R_{B-O}、R_{C-O}、R_{D-O}或R_{E-O}、R_{F-O}、R_{G-O}、R_{H-O}中找出最大值和最小值,最大值减去最小值的差换算为温度即为工作区域上水平面的最大温差,即水平温度均匀度。

在R_{A-O}、R_{B-O}、R_{C-O}、R_{D-O}、R_{E-O}、R_{F-O}、R_{G-O}、R_{H-O}中找出最大值和最小值,最大值减去最小值的差换算为温度即为工作区域的最大温差,即垂直温度均匀度。

温度均匀度结果应符合5.2的规定。

注: 温度均匀度受高温槽内浸入物品大小与多少、液体传热介质的循环或搅拌速度以及介质在试验温度条件下运动黏度的影响。

6.8 升温时间试验

高温槽升温时间的测定,应采用适当的或制造商指定的液体传热介质,按6.4.2的试验方法,计算从(40±1)℃操作温度开始,加热升温到高温槽温度第一次达到相当于起点温度与制造商规定的最高工作温度之差的80%温度点所需要的时间,结果应符合5.2的规定。

6.9 安全和环境保护试验

6.9.1 保护连接试验

按GB 4793.1—2007中6.5.1的规定检查保护连接的完整性、保护导体端子以及保护连接的阻抗,并判别其是否合格。

6.9.2 介电强度试验

本试验应在6.9.1的试验之后,在测试和检查合格的产品上进行。

按表3确定的试验电压,按GB 4793.1—2007中6.8.4的规定进行试验。试验时应将有关的外部开关处于开启状态,如果电加热装置、循环和搅拌装置等部件是通过自动控制电路才能接入测量电路的,则应对这些部件单独进行试验,其结果应符合5.3.2的规定。

6.9.3 接触电流试验

受试设备由容量匹配的隔离变压器提供电源,试验时应将电源输入的保护接地断开,采用1.1倍的额定电源电压和制造商技术文件规定的最不利组合操作条件，按 GB 4793.1—2007 图 A.1 的模拟人体网络电路及相应的规定进行试验，其结果应符合 5.3.3 的规定。

6.9.4 过温保护试验

通过检查高温槽的分类标识、制造商技术文件中关于高温槽分类的声明，以及检查高温槽的电气原理图和过温保护元器件的技术文件，确定制造商采取的过温保护措施及元器件符合 5.3.4 的规定。

通过目视检查，如果不能确定，通过试验施加过温保护或液位保护的故障条件，一次施加一个，检查单一故障条件下的过温保护是否合格。

6.9.5 表面温度限值试验

壳体发热表面的温度试验，应在执行 6.4.2 的最高工作温度试验时进行，保持高温槽在最高工作温度工作不少于 2 h，通过结构检查与表面温度计测量高温槽的易触及壳体表面温度没有超过 GB 4793.1—2007 表 15 的限值规定。如果试验在 4.1 环境条件下进行，应通过测量并计算高温槽在环境温度条件下的温升与 35 ℃之和为表面温度。

如果测量结果超过限值规定，通过目视检查高温槽壳体明显部位是否具有 GB 4793.1—2007 表 1 规定的防止烫伤的符号 13，检查制造商的技术文件是否具有针对防止烫伤符号的警告说明。

6.9.6 噪声试验

6.9.6.1 高温槽发射噪声的 A 计权声压级按 GB/T 17248.3—1999 规定的方法测量，结果应符合 5.3.6.1 的规定。

6.9.6.2 高温槽发射噪声的 A 计权声功率级按 JB/T 9512—1999 规定的方法测量，结果应符合 5.3.6.2 的规定。

7 检验规则

7.1 检验分类

高温槽的检验分为：

a) 出厂检验；

b) 定型检验；

c) 周期检验。

7.2 检验项目

出厂检验、定型检验和周期检验的项目、要求及试验方法的条款号见表 5。

表 5

序号	检验项目	要求的条款号	试验方法的条款号	出厂检验	定型检验	周期检验
1	外观及结构	5.1	6.3	●	●	●
2	工作温度范围	5.2(表 2)	6.4	●	●	●
3	扩展温度范围	5.2(表 2)	6.5	—	●	●
4	温度波动度	5.2(表 2)	6.6	●	●	●
5	温度均匀度	5.2(表 2)	6.7	●	●	●

表 5（续）

序号	检验项目	要求的条款号	试验方法的条款号	出厂检验	定型检验	周期检验
6	升温时间	5.2(表 2)	6.8	—	●	●
7	保护连接	5.3.1	6.9.1	●	●	●
8	介电强度	5.3.2	6.9.2	●	●	●
9	接触电流	5.3.3	6.9.3	●	●	●
10	过温保护	5.3.4	6.9.4	●	●	●
11	表面温度限值	5.3.5	6.9.5	—	●	●
12	噪声	5.3.6	6.9.6	—	●	●
注：符号“●”表示应检验的项目，符号“—”表示不必检验的项目。						

7.3 出厂检验

7.3.1 出厂检验由制造商质量检验部门负责，检验合格后签发产品合格证，方能出厂。

7.3.2 出厂检验项目分逐台检验和抽样检验，逐台检验项目为表 5 中序号 1、7、8 和 9 项，抽样检验项目为表 5 中序号 2、4、5、和 10 项。

7.3.3 抽样检验项目采用随机抽样检验，成批生产的高温槽，20 台以上的抽 3 台，不足 20 台的抽 2 台。

7.3.4 检验项目应全部合格。抽检时，如有 1 台不合格，应对不合格项目加倍抽检；第二次检验合格时，仅将第一次抽样不合格的产品返修，检验合格后允许出厂。如第二次抽检仍有 1 台不合格，则应对该批产品逐台检验，检验合格后允许出厂。

7.4 定型检验

7.4.1 具有以下情形之一的，应进行定型检验：

a) 新产品设计定型或生产定型时；

b) 老产品转厂生产时；

c) 产品的设计、结构、工艺、材料有较大变动且有可能影响产品性能时；

d) 质量监督机构要求时。

7.4.2 高温槽定型检验的样本为 3 台，检验项目见表 5，所有项目应符合第 5 章的要求。

7.4.3 定型检验由制造厂质量检验部门执行，也可委托质量检验技术机构执行，应出具定型检验报告。

7.4.4 经定型检验合格的高温槽应整修，更换寿命终了或接近终了的零部件，并重新进行出厂检验。检验合格后签发产品合格证，方能出厂。

7.5 周期检验

7.5.1 通则

产品有下列情况之一时，应进行周期检验：

a) 正常生产时，每 2 年进行至少一次的检验；

b) 产品停产 1 年后，恢复生产时；

c) 出厂检验结果与上次周期检验有重大差异时；

d) 国家质量监督机构要求时。

注：特殊订货或非批量生产的产品除外。

7.5.2 **抽样方案及判定规则**

7.5.2.1 周期检验采用GB/T 2829—2002中判别水平Ⅰ的一次抽样方案。

7.5.2.2 周期检验项目的不合格分类、不合格质量水平(RQL)、判别水平(DL)及判定数组(Ac，Re)见表6。

表6

顺序	不合格分类	检验项目及条款		不合格质量水平(RQL)	判别水平(DL)	抽样方案	
		项目	条款			样本量 n	判定数组(Ac，Re)
1	A	工作温度范围	5.2(表2)	30	Ⅰ	3	(0，1)
2		扩展温度范围	5.2(表2)				
3		温度波动度	5.2(表2)				
4		温度均匀度	5.2(表2)				
5		保护连接	5.3.1				
6		介电强度	5.3.2				
7		接触电流	5.3.3				
8		过温保护	5.3.4				
9	B	外观及结构	5.1	65			(1，2)
10		升温时间	5.2(表2)				
11		表面温度限值	5.3.5				
12		噪声	5.3.6				

7.5.2.3 周期检验按GB/T 2829—2002的规定进行合格或不合格判断，其中批质量以每百单位产品不合格数表示。

7.5.3 **样本抽取**

周期检验的样本应在出厂检验合格品中随机抽取。

7.5.4 **周期检验后的处置**

7.5.4.1 周期检验不合格，应分析原因，找出问题并落实措施，重新进行周期检验。若再次周期检验不合格，则应停产整顿，产品停止出厂检验，待解决问题，周期检验合格后，方可恢复出厂检验。

7.5.4.2 若周期检验合格，经出厂检验合格的批可以作为合格品出厂或入库。

8 标志

8.1 一般要求

8.1.1 高温槽应有醒目的耐久性标志，定位准确，指向无任何歧义。

8.1.2 由于标志的内容过多，而不利于在高温槽外表完整和清晰地表达时，应采用GB 4793.1—2007表1的符号14，并在技术文件中附加说明。

8.2 分类标志

8.2.1 应按照表1的要求对高温槽适用的液体传热介质进行分类标识。"NFL"和"FL"可以由制造商自由选择附加使用或不使用。

8.2.2 分类标识可以单独标注，也可以在操作面板或产品铭牌上等明显位置进行标注。

8.3 产品铭牌标志

产品铭牌应包含下列内容：

a) 制造商的名称或商标；

b) 产品名称、型号或能识别、追踪设备的其他方法，如系列号或出厂编号及日期；

c) 电源的性质、电压、频率及输入功率或电流的额定值。

8.4 与操作有关的标志

产品宜包含下列与操作有关的标志：

a) 输入输出插头、插座、连接端子的标识，包括电源性质及额定值；

b) 熔断器的标识、规格及容量；

c) 操作按键、旋钮、开关、调节装置；

d) 指示装置；

e) 其他可能影响正常操作的内容。

8.5 安全标志

具有电击，机械损伤，过高温和火焰蔓延，声、光和超声辐射，以及气体、液体过高压和爆炸危险的部位或部件应进行标识。安全标志应符合GB 4793.1—2007中5.1关于标志的规定。

8.6 包装标志

产品包装上应标明下列内容：

a) 产品名称、型号及商标；

b) 执行产品标准号；

c) 包装储运图示标志应符合GB/T 191—2008中的规定；

d) 生产单位名称、地址、邮政编码；

e) 包装箱外型尺寸、重量及堆码等。

9 包装、运输、贮存

9.1 包装

9.1.1 高温槽的包装应符合设计图纸规定。按产品大小和重量不同宜使用多层纸板箱、多层夹板或OSB(定向刨花板)等合成板包装箱，不宜使用原木包装箱。

9.1.2 产品应采用防雨、防潮气聚集的塑料薄膜包裹，顶部、底部及产品四角应按需衬垫泡沫层。

9.1.3 技术文件如使用说明书、合格证明书和保修单等应进行密封防潮包装，固定在包装箱内部明显的位置。

9.1.4 可能影响运输安全的专用工具，部分附件，突出的部件，包括活动盖板等应拆卸以后单独包装，然后再牢固地固定和整体装箱，以避免运输过程中的碰伤、变形或划伤。

9.1.5 安装移动滑轮的高温槽，应采用撑高垫块，将产品的滑轮与包装箱的底板脱开，并采用合适的螺杆将设备与包装箱底板固定。采用特殊方式包装时，应对包装箱进行合理的标识，并将技术文件中说明拆卸的过程和需要再次包装时的要求拷贝2份，分别张贴在包装箱外部明显位置和开箱以后即可显见的部位。

9.2 运输

高温槽的运输必须严格遵照包装箱上注明的条件，严禁日晒、雨淋、倾斜或强烈振动。运输方式按订货合同上载明的要求执行。

9.3 贮存

包装后的高温槽应贮存在相对湿度不超过85%RH，无凝露，无腐蚀性气体和腐蚀性化学药品，通风良好的室内，贮存期不宜超过1年。

10 随行文件

10.1 技术文件

10.1.1 为了操作和安全目的，应随同高温槽提供含有下述内容的技术文件：

a) 高温槽的预定用途；

b) 与安全有关的指引；

c) 包括工作温度范围、扩展温度范围、温度波动度、温度均匀度、升温时间、电源额定值、加热器功率值等在内的技术指标，并声明这些技术指标符合本标准要求；

d) 详细的高温槽安装、操作与维护说明，必要的故障排除说明；

e) 可从其获得技术帮助的制造商的名称和联系方式；

f) 对标在高温槽上的警告符号作出明确解释。

应当给出一段叙述，说明在标有GB 4793.1—2007表1符号14的所有的情况下均需要查阅文件，以便确定潜在危险的性质以及必须采取的应对措施。

10.1.2 作为技术文件的使用说明书的内容应符合GB/T 9969—2008的规定。

10.2 其他文件

高温槽应提供下述随机文件：

a) 合格证；

b) 保修单；

c) 装箱单。

ICS 19.040
N 61

中华人民共和国国家标准

GB/T 28851—2012

生化培养箱技术条件

Specifications for refrigerated incubators

2012-11-05 发布 2013-02-15 实施

中华人民共和国国家质量监督检验检疫总局
中国国家标准化管理委员会 发布

前　言

本标准按照 GB/T 1.1—2009 给出的规则起草。

本标准由中国机械工业联合会提出。

本标准由中国机械工业联合会归口。

本标准负责起草单位：无锡苏南试验设备有限公司、杭州雪中炭恒温技术有限公司、重庆四达试验设备有限公司、浙江省计量科学研究院、机械工业仪器仪表综合技术经济研究所、工业和信息化部电子第五研究所、湖南省计量检测研究院、上海爱斯佩克环境设备有限公司。

本标准参加起草单位：安徽省计量科学研究院、衡阳衡仪电气有限公司、沈阳仪表科学研究院、中国电器科学研究院、宁波东方加热设备有限公司、上海精宏实验设备有限公司、重庆银河试验仪器有限公司。

本标准主要起草人：徐月明、倪一明、陈云生、周连琴、金丽辉、邹苏阳、熊知明、冯华、金美峰、刘湘衡、徐秋玲、周修源、王晓峰、廉振荣、励雅琴、王家龙、沈才忠、何纲健、王华斌。

生化培养箱技术条件

1 范围

本标准规定了生化培养箱的使用条件、要求、试验方法、检验规则、标志、包装、运输、贮存及随行文件。

本标准适用于装备了有源制冷装置，以恒温培养和样品保存为目的的生化培养箱（以下简称生化箱）。

2 规范性引用文件

下列文件对于本文件的应用是必不可少的。凡是注日期的引用文件，仅注日期的版本适用于本文件。凡是不注日期的引用文件，其最新版本（包括所有的修改单）适用于本文件。

GB/T 191—2008 包装储运图示标志

GB/T 2829—2002 周期检验计数抽样程序及表（适用于对过程稳定性的检验）

GB 4793.1—2007 测量、控制和实验室用电气设备的安全要求 第1部分：通用要求

GB 4793.6—2008 测量、控制和实验室用电气设备的安全要求 第6部分：实验室用材料加热设备的特殊要求

GB/T 9969—2008 工业产品使用说明书 总则

GB/T 10592—2008 高低温试验箱技术条件

GB/T 11020—2005 固体非金属材料暴露在火焰源时的燃烧性 试验方法清单

GB/T 17248.3—1999 声学 机器和设备发射的噪声工作位置和其他指定位置发射声压级的测量现场简易法

JB/T 9512—1999 气候环境试验设备与试验箱 噪声声功率级的测定

3 使用条件

3.1 环境条件

生化箱应在下列条件下使用：

a) 室内使用；

b) 温度为 5 ℃～35 ℃，无剧烈的环境温度变化；

c) 环境温度低于 31 ℃时最大相对湿度为 80%，环境温度为 35 ℃时最大相对湿度线性降到 67%；

d) 海拔高度不超过 2 000 m；

e) 周围不应存在影响生化箱使用的振动、磁场（地磁场除外）以及其他冷热辐照；

f) 污染等级 2 级，周围无高浓度粉尘或腐蚀性气体；

g) 周围无强烈气流，当周围空气需强流动时，气流不应直接吹到生化箱制冷系统进风口和箱门周围。

3.2 供电条件

为生化箱供电的电源应符合以下条件：

a） 额定电压：交流 220 V 或 380 V，允许偏离额定值的范围为－15％～＋10％；

b） 额定频率：50 Hz，允许偏离额定值的范围为±2％；

c） 允许电网电源上出现典型的瞬态过电压。

3.3 负载条件

生化箱的负载应符合以下条件：

a） 每立方米工作室容积内放置负载的质量不应超过 80 kg；

b） 负载的总体积不应大于工作室容积的 1/5；

c） 在垂直于主导风向的任意截面上，负载截面积之和不应大于该处工作室截面积的 1/3，负载置放时不可阻塞气流的流动。

4 要求

4.1 外观及结构

4.1.1 表面涂镀层应色泽均匀、平整光洁，不应有露底、起皱、起泡、斑痕、裂纹及显见的划痕。

4.1.2 生化箱壳体焊接、棱角部位应按要求磨光、倒钝以后喷涂、抛光或镀层。整体结构应牢固。

4.1.3 拼接安装部位缝隙应均匀一致。

4.1.4 固定机脚应放置平稳，移动脚轮应转动灵活且无异常噪声产生。生化箱在箱门开启或关闭情况下向任意方向移动时，不应有倾倒倾向。

4.1.5 生化箱的箱体内胆应密封良好，且光滑、平整、拼缝均匀，无明显的划痕。内胆底部、蒸发室等应具有冷凝水集中排放口，并防止堵塞或泄漏。

4.1.6 门的开启和关闭应转动灵活且无异常噪音产生，关闭时门与箱体之间应密封良好。

4.1.7 箱门的密封条应不易在高温或低温条件下老化、发黏、变形、失去密封性能。

4.2 技术性能

生化箱技术性能项目及指标见表 1。

表 1

序号	项目	单位	技术指标
1	工作温度范围[a]	℃	普通型：4～50，低温型：－10～＋50
2	温度波动度	℃	±1（制冷运行状态） ±0.5（加热运行状态）
3	温度均匀度	℃	≤2.0（37 ℃时） ≤3.0（其他工作温度时）
4	降温时间[a]	min	≤60
5	升温时间	min	≤60

[a] 应注明 20 ℃环境温度条件下的规定。

4.3 安全和环境保护

4.3.1 保护连接

保护连接的完整性、保护导体端子以及保护连接的阻抗应满足 GB 4793.1—2007 中 6.5.1 的规定。

4.3.2 介电强度

将受试生化箱的保护导体端子(或电源插头的保护导体端子)作为一端,所有电源输入端短接作为另一端,在两端之间施加按表 2 确定的 50 Hz 交流正弦波试验电压,在 5 s 内将试验电压升高到规定值,使试验电压不出现明显跳变,然后至少保持 5 s,应无闪络、击穿或重复飞弧现象。

表 2

受试设备相线—中线电压(U) V	电气间隙[a] mm	基准试验电压 V(50 Hz)	试验地海拔高度 1 m~500 m 时试验电压修正系数[b]	海拔校正后试验电压 V(50 Hz)
$100<U\leqslant150$	0.5	840	1.12	950
$150<U\leqslant300$	1.5	1 390	1.12	1 560

[a] 其他电网电源的电气间隙,按 GB 4793.1—2007 表 4 确定。

[b] 试验地海拔高度不是 2 000 m 时,按 GB 4793.1—2007 表 10 确定修正系数。

4.3.3 接触电流

生化箱在断开保护接地的供电条件下,在 3.2 a)规定的 1.1 倍额定电压和 9.1 技术文件中规定的最不利使用组合试验条件下,接触电流不应大于 3.5 mA。

4.3.4 过温保护

如果生化箱装备加热装置,其过温保护措施应符合 GB 4793.6—2008 中 10.101 的规定,过温保护装置应满足 GB 4793.6—2008 中 14.3 的要求。

4.3.5 非金属材料内胆

采用非金属材料制作生化箱的内胆应避免直接暴露于加热器或照明光源周围。采用非金属材料时,其可燃性等级应满足 GB/T 11020—2005 规定的 V-1 或更优。因传热或靠近加热零部件而受热,生化箱在最高工作温度和开启任何照明光源时,非金属材料的表面温度不应超过其最高允许温度限值。

4.3.6 保温及表面温度限值

4.3.6.1 应确保保温层结构与厚度设计的合理性,除门封条、测试孔和观察窗周围等部位,生化箱工作在环境温度以下和 3.1 规定的温湿度条件下,2 h 内壳体表面应无明显凝露或结霜形成。

4.3.6.2 生化箱工作在表 1 规定的最高工作温度和 3.1 规定的温湿度环境条件下,2 h 内壳体易触及发热表面的温度限值应符合 GB 4793.1—2007 中 10.1 和 GB 4793.6—2008 中 10.1 的规定。

4.3.7 制冷剂

应使用不含 CFC(氯氟烃)的环保制冷剂。

4.3.8 噪声

4.3.8.1 生化箱发射的噪声，在操作者(或观察者)位置和距离生物箱表面1 m处的A计权发射声压级L_{PA}不应大于75 dB(基准声压为20 μPa)。如果超过，制造商应在其技术文件中规定使用设备的责任部门应采取的防护措施。

4.3.8.2 生化箱发射噪声的A计权声功率级L_{WA}(基准声功率为1 pW)宜在制造商技术文件中规定。

5 试验方法

5.1 主要试验仪器与设备

5.1.1 温度测量系统

采用铂电阻、热电偶等温度传感器及温度显示仪表组成温度测量系统，应满足以下要求：

a) 温度测量范围满足被测生化箱的测量要求；

b) 时间常数应满足GB/T 10592—2008中6.1.2的要求；

c) 由测量系统所引入的不确定度换算成温度值不应大于被测温度波动度和均匀度绝对值的1/3；

d) 温度测量通道数量2～9个。

5.1.2 接地电阻测试仪

能提供满足试验要求的试验电流。

5.1.3 介电强度测试仪

能提供满足试验要求的试验电压。

5.1.4 接触电流测试仪

应包含满足GB 4793.1—2007中A.1规定的模拟人体网络和额定功率满足生化箱正常工作要求的可调输出电压隔离变压器。

5.2 试验条件

5.2.1 试验条件应符合3.1～3.2的有关规定。

5.2.2 除特别说明，测试应在没有负载的条件下进行。

5.2.3 除特别说明，温度测量系统的采样频率为每分钟两次。

5.3 各种测试点位置及数量的确定

符合GB/T 10592—2008中6.3.1关于温度测试点位置及数量的规定。

5.4 外观及结构试验

采用目视、耳闻、手摸，结合样品、照片、涂层测试仪等方法进行检查，在5.5～5.10规定的试验前和试验后各检查一次，其结果应符合4.1的规定。

5.5 工作温度范围试验

5.5.1 最低工作温度试验

最低工作温度试验应在 20 ℃±2 ℃的环境温度和 5.2 规定的其他试验条件下进行。按 5.3 要求将一支温度传感器固定在中间水平测试面的中心位置，将生化箱温度设置为规定的最低工作温度，开启制冷装置和空气循环装置，启动温度测量系统，记录生化箱的降温曲线和恒温过程，保持恒温时间不应少于 2 h。其结果应符合 4.2 的规定。

5.5.2 不同环境温度条件下的最低工作温度对比试验

允许制造商通过试验，测定相同生化箱在不同环境温度条件下的最低温度，然后按图 1 制作最低温度 环境温度曲线。该曲线可以用于对设计完全相同的生化箱，在不同环境温度条件下批量测量最低温度，推算出 20 ℃环境条件下的最低温度。试验方法如下：

a） 按 5.5.1 测试生化箱的最低温度，改变设置温度为生化箱允许设置的最低温度，试验进行到降温速率低于每 10 min 小于 0.1 ℃时结束，试验应在相同条件下进行一次重复；

b） 改变环境温度为 24 ℃±2 ℃，28 ℃±2 ℃和 32 ℃±2 ℃，保持其他操作条件不变，分别测试不同环境温度条件下的最低温度；

c） 取两次重复测试的平均值，采用最小二乘法绘制最低温度 环境温度曲线（图 1），允许将曲线外推到 15 ℃～35 ℃环境温度范围；

d） 在实际环境温度下，测试生化箱的最低温度。将图 1 曲线在 T_c 方向上下平移到实际环境温度和最低温度的交叉点，查阅 20 ℃ T_a 时与曲线交叉点对应的 T_c，即为该生化箱在 20 ℃环境条件下的最低温度。

最低温度试验结果应符合 4.2 的规定。如果对通过对比试验方法测定的结果存在争议，执行定型检验或周期检验，应以 5.5.1 规定的方法测试的结果为准。

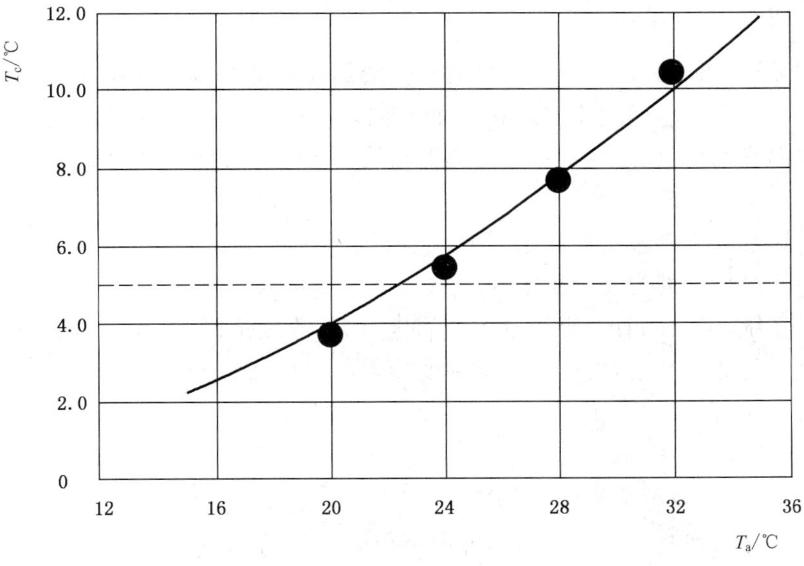

说明：

T_a ——环境温度，℃；

T_c ——生化箱温度，℃；

● ——最低温度测量数据。

注：实例中制造商规定的生化箱最低温度为+5 ℃。

图 1 最低温度 环境温度曲线

5.5.3 最高工作温度试验

最高工作温度试验,应在 20 ℃±5 ℃的环境温度,按 5.5.1 相同的试验方法进行。将生化箱温度设置到 50 ℃,启动空气循环装置。按制造商的规定,开启或关闭制冷装置。启动温度测量系统,记录生化箱的升温曲线和恒温过程,保持恒温时间不应少于 2 h,试验结果应符合 4.2 的规定。

5.6 温度波动度试验

生化箱温度波动度的测量应在生化箱最低工作温度和最高工作温度进行。如果试验在非 20 ℃的环境温度条件下进行,应按 5.5.2 的方法重新确定最低工作温度。温度波动度试验应使生化箱达到规定的试验温度并保持 30 min 以上。

按照 5.5.1 的试验方法,记录生化箱最低工作温度条件下的恒温曲线,保持连续记录 30 min 以上,然后取 30 min 内的最高温度读数和最低温度读数的一半,前面冠以"±"符号,作为生化箱的温度波动度,其计算见式(1)。

$$\Delta T_S = \pm \frac{T_{max} - T_{min}}{2} \qquad (1)$$

式中:

ΔT_S ——温度波动度,单位为摄氏度(℃);

T_{max} ——最高温度读数,单位为摄氏度(℃);

T_{min} ——最低温度读数,单位为摄氏度(℃)。

温度波动度结果应符合 4.2 的规定。

5.7 温度均匀度试验

生化箱温度均匀度的测量应在 20 ℃的工作温度和 5.2 规定的其他试验条件下进行,试验时将生化箱的空气循环速度调整(如果有)到最大。温度均匀度试验应使生化箱达到规定的试验温度并保持 30 min以上。

实施温度均匀度测量前,应对各通道温度测量系统的误差进行校正。将 9 支温度传感器的敏感部位集中固定在按 5.3 确定的中间层水平测试面的几何中心位置,启动温度测量系统连续测量 15 min,计算各温度传感器的平均值,以及 8 支温度传感器与第 9 支温度传感器平均值的偏差 ΔT_i,并将其作为起始误差。

将 8 支温度传感器分配到按 5.3 确定的上、中、下 3 个水平测试面的其他 8 个测试点上,第 9 支温度传感器保持在中间测试层的中心位置不变。

启动温度测量系统,记录所有 9 个测量点的温度,保持连续记录 15 min 以上,然后将 15 min 内的所有数据按测量点进行算术平均,将其中 8 支温度传感器进行 ΔT_i 修正,按式(2)计算温度均匀度。

$$\Delta T_y = \overline{T}'_{max} - \overline{T}'_{min} \qquad (2)$$

式中:

ΔT_y ——温度均匀度,单位为摄氏度(℃);

$\overline{T}'_{max}$——数据修正后值最大的测量点的温度平均值,单位为摄氏度(℃);

$\overline{T}'_{min}$——数据修正后值最小的测量点的温度平均值,单位为摄氏度(℃)。

试验结果应符合 4.2 的规定。

注:温度均匀度受生化箱内风扇循环速度、置入物品大小与多少的影响。

5.8 降温时间试验

生化箱降温时间的测定,应在 20 ℃±2 ℃环境温度条件下,按 5.5.1 的方法试验,计算从

20 ℃±2 ℃工作温度开始，制冷降温到生化箱温度第一次达到+7.2 ℃(普通型，相当于与目标温度之差的80%)或-4 ℃(低温型)所需要的时间，结果应符合4.2的规定。

5.9 升温时间试验

生化箱的升温时间的测定，应按5.5.3的方法试验，计算从20 ℃±2 ℃工作温度开始，加热升温到生化箱温度第一次达到+44 ℃(相当于与目标温度之差的80%)所需要的时间，结果应符合4.2的规定。

5.10 安全和环境保护试验

5.10.1 保护连接试验

按GB 4793.1—2007中6.5.1的规定检查保护连接的完整性、保护导体端子以及保护连接的阻抗，并判别其是否合格。

5.10.2 介电强度试验

本试验应在5.10.1的试验之后，在测试和检查合格的产品上进行。

按表2确定试验电压，按GB 4793.1—2007中6.8.4的规定进行试验。试验时应将有关的外部开关处于开启状态，如果电加热装置、制冷装置、循环通风装置等部件是通过自动控制电路才能接入测量电路的，则应对这些部件单独进行试验，其结果应符合4.3.2的规定。

5.10.3 接触电流试验

试验时应将电源输入的保护接地断开，采用1.1倍的额定电源电压和制造商技术文件规定的最不利组合操作条件，按GB 4793.1—2007中图A.1的模拟人体网络电路及相应的规定进行试验，其结果应符合4.3.3的规定。

5.10.4 过温保护试验

用目视方法检查生物箱或配套的电热加湿器的电气原理图和过温保护元器件的技术文件，确定制造商采取的过温保护措施及元器件符合4.3.4的规定。

如果经过目视检查不能确认，应通过试验施加过温保护的故障条件，一次施加一个，检查单一故障条件下的过温保护是否合格。

5.10.5 非金属材料内胆试验

通过检查有关材料的数据，或对相关零部件的3个样品进行GB/T 11020—2005规定的V试验，检验是否合格。样品可以是下列规定的任何一种：

a) 整个零部件；

b) 零部件的截取部分，含有壁厚最薄的和有任何通风孔的部分；

c) 符合GB/T 11020—2005的样品。

如果非金属材料内胆周围安装有加热装置或光源装置，将生化箱工作在最高工作温度并开启全部光源，测量正常工作条件下加热器和光源周围非金属材料的表面温度，不应超过其最高允许温度限值。

使加热器或光源的控制短路，测量单一故障条件下加热器或光源周围非金属材料的表面温度，不应超过其最高允许温度限值。

5.10.6 保温及表面温度限值试验

凝露或结霜试验，应在执行5.5.1的最低工作温度试验时进行，保持生化箱在最低工作温度工作不少于 2 h，通过目视检查 2 h 内生化箱的壳体表面没有凝露或结霜为合格。

壳体发热表面的温度试验，应在执行 5.5.3 的最高工作温度试验时进行，保持生化箱在最高工作温度工作不少于 2 h，通过结构检查与表面温度计测量生物箱的易触及壳体表面温度没有超过 GB 4793.1—2007 中表 15 的限值规定。如果试验在 3.1 环境条件下进行，应通过测量并计算生化箱在环境温度条件下的温升与 35 ℃之和为表面温度。

如果测量结果超过限值规定，通过目视检查生化箱壳体明显部位是否具有 GB 4793.1—2007 表 1 规定的防止烫伤的符号 13，检查制造商的技术文件是否具有针对防止烫伤符号的警告说明。

5.10.7 制冷剂试验

通过检查生化箱的铭牌标识，制造商技术文件中关于生化箱制冷剂的说明，以及检查生化箱的制冷原理图和产品实际使用的压缩机型号，确定制造商采用的制冷剂是否为不含 CFC（氯氟烃）的环保制冷剂。

5.10.8 噪声试验

5.10.8.1 生化箱发射噪声的 A 计权声压级按 GB/T 17248.3—1999 规定的方法测量，其结果应符合 4.3.8.1 的规定。

5.10.8.2 生化箱发射噪声的 A 计权声功率级按 JB/T 9512—1999 规定的方法测量，其结果应符合 4.3.8.2的规定。

6 检验规则

6.1 检验分类

生化箱的检验分为：

a） 出厂检验；

b） 定型检验；

c） 周期检验。

6.2 检验项目

出厂检验、定型检验和周期检验的项目、要求及试验方法的条款号见表 3。

表 3

序号	检验项目	要求的条款号	试验方法的条款号	出厂检验	定型检验	周期检验
1	外观及结构	4.1	5.4	●	●	●
2	工作温度范围	4.2 表 1	5.5	●	●	●
3	温度波动度	4.2 表 1	5.6	●	●	●
4	温度均匀度	4.2 表 1	5.7	—	●	●
5	降温时间	4.2 表 1	5.8	●	●	●
6	升温时间	4.2 表 1	5.9	●	●	●
7	保护连接	4.3.1	5.10.1	●	●	●
8	介电强度	4.3.2	5.10.2	●	●	●

表 3（续）

序号	检验项目	要求的条款号	试验方法的条款号	出厂检验	定型检验	周期检验
9	接触电流	4.3.3	5.10.3	●	●	●
10	过温保护	4.3.4	5.10.4	●	●	●
11	非金属材料内胆	4.3.5	5.10.5	—	●	●
12	保温及表面温度限值	4.3.6	5.10.6	—	●	●
13	制冷剂	4.3.7	5.10.7	—	●	●
14	噪声	4.3.8	5.10.8	—	●	●
注：符号“●”表示应检验的项目，符号“—”表示不必检验的项目。						

6.3 出厂检验

6.3.1 出厂检验由制造商质量检验部门负责，检验合格后签发产品合格证，方能出厂。

6.3.2 出厂检验项目分逐台检验和抽样检验，逐台检验项目为表 3 中序号 1、5、7、8 和 9 项，抽样检验项目为表 3 中序号 2、3、6 和 10 项。

6.3.3 抽样检验项目采用随机抽样检验，成批生产的生化箱，20 台以上的抽 3 台，不足 20 台的抽 2 台。

6.3.4 检验项目应全部合格。抽检时，如有一台不合格，应对不合格项目加倍抽检；第二次检验合格时，仅将第一次抽样不合格的产品返修，检验合格后允许出厂。如第二次抽检仍有一台不合格，则应对该批产品逐台检验，检验合格后允许出厂。

6.4 定型检验

6.4.1 具有以下情形之一，应进行定型检验：

a) 新产品设计定型或生产定型时；

b) 老产品转厂生产时；

c) 产品的设计、结构、工艺、材料有较大变动且有可能影响产品性能时；

d) 质量监督机构要求时。

6.4.2 生化箱定型检验的样本为 3 台，检验项目见表 3，所有项目应符合规定的要求。

6.4.3 定型检验由制造厂质量检验部门执行，也可委托质量检验技术机构执行，应出具定型检验报告。

6.4.4 经定型检验合格的生化箱应整修，更换寿命终了或接近终了的零部件，并重新进行出厂检验。检验合格后签发产品合格证，方能出厂。

6.5 周期检验

6.5.1 通则

产品有下列情况之一时，应进行周期检验：

a) 正常生产时，每两年进行至少一次的检验；

b) 产品停产一年后，恢复生产时；

c) 出厂检验结果与上次周期检验有重大差异时；

d) 国家质量监督机构要求时。

注：特殊订货或非批量生产的产品除外。

6.5.2 抽样方案及判定规则

6.5.2.1 周期检验采用GB/T 2829—2002中判别水平Ⅰ的一次抽样方案。

6.5.2.2 周期检验项目的不合格分类、不合格质量水平(RQL)、判别水平(DL)及判定数组(Ac,Re)见表4。

表4

序号	不合格分类	检验项目及条款		不合格质量水平(RQL)	判别水平(DL)	抽样方案	
		项目	条款			样本量 n	判定数组(Ac,Re)
1	A	工作温度范围	4.2 表1	30	Ⅰ	3	(0,1)
2		温度波动度	4.2 表1				
3		温度均匀度	4.2 表1				
4		保护连接	4.3.1				
5		介电强度	4.3.2				
6		接触电流	4.3.3				
7		过温保护	4.3.4				
8	B	外观及结构	4.1	65			(1,2)
9		降温时间	4.2 表1				
10		升温时间	4.2 表1				
11		非金属材料内胆	4.3.5				
12		保温及表面温度限值	4.3.6				
13		制冷剂	4.3.7				
14		噪声	4.3.8				

6.5.2.3 周期检验按GB/T 2829—2002的规定进行合格或不合格判断,其中批质量以每百单位产品不合格数表示。

6.5.3 样本抽取

周期检验的样本应在出厂检验合格品中随机抽取。

6.5.4 周期检验后的处置

6.5.4.1 周期检验不合格,应分析原因,找出问题并落实措施,重新进行周期检验。若再次周期检验不合格,则应停产整顿,产品停止出厂检验,待解决问题,周期检验合格后,方可恢复出厂检验。

6.5.4.2 若周期检验合格,经出厂检验合格的批可以作为合格品出厂或入库。

7 标志

7.1 一般要求

7.1.1 生化箱应有醒目的耐久性标志,定位准确,指向无任何歧义。

7.1.2 当标志的内容过多,不利于在生化箱外表完整和清晰地表达时,应采用GB 4793.1—2007中

表1的符号14,并在随机技术文件中附加说明。

7.2 产品铭牌标志

产品铭牌应包含下列内容:

a) 制造商的名称或商标;

b) 产品名称、型号或能识别、追踪设备的其他方法,系列号;

c) 制造日期或制造批号;

d) 电源的性质,电压、频率及输入电流或功率的额定值;

e) 主要制冷剂种类及充装量。

7.3 与操作有关的标志

生化箱宜包含下列与操作有关的标志:

a) 输入输出插头、插座、连接端子的标识,包括电源性质及额定值;

b) 熔断器的标识、规格及容量;

c) 操作按键、旋钮、开关、调节装置;

d) 指示装置;

e) 其他可能影响正常操作的内容。

7.4 安全标志

有可能出现电击、机械损伤、过高温和火焰蔓延,声、光和超声辐射,以及气体、液体过高压和爆炸危险的部位或部件应进行标识。安全标志应符合GB 4793.1—2007中5.1关于标志的规定。

7.5 包装标志

产品包装上应标明下列内容:

a) 产品名称、型号及商标;

b) 执行产品标准号;

c) 包装储运图示标志应符合GB/T 191—2008中的规定。制造商应对生化箱的包装、储存和运输是否允许倾斜,最大倾斜角度等进行附加说明;

d) 生产单位名称、地址、邮政编码;

e) 包装箱外型尺寸、重量及堆码等。

8 包装、运输、贮存

8.1 包装

8.1.1 生化箱的包装应符合设计图纸规定。按产品大小和重量不同宜使用多层纸板箱、多层夹板或OSB(定向结构刨花板)等合成板包装箱,不宜使用原木包装箱。

8.1.2 产品应采用防雨、防潮气聚集的塑料薄膜包裹,顶部、底部及产品四角应按需衬垫泡沫层。

8.1.3 技术文件如使用说明书、合格证明书和保修单等应进行密封防潮包装,固定在包装箱内部明显的位置。

8.1.4 可能影响运输安全的专用工具,部分附件,突出的部件,活动盖板等应拆卸以后单独包装,然后再牢固地固定和整体装箱,以避免运输过程中的碰伤、变形或划伤。

8.1.5 安装移动滑轮的生化箱,应采用撑高垫块,将产品的滑轮与包装箱的底板脱开,并采用合适的螺杆将设备与包装箱底板固定。采用特殊方式包装时,应对包装箱进行合理的标识,并将技术文件中说明拆卸的过程和需要再次包装时的要求复制两份，分别张贴在包装箱外部明显位置和开箱以后即可显见的部位。

8.2 运输

生化箱的运输应符合包装箱上注明的条件，严禁日晒、雨淋、倾斜或强烈振动。运输方式按订货合同上载明的要求执行。

8.3 贮存

包装后的生化箱应贮存在相对湿度不超过85%，无凝露，无腐蚀性气体和腐蚀性化学药品，通风良好的室内，贮存期不宜超过一年。

9 随行文件

9.1 技术文件

9.1.1 为了操作和安全目的，应当随同设备提供含有下述内容的技术文件：

a) 生化箱的预定用途；

b) 与安全有关的指引；

c) 包括工作温度范围、温度波动度、温度均匀度、降温时间、升温时间、电源额定值、加热器功率值、最大启动电流等在内的技术指标；

d) 详细的设备安装、操作与维护说明，必要的故障排除说明；

e) 可获得技术支持的制造商的名称和联系方式；

f) 对标在设备上的警告符号做出明确解释。

应给出叙述，说明在标有 GB 4793.1—2007 中表1符号14的所有的情况下均需查阅文件，以便确定潜在危险的性质以及必须采取的应对措施。

9.1.2 使用说明书应符合 GB/T 9969—2008 的规定。

9.2 其他文件

应随同生化箱提供下述文件：

a) 合格证；

b) 保修单；

c) 装箱单。

ICS 19.040
N 61

中华人民共和国国家标准

GB/T 28852—2012

生物人工气候试验箱技术条件

Specifications for climatic chambers for biological applications

2012-11-05 发布 2013-02-15 实施

中华人民共和国国家质量监督检验检疫总局
中国国家标准化管理委员会
发布

前　言

本标准按照 GB/T 1.1—2009 给出的规则起草。

本标准由中国机械工业联合会提出。

本标准由中国机械工业联合会归口。

本标准负责起草单位：杭州雪中炭恒温技术有限公司、重庆四达试验设备有限公司、机械工业仪器仪表综合技术经济研究所、无锡苏南试验设备有限公司、安徽省计量科学研究院、上海爱斯佩克环境设备有限公司、工业和信息化部电子第五研究所、浙江省计量科学研究院。

本标准参加起草单位：湖南省计量检测研究院、上海精宏实验设备有限公司、衡阳衡仪电气有限公司、沈阳仪表科学研究院、中国电器科学研究院、宁波东方加热设备有限公司、重庆银河试验仪器有限公司。

本标准主要起草人：徐月明、陈云生、金丽辉、倪一明、金美峰、冯华、邹苏阳、沈才忠、熊知明、励雅琴、刘湘衡、徐秋玲、周修源、王晓峰、王家龙、廉振荣、周连琴、何纲健、王华斌。

生物人工气候试验箱技术条件

1 范围

本标准规定了生物人工气候试验箱的使用条件、要求、试验方法、检验规则、标志、包装、运输和贮存。

本标准适用于装备了有源制冷装置和(或)加热装置,同时具有人工光源和(或)加湿装置等模拟人工环境,以生物学试验为目的的生物人工气候试验箱(以下简称生物箱)。

2 规范性引用文件

下列文件对于本文件的应用是必不可少的。凡是注日期的引用文件,仅注日期的版本适用于本文件。凡是不注日期的引用文件,其最新版本(包括所有的修改单)适用于本文件。

GB/T 191—2008 包装储运图示标志

GB/T 2829—2002 周期检验计数抽样程序及表(适用于对过程稳定性的检验)

GB 4793.1—2007 测量、控制和实验室用电气设备的安全要求 第1部分:通用要求

GB 4793.6—2008 测量、控制和实验室用电气设备的安全要求 第6部分:实验室用材料加热设备的特殊要求

GB/T 9969—2008 工业产品使用说明书 总则

GB/T 10586—2006 湿热试验箱技术条件

GB/T 11020—2005 固体非金属材料暴露在火焰源时的燃烧性 试验方法清单

GB/T 17248.3—1999 声学 机器和设备发射的噪声工作位置和其他指定位置发射声压级的测量 现场简易法

JB/T 9512—1999 气候环境试验设备与试验箱 噪声声功率级的测定

3 使用条件

3.1 环境条件

生物箱应在下列条件下使用:

a) 室内使用;
b) 温度为 5 ℃～35 ℃,无剧烈的环境温度变化;
c) 环境温度低于 31 ℃时最大相对湿度为 80%,环境温度为 35 ℃时最大相对湿度线性降到 67%;
d) 海拔高度不超过 2 000 m;
e) 周围不应存在影响生物箱使用的振动、磁场(地磁场除外)以及其他冷热辐照;
f) 污染等级 2 级,周围无高浓度粉尘或腐蚀性气体;
g) 周围无强烈气流,当周围空气需强流动时,气流不应直接吹到生物箱制冷系统进风口和箱门周围。

3.2 供电条件

为生物箱供电的电源应符合以下条件:

a） 额定电压：交流 220 V 或 380 V，允许偏离额定值的范围为－15％～＋10％；

b） 额定频率：50 Hz，允许偏离额定值的范围为±2％；

c） 允许电网电源上出现典型的瞬态过电压。

3.3 供水条件

作为制冷系统或加湿装置的水源应满足下列条件：

a） 进水温度：不应大于 35 ℃，无明显的水温剧烈变化；

b） 进水压力：0.1 MPa～0.3 MPa，无明显的水压剧烈变化；

c） 总硬度：不应大于 4 mmol/L，应满足工业锅炉用水水质标准。

3.4 负载条件

生物箱的负载应符合以下条件：

a） 每立方米工作室容积内放置负载的质量不应超过 80 kg；

b） 负载的总体积不应大于工作室容积的 1/5；

c） 在垂直于主导风向的任意截面上，负载截面积之和不应大于该处工作室截面积的 1/3，负载置放时不可阻塞气流的流动。

4 要求

4.1 外观及结构

4.1.1 表面涂镀层应色泽均匀、平整光洁，不应有露底、起皱、起泡、斑痕、裂纹及显见的划痕。

4.1.2 生物箱壳体焊接、棱角部位应按要求磨光、倒钝以后喷涂、抛光或镀层。整体结构应牢固。

4.1.3 拼接安装部位缝隙应均匀一致。

4.1.4 固定机脚应放置平稳，移动脚轮应转动灵活且无异常噪声产生。生物箱在灯箱或箱门开启或关闭情况下向任意方向移动时，不应有倾倒倾向。

4.1.5 门的开启和关闭应转动灵活且无异常噪音产生，关闭时门与箱体之间应密封良好。

4.1.6 箱门的密封条应不易在高温或低温条件下老化、发黏、变形、失去密封性能。

4.1.7 生物箱的箱体内胆应密封良好，且光滑、平整、拼缝均匀，无明显的划痕。内胆底部、玻璃门、玻璃窗、蒸发室、风机风道、加湿装置等部位的浇灌水、冷凝水、溢出水等应设置集中排放口，并防止堵塞或泄漏。

4.1.8 生物箱应设置温度、光照、湿度等模拟气候条件变化的控制与指示装置。

4.1.9 生物箱应具有箱内外空气交换的换气装置，换气量可调。

4.1.10 生物箱内应设置只有使用工具或参考说明书才能调节的空气速度调节装置。

4.1.11 生物箱应具有方便更换的光源装置，确保光源或隔断玻璃表面的清洁、光亮与平整。

4.1.12 生物箱应具有方便维护的加湿装置或加湿接口装置，具有保持试验连续的自动补水功能和防止补水失控的漫溢保护装置。

4.2 技术性能

生物箱技术性能项目及指标见表 1。

表 1

序号	项目	单位	技术指标
1	工作温度范围[a]	℃	5～45(关闭辐照)
			10～45(开启辐照)
2	ACC 工作温度[a,b]	℃	应符合制造商技术文件的规定
3	温度波动度	℃	±1(生物箱工作室高度≤1 500 mm,或有效容积≤1 m^3)
			其他尺寸的生物箱,应符合制造商技术文件的规定
4	温度均匀度	℃	≤3(生物箱工作室高度≤1 500 mm,或有效容积≤1 m^3)
			其他尺寸的生物箱,应符合制造商技术文件的规定
5	最大加湿湿度(相对湿度)[c]	%	≥90(在+28 ℃工作温度,且关闭辐照)
6	湿度波动度(相对湿度)[c]	%	±6
7	光照度[d]	lx	应符合制造商技术文件的规定
8	光合有效辐照强度[d,e]	μmol/(m^2 · s)	应符合制造商技术文件的规定
9	制冷量[a]	W	应符合制造商技术文件的规定
10	降温时间[a]	min	≤60
11	升温时间	min	≤60

[a] 应注明 20 ℃环境温度条件下进行的规定。
[b] ACC(Active Cooling Control)表示有源冷却控制,允许有源冷却制冷装置稳定工作的最高工作温度。
[c] 对具有湿度控制装置的生物箱进行的规定。
[d] 对具有光辐照控制装置的生物箱进行的规定。
[e] 对植物生长、种子发芽等专用生物箱进行的规定。

4.3 安全和环境保护

4.3.1 保护连接

保护连接的完整性、保护导体端子以及保护连接的阻抗应符合 GB 4793.1—2007 中 6.5.1 的规定。

4.3.2 介电强度

将受试生物箱的保护导体端子(或电源插头的保护导体端子)作为一端,所有电源输入端短接作为另一端,在两端之间施加按表 2 确定的 50 Hz 交流正弦波试验电压,在 5 s 内将试验电压升高到规定值,使试验电压不出现明显跳变,然后保持 5 s 以上,应无闪络、击穿或重复飞弧现象。

表 2

受试设备相线—中线电压(*U*) V	电气间隙[a] mm	基准试验电压 V(50 Hz)	试验地海拔高度 1 m～500 m 时试验电压修正系数[b]	海拔校正后试验电压 V(50 Hz)
100<*U*≤150	0.5	840	1.12	950
150<*U*≤300	1.5	1 390	1.12	1 560
[a] 其他电网电源的电气间隙，按 GB 4793.1—2007 表 4 确定。 [b] 试验地海拔高度不是 2 000 m 时，按 GB 4793.1—2007 表 10 确定修正系数。				

4.3.3 接触电流

生物箱在断开保护接地的供电条件下，在 3.2a）规定的 1.1 倍额定电压和 9.1 技术文件中规定的最不利使用组合试验条件下，接触电流不应大于 3.5 mA。

4.3.4 过温保护

如果生物箱装备加热装置，其过温保护措施应符合 GB 4793.6—2008 中 10.101 的规定，过温保护装置应符合 GB 4793.6—2008 中 14.3 的规定。

4.3.5 加湿器

应具有防止低液位和过高温的安全保护措施。采用电热加热器的加湿器，其过高温保护措施应满足 4.3.4 的要求。从饮用水源直接取水的自动补水加湿装置，应具有将加湿器内部工作用水与饮用水源隔离的装置或措施。

4.3.6 辐照光源

应具有确保光源良好散热和冷却的装置或措施，防止光源引起眼睛伤害、皮肤灼伤或机械损伤的隔离措施及警告标志。如果光源与生物箱工作空间之间通过玻璃隔离，工程塑料玻璃应具有耐生物箱最高工作温度或光源最高工作温度的温度与阻燃特性，平板玻璃应经过钢化处理且具有防爆特性。

4.3.7 非金属材料内胆

采用非金属材料制作生物箱的内胆应避免直接暴露于加热器或辐照光源周围。采用非金属材料时，其可燃性等级应满足 GB/T 11020—2005 规定的 V-1 或更优。因传热或靠近加热零部件而受热，生物箱在最高工作温度和开启辐照光源时，非金属材料的表面温度不应超过其最高允许温度限值。

4.3.8 保温及表面温度限值

4.3.8.1 应确保保温层结构与厚度设计的合理性，除门封条、测试孔和观察窗周围等部位，生物箱工作在环境温度以下和 3.1 规定的温湿度条件下，2 h 内壳体表面应无明显凝露或结霜形成。

4.3.8.2 生物箱工作在表 1 规定的最高工作温度，如果适用开启全部的光源，在 3.1 规定的温湿度环境条件下，壳体易触及发热表面的温度限值应符合 GB 4793.1—2007 中 10.1 和 GB 4793.6—2008 中 10.1 的规定。

4.3.9 制冷剂

应使用不含 CFC（氯氟烃）的环保制冷剂。

4.3.10 噪声

4.3.10.1 生物箱发射的噪声，在操作者(或观察者)位置和距离生物箱表面1 m处的A计权发射声压级L_{PA}不应大于75 dB(基准声压为20 μPa)。如果超过，制造商应在其技术文件中规定使用设备的责任部门应采取的防护措施。

4.3.10.2 生物箱发射噪声的A计权声功率级L_{WA}(基准声功率为1 pW)宜在制造商技术文件中规定。

5 试验方法

5.1 主要试验仪器与设备

5.1.1 数据测量系统

5.1.1.1 由传感器、变送器、数据采集记录仪组成的数据测量系统，其测量范围、分辨力和最大允许误差应符合表3的要求。

表3

项目	单位	测量范围	分辨力	最大允许误差
温度	℃	−10～+100	0.1	±0.5
相对湿度	%	0～100	0.1	±5
光照度(余弦校正)	lx	0～19 999	1	±5%
光合有效辐照强度(余弦校正)	μmo /(m²·s)	0～1 999	0.1	±10%

5.1.1.2 由测量系统所引入的不确定度换算成温度值不应大于被测温度波动度和均匀度绝对值的1/3。

5.1.1.3 温度测量装置的时间常数应满足GB/T 10586—2006中6.1.2的要求，湿度测量装置的时间常数不应大于60 s。在需要测量温度或湿度绝对值的应用场合，应采用标准温度计或湿度计对显示温度、湿度进行校正。

5.1.2 功率计

功率计的等级指数不应大于1.5。

5.1.3 接地电阻测试仪

能提供满足试验要求的试验电流。

5.1.4 介电强度测试仪

能提供满足试验要求的试验电压。

5.1.5 接触电流测试仪

应包含满足GB 4793.1—2007中A.1规定的模拟人体网络和额定功率满足生物箱正常工作要求的可调输出电压隔离变压器。

5.2 试验条件

5.2.1 试验条件应符合 3.1～3.3 的有关规定。

5.2.2 除特别规定，测试在没有负载、最大空气速度和关闭光辐照的条件下进行。

5.2.3 除特别规定，数据测量系统的采样频率为每分钟两次。

5.3 各种测试点位置及数量的确定

5.3.1 温度测试点位置及数量的确定

符合 GB/T 10586—2006 中 6.3 关于温度测试点位置及数量的规定。

5.3.2 湿度测试点位置的确定

符合 GB/T 10586—2006 中 6.3 的规定，取中间水平测试面的中心点位置(甲点位)。

5.3.3 光辐照测试点位置的确定

单位为毫米

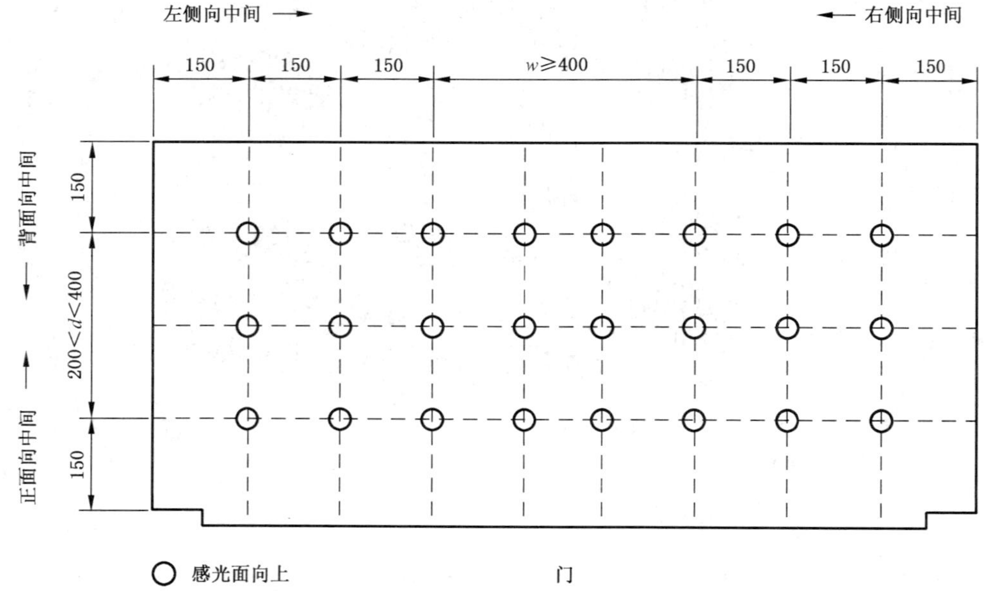

图 1 水平辐照测试辐照传感器的布置

5.3.3.1 测试点间距的确定

测试点间距应符合下列规定：

a) 生物箱工作室容积不大于 2 m^3，或者工作室高度不大于 1 500 mm 时，测试点间距和离开光源表面的距离为 150 mm，见图 1 和图 2；

b) 生物箱工作室容积大于 2 m^3，小于 10 m^3，或者工作室高度大于 1 500 mm 时，测试点间距和离开光源表面的距离为 300 mm；

c) 生物箱工作室容积不小于 10 m^3 时，使用本标准的协议双方应根据前述原则，协商测试点的间距和数量。

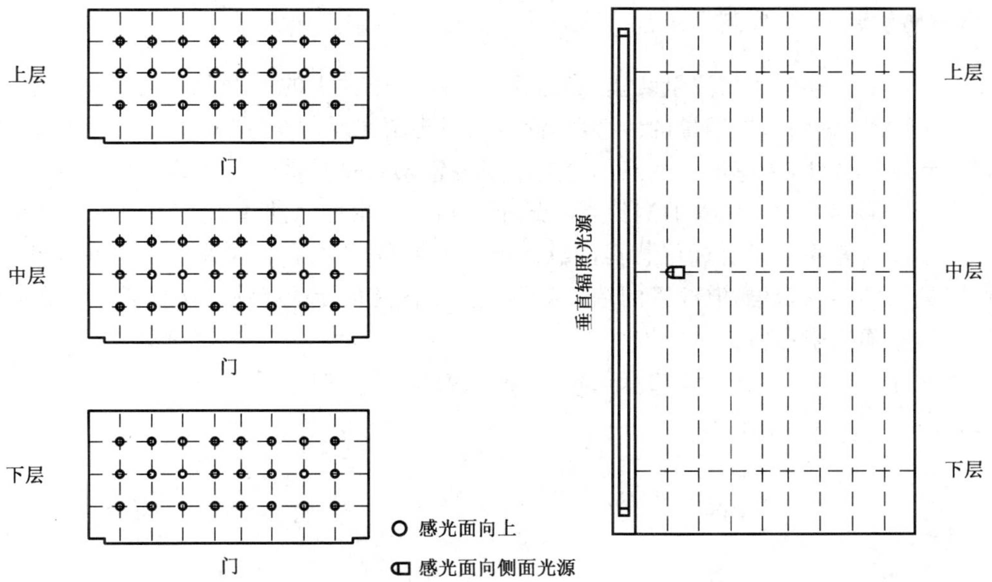

图2 垂直辐照测试辐照传感器的布置

5.3.3.2 水平辐照测试点位置确定

对辐照光源的位置在生物箨样品架或工作面正上方的辐照方式执行的辐照测试称为水平辐照测试，按5.3.3.1a)实施的测量方法如下：

在离开光源150 mm位置确定传感器布置的水平测试面。当光源与传感器之间存在隔离或保护窗时，测量距离以传感器顶表面到光源隔离层的底表面为原则，没有隔离窗时，按传感器顶表面到光源底表面的最近端为原则。

在水平测试面范围内，按GB/T 10586—2006中6.3.1相同的原则，以生物箱工作室的左右面为边界，以150 mm间距从左右侧向中间方向划分纵向栅格线，如果中间栅格的间距(w)满足200 mm$<w<$400 mm条件，则在中间纵向位置划最后一条栅格线。如果$w\geqslant$400 mm，则继续从左右方向向中间划两条栅格线；如果$w\leqslant$200 mm，则不再继续分割(图1)。同样道理，以生物箱前后面为边界，划分横向的栅格线。以删格的交叉点为中心，放置光辐照传感器。应将传感器的感光面正对光源，并且最大限度确保传感器处于水平状态。

5.3.3.3 垂直辐照测试点位置确定

对辐照光源的位置在生物箱样品架或工作面侧面的辐照方式执行的辐照测试称为垂直辐照测试，按5.3.3.1a)实施的测量方法如下：

按5.3.3.1规定的方法和GB/T 10586—2006中6.3.1相同的原则，在离开生物箱工作室的底面和顶面150 mm位置，以及这两个位置的几何中心位置，分别划出上、中、下3个测试平面。将3个测试平面，按照5.3.3.2和图1水平辐照测试的方式划分删格和布置传感器，传感器的感光面应垂直向上(图2)。

在垂直辐照光源范围的几何中心位置，在离开光源表面，如果存在隔离或保护窗时则在离开光源隔离层的近表面150 mm位置，将传感器的感光面正对光源布置传感器。测试结果中，应对垂直辐照和正对光源的测试结果的平均值在括号中进行说明。

5.4 温度、湿度传感器的光辐照防护

5.4.1 光辐照防护温度、湿度测量装置

采用图3所示的光辐照防护测量装置，实施开启光辐照条件下的温度和湿度测量。应将温度传感器、湿度传感器等受光辐照影响测量的传感器，固定在对光辐照反射良好的密闭防护罩上。传感器的固定应确保密封和维护方便，传感器的敏感部位应位于装置风道的主通道上，传感器与轴流风扇之间的距离应确保风扇产生的热量对传感器的测量影响最小。轴流风扇的风速不宜小于3 m/s，用于将测量采样点的空气通过波纹管采集并通过传感器的感应部位。光辐照防护盒和波纹管应涂黑或采用黑色材料。为方便测量点的准确定位，波纹管的端部应具有方便固定的定位接头。为保护操作者安全，轴流风扇靠近操作者的一面应采用防护罩防护。

实施测量时，按5.3.1或5.3.2的点位要求，将波纹管端部的接口固定到测试点上，确保位置准确和空气流动畅通。

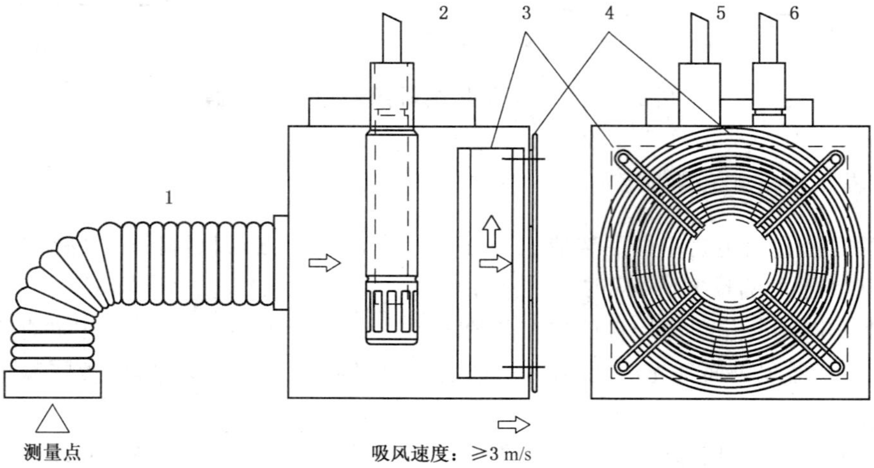

说明：
1——测量取样波纹管(直径≥25 mm)；
2——传感器光辐照防护罩；
3——轴流风扇；
4——风扇防护网罩；
5——湿度传感器；
6——温度传感器。

图3 光辐照防护温度、湿度测量装置

5.4.2 采用电阻加热负载模拟光辐照光源实施测量

将与辐照光源辐射能量接近的电加热器置于生物箱主风道中间。如果不能确定辐照光源的辐射能，应通过以下试验进行确定。

按5.13规定测试开启全部辐照光源的情况下生物箱的降温时间。

将代替辐照光源的加热器，通过调压器接入电源，应确保加热器的功率大小与调压器的电源电压，使调节以后的加热器功率基本接近辐照光源的辐射能。关闭全部辐照光源，接通调压器的工作电源，按5.13相同的方法测试生物箱的降温时间。如果这样测试的降温时间与全部开启辐照的降温时间误差

超过±10%,应继续调节调压器的电源,重复降温时间的测试过程。当最终测试的降温时间误差限值为±10%时结束试验,按5.13的规定测试并记录加热功率。

实施开启辐照的温度或湿度测量时,应关闭全部辐照光源,投入与辐射能对应的加热功率。确认加热器的位置布置和结构形式没有产生新的辐射干扰,否则应采取进一步的辐射防护措施。

如果采用电阻加热负载代替辐照光源实施测量的结果与5.4.1的结果存在争议,执行定型检验或周期检验,应以采用5.4.1方式的测试结果为准。

5.5 外观及结构试验

采用目视、耳闻、手摸,结合样品、照片、涂层测试仪等方法进行检查。除了4.1.7~4.1.12与结构有关的项目外,其他项目应在5.5~5.15规定的试验前和试验后各检查一次,结果应符合4.1的规定。

5.6 工作温度范围试验

5.6.1 关闭光辐照的最低工作温度试验

关闭光辐照的最低工作温度试验应在20 ℃±2 ℃的环境条件和5.2规定的其他试验条件下进行。按5.3.1要求将一支温度传感器固定在中间水平测试面的中心位置,将生物箱温度设置为5.0 ℃,开启制冷装置和空气循环装置,启动温度测量系统,记录生物箱的降温曲线和恒温过程,保持恒温时间不应少于2 h,结果应符合4.2的规定。

5.6.2 不同环境温度条件下的最低工作温度对比试验

允许制造商通过试验,测定相同生物箱在不同环境温度条件下的最低温度,然后按图4制作最低温度—环境温度曲线。该曲线可以用于对设计完全相同的生物箱,在不同环境温度条件下批量测量最低温度,推算出20 ℃环境条件下的最低温度。试验方法如下:

a) 按5.6.1测试生物箱的最低温度,改变设置温度为1.0 ℃,试验进行到降温速率低于每10 min小于0.1 ℃时结束,试验应在相同条件下进行一次重复;
b) 改变环境温度为24 ℃±2 ℃,28 ℃±2 ℃和32 ℃±2 ℃,保持其他操作条件不变,分别测试不同环境温度条件下的最低温度;
c) 取两次重复测试的平均值,按最小二乘法制作最低温度—环境温度曲线(图4),允许将曲线外推到15 ℃~35 ℃环境温度范围;
d) 在实际环境温度下,测试生物箱的最低温度。将图4曲线在T_c方向上下平移到实际环境温度和最低温度的交叉点,查阅20 ℃T_a时与曲线交叉点对应的T_c,即为该生物箱在20 ℃环境条件下的最低温度。

试验结果应符合4.2的规定。如果对通过对比试验方法测定的结果存在争议,执行定型检验或周期检验,应以5.6.1规定的方法测试的结果为准。

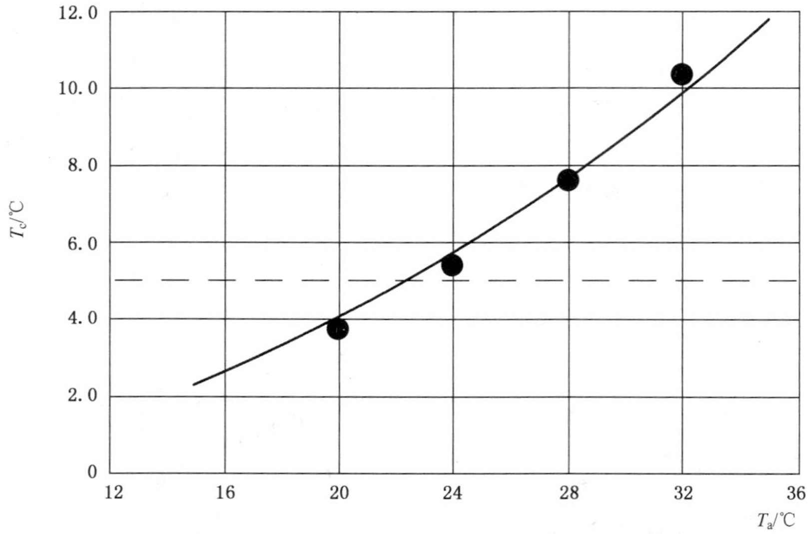

说明：

T_a——表示环境温度(℃)；

T_c——表示生物箱温度(℃)；

●——最低温度测量数据。

注：实例中生物箱最低温度为+5 ℃。

图 4 最低温度—环境温度曲线

5.6.3 关闭光辐照的最高工作温度试验

关闭光辐照的最高工作温度试验，应在 20 ℃±5 ℃的环境条件，按 5.6.1 相同的试验方法进行。将生物箱温度设置到 45 ℃，启动空气循环装置。按制造商的规定，开启或关闭制冷装置。启动温度测量系统，记录生物箱的升温曲线和恒温过程，保持恒温时间不应少于 2 h，试验结果应符合 4.2 的规定。

5.6.4 开启光辐照的工作温度范围试验

按照 5.4 和 5.6.1 或 5.6.2 实施开启光辐照或模拟辐照条件的最低工作温度试验。

按照 5.4 和 5.6.3 实施开启光辐照或模拟辐照条件的最高工作温度试验。

试验结果应符合 4.2 的规定。

5.7 ACC 工作温度试验

ACC 工作温度试验应在 20 ℃±2 ℃的环境条件和第 5.2 规定的其他试验条件下进行。将生物箱温度设置到由制造商规定的 ACC 工作温度，开启空气循环装置和制冷装置。在生物箱达到设定工作温度稳定工作并保持 2 h 以上，则结果为合格。

5.8 温度波动度试验

5.8.1 生物箱温度波动度的测量应在生物箱最低工作温度和最高工作温度点，与 5.6 的试验同步进行，试验时将生物箱的空气循环速度调整到最大。如果试验在非 20 ℃的环境温度条件下进行，应按 5.6.2 的方法重新确定最低工作温度。温度波动度试验应使生物箱达到规定的试验温度并保持 30 min 以上。

5.8.2 按照 5.6.1 的试验方法，记录生物箱最低工作温度条件下的恒温曲线，保持连续记录 30 min 以上，然后取 30 min 内的最高温度读数和最低温度读数之差值的二分之一，前面冠以“±”符号，作为温度波动度，其计算见式(1)。

$$\Delta T_S = \pm \frac{T_{max} - T_{min}}{2} \quad \cdots\cdots(1)$$

式中：

ΔT_S ——温度波动度，单位为摄氏度(℃)；

T_{max} ——最高温度读数，单位为摄氏度(℃)；

T_{min} ——最低温度读数，单位为摄氏度(℃)。

5.8.3 按照5.6.3的试验方法和式(1)，测试生物箱在最高工作温度条件下的温度波动度。

5.8.4 按照5.4的光辐射防护要求，测试生物箱在开启光辐照或模拟辐照条件下的温度波动度。

5.8.5 应对开启光辐照条件下的温度波动度进行附加说明。试验结果应符合4.2的规定。

5.9 温度均匀度试验

生物箱温度均匀度的测量应在20 ℃的工作温度和5.2规定的其他试验条件下进行，试验时将生物箱的空气循环速度调整到最大，应使生物箱达到规定的试验温度并保持30 min以上。

测量前，应对各通道温度测量系统的误差进行校正。将9支温度传感器的敏感部位集中固定在按5.3.1确定的中间层水平测试面的几何中心位置，启动温度测量系统连续测量15 min，计算各温度传感器的平均值，以及8支传感器与第9支传感器平均值的偏差ΔT_i，并将其作为起始误差。

将8支传感器分配到按5.3.1确定的上、中、下3个水平测试面的其他8个测试点上，第9支传感器保持在中间测试层的中心位置不变。

启动温度测量系统，记录所有9个测量点的温度，保持连续记录15 min以上，然后将15 min内的所有数据按测量点进行算术平均。将其中8支温度传感器进行ΔT_i修正，按式(2)计算温度均匀度。

$$\Delta T_y = \overline{T}'_{max} - \overline{T}'_{min} \quad \cdots\cdots(2)$$

式中：

ΔT_y ——温度均匀度，单位为摄氏度(℃)；

$\overline{T}'_{max}$ ——数据修正后值最大的测量点的温度平均值，单位为摄氏度(℃)；

$\overline{T}'_{min}$ ——数据修正后值最小的测量点的温度平均值，单位为摄氏度(℃)。

试验结果应符合4.2的规定。

注：温度均匀度受生物箱内置入物品大小与多少以及空气循环速度的影响。

5.10 最大加湿湿度和湿度波动度试验

生物箱最大加湿湿度和波动度试验应在表1规定的最大加湿湿度对应的工作温度和5.2规定的条件下进行。

应根据制造商提供的技术文件，确定试验是否在光辐照、制冷、换气装置开启或关闭的条件下进行。如果制造商未对湿度试验的技术条件进行规定，试验应在开启光辐照、制冷和换气装置的最不利组合条件下进行。

按照5.3.2测量点位置，如果需要开启光辐照，按照5.4光辐照防护或模拟辐照的条件，将温度和湿度传感器固定到测量位置上。按表1最大加湿湿度的规定设置生物箱的湿度和温度值，启动生物箱的空气循环和加湿控制，记录温度、湿度变化曲线。等待生物箱温度达到设置的工作温度并稳定以后，继续保持记录60 min以上，然后取60 min时间范围内的最高湿度读数和最低湿度读数的一半，前面冠以“±”符号，作为湿度波动度，其计算见式(3)。

$$\Delta Hr_S = \pm \frac{Hr_{max} - Hr_{min}}{2} \quad \cdots\cdots(3)$$

式中：

ΔHr_S ——湿度波动度，%；

Hr_{max} ——最高湿度读数,%;

Hr_{min} ——最低湿度读数,%。

生物箱保持的温度值、湿度值和湿度波动度应符合4.2的规定。

5.11 光照度与光合有效辐照强度试验

应检查制造商提供的关于辐照光源及测量的有关规定,并在制造商规定的工作温度和环境条件下实施测量。

如果制造商没有提供有关辐照光源与辐照测试的技术要求,试验应在25 ℃±1 ℃工作温度和5.2规定的试验条件下进行,在接通光源电源的10 min后实施测量。

根据生物箱的大小和辐照光源的类型,以及5.3.3的要求确定测试点的位置。根据光照度或光合有效辐照强度的测试要求,确定采用光照度传感器或光合有效辐照强度传感器(表3)。

如果试验要求在指定的工作温度条件下进行,应首先使生物箱运行在指定温度条件下保持30 min以上,开启全部光源并保持规定的时间或至少10 min。应将图1或图2的测试矩阵图按测试顺序进行标记,然后严格按标记的顺序实施测量。将光照度传感器或光合有效辐照强度传感器与数据测量系统连接,设置采样频率为每分钟10次,启动数据测量系统。按标记的图1或图2顺序改变传感器的位置,每次改变位置应保持1 min左右时间。应确保传感器位置准确,感应面方向正确以及传感器的水平状态。测试结束后,按照传感器感应面方向的不同,分别计算所有测试点光照度或光合有效辐照强度的平均值作为测试结果,其中应对正对光源的测试结果进行附加说明。

生物箱光照度或光合有效辐照强度的计算结果应符合4.2的规定。

5.12 制冷量试验

5.12.1 20 ℃环境温度条件下的制冷量试验

生物箱制冷量 P_c 的测量,应当在20 ℃±2 ℃的环境条件,20 ℃工作温度和在5.2规定的其他试验条件下进行。对于由水提供冷却或辅助冷却的生物箱,冷却水的温度 T 应当为20 ℃±2 ℃。测量应当从开启制冷装置,并在制冷装置达到稳定状态以后进行。如果制造商没有对制冷装置达到稳定状态的时间进行规定,或者无法通过试验判断,试验应从开启制冷装置30 min以上开始。

将空气电加热器通过一个可调电源放置到生物箱中央的主风道中进行加热,调节加热器的输入电压使生物箱的温度恒定在20 ℃±0.5 ℃下10 min以上。采用5.1.2的功率计测量加热器的输入功率即为生物箱在20 ℃工作温度下的制冷量。

5.12.2 不同环境温度条件下的制冷量对比试验——电热功率法

允许制造商通过试验,测定相同生物箱在不同环境温度条件和特定工作温度下的制冷量,然后按图5绘制制冷量—环境温度曲线。该曲线可以用于设计完全相同的生物箱,在非20 ℃的环境温度条件下批量测量制冷量,推算出20 ℃环境条件下的制冷量。试验方法如下:

a) 按5.12.1测试生物箱在规定工作温度下的制冷量,试验应在相同条件下进行一次重复;

b) 改变环境温度为24 ℃±2 ℃,28 ℃±2 ℃和32 ℃±2 ℃,保持其他操作条件不变,按照5.12.1规定分别测试制冷量;

c) 取两次重复测试的平均值,采用最小二乘法绘制制冷量—环境温度曲线(图5),允许将曲线外推到15 ℃～35 ℃环境温度范围;

d) 在环境温度条件下,测试生物箱在规定工作温度下的制冷量。将图5曲线在 P_c 方向上下平移到实际环境温度和规定工作温度下制冷量的交叉点,查阅20 ℃ T_a 时与曲线交叉点对应的 P_c,即为该生物箱在20 ℃环境条件下的制冷量。

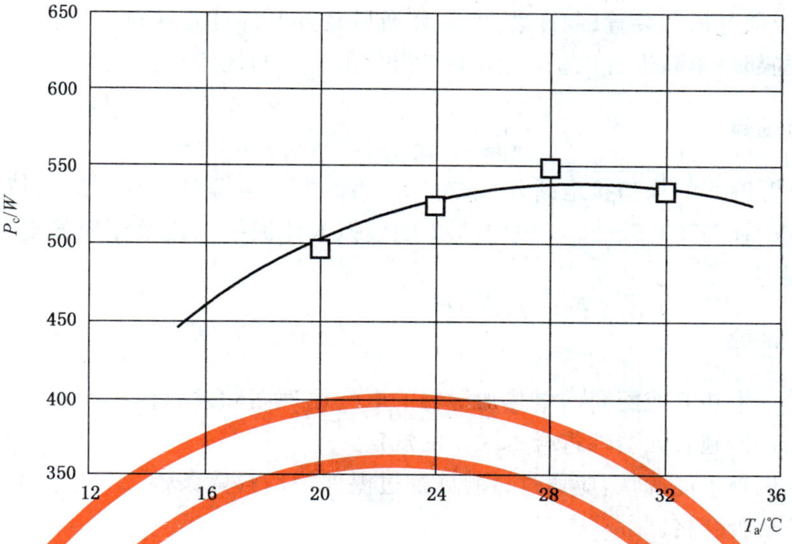

说明：

T_a ——表示环境温度(℃)；

P_c ——表示制冷量(W)；

□ ——制冷量测量数据。

注：实例中制造商规定的生物箱制冷量指标为 480 W@+20 ℃。

图 5 制冷量—环境温度曲线

试验结果应符合 4.2 的规定。如果对通过对比试验方法测定的制冷量结果存在争议，执行定型检验或周期检验，应以 5.12.1 规定方法测试的结果为准。

注：图 5 的曲线只是一个实例，制冷量与环境温度之间的关系受制冷系统结构影响严重，曲线呈多样化的变化规律。

5.13 降温时间试验

生物箱降温时间的测定，应在 20 ℃±2 ℃环境温度和开启全部辐照光源的条件下，按 5.6.4 的方法试验，计算从 20 ℃±1 ℃工作温度开始，制冷降温到生物箱温度第一次达到+10 ℃所需要的时间，结果应符合 4.2 的规定。

5.14 升温时间试验

生物箱的升温时间的测定，应在关闭全部辐照光源的条件下，按 5.6.3 的方法进行试验，计算从 20 ℃±1 ℃工作温度开始，加热升温到生物箱温度第一次达到+40 ℃所需要的时间，结果应符合 4.2 的规定。

5.15 安全和环境保护试验

5.15.1 保护连接试验

按 GB 4793.1—2007 中 6.5.1 的规定检查保护连接的完整性、保护导体端子以及保护连接的阻抗，并判别其是否合格。

5.15.2 介电强度试验

本试验应在 5.15.1 的试验之后，在测试和检查合格的产品上进行。

按表 2 确定试验电压，按 GB 4793.1—2007 中 6.8.4 的规定进行试验。试验时应将有关的外部开关处于开启状态，如果电加热装置、制冷装置、循环通风装置等部件是通过自动控制电路才能接入测量电路的，则应对这些部件单独进行试验，其结果应符合 4.3.2 的规定。

5.15.3 接触电流试验

试验时应将电源输入的保护接地断开，采用 1.1 倍的额定电源电压和制造商技术文件规定的最不利组合操作条件，按 GB 4793.1—2007 中图 A.1 的模拟人体网络电路及相应的规定进行试验，其结果应符合 4.3.3 的规定。

5.15.4 过温保护试验

用目视方法检查生物箱或配套的电热加湿器的电气原理图和过温保护元器件的技术文件，确定制造商采取的过温保护措施及元器件符合 4.3.4 的规定。

如果经过目视检查不能确认，应通过试验施加过温保护的故障条件，一次施加一个，检查单一故障条件下的过温保护是否合格。

5.15.5 辐照光源试验

用目视方法检查，如果不能确定，通过试验测量光源装置周围易触及壳体或隔离材料表面的温度、隔离措施、隔离材料的技术文件和生物箱标识是否合格。

5.15.6 非金属材料内胆试验

通过检查有关材料的数据，或对相关零部件的 3 个样品进行 GB/T 11020—2005 规定的 V 试验，检验是否合格。样品可以是下列规定的任何一种：

a) 整个零部件；

b) 零部件的截取部分，含有壁厚最薄的和有任何通风孔的部分；

c) 符合 GB/T 11020—2005 的样品。

如果非金属材料内胆周围安装有加热装置或光源装置，将生物箱工作在最高工作温度并开启全部光源，测量正常工作条件下加热器和光源周围非金属材料的表面温度，不应超过其最高允许温度限值。

使加热器或光源的控制短路，测量单一故障条件下加热器或光源周围非金属材料的表面温度，不应超过其最高允许温度限值。

5.15.7 保温及表面温度限值试验

凝露或结霜试验，应在执行 5.6.1 的最低工作温度试验时进行，保持生物箱在最低工作温度工作不少于 2 h，通过目视检查 2 h 内生物箱的壳体表面没有凝露或结霜为合格。

壳体发热表面的温度试验，应在执行 5.6.4 开启全部光辐照的最高工作温度试验时进行，保持生物箱在最高工作温度工作不少于 2 h，通过结构检查与表面温度计测量生物箱的易触及壳体表面温度没有超过 GB 4793.1—2007 中表 15 的限值规定。如果试验在 3.1 环境条件下进行，应通过测量并计算生物箱在环境温度条件下的温升与 35 ℃之和为表面温度。

如果测量结果超过限值规定，通过目视检查生物箱壳体明显部位是否具有 GB 4793.1—2007 中表 1规定的防止烫伤的符号 13，检查制造商的技术文件是否具有针对防止烫伤符号的警告说明。

5.15.8 制冷剂试验

通过检查生物箱的铭牌标识，制造商技术文件中关于生物箱制冷剂的说明，以及检查生物箱的制冷原理图和产品实际使用的压缩机型号，确定制造商采用的制冷剂是否为不含 CFC（氯氟烃）的环保制冷剂。

5.15.9 噪声试验

5.15.9.1 生物箱发射噪声的A计权声压级按GB/T 17248.3—1999规定的方法测量，其结果应符合4.3.10.1的规定。

5.15.9.2 生物箱发射噪声的A计权声功率级按JB/T 9512—1999规定的方法测量，其结果应符合4.3.10.2的规定。

6 检验规则

6.1 检验分类

生物箱的检验分为：

a) 出厂检验；

b) 定型检验；

c) 周期检验。

6.2 检验项目

出厂检验、定型检验和周期检验的项目、要求及试验方法的条款号见表4。

表4

序号	检验项目	要求的条款号	试验方法的条款号	出厂检验	定型检验	周期检验
1	外观及结构	4.1	5.5	●	●	●
2	工作温度范围	4.2 表1	5.6	●	●	●
3	ACC工作温度	4.2 表1	5.7	●	●	●
4	温度波动度	4.2 表1	5.8	●	●	●
5	温度均匀度	4.2 表1	5.9	—	●	●
6	最大加湿湿度	4.2 表1	5.10	●	●	●
7	湿度波动度	4.2 表1	5.10	●	●	●
8	光照度	4.2 表1	5.11	—	●	●
9	光合有效辐照强度	4.2 表1	5.11	—	●	●
10	制冷量	4.2 表1	5.12	—	●	●
11	降温时间	4.2 表1	5.13	●	●	●
12	升温时间	4.2 表1	5.14	●	●	●
13	保护连接	4.3.1	5.15.1	●	●	●
14	介电强度	4.3.2	5.15.2	●	●	●
15	接触电流	4.3.3	5.15.3	●	●	●
16	过温保护	4.3.4	5.15.4	●	●	●
17	加湿器	4.3.5	5.15.4	●	●	●
18	辐照光源	4.3.6	5.15.5	—	●	●

表 4（续）

序号	检验项目	要求的条款号	试验方法的条款号	出厂检验	定型检验	周期检验
19	非金属材料内胆	4.3.7	5.15.6	—	●	●
20	保温及表面温度限值	4.3.8	5.15.7	—	●	●
21	制冷剂	4.3.9	5.15.8	—	●	●
22	噪声	4.3.10	5.15.9	—	●	●
注：符号“●”表示应检验的项目，符号“—”表示不必检验的项目。						

6.3 出厂检验

6.3.1 出厂检验由制造商质量检验部门负责，检验合格后签发产品合格证，方能出厂。

6.3.2 出厂检验项目分逐台检验和抽样检验，逐台检验项目为表 4 中序号 1、2、4、7、13、14 和 15 项，抽样检验项目为表 4 中序号 3、6、11、12、16 和 17 项。

6.3.3 抽样检验项目采用随机抽样检验，成批生产的生物箱，20 台以上的抽 3 台，不足 20 台的抽 2 台。

6.3.4 检验项目应全部合格。抽检时，如有一台不合格，应对不合格项目加倍抽检；第二次检验合格时，仅将第一次抽样不合格的产品返修，检验合格后允许出厂。如第二次抽检仍有一台不合格，则应对该批产品逐台检验，检验合格后允许出厂。

6.4 定型检验

6.4.1 具有以下情形之一，应进行定型检验：

a) 新产品设计定型或生产定型时；

b) 老产品转厂生产时；

c) 产品的设计、结构、工艺、材料有较大变动且有可能影响产品性能时；

d) 质量监督机构要求时。

6.4.2 生物箱定型检验的样本为 3 台，检验项目见表 4，所有项目应符合规定的要求。

6.4.3 定型检验由制造厂质量检验部门执行，也可委托质量检验技术机构执行，应出具定型检验报告。

6.4.4 经定型检验合格的生物箱应整修，更换寿命终了或接近终了的零部件，并重新进行出厂检验。检验合格后签发产品合格证，方能出厂。

6.5 周期检验

6.5.1 通则

产品有下列情况之一时，应进行周期检验：

a) 正常生产时，每两年进行至少一次的检验；

b) 产品停产一年后，恢复生产时；

c) 出厂检验结果与上次周期检验有重大差异时；

d) 国家质量监督机构要求时。

注：特殊订货或非批量生产的产品除外。

6.5.2 抽样方案及判定规则

6.5.2.1 周期检验采用 GB/T 2829—2002 中判别水平Ⅰ的一次抽样方案。

6.5.2.2 周期检验项目的不合格分类、不合格质量水平(RQL)、判别水平(DL)及判定数组(Ac,Re)见表 5。

6.5.2.3 周期检验按 GB/T 2829—2002 的规定进行合格或不合格判断，其中批质量以每百单位产品不合格数表示。

表 5

序号	不合格分类	检验项目及条款		不合格质量水平(RQL)	判别水平(DL)	抽样方案	
		项目	条款			样本量 n	判定数组(Ac,Re)
1	A	工作温度范围	4.2 表 1	30	Ⅰ	3	(0,1)
2		ACC 工作温度	4.2 表 1				
3		温度波动度	4.2 表 1				
4		温度均匀度	4.2 表 1				
5		最大加湿湿度	4.2 表 1				
6		湿度波动度	4.2 表 1				
7		光照度	4.2 表 1				
8		光合有效辐照强度	4.2 表 1				
9		保护连接	4.3.1				
10		介电强度	4.3.2				
11		接触电流	4.3.3				
12		过温保护	4.3.4				
13		加湿器	4.3.5				
14		辐照光源	4.3.6				
15	B	外观及结构	4.1	65			(1,2)
16		制冷量	4.2 表 1				
17		降温时间	4.2 表 1				
18		升温时间	4.2 表 1				
19		非金属材料内胆	4.3.7				
20		保温及表面温度限值	4.3.8				
21		制冷剂	4.3.9				
22		噪声	4.3.10				

6.5.3 样本抽取

周期检验的样本应在出厂检验合格品中随机抽取。

6.5.4 周期检验后的处置

6.5.4.1 周期检验不合格，应分析原因，找出问题并落实措施，重新进行周期检验。若再次周期检验不合格，则应停产整顿，产品停止出厂检验，待解决问题，周期检验合格后，方可恢复出厂检验。

6.5.4.2 若周期检验合格，经出厂检验合格的批可以作为合格品出厂或入库。

7 标志

7.1 一般要求

7.1.1 生物箱应有醒目的耐久性标志，定位准确，指向无任何歧义。

7.1.2 当标志的内容过多，不利于在生物箱外表完整和清晰地表达时，应采用 GB 4793.1—2007 中表 1的符号 14，并在随机技术文件中附加说明。

7.2 产品铭牌标志

产品铭牌应包含下列内容：

a) 制造商的名称或商标；

b) 产品名称、型号或能识别、追踪设备的其他方法，系列号；

c) 制造日期或制造批号；

d) 电源的性质，电压、频率及输入电流或功率的额定值；

e) 制冷剂种类及充装量。

7.3 与操作有关的标志

生物箱宜包含下列与操作有关的标志：

a) 输入输出插头、插座、连接端子的标识(如加湿器、辐照光源等)，包括电源性质及额定值；

b) 熔断器的标识、规格及容量；

c) 操作按键、旋钮、开关、调节装置；

d) 指示装置；

e) 其他可能影响正常操作的内容。

7.4 安全标志

有可能出现电击、机械损伤，过高温和火焰蔓延，声、光和超声辐射，以及气体、液体过高压和爆炸危险的部位或部件应进行标识。安全标志应符合 GB 4793.1—2007 中 5.1 关于标志的规定。

7.5 包装标志

产品包装上应标明下列内容：

a) 产品名称、型号及商标。

b) 执行产品标准号。

c) 包装储运图示标志应符合 GB/T 191—2008 中的规定。制造商应对生物箱的包装、储存和运输是否允许倾斜，最大倾斜角度等进行附加说明。

d) 生产单位名称、地址、邮政编码。

e) 包装箱外型尺寸、重量及堆码等。

8 包装、运输、贮存

8.1 包装

8.1.1 生物箱的包装应符合设计图纸规定。按产品大小和重量不同宜使用多层纸板箱、多层夹板或OSB(定向结构刨花板)等合成板包装箱,不宜使用原木包装箱。

8.1.2 产品应采用防雨、防潮气聚集的塑料薄膜包裹,顶部、底部及产品四角应按需衬垫泡沫层。

8.1.3 技术文件如使用说明书、合格证明书和保修单等应进行密封防潮包装,固定在包装箱内部明显的位置。

8.1.4 可能影响运输安全的专用工具,部分附件,突出的部件,活动盖板等应拆卸以后单独包装,然后再牢固地固定和整体装箱,以避免运输过程中的碰伤、变形或划伤。

8.1.5 安装移动滑轮的生物箱,应采用撑高垫块,将产品的滑轮与包装箱的底板脱开,并采用合适的螺杆将设备与包装箱底板固定。采用特殊方式包装时,应对包装箱进行合理的标识,并将技术文件中说明拆卸的过程和需要再次包装时的要求复制两份,分别张贴在包装箱外部明显位置和开箱以后即可显见的部位。

8.2 运输

生物箱的运输应符合包装箱上注明的条件,严禁日晒、雨淋、倾斜或强烈振动。运输方式按订货合同上载明的要求执行。

8.3 贮存

包装后的生物箱应贮存在相对湿度不超过85%,无凝露,无腐蚀性气体和腐蚀性化学药品,通风良好的室内,贮存期不宜超过一年。

9 随行文件

9.1 技术文件

9.1.1 为了操作和安全目的,应当随同设备提供含有下述内容的技术文件:

a) 生物箱的预定用途;

b) 与安全有关的指引;

c) 包括工作温度范围、ACC工作温度、温度波动度、温度均匀度、最大加湿湿度、湿度波动度、光照度、光合有效辐照强度、制冷量、降温时间、升温时间、电源额定值、加热器功率值、最大启动电流等在内的技术指标;

d) 详细的设备安装、操作与维护说明,必要的故障排除说明;

e) 可获得技术支持的制造商的名称和联系方式;

f) 对标在设备上的警告符号做出明确解释。

应给出叙述,说明在标有GB 4793.1—2007中表1符号14的所有的情况下均需查阅文件,以便确定潜在危险的性质以及必须采取的应对措施。

9.1.2 使用说明书应符合GB/T 9969—2008的规定。

9.1.3 有关加湿器的文件应注明:

a) 适用的加湿器种类;

b) 包括雾化量在内的技术指标;

c) 水质、流量及压力要求；

d) 维护说明。

9.1.4 有关辐照光源的文件应注明：

a) 辐照光源的类型；

b) 推荐的光源型号甚至制造商品牌；

c) 推荐的实施辐照测量的生物箱工作温度或环境温度条件；

d) 如果适用，新光源对老化时间的要求，以及光源寿命与光照度、光合有效辐照强度之间的关系；

e) 如果适用，开启光源与实施测量之间的等待时间。

9.1.5 有关空气循环的文件应注明：

a) 循环类型的说明：水平循环、垂直向上或垂直向下循环；

b) 循环速度对温度、湿度波动度的影响；

c) 空气速度调节方法；

d) 换气装置的调节与换气量的说明。

9.2 其他文件

应随同生物箱提供下述文件：

a) 合格证；

b) 保修单；

c) 装箱单。

ICS 19.040
N 61

中华人民共和国国家标准

GB/T 28853—2012

恒温槽与恒温循环装置 高温恒温循环装置

Thermostatic baths and circulators—Heated circulators

2012-11-05 发布　　　　2013-02-15 实施

中华人民共和国国家质量监督检验检疫总局
中国国家标准化管理委员会　发布

前　　言

本标准按照 GB/T 1.1—2009 给出的规则起草。

本标准由中国机械工业联合会提出。

本标准由中国机械工业联合会归口。

本标准主要起草单位:杭州雪中炭恒温技术有限公司、重庆四达试验设备有限公司、浙江省计量科学研究院、机械工业仪器仪表综合技术经济研究所、无锡苏南试验设备有限公司、工业和信息化部电子第五研究所、湖南省计量检测研究院。

本标准参加起草单位:上海爱斯佩克环境设备有限公司、沈阳仪表科学研究院、安徽省计量科学研究院、衡阳衡仪电气有限公司、中国电器科学研究院、上海精宏实验设备有限公司、宁波东方加热设备有限公司、重庆银河试验仪器有限公司。

本标准主要起草人:徐月明、陈云生、周连琴、金丽辉、倪一明、邹苏阳、熊知明、冯华、徐秋玲、何纲健、刘湘衡、周修源、励雅琴、王晓峰、廉振荣、沈才忠、金美峰、王家龙、王华斌。

恒温槽与恒温循环装置 高温恒温循环装置

1 范围

本标准规定了高温恒温循环装置的分类、使用条件、要求、试验方法、检验规则、标志、包装、运输、贮存及随行文件。

本标准适用于未装备有源制冷装置，以液体传热介质形式提供恒温环境的高温恒温循环装置(以下简称高温循环装置)。

2 规范性引用文件

下列文件对于本文件的应用是必不可少的。凡是注日期的引用文件，仅注日期的版本适用于本文件。凡是不注日期的引用文件，其最新版本(包括所有的修改单)适用于本文件。

GB/T 191—2008 包装储运图示标志

GB/T 2829—2002 周期检验计数抽样程序及表(适用于对过程稳定性的检验)

GB 4793.1—2007 测量、控制和实验室用电气设备的安全要求 第1部分：通用要求

GB 4793.6—2008 测量、控制和实验室用电气设备的安全要求 第6部分：实验室用材料加热设备的特殊要求

GB/T 9969—2008 工业产品使用说明书 总则

GB/T 16895.10—2010 低压电气装置 第4-44部分：安全防护 电压骚扰和电磁骚扰防护

GB/T 17248.3—1999 声学 机器和设备发射的噪声 工作位置和其他指定位置发射声压级的测量 现场简易法

JB/T 9512—1999 气候环境试验设备与试验箱 噪声声功率级的测定

3 分类

不燃液体或可燃液体均可作为高温循环装置的液体传热介质，高温循环装置的分类名称、要求及标志见表1。

表 1

分类名称	液体传热介质	要求	标志[e]
Ⅰ	不燃液体[a]	过温保护[c]	NFL
Ⅱ	可燃液体[b]	可调温度过温保护[d]	FL
Ⅲ		可调温度过温保护和附加液位保护[d]	

[a] 通常是水以及其他在单一故障条件和规定温度范围内不燃烧的液体。

[b] 液体传热介质的闪点不应小于65 ℃，Ⅱ类要求适用，如硅油。否则Ⅲ类要求适用，如乙醇。

[c] 独立的、非自复位的、能同时切断加热器所有极的过温或液位保护装置。

[d] 可以调节的过温和液位保护装置，应只有借助于工具才能进行。

[e] 制造商可选择采用或不采用。

4 使用条件

4.1 环境条件

高温循环装置应在下列条件下使用：

a) 室内使用；

b) 温度为 5 ℃～35 ℃，无剧烈的环境温度变化；

c) 环境温度低于 31 ℃时最大相对湿度为 80%，环境温度为 35 ℃时最大相对湿度线性降到 67%；

d) 海拔高度不超过 2 000 m；

e) 周围应无影响高温槽使用的振动、磁场（地磁场除外）以及其他冷热源辐射的存在；

f) 按 GB 4793.1—2007，污染等级不高于 2 级，周围无高浓度粉尘或腐蚀性、爆炸性气体；

g) 周围无强烈气流，当周围空气需强流动时，气流不应直接吹到高温循环装置开口表面。

4.2 供电条件

为高温循环装置供电的电源应符合以下条件：

a) 额定电压：交流 220 V、380 V 或其他额定电压，允许偏离额定值的范围为－15%～＋10%；

b) 额定频率：50 Hz 或其他额定频率，允许偏离额定值的范围为±2%；

c) 允许电网电源上出现典型的瞬态过电压。瞬态过电压的标称等级为 GB/T 16895.10 规定的脉冲承受电压（过电压）类别Ⅱ。

4.3 液体传热介质

使用与工作温度范围和产品分类相适应的液体传热介质，如水、硅油、矿物油等，其中水介质的总硬度不应大于 4 mmol/L，满足工业锅炉用水水质标准。液体传热介质在 4.1 环境条件下的沸点，应比制造商规定的最高工作温度高 5 ℃以上，且无明显油烟形成。

在较低工作温度试验时，液体传热介质在工作温度范围内的运动黏度不应大于 30 mm^2/s。在 150 ℃以上工作温度条件试验时，液体传热介质的比热容不应大于 2.5 kJ/(kg·K)，运动黏度不应小于 1 mm^2/s。

5 要求

5.1 外观及结构

5.1.1 表面涂镀层应色泽均匀、平整光洁，不应有露底、起皱、起泡、斑痕、裂纹及显见的划痕。

5.1.2 高温循环装置壳体焊接、棱角部位应按要求磨光、倒钝以后喷涂、抛光或镀层。整体结构应牢固。

5.1.3 拼接安装部位缝隙应均匀一致。

5.1.4 固定机脚应放置平稳，移动脚轮应转动灵活且无异常噪声产生，万向脚轮应在正常操作条件和其最不利的位置确保高温循环装置无倾覆危险。

5.1.5 内胆焊缝应均匀、无渗漏，电热器的安装应整齐、无泄漏，无锈斑。

5.1.6 不能方便观察液位的高温循环装置应具有指示换热空间内部液体传热介质液位高低的指示装置。

5.2 技术性能

高温循环装置技术性能项目及指标见表2。

表2

序号	技术性能项目	单位	技术指标
1	工作温度范围	℃	应符合制造商技术文件的规定
2	扩展温度范围	℃	应符合制造商技术文件的规定
3	温度波动度	℃	在以下规格中选取：$\pm(1,2,5)\times10^{n}$，$-3\leqslant n\leqslant0$ 且为整数
4	循环泵最大流量	L/min	应符合制造商技术文件的规定
5	循环泵最大压力	MPa	应符合制造商技术文件的规定

5.3 安全和环境保护

5.3.1 保护连接

保护连接的完整性、保护导体端子以及保护连接的阻抗应满足 GB 4793.1—2007 中 6.5.1 的规定。

5.3.2 介电强度

将受试高温循环装置的保护导体端子(或电源插头的保护导体端子)作为一端，所有电源输入端短接作为另一端，在两端之间施加按表3确定的 50 Hz 交流正弦波试验电压，在 5 s 内将试验电压升高到规定值，使试验电压不出现明显跳变，然后至少保持 5 s，应无闪络、电流突然增加或重复飞弧现象。

表3

受试设备相线-中线电压(U) V	电气间隙[a] mm	基准试验电压 V	试验地海拔高度 1 m～500 m 时试验电压修正系数[b]	海拔校正后试验电压 V
$100<U\leqslant150$	0.5	840	1.12	950
$150<U\leqslant300$	1.5	1 390	1.12	1 560

[a] 其他电网电源的电气间隙，按 GB 4793.1—2007 表4确定。

[b] 试验地海拔高度不是 2 000 m 时，按 GB 4793.1—2007 表10确定修正系数。

5.3.3 接触电流

高温循环装置在断开保护接地的供电条件下，在 4.2a)规定的 1.1 倍额定电压和 10.1 制造商技术文件中规定的最不利使用组合试验条件下，接触电流有效值不应大于 3.5 mA。

5.3.4 过温保护

如果高温循环装置装备电加热装置，应按照高温循环装置的分类和表1的要求实施过温保护。其过温保护措施应符合 GB 4793.6—2008 中 10.101 的规定，过温保护装置应满足 GB 4793.6—2008 中 14.3 的要求。

5.3.5 表面温度限值

高温循环装置工作在制造商规定的最高工作温度和4.1规定的温湿度环境条件下,2 h内壳体易触及发热表面的温度限值应符合GB 4793.1—2007中10.1和GB 4793.6—2008中10.1的规定。

5.3.6 噪声

5.3.6.1 高温循环装置发射的噪声,在操作者(或观察者)位置和距离高温循环装置表面1 m处的A计权发射声压级L_{PA}不应大于70 dB(基准声压为20 μPa)。如果超过,制造商应在其技术文件中规定使用设备的责任部门应采取的防护措施。

5.3.6.2 高温循环装置发射噪声的A计权声功率级L_{WA}(基准声功率为1 pW)宜在制造商技术文件中规定。

6 试验方法

6.1 主要试验仪器与设备

6.1.1 温度测量系统

采用铂电阻、热电偶等温度传感器及温度显示仪表组成温度测量系统,应满足以下要求:

a) 温度测量范围满足被测高温循环装置的测量要求;
b) 时间常数为(8±2)s;
c) 由测量系统所引入的不确定度换算成温度值不应大于被测温度波动度和均匀度绝对值的1/3。

6.1.2 接地电阻测试仪

能提供满足试验要求的试验电流。

6.1.3 介电强度测试仪

能提供满足试验要求的试验电压。

6.1.4 接触电流测试仪

应包含满足GB 4793.1—2007规定的模拟人体网络A.1和额定功率满足高温循环装置正常工作要求的可调输出电压隔离变压器。

6.1.5 压力表

压力表准确度等级应达到0.4级以上,测量范围为被测循环泵最大压力的1/3~4/5。

6.1.6 真空表

用于测量循环泵吸力的真空表,其准确度等级应达到0.4级以上。

6.1.7 流量计

用于测量循环泵流量的流量计,流量测量误差限值为±1.5%。通过流量计的压力下降不得超过原始压力的10%。

6.2 试验条件

6.2.1 高温循环装置的试验条件应符合 4.1～4.3 的有关规定。

6.2.2 除特别规定，高温循环装置的温度测定应按照图 1 的示意，在制造商规定的高温循环装置工作空间内的几何中心位置进行。如果制造商没有规定工作空间，应根据表 4 的规定确定工作空间。如果加热装置、冷却装置位于高温循环装置的底部或侧面，工作空间的计算应从相关装置接近工作空间的表面开始。如果制造商已经为这些部件采取隔离措施，如隔板、挡板等，则从隔板或挡板开始计算工作空间。除非制造商明确规定，高温循环装置的开口大小不影响工作空间的计算。任何情况下，测试用温度传感器离开加热器和辅助冷却器表面的距离应不少于 20 mm/kW，距离液面应不少于 30 mm。特殊规格或用途的高温循环装置，测试用温度传感器的数量及布置位置宜与用户协商确定。

试验时，应将高温循环装置按最大充装量装入适用的液体传热介质，并允许在高温循环装置到达试验温度点时按要求调整一次液位。如果高温循环装置盖板为标准附件，应将盖板按正常使用方式盖上。

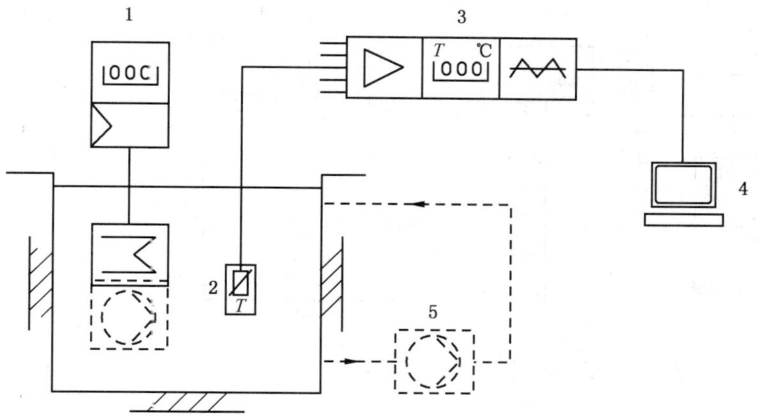

说明：

1——高温循环装置；

2——温度传感器；

3——温度测量系统；

4——计算机；

5——管道式循环泵。

注：循环泵为浸入式或管道式。

图 1 开口高温循环装置温度测量示意图

表 4

单位为毫米

槽尺寸	距底面、液面(或隔板)	距槽壁(或挡板、加热器、冷却器)
$W \times D \times H$(矩形槽)[a]	$\geqslant 0.15H$	$\geqslant 0.15W$ 或 D
$Dia \times H$(圆形槽)[b]		$\geqslant 0.15Dia$

[a] 以操作者正常操作为基准点，W 表示槽左右方向尺寸，D 表示槽前后方向尺寸，H 表示液体传热介质的液位高度。

[b] Dia 表示槽直径。

6.2.3 浸入式循环装置各项技术指标的测定应参照图1的示意，将浸入式循环器固定在接近正方形的深度为150 mm左右的容器上。应根据表4的规定确定容器的可用工作范围，将温度传感器固定在可用工作范围的几何中心位置。

试验时，应将容器按最大充装量装满适用的液体传热介质，并允许在高温循环装置到达试验温度点时按要求调整一次液位。

6.2.4 闭口高温循环装置各项技术参数的测定应按图2的示意，根据加热功率的大小不同，按表5的规定确定密闭容器的容量大小。应对密闭容器进行适当的保温，确保整个试验过程容器与外界环境的热量交换降低到最低程度。隔热保温循环管的长度应当为1 m，直径的确定按制造商的规定。如果制造商未对循环管直径进行规定，则按高温循环装置外循环管接口直径的大小进行合理的配置。试验时应确保循环管路的畅通。

试验时，应将高温循环装置按制造商规定的最大充装量装满适用的液体传热介质，并允许在高温循环装置到达试验温度点时按要求调整一次液位。

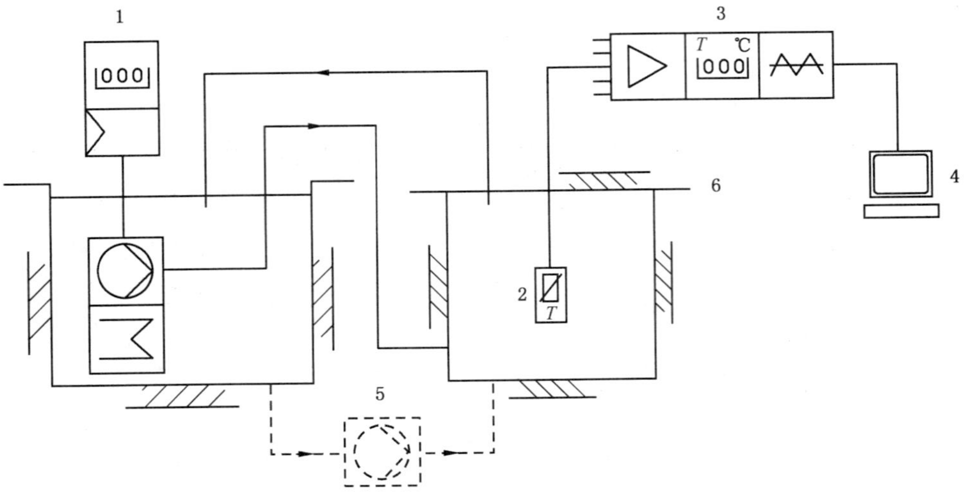

说明：

1——高温循环装置；

2——温度传感器；

3——温度测量系统；

4——计算机；

5——管道式循环泵；

6——保温密闭试验容器。

注：循环泵可以是浸入式或管道式。

图2 闭口高温循环装置温度测量示意图

表5

加热功率 kW	密闭容器的容积 L
<2	2
2～10	5
>10	10

6.2.5 除了特别规定的以外，温度测量系统的采样频率为每分钟2次，取按表4确定的工作范围的几何中心为温度测试点。

6.3 外观及结构试验

采用目视，结合样品、照片、涂层测试仪等方法进行检查。在6.4规定的试验前及6.9规定的试验后各检查一次，结果应符合5.1的规定。

6.4 工作温度范围试验

6.4.1 内在温度试验

内在温度的测量应采用水作为液体传热介质，在(20±5)℃的环境温度和6.2规定的其他试验条件下进行。在关闭加热器的情况下运行高温循环装置，启动温度测量系统记录温度变化过程，在温度上升不大于0.1 ℃/10 min时测得的工作温度即为内在温度。其结果应小于制造商规定的最低工作温度。

6.4.2 最高工作温度试验

最高工作温度试验应采用适用的工作介质，在(20±5)℃的环境温度下，将高温循环装置温度设置到由制造商规定的最高工作温度，运行高温循环装置，同时启动温度测量系统记录升温过程，并在达到最高工作温度时继续维持30 min以上。高温循环装置能够达到的最高温度应符合制造商对最高工作温度的规定。

6.5 最低扩展工作温度试验

最低扩展工作温度试验应采用适用的液体传热介质，按照制造商的规定安装辅助冷却装置，并在冷却装置中通入符合规定温度和流量的冷却液体传热介质，在(20±5)℃的环境温度下，将高温循环装置温度设置到由制造商规定的最低扩展工作温度，开启辅助制冷装置和循环泵，运行高温循环装置，同时启动温度测量系统记录温度变化过程，并在达到最低工作温度时继续维持30 min以上。高温循环装置能够达到的最低温度应符合制造商对最低扩展工作温度的规定。

注：通过内置的辅助冷却循环管和冷却循环液而达到的最低工作温度为最低扩展工作温度。

6.6 温度波动度试验

6.6.1 高温循环装置温度波动度的测量应采用适当的或制造商指定的液体传热介质，并在工作温度范围的最高工作温度、最低工作温度(或最低扩展工作温度)和+70 ℃中间温度条件下进行。如果最高工作温度或最低工作温度在(70±30)℃范围，则无需进行最高或最低工作温度条件下的温度波动度试验。如果高温循环装置的温度范围无法使试验在+70 ℃温度条件下进行，则中间温度试验宜在+150 ℃温度条件下进行。

6.6.2 最高工作温度的温度波动度试验应采用适用的工作介质，在(20±5)℃的环境温度下，将高温循环装置温度设置到由制造商规定的最高工作温度，运行高温循环装置，并在达到最高工作温度时继续维持30 min以上。

6.6.3 最低工作温度的温度波动度试验应采用适用的液体传热介质，按照制造商的规定安装辅助冷却装置，并在冷却装置中通入符合规定温度和流量的冷却液体传热介质，在(20±5)℃的环境温度下，将高温循环装置温度设置到由制造商规定的最低扩展工作温度，开启辅助制冷装置和循环泵，运行高温循环装置，并在达到最低工作温度时继续维持30 min以上。

6.6.4 中间工作温度的温度波动度试验应采用适用的工作介质，在(20±5)℃的环境温度下，将高温循环装置温度设置到中间温度，运行高温循环装置，并在达到中间工作温度时继续维持 30 min 以上。

6.6.5 温度波动度试验应使高温循环装置达到规定的试验温度并保持 30 min 以上开始。启动温度测量系统记录恒温过程，保持连续记录 30 min 以上，然后取 30 min 内的最高温度读数和最低温度读数之差值的 1/2，前面冠以"±"符号，作为温度波动度，其计算见式(1)。

$$\Delta T_S = \pm \frac{T_{max} - T_{min}}{2} \qquad \cdots\cdots(1)$$

式中：

ΔT_S ——温度波动度，单位为摄氏度(℃)；

T_{max} ——最高温度读数，单位为摄氏度(℃)；

T_{min} ——最低温度读数，单位为摄氏度(℃)。

温度波动度结果应符合 5.2 的规定。

6.6.6 出厂检验只进行中间工作温度点试验，周期检验和定型检验应进行全部的 3 个或 2 个工作温度点试验。如果测得的温度波动度在 +150 ℃工作温度或其他温度下进行，则应当进行说明。

6.7 循环泵最大流量试验

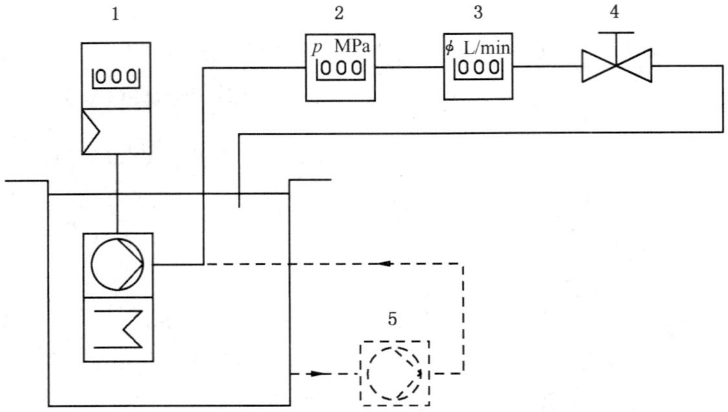

说明：

1——高温循环装置(压力泵)；

2——压力表；

3——流量计；

4——流量调节截止阀；

5——管道式循环泵。

注：循环泵可能为浸入式或管道式。

图 3 压力泵最大流量 ϕ_{max} 的测定装置示意图

压力泵高温循环装置按照图 3 的试验装置，压力/吸力泵高温循环装置按照图 4 的试验装置，使用 6.1.5 的压力表、6.1.6 的真空表和 6.1.7 的流量计，采用水作为液体传热介质，按照制造商规定的最大充装容量，在(20±5)℃的工作温度条件下测试循环泵在不同压力下的流量。利用压力和流量数据，按图 5 绘制曲线，推算零压力下高温循环装置循环泵的最大流量 ϕ_{max}。

图中，压力表应尽量靠近循环泵的出口或入口连接，如采用快插接头等。应测量一组与流量 ϕ 直接关联的压力 p，使得 80%以上的流量压力特性参数通过测量获得，只有 20%的数据来源于计算推断。测量压力的参考点为泵的出口或入口。

浸入式循环装置最大流量 ϕ_{max} 应采用类似的测量程序。

将测量的压力和流量数据按照的方法按最小二乘法绘制曲线图(见图 5)。应将压力流量曲线外推到压力 $p=0$，曲线与 $p=0$ 的交叉点即为最大流量 ϕ_{max}。

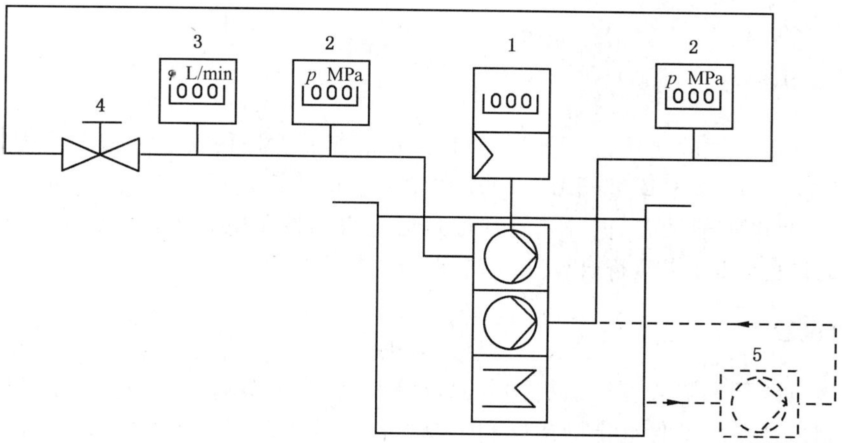

说明：

1——高温循环装置(压力/吸力泵)；

2——压力表；

3——流量计；

4——流量调节截止阀；

5——管道式循环泵。

注：循环泵可能为浸入式或管道式。

图 4 压力/吸力泵最大流量 ϕ_{max} 的测定装置示意图

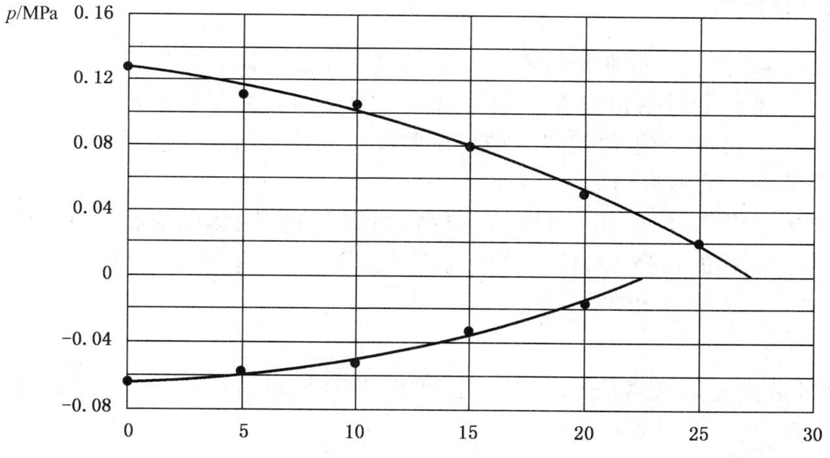

说明：

●——实际测量的不同压力下的流量值。

图 5 最大流量 ϕ_{max} 测定的流量与压力曲线示意图

6.8 循环泵最大压力试验

根据图 5 的流量与压力曲线，循环泵的最大压力或吸力为依据 6.7 的测量在流量 $\phi=0$ 时的压力值。

6.9 安全和环境保护试验

6.9.1 保护连接试验

按 GB 4793.1—2007 中 6.5.1 的规定检查保护连接的完整性、保护导体端子以及保护连接的阻抗,并判别其是否合格。

6.9.2 介电强度试验

本试验应在 6.9.1 的试验之后,在测试和检查合格的产品上进行。

按表 3 确定试验电压,按 GB 4793.1—2007 中 6.8.4 的规定进行试验。试验时应将有关的外部开关处于开启状态,如果电加热装置、循环泵等部件是通过自动控制电路才能接入测量电路的,则应对这些部件进行单独的试验,其结果应符合 5.3.2 的规定。

6.9.3 接触电流试验

受试设备由容量匹配的隔离变压器提供电源,试验时应将电源输入的保护接地断开,采用 1.1 倍的额定电源电压和制造商技术文件规定的最不利组合操作条件,按 GB 4793.1—2007 图 A.1 的模拟人体网络电路及相应的规定进行试验,其结果应符合 5.3.3 的规定。

6.9.4 过温保护试验

通过检查高温循环装置的分类标识,制造商技术文件中关于高温循环装置分类的声明,以及检查高温循环装置的电气原理图和过温保护元器件的技术文件,确定制造商采取的过温保护措施及元器件符合 5.3.4 的规定。

通过目视检查,如果不能确定,通过试验施加过温保护或液位保护的故障条件,一次施加一个,检查单一故障条件下的过温保护是否合格。

6.9.5 表面温度限值试验

壳体发热表面的温度试验,应在执行 6.4.2 的最高工作温度试验时进行,保持高温循环装置在最高工作温度工作不少于 2 h,通过结构检查与表面温度计测量高温循环装置的易触及壳体表面温度没有超过 GB 4793.1—2007 表 15 的限值规定。如果试验在 4.1 环境条件下进行,应通过测量并计算高温循环装置在环境温度条件下的温升与 35 ℃之和为表面温度。

如果测量结果超过限值规定,通过目视检查高温循环装置壳体明显部位是否具有 GB 4793.1—2007 表 1 规定的防止烫伤的符号 13,检查制造商的技术文件是否具有针对防止烫伤符号的警告说明。

6.9.6 噪声试验

6.9.6.1 高温循环装置发射噪声的 A 计权声压级按 GB/T 17248.3—1999 规定的方法测量,其结果应符合 5.3.6.1 的规定。

6.9.6.2 高温循环装置发射噪声的 A 计权声功率级按 JB/T 9512—1999 规定的方法测量,其结果应符合 5.3.6.2 的规定。

7 检验规则

7.1 检验分类

高温循环装置的检验分为:

a) 出厂检验;

b) 定型检验;

c) 周期检验。

7.2 检验项目

出厂检验、定型检验和周期检验的项目、要求及试验方法的条款号见表 6。

表 6

序号	检验项目	要求的条款号	试验方法的条款号	出厂检验	定型检验	周期检验
1	外观及结构	5.1	6.3	●	●	●
2	工作温度范围	5.2(表 2)	6.4	●	●	●
3	扩展温度范围	5.2(表 2)	6.5	—	●	●
4	温度波动度	5.2(表 2)	6.6	●	●	●
5	循环泵最大流量	5.2(表 2)	6.7	—	●	●
6	循环泵最大压力	5.2(表 2)	6.8	—	●	●
7	保护连接	5.3.1	6.9.1	●	●	●
8	介电强度	5.3.2	6.9.2	●	●	●
9	接触电流	5.3.3	6.9.3	●	●	●
10	过温保护	5.3.4	6.9.4	●	●	●
11	表面温度限值	5.3.5	6.9.5	—	●	●
12	噪声	5.3.6	6.9.6	—	●	●
注：符号"●"表示应检验的项目，符号"—"表示不必检验的项目。						

7.3 出厂检验

7.3.1 出厂检验由制造厂质量检验部门负责，检验合格后签发产品合格证，方能出厂。

7.3.2 出厂检验项目分逐台检验和抽样检验，逐台检验项目为表 6 中序号 1、2、7、8 和 9 项，抽样检验项目为表 6 中序号 4 和 10 项。

7.3.3 抽样检验项目采用随机抽样检验，成批生产的高温循环装置，20 台以上的抽 5 台，不足 20 台的抽 3 台。

7.3.4 检验项目应全部合格。抽检时，如有 1 台不合格，应对不合格项目加倍抽检；第二次检验合格时，仅将第一次抽样不合格的产品返修，检验合格后允许出厂。如第二次抽检仍有 1 台不合格，则应对该批产品逐台检验，检验合格后允许出厂。

7.4 定型检验

7.4.1 具有以下情形之一的，应进行定型检验：

a) 新产品设计定型或生产定型时；

b) 老产品转厂生产时；

c) 产品的设计、结构、工艺、材料有较大变动且有可能影响产品性能时；

d) 质量监督机构要求时。

7.4.2 高温循环装置定型检验的样本为 3 台，检验项目见表 6，所有项目应符合规定的要求。

7.4.3 定型检验由制造厂质量检验部门执行，也可委托质量检验技术机构执行，应出具定型检验报告。

7.4.4 经定型检验合格的高温循环装置应整修，更换寿命终了或接近终了的零部件，并重新进行出厂检验。检验合格后签发产品合格证，方能出厂。

7.5 周期检验

7.5.1 通则

产品有下列情况之一时，应进行周期检验：

a） 正常生产时，每 2 年进行至少一次的检验；

b） 产品停产 1 年后，恢复生产时；

c） 出厂检验结果与上次周期检验有重大差异时；

d） 国家质量监督机构要求时。

注：特殊订货或非批量生产的产品除外。

7.5.2 抽样方案及判定规则

7.5.2.1 周期检验采用 GB/T 2829—2002 中判别水平Ⅰ的一次抽样方案。

7.5.2.2 周期检验项目的不合格分类、不合格质量水平(RQL)、判别水平(DL)及判定数组(Ac,Re)见表 7。

表 7

顺序	不合格分类	检验项目及条款		不合格质量水平(RQL)	判别水平(DL)	抽样方案	
		项目	条款			样本量 n	判定数组(Ac,Re)
1	A	工作温度范围	5.2 表 2	30	Ⅰ	3	(0,1)
2		扩展温度范围	5.2 表 2				
3		温度波动度	5.2 表 2				
4		保护连接	5.3.1				
5		介电强度	5.3.2				
6		接触电流	5.3.3				
7		过温保护	5.3.4				
8	B	外观及结构	5.1	65			(1,2)
9		循环泵最大流量	5.2 表 2				
10		循环泵最大压力	5.2 表 2				
11		表面温度限值	5.3.5				
12		噪声	5.3.6				

7.5.2.3 周期检验按 GB/T 2829—2002 的规定进行合格或不合格判断，其中批质量以每百单位产品不合格数表示。

7.5.3 样本抽取

周期检验的样本应在出厂检验合格品中随机抽取。

7.5.4 周期检验后的处置

7.5.4.1 周期检验不合格，应分析原因，找出问题并落实措施，重新进行周期检验。若再次周期检验不合格，则应停产整顿，产品停止出厂检验，待解决问题，周期检验合格后，方可恢复出厂检验。

7.5.4.2 若周期检验合格，经出厂检验合格的批可以作为合格品出厂或入库。

8 标志

8.1 一般要求

8.1.1 高温循环装置应有醒目的耐久性标志,定位准确,指向无任何歧义。

8.1.2 由于标志的内容过多,而不利于在高温循环装置外表完整和清晰地表达时,应采用 GB 4793.1—2007 表 1 的符号 14,并在技术文件中附加说明。

8.2 分类标志

8.2.1 应按照表 1 的要求对高温循环装置适用的液体传热介质进行分类标识。"NFL"和"FL"可以由制造商自由选择附加使用或不使用。

8.2.2 分类标识可以单独标注,也可以在操作面板或产品铭牌上等明显位置进行标注。

8.3 产品铭牌标志

产品铭牌应包含下列内容:

a) 制造商的名称或商标;

b) 产品名称、型号或能识别、追踪设备的其他方法,如系列号或出厂编号及日期;

c) 电源的性质、电压、频率及输入功率或电流的额定值。

8.4 与操作有关的标志

产品宜包含下列与操作有关的标志:

a) 输入输出插头、插座、连接端子的标识,包括电源性质及额定值;

b) 熔断器的标识、规格及容量;

c) 操作按键、旋钮、开关、调节装置;

d) 液位及其他指示装置;

e) 循环出口、循环入口或可能的溢水装置;

f) 其他可能影响正常操作的内容。

8.5 安全标志

具有电击,机械损伤,过高湿和火焰蔓延,声、光和超声辐射,以及气体、液体过高压和爆炸危险的部位或部件应进行标识。安全标志应符合 GB 4793.1—2007 中 5.1 关于标志的规定。

8.6 包装标志

产品包装上应标明下列内容:

a) 产品名称、型号及商标;

b) 执行产品标准号;

c) 包装储运图示标志应符合 GB/T 191—2008 中的规定;

d) 生产单位名称、地址、邮政编码;

e) 包装箱外型尺寸、重量及堆码等。

9 包装、运输、贮存

9.1 包装

9.1.1 高温循环装置的包装应符合设计图纸规定。按产品大小和重量不同宜使用多层纸板箱、多层夹板或OSB(定向刨花板)等合成板包装箱,不宜使用原木包装箱。

9.1.2 产品应采用防雨、防潮气聚集的塑料薄膜包裹,顶部、底部及产品四角应按需衬垫泡沫层。

9.1.3 技术文件如使用说明书、合格证明书和保修单等应进行密封防潮包装,固定在包装箱内部明显的位置。

9.1.4 可能影响运输安全的专用工具,部分附件,突出的部件,包括活动盖板等应拆卸以后单独包装,然后再牢固地固定和整体装箱,以避免运输过程中的碰伤、变形或划伤。

9.1.5 安装移动滑轮的高温循环装置,应采用撑高垫块,将产品的滑轮与包装箱的底板脱开,并采用合适的螺杆将设备与包装箱底板固定。采用特殊方式包装时,应对包装箱进行合理的标识,并将技术文件中说明拆卸的过程和需要再次包装时的要求拷贝2份,分别张贴在包装箱外部明显位置和开箱以后即可显见的部位。

9.2 运输

高温循环装置的运输必须严格遵照包装箱上注明的条件,严禁日晒、雨淋、倾斜或强烈振动。运输方式按订货合同上载明的要求执行。

9.3 贮存

包装后的高温循环装置应贮存在相对湿度不超过85%RH,无凝露,无腐蚀性气体和腐蚀性化学药品,通风良好的室内,贮存期不宜超过1年。

10 随行文件

10.1 技术文件

10.1.1 为了操作和安全目的,应随同高温循环装置提供含有下述内容的技术文件:

a) 高温循环装置的预定用途;

b) 与安全有关的指引;

c) 包括工作温度范围、扩展温度范围、温度波动度、最大循环泵流量、最大循环泵压力、电源额定值、加热器功率值等在内的技术指标,并声明这些技术指标符合本标准要求;

d) 详细的高温循环装置安装、操作与维护说明,必要的故障排除说明;

e) 可获得技术支持的制造商的名称和联系方式;

f) 对标在高温循环装置上的警告符号做出明确解释。

应当给出一段叙述,说明在标有GB 4793.1—2007表1符号14的所有的情况下均需要查阅文件,以便确定潜在危险的性质以及必须采取的应对措施。

10.1.2 使用说明书的内容应符合GB/T 9969—2008的规定。

10.2 其他文件

高温循环装置应提供下述随机文件:

a) 合格证;

b) 保修单;

c) 装箱单。

ICS 17.100
N 11

中华人民共和国国家标准

GB/T 28854—2012

硅电容式压力传感器

Silicon capacitive pressure sensor

2012-11-05 发布　　　　2013-02-15 实施

中华人民共和国国家质量监督检验检疫总局
中国国家标准化管理委员会　发布

前　言

本标准按照 GB/T 1.1—2009 给出的规则起草。

本标准由中国机械工业联合会提出。

本标准由中国机械工业联合会归口。

本标准起草单位:沈阳仪表科学研究院、传感器国家工程研究中心、国家仪器仪表元器件质量监督检验中心、浙江中控仪表有限公司、吉林化工集团仪表有限责任公司、中国仪器仪表协会传感器分会、中国仪器仪表学会仪表元件分会。

本标准主要起草人:张治国、刘沁、李颖、匡石、徐秋玲、于振毅、丁云、卢宏、刘剑、张娜、刘波、殷波。

硅电容式压力传感器

1 范围

本标准规定了硅电容式压力传感器的术语和定义、分类与命名、基本参数、要求、试验方法、检验规则及标志、包装、运输及贮存。

本标准适用于硅电容式压力传感器(以下简称传感器)。

2 规范性引用文件

下列文件对于本文件的应用是必不可少的。凡是注日期的引用文件,仅注日期的版本适用于本文件。凡是不注日期的引用文件,其最新版本(包括所有的修改单)适用于本文件。

GB/T 191—2008 包装储运图示标志

GB/T 2423.1—2008 电工电子产品环境试验 第2部分:试验方法 试验A:低温

GB/T 2423.2—2008 电工电子产品环境试验 第2部分:试验方法 试验B:高温

GB/T 2423.3—2006 电工电子产品环境试验 第2部分:试验方法 试验Cab:恒定湿热试验

GB/T 2423.5—1995 电工电子产品环境试验 第2部分:试验方法 试验Ea和导则:冲击

GB/T 2423.10—2008 电工电子产品环境试验 第2部分:试验方法 试验Fc:振动(正弦)

GB/T 2423.22—2002 电工电子产品环境试验 第2部分:试验方法 试验N:温度变化

GB/T 2829—2002 周期检查计数抽样程序及表(适用于对过程稳定性的检验)

GB/T 7665—2005 传感器通用术语

GB/T 7666—2005 传感器命名法及代码

GB/T 14479 传感器图用图形符号

GB/T 17626.1—2006 电磁兼容 试验和测量技术 抗扰度试验总论

3 术语和定义

GB/T 7665—2005界定的以及下列术语和定义适用于本文件。

3.1

基础电容 base capacitance

正负压腔通大气(表压、差压型)或输入为零压(绝压型)时传感器单个电容的输出电容值。

3.2

电容偏差 capacitance deviation

差动电容式传感器两个基础电容的差值。

3.3

电容增量比 capacitance increasing amount ratio

传感器承受满量程压力时,因压力增加而产生的电容增量的绝对值与其基础电容值的比。

4 分类与命名

4.1 分类

4.1.1 按感受压力类型

按感受压力类型可分为：

——差压传感器；

——表压传感器；

——绝压传感器。

4.1.2 按输出信号

按输出信号可分为：

——A 类：电量输出型，带信号调理电路的电压或电流；

——B 类：电容输出型，直接电容值输出。

4.1.3 按敏感电容结构

按芯体敏感电容结构可分为：

——单电容式；

——差动电容式。

4.2 命名

4.2.1 传感器型号命名应按 GB/T 7666—2005 的规定。

4.2.2 传感器的图形符号应按 GB/T 14479 的规定。

5 基本参数

5.1 测量范围（量程）

传感器测量范围应符合产品技术条件（详细规范）的规定。除另有规定外，传感器测量范围宜从下列数值中选取：

0，$\pm1\times10^n$，$\pm1.3\times10^n$，$\pm1.6\times10^n$，$\pm2\times10^n$，$\pm2.5\times10^n$，$\pm3\times10^n$，$\pm3.2\times10^n$，$\pm4\times10^n$，$\pm5\times10^n$，$\pm6\times10^n$，$\pm8\times10^n$。

其中 n 为整数，$n=0$，±1，±2，±3，…。

测量范围的单位为：帕（Pa）、千帕（kPa）、兆帕（MPa）、吉帕（GPa）。

5.2 工作压力

传感器工作压力范围应符合产品技术条件（详细规范）的规定。除另有规定外，传感器工作压力范围宜从下列数值中选取：

1×10^n，1.5×10^n，1.6×10^n，2×10^n，2.5×10^n，3×10^n，3.2×10^n，4×10^n，4.2×10^n，5×10^n，6×10^n，7.5×10^n，9×10^n。

其中 n 为整数，$n=0$，±1，±2，±3，…。

测量范围的单位为：帕（Pa）、千帕（kPa）、兆帕（MPa）、吉帕（GPa）。

5.3 工作温度范围

传感器工作温度范围应符合产品技术条件(详细规范)的规定。

工作温度的下限值优先从下列数值中选取:−55 ℃,−40 ℃,−25 ℃,−20 ℃,−10 ℃,0 ℃。

工作温度的上限值优先从下列数值中选取:50 ℃,60 ℃,70 ℃,85 ℃,90 ℃,100 ℃,125 ℃,150 ℃,175 ℃。

6 要求

6.1 产品技术条件(详细规范)

应制定符合标准要求的产品技术条件(详细规范)。传感器应符合产品技术条件(详细规范)规定的所有要求。当本标准的要求与产品技术条件(详细规范)的要求不一致时,应以产品技术条件(详细规范)为准。

6.2 基本性能

6.2.1 外观

传感器外表应光洁、完好,不应有视觉可见的划痕及其他损伤;焊缝应均匀、光滑;标记应完整、清晰。

6.2.2 外形及安装尺寸

传感器的外形及安装尺寸应符合产品技术条件(详细规范)及产品图样的规定。

6.2.3 电气连接

传感器的电气连接应符合产品技术条件(详细规范)及产品图样的规定。

6.2.4 重量

传感器的重量应符合产品技术条件(详细规范)的规定。

6.2.5 基础电容

传感器的基础电容标称值推荐从下列数值中选取:10 pF,25 pF,50 pF,75 pF,100 pF,150 pF。

基础电容值的允差推荐从下列数值中选取:±5 pF,±7 pF,±10 pF。

6.2.6 电容偏差

电容偏差推荐从下列数值中选取:≤3 pF,≤5 pF,≤7 pF。

6.2.7 电容增量比

传感器的电容增量比推荐从下列数值中选取:20%,30%,40%,50%,60%,70%,75%,80%。

电容增量比的允差推荐从下列数值中选取:±5%,±10%。

6.2.8 绝缘电阻

传感器的绝缘电阻推荐从下列数值中选取:≥20 MΩ,≥50 MΩ,≥100 MΩ,≥200 MΩ,≥500 MΩ。

测量用直流电压值推荐采用:100 V,250 V,500 V,1 000 V。

6.2.9 绝缘强度

对传感器施加 50 Hz 正弦波交流电压 1 min,应无击穿和飞弧现象。
测量用交流电压有效值应从下列数值中选取:100 V,250 V,500 V,1 000 V。

6.3 静态性能

6.3.1 零点输出

传感器的零点输出应符合产品技术条件(详细规范)的规定。

6.3.2 满量程输出

传感器的满量程输出应符合产品技术条件(详细规范)的规定。

6.3.3 满量程输出对称性(适用时)

传感器测量组件为双结构时,其满量程输出对称性应符合产品技术条件(详细规范)的规定。

6.3.4 非线性(适用 A 类)

传感器的非线性应符合产品技术条件(详细规范)的规定。非线性误差推荐从表 1 中选取。

表 1 传感器非线性、符合度、迟滞、重复性、准确度等级

准确度等级	非线性 %FS	符合度 %FS	迟滞 %FS	重复性 %FS	准确度 %FS
0.025	≤0.015	≤0.015	≤0.01	≤0.01	±0.025
0.04	≤0.02	≤0.02	≤0.02	≤0.02	±0.04
0.05	≤0.03	≤0.03	≤0.02	≤0.02	±0.05
0.075	≤0.04	≤0.04	≤0.035	≤0.035	±0.075
0.10	≤0.05	≤0.05	≤0.05	≤0.05	±0.10
0.25	≤0.15	≤0.15	≤0.10	≤0.10	±0.25
0.5	≤0.25	≤0.25	≤0.25	≤0.25	±0.50
1.0	≤0.5	≤0.5	≤0.5	≤0.5	±1.0

6.3.5 符合度(适用 B 类)

传感器的符合度应符合产品技术条件(详细规范)的规定。符合度误差推荐从表 1 中选取。

6.3.6 迟滞

传感器的迟滞应符合产品技术条件(详细规范)的规定。迟滞误差推荐从表 1 中选取。

6.3.7 重复性

传感器的重复性应符合产品技术条件(详细规范)的规定。重复性误差推荐从表 1 中选取。

6.3.8 准确度

传感器的准确度应符合产品技术条件(详细规范)的规定。准确度误差推荐从表 1 对应的准确度等

级或更高级别中选取。

6.4 稳定性

6.4.1 零点漂移(适用时)

在规定的时间内传感器的零点漂移应符合产品技术条件(详细规范)的规定。

规定时间推荐从下列时间中选取:1 h,2 h,3 h,4 h,8 h,24 h,48 h,72 h,96 h,120 h。

漂移量推荐选取:小于 0.05%FS,小于 0.1%FS,小于 0.25%FS,小于 0.5%FS。

6.4.2 零点长期稳定性(适用时)

在规定的时间周期(6 个月或 12 个月)内,传感器零点长期稳定性应符合产品技术条件(详细规范)的规定。

6.4.3 满量程输出漂移(适用时)

在规定的时间周期(6 个月或 12 个月)内,传感器满量程输出漂移应符合产品技术条件(详细规范)的规定。

6.5 温度影响

6.5.1 热零点漂移

传感器在工作温度范围内的热零点漂移应符合产品技术条件(详细规范)的规定。传感器的热零点漂移推荐从表 2 对应准确度等级或更高级别指标范围中选取。

表 2 热零点漂移和热满量程输出漂移

准确度等级	热零点漂移 %FS/℃	热满量程输出漂移 %FS/℃
0.025	±0.002 5	±0.002 5
0.04	±0.004	±0.004
0.05	±0.005	±0.005
0.075	±0.01	±0.01
0.1	±0.01	±0.01
0.25	±0.025	±0.025
0.5	±0.05	±0.05
1.0	±0.1	±0.1

6.5.2 热满量程输出漂移

传感器在工作温度范围内的热满量程输出漂移应符合产品技术条件(详细规范)的规定。传感器的热满量程输出漂移推荐从表 2 对应准确度等级或更高级别指标范围中选取。

6.6 过载(适用时)

传感器承受过载能力应符合产品技术条件(详细规范)的规定。

推荐过载值从下列数值中选取:测量上限的 1.5 倍,2 倍,2.5 倍,3 倍,5 倍,7.5 倍,10 倍,15 倍。

6.7 静压

6.7.1 双向静压(适用时)

产品技术条件(详细规范)应给出传感器能承受的最大静压压力(简称静压)。静压大小与差压测量范围相关。在承受最大静压压力后,传感器的零点输出变化误差应符合产品技术条件(详细规范)规定。

6.7.2 零点静压影响(适用时)

传感器零点静压影响应符合产品技术条件(详细规范)的规定。

6.7.3 满量程静压影响(适用时)

传感器满量程静压影响应符合产品技术条件(详细规范)的规定。

6.7.4 单向静压(适用时)

传感器的单向静压应符合产品技术条件(详细规范)的规定。

6.8 环境性能

6.8.1 低温试验(适用时)

试验后传感器应符合产品技术条件(详细规范)规定的性能要求。

6.8.2 高温试验(适用时)

试验后传感器应符合产品技术条件(详细规范)规定的性能要求。

6.8.3 温度变化(适用时)

试验后传感器应符合产品技术条件(详细规范)规定的性能要求。

6.8.4 振动(适用时)

振动过程中和试验后传感器应符合产品技术条件(详细规范)规定的性能要求。

6.8.5 冲击(适用时)

试验后传感器应符合产品技术条件(详细规范)规定的性能要求。

6.8.6 湿热(适用时)

试验后传感器应符合产品技术条件(详细规范)规定的性能要求。

6.8.7 电磁兼容性(适用时)

试验中及试验后传感器应符合产品技术条件(详细规范)规定的性能要求。

6.8.8 高温电寿命(适用时)

试验中及试验后传感器应符合产品技术条件(详细规范)规定的性能要求。

6.9 疲劳寿命(适用时)

试验后传感器应符合产品技术条件(详细规范)规定的性能要求。

7 试验方法

7.1 环境条件

7.1.1 参比大气条件

温度:18 ℃～22 ℃;
相对湿度:50%～80%;
大气压力:86 kPa～106 kPa。

7.1.2 一般试验的大气条件

温度:15 ℃～35 ℃;
相对湿度:30%～85%;
大气压力:86 kPa～106 kPa。

注:每项试验期间允许的温度变化率,不大于 1 ℃/h。

7.1.3 其他环境条件

除上述大气条件外,试验尚应在下述环境条件下进行:
——磁场:除地磁场外,无其他外界磁场;
——机械振动:无机械振动。

7.2 试验前准备

7.2.1 连接方式

按照 6.2.3 的规定连接好被测传感器与其激励电源、压力源和读数装置。

7.2.2 预置时间

被测传感器及测试仪器应在试验环境下放置 1 h 以上,达到温度平衡,通电预热时间不少于 30 min 或按产品技术条件(详细规范)的规定。

7.3 基本性能

7.3.1 外观

用目测方法检查传感器的外观,结果应符合 6.2.1 的规定。

7.3.2 外形及安装尺寸

用卡尺、千分尺、千分表、标准规或其他标准量具仪器检测传感器的外形及安装尺寸,结果应符合 6.2.2 的规定。

7.3.3 电气连接

目测检查被测传感器的电气连接,应符合 6.2.3 的规定。

7.3.4 重量

用天平或其他标准称量仪器称量传感器的重量,结果应符合 6.2.4 的规定。

7.3.5 基础电容

对于B类电容输出型，在不加载荷的情况下，用电容表测试传感器输出端的电容值。

对于差动电容式则得到两个基础电容值 C_1、C_2。

测量结果与基础电容标称值的偏差应在6.2.5规定的允差范围内。

电容表的分辨力应不小于0.01 pF。

7.3.6 电容偏差

差动电容式传感器的电容偏差为传感器两个基础电容 C_1、C_2 的差值，按公式(1)计算，结果应符合6.2.6的规定。

$$\Delta C = |C_1 - C_2| \qquad \cdots\cdots(1)$$

式中：

ΔC ——电容偏差，单位为皮法(pF)；

C_1 ——传感器的第一个基础电容，单位为皮法(pF)；

C_2 ——传感器的第二个基础电容，单位为皮法(pF)。

7.3.7 电容增量比

用电容表分别测试传感器不加载荷及加满量程时的电容输出值，按公式(2)计算电容增量比，结果应符合6.2.7的规定。

$$\gamma_C = \left|\frac{C_P - C_0}{C_0}\right| \times 100\% \qquad \cdots\cdots(2)$$

式中：

γ_C ——电容增量比，(%)；

C_P ——满量程时电容输出值，单位为皮法(pF)；

C_0 ——基础电容值，单位为皮法(pF)。

差动电容式可只计算随压力增加而增加电容的电容增量比。

7.3.8 绝缘电阻

在被测传感器不施加激励电源的条件下，用绝缘电阻测试仪或相应仪表，给传感器施加产品技术条件(详细规范)规定的直流测试电压，将传感器全部引出线并接测量传感器引出线(应与外壳无连接)与壳体之间的绝缘电阻，结果应符合6.2.8的规定。

7.3.9 绝缘强度

在被测传感器不施加激励电源的条件下，将传感器全部引出线并接，用绝缘强度测试仪器在传感器引出线与壳体之间，施加产品技术条件(详细规范)规定的交流电压，持续时间为1 min或按详细规范的规定，应无击穿和飞弧现象，结果应符合6.2.9的规定。

7.4 静态性能

7.4.1 试验方法

对B类电容输出型，通过符合产品技术条件(详细规范)规定的测试系统或者测试电路把电容传感器的电容信号转换为电压(电流)输出信号实施检测。

给传感器施加不少于3次的预压，使被测传感器压力升到测量上限值，待压力稳定后降压至测量下限值。然后在传感器测量上、下限的全量程范围内选择均匀分布的5个～11个试验点，测量与输入压力点对应的传感器输出，并且重复三次或三次以上的升、降压循环。

通过上述试验获得的数据，按附录A的计算方法可确定下列静态性能指标。

7.4.2 零点输出

所加被测量为零时测量传感器的输出值，结果应符合6.3.1的规定。

对绝压传感器，应在输入绝对真空压力时测量传感器的输出值。也可输入不大于10 Pa的绝对压力代替真空，当实际输入的压力大于传感器测量允许基本误差绝对值的1/5时，应对输出值进行修正，按公式(3)计算零点输出。

$$Y_0 = Y'_0 - bx \qquad \cdots\cdots (3)$$

式中：

Y_0 ——零点输出；

Y'_0——输入绝对压力不大于10 Pa时的输出值；

b ——校准特性曲线的端点连线的斜率；

x ——输入的绝对压力值。

7.4.3 满量程输出

传感器测量上限与测量下限输出值之差的绝对值(以参比直线的计算值为依据)，按附录A.3的规定计算，结果应符合6.3.2的规定。

7.4.4 满量程输出对称性

对于双测量结构的传感器，在传感器双测量结构的两端，如差压传感器的高压端和低压端分别测试满量程输出，或者分别测量传感器的正压段和负压段量程的满量程输出，按公式(4)进行计算，结果应符合6.3.3的规定。

$$p_d = \frac{Y_{FS}(h) - Y_{FS}(l)}{Y_{FS}(h)} \times 100\% \qquad \cdots\cdots (4)$$

式中：

p_d ——满量程输出对称性，%FS；

$Y_{FS}(h)$——高压端(或量程正压段)满量程输出值；

$Y_{FS}(l)$ ——低压端(或量程负压段)满量程输出值。

7.4.5 非线性

按附录A.4的规定计算传感器非线性，结果应符合6.3.4的规定。

7.4.6 符合度(刻度误差)

按附录A.4的规定计算传感器符合度(刻度误差)，结果应符合6.3.5的规定。

7.4.7 迟滞

按附录A.5的规定计算传感器的迟滞，结果应符合6.3.6的规定。

7.4.8 重复性

按附录A.6的规定计算传感器的重复性，结果应符合6.3.7的规定。

7.4.9 准确度

按附录A.7的规定计算传感器的准确度，结果应符合6.3.8的规定。

7.5 稳定性

7.5.1 通则

7.5.2、7.5.3 和 7.5.4 规定的试验方法适用于 A 类传感器。

7.5.2 零点漂移

按产品技术条件(详细规范)规定的条件,在不加载荷的条件下,按规定的时间间隔记录传感器的零点输出,从开始记录起连续进行的时间不少于 2 h,按附录 A.8 的规定进行零点漂移的计算,结果应符合 6.4.1 的规定。

7.5.3 零点长期稳定性

按产品技术条件(详细规范)的规定,对传感器施加规定电压激励,每天通电不少于 2 h,30 d 进行一次 8 h 的试验,试验前应恒温通电 1 h,记录间隔为 1 h,试验期间工作温度应保持在 20 ℃±5 ℃。按附录 A.9 的规定计算传感器零点长期稳定性,结果应符合 6.4.2 的规定。

7.5.4 满量程输出漂移

按产品技术条件(详细规范)规定的条件,按规定的时间间隔记录传感器的满量程输出,按附录 A.10 的规定计算规定时间内满量程输出的最大差值相对满量程输出的百分比,结果应符合 6.4.3 的规定。

7.6 温度影响

7.6.1 热零点漂移

将传感器放入高、低温试验箱,分别在室温、工作温度范围下限温度、工作温度范围上限温度各恒温产品技术条件(详细规范)规定的时间,记录各温度点的零点输出值,按附录 A.11 的规定计算热零点漂移,结果应符合 6.5.1 的规定。

7.6.2 热满量程输出漂移

将传感器放入高、低温试验箱,分别在室温、工作温度范围下限温度、工作温度范围上限温度各恒温产品技术条件(详细规范)规定的时间,记录各温度点的满量程输出值,按附录 A.12 的规定计算热满量程输出漂移,结果应符合 6.5.2 的规定。

7.7 过载

在试验的一般大气条件下,按产品技术条件(详细规范)规定施加过载压力信号,保持时间不少于 1 min 后卸载,重复 3 次,恢复 5 min,然后按产品技术条件(详细规范)规定的检验项目进行检测,结果应符合 6.6 的规定。

7.8 静压

7.8.1 双向静压

对差压传感器的高压端和低压端同时施加产品技术条件(详细规范)规定的静压压力,保持 1 min,卸载后,按 7.4.2 的规定进行零点输出试验,结果应符合 6.7.1 的规定。

7.8.2 零点静压影响

试验前,将差压传感器的高压端和低压端通大气,测量传感器的输出值。

将产品技术条件(详细规范)规定的静压压力源,同时施加到传感器高压端和低压端,保持 1 min,测量传感器的输出值。零点静压影响按公式(5)计算,结果应符合 6.7.2 的规定。

$$p_0 = \frac{Y_0(p) - Y_0}{Y_{FS}} \times 100\% \qquad \cdots\cdots(5)$$

式中:

p_0 ——零点静压影响;

$Y_0(p)$ ——施加静压时的零点输出值;

Y_0 ——试验前无静压时的零点输出值;

Y_{FS} ——试验前无静压时的满量程输出值。

7.8.3 满量程静压影响

试验前,测量传感器的测量范围下限输出值和测量范围上限输出值,其差值为满量程输出值。对传感器两端同时施加产品技术条件(详细规范)规定的最大静压,保持 1 min。在此基础上在传感器高压端分别施加传感器的测量范围下限压力和测量范围上限压力,其差值为最大静压压力影响下的满量程输出值。满量程静压影响按公式(6)计算。

对传感器两端同时施加产品技术条件(详细规范)规定的 50%的静压压力,保持 1 min。在此基础上在传感器高压端分别施加传感器的测量范围下限压力和测量范围上限压力,其差值为 50%静压压力影响下的满量程输出值。满量程静压影响按公式(6)计算。

取两种静压压力对应的计算结果的最大值,结果应符合 6.7.3 的规定。

$$p_{FS} = \left| \frac{Y_{FS}(p) - Y_{FS}}{Y_{FS}} \right|_{max} \times 100\% \qquad \cdots\cdots(6)$$

式中:

p_{FS} ——满量程静压影响;

$Y_{FS}(p)$ ——在 100%或 50%静压压力下测得的满量程输出值;

Y_{FS} ——试验前无静压时的满量程输出值。

7.8.4 单向静压

对差压传感器高压端施加产品技术条件(详细规范)规定的正向静压压力,保持 1 min,卸载 10 min 后,按 7.4.2 的规定进行零点输出试验,结果应符合 6.7.4 的规定。

再对低压端施加产品技术条件(详细规范)规定的负向静压压力,保持 1 min,卸载 10 min 后,按 7.4.2的规定进行零点输出试验,结果应符合 6.7.4 的规定。

7.9 环境性能

7.9.1 低温试验

按 GB/T 2423.1—2008 中 5.2 规定的试验方法和以下规定试验:

——试验温度:应为 5.3 规定的工作温度范围下限值;

——降温速率:试验箱内温度变化速率应不超过 1 ℃/min;

——持续时间:宜从下列数值中选取或按产品技术条件(详细规范)规定:2 h,16 h,72 h,96 h;

——工作条件:从降温开始通电;

——升温速率:试验持续时间结束时,升温至室温,温度变化速率应不超过 1 ℃/min;

——恢复时间:在一般试验的大气环境条件下进行恢复,至少 2 h。

传感器在室温状态稳定后,应按 7.4.2 规定进行零点输出或产品技术条件(详细规范)规定的性能测试,结果应符合 6.8.1 的规定。

7.9.2 高温试验

按 GB/T 2423.2—2008 中 5.2 规定的试验方法和以下规定试验：

——试验温度：应为 5.3 规定的工作温度范围上限值；

——升温速率：试验箱内温度变化速率应不超过 1 ℃/min；

——试验时间：宜从下列数值中选取或按产品技术条件(详细规范)规定：2 h，16 h，72 h，96 h；

——工作条件：从升温开始通电；

——降温速率：试验持续时间结束时，降温至室温，温度变化速率应不超过 1 ℃/min；

——恢复时间：在一般试验的大气环境条件下进行恢复，至少 2 h。

传感器在室温状态稳定后，应按 7.4.2 规定进行零点输出或产品技术条件(详细规范)规定的性能测试，结果应符合 6.8.2 的规定。

7.9.3 温度变化

按 GB/T 2423.22—2002 中规定的试验方法和以下规定试验：

——试验温度：按产品技术条件(详细规范)规定选取低温点和高温点；

——保持时间：宜从下列数值中选取或按产品技术条件(详细规范)规定：3 h，2 h，1 h，30 min；

——转换时间：高温和低温之间转换时间应不大于 3 min；

——循环数：循环数应为 5 个，或按产品技术条件(详细规范)规定；

——恢复时间：在一般试验的大气环境条件下进行恢复，至少 2 h。

传感器在室温状态稳定后，应按 7.4.2 规定进行零点输出或产品技术条件(详细规范)规定的性能测试，结果应符合 6.8.3 的规定。

7.9.4 振动

按 GB/T 2423.10—2008 中规定的试验方法进行试验，产品技术条件(详细规范)应给出频率范围、振动幅值、加速度、振动方向和持续时间。记录压力传感器振动前和振动过程中的零点输出信号，按附录 A.13 的规定计算振动对传感器零点影响，结果应符合 6.8.4 的规定。

7.9.5 冲击

按 GB/T 2423.5—1995 中规定的试验方法进行试验，产品技术条件(详细规范)应给出以下规定：

——脉冲波形；

——冲击方向和次数；

——峰值加速度；

——标称脉冲持续时间。

试验后应检测传感器外观，并按 7.4.2 规定进行零点输出测试或产品技术条件(详细规范)规定的性能的测试，结果应符合 6.8.5 的规定。

7.9.6 湿热

按 GB/T 2423.3—2006 中规定的试验方法进行试验，产品技术条件(详细规范)应给出以下规定：

——试验温度、相对湿度；

——持续时间：宜从下列数值中选取：12 h，16 h，24 h 或 2 d，4 d，10 d，21 d，56 d；

——恢复时间：应不少于 2 h。

试验后，应检测传感器外观、绝缘电阻和零点输出，结果均应符合 6.8.6 的规定。

7.9.7 电磁兼容性

电磁兼容性试验仅适于产品设计定型时的型式检验。试验样品数量可单独规定。

产品技术条件(详细规范)应根据传感器使用场合的电磁骚扰类型、环境条件、可靠性程度综合因素,按 GB/T 17626.1—2006 中表 1 要求,确定抗扰度试验项目和严酷度等级。

抗扰度试验过程中应测试零点输出变化,产品技术条件(详细规范)应规定可接受的零点变化误差范围。结果应符合 6.8.7 的规定。

7.9.8 高温电寿命

在试验的一般大气条件下,将传感器放入温度箱,按产品技术条件(详细规范)规定施加激励电源,调整温度箱至上限工作温度,试验时间按产品技术条件(详细规范)规定,试验期间按规定监测传感器输出。试验后取出传感器恢复到室温,然后进行产品技术条件(详细规范)规定的项目检测。结果应符合 6.8.8 的规定。

7.10 疲劳寿命

传感器安装到压力疲劳试验装置上,按产品技术条件(详细规范)规定的压力、频率、波形和循环次数进行压力循环试验,压力下限应控制在 0%FS~20%FS 范围内,压力上限应控制在 80%FS~100%FS 范围内,试验后应测试传感器零点输出和满量程输出,或按产品技术条件(详细规范)规定的项目检测,结果应符合 6.9 的规定。

8 检验规则

8.1 检验分类

传感器检验分为出厂检验和型式检验。

8.2 出厂检验

每只传感器应经制造厂检验部门按照规定的检验项目和检验顺序进行检验,检验合格后方可出厂。出厂检验项目、检验顺序按表 3 规定进行。

表 3 检验项目

序号	检验项目	要求章条号	试验方法章条号	出厂检验项目	型式检验项目	检验项目不合格类型
1	外观	6.2.1	7.3.1	√	√	C
2	外形及安装尺寸	6.2.2	7.3.2	√	√	C
3	电气连接	6.2.3	7.3.3	√	√	B
4	重量	6.2.4	7.3.4	—	√	C
5	基础电容	6.2.5	7.3.5	√	√	C
6	电容偏差	6.2.6	7.3.6	√	√	C
7	电容增量比	6.2.7	7.3.7	√	√	C
8	绝缘电阻	6.2.8	7.3.8	√	√	B
9	绝缘强度	6.2.9	7.3.9	—	√	B

表 3（续）

序号	检验项目	要求章条号	试验方法章条号	出厂检验项目	型式检验项目	检验项目不合格类型
10	零点输出	6.3.1	7.4.2	√	√	C
11	满量程输出	6.3.2	7.4.3	√	√	C
12	满量程输出对称性	6.3.3	7.4.4	—	√	C
13	非线性	6.3.4	7.4.5	√	√	B
14	符合度(刻度误差)	6.3.5	7.4.6	√	√	B
15	迟滞	6.3.6	7.4.7	√	√	B
16	重复性	6.3.7	7.4.8	√	√	B
17	准确度	6.3.8	7.4.9	√	√	B
18	零点漂移	6.4.1	7.5.2	—	√	B
19	零点长期稳定性	6.4.2	7.5.3	—	√	C
20	满量程输出漂移	6.4.3	7.5.4	—	√	C
21	热零点漂移	6.5.1	7.6.1	—	√	B
22	热满量程输出漂移	6.5.2	7.6.2	—	√	B
23	过载	6.6	7.7	√	√	B
24	双向静压	6.7.1	7.8.1	√	√	B
25	零点静压影响	6.7.2	7.8.2	√	√	B
26	满量程静压影响	6.7.3	7.8.3	—	√	B
27	单向静压	6.7.4	7.8.4	√	√	B
28	低温试验	6.8.1	7.9.1	—	√	B
29	高温试验	6.8.2	7.9.2	—	√	B
30	温度变化	6.8.3	7.9.3	—	√	B
31	振动	6.8.4	7.9.4	—	√	B
32	冲击	6.8.5	7.9.5	—	√	B
33	湿热	6.8.6	7.9.6	—	√	B
34	电磁兼容性	6.8.7	7.9.7	—	√	B
35	高温电寿命	6.8.8	7.9.8	—	√	B
36	疲劳寿命	6.9	7.10	—	√	B
注：“√”为检验项目；“—”为不检验项目。						

8.3 型式检验

8.3.1 检验原则

传感器具备下列情况之一时，应进行型式检验：

——新产品或老产品转厂生产的试验定型鉴定；

——正式生产后，如结构、材料、工艺等有重大改变；
——正常生产时，定期或积累一定产量后，应周期性的进行检验，检验周期一般应为3年；
——产品停产1年以上，恢复生产时；
——国家或上级质量监督机构提出型式检验的需求时；
——出厂检验结果与上次型式检验有较大差异时。

8.3.2 检验项目

检验项目及检验顺序按表3的规定进行。

8.3.3 抽样、判定规定

型式检验的抽样方案和不合格判定规定应按GB/T 2829—2002相应条款执行，或产品技术条件（详细规范）应规定选择的抽样方案、样本量、判别水平。

本标准根据检验项目对质量特性的影响程度，将检验项目的不合格类型分为B类和C类，详见表3。

本标准批次合格判定采用判别水平Ⅰ的一次抽样方案，样本量 $n=10$，采用不合格质量水平RQL=20，判定数组Ac=1、Re=2。提供的样品基数应大于或等于2倍样本量。以不合格品数为判断依据。

——对于B类不合格项，采用不合格质量水平RQL=20，判定数组Ac=1、Re=2。
——对于C类不合格项，采用不合格质量水平RQL=40，判定数组Ac=3、Re=4。

8.3.4 对不合格判定的处理

检验结果被判定为型式检验不合格时，按GB/T 2829—2002中5.12.3规定的原则进行处理。

8.3.5 型式检验后样品的处置

经过型式检验的样品，原则上不允许再作为合格品交付使用。在特殊情况下，在得到使用方的认可后，可以交付使用方，但应注明该产品已进行过型式检验。

9 标志、包装、运输及贮存

9.1 产品标志

传感器应有以下标志：

a) 差压传感器的高压端和低压端接口应有永久性标志；
b) 量程；
c) 出厂编号；
d) 商标或生产单位名称。

当传感器的尺寸小到无法全部标注以上内容时，至少应包含a)、b)、c)三项内容。

9.2 包装

9.2.1 随机文件

随机文件应包括：

a) 产品合格证书；
b) 安装使用说明书；
c) 装箱单；

d) 其他相关文件资料。

9.2.2 传感器包装

传感器的包装应符合设计文件要求，包装的图示标志应符合 GB/T 191—2008 的规定。产品应采用防雨、防潮气聚集的塑料薄膜包裹，顶部、底部及产品四角应按需衬垫泡沫层；技术文件如使用说明书、合格证明书和保修单等应进行密封防潮包装，固定在包装箱内部明显的位置。

9.3 运输

传感器的运输必须严格遵照包装箱上注明的条件，严禁日晒、雨淋、倾斜或强烈振动。运输方式按订货合同上载明的要求执行。

9.4 贮存

包装后的传感器应贮存在温度为－10 ℃～＋60 ℃、相对湿度不超过 85％、无凝露、无腐蚀性气体和腐蚀性化学药品、通风良好的室内，贮存期不应超过 2 年。

附 录 A
（规范性附录）
传感器性能指标的计算方法

A.1 实际工作特性

在传感器的整个测量范围内取 m 个校准点，校准点通常应包括零点和测量上限点，一般取 $m=(5\sim11)$点，进行 n 次压力循环校准试验，校准循环一般取 $n=(3\sim5)$次，则在任一校准点上分别有 n 个正反行程试验数据，按公式(A.1)计算每个校准点上正行程试验数据的平均值，按公式(A.2)计算每个校准点上反行程试验数据的平均值，按公式(A.3)计算总的平均值：

正行程平均值：

$$\overline{Y}_{\mathrm{U}i}=\frac{1}{n}\sum_{j=1}^{n}Y_{\mathrm{U}ij} \qquad \cdots\cdots(\mathrm{A.1})$$

反行程平均值：

$$\overline{Y}_{\mathrm{D}i}=\frac{1}{n}\sum_{j=1}^{n}Y_{\mathrm{D}ij} \qquad \cdots\cdots(\mathrm{A.2})$$

总平均值：

$$\overline{Y}_{i}=\frac{1}{2}(\overline{Y}_{\mathrm{U}i}+\overline{Y}_{\mathrm{D}i}) \qquad \cdots\cdots(\mathrm{A.3})$$

式中：

$Y_{\mathrm{U}ij}$——正行程第 i 个校准点第 j 次的示值($i=1,2,3,\cdots,m$；$j=1,2,3,\cdots,n$)；

$Y_{\mathrm{D}ij}$——反行程第 i 个校准点第 j 次的示值($i=1,2,3,\cdots,m$；$j=1,2,3,\cdots,n$)；

$\overline{Y}_{i}$ ——正反行程总平均值；

n ——重复试验次数；

m ——校准点个数。

A.2 参比工作直线

A.2.1 端基直线平移法

按公式(A.4)计算端点连线方程 Y_{EP}：

$$Y_{\mathrm{EP}}=\frac{\overline{Y}_{\mathrm{L}}\cdot X_{\mathrm{H}}-\overline{Y}_{\mathrm{H}}\cdot X_{\mathrm{L}}}{X_{\mathrm{H}}-X_{\mathrm{L}}}+\frac{\overline{Y}_{\mathrm{H}}-\overline{Y}_{\mathrm{L}}}{X_{\mathrm{H}}-X_{\mathrm{L}}}\cdot X \qquad \cdots\cdots(\mathrm{A.4})$$

式中：

$X_{\mathrm{H}}, X_{\mathrm{L}}$ ——表示测量上、下限压力值；

$\overline{Y}_{\mathrm{H}}, \overline{Y}_{\mathrm{L}}$ ——表示测量上、下限输出值的平均值。

按公式(A.5)，端基平移直线作为参比工作直线方程为：

$$Y=a+bX \qquad \cdots\cdots(\mathrm{A.5})$$

按公式(A.6)计算各检定点王行程算术平均值与端点连线方程的差值，按公式(A.7)计算各检定点反行程算术平均值与端点连线方程的差值。

$$(\Delta y_{\mathrm{LH}})_{\mathrm{U}i}=\overline{Y}_{\mathrm{U}i}-Y_{\mathrm{EP}i} \qquad \cdots\cdots(\mathrm{A.6})$$

$$(\Delta y_{\mathrm{LH}})_{\mathrm{D}i}=\overline{Y}_{\mathrm{D}i}-Y_{\mathrm{EP}i} \qquad \cdots\cdots(\mathrm{A.7})$$

从式(A.6)、式(A.7)的数据中,找出最大的正偏差 $\Delta y'_{LH}$ 和负的绝对值最大差值 $\Delta y''_{LH}$,则端基平移直线的截距 a 按公式(A.8)计算:

$$a=\frac{\bar{Y}_L \cdot X_H-\bar{Y}_H \cdot X_L}{X_H-X_L}+\frac{1}{2}(|\Delta y'_{LH}|-|\Delta y''_{LH}|) \quad\cdots\cdots(A.8)$$

斜率 b 按公式(A.9)计算:

$$b=\frac{\bar{Y}_H-\bar{Y}_L}{X_H-X_L} \quad\cdots\cdots(A.9)$$

A.2.2 最小二乘法

最小二乘法直线作为参比工作直线方程按公式(A.10)计算:

$$Y_{LS}=a+bX \quad\cdots\cdots(A.10)$$

式中:

截距 a 按公式(A.11)计算:

$$a=\frac{\sum_{i=1}^{m} X_i^2 \sum_{i=1}^{m} \bar{Y}_i-\sum_{i=1}^{m} X_i \sum_{i=1}^{m} X_i \bar{Y}_i}{m \sum_{i=1}^{m} X_i^2-\left(\sum_{i=1}^{m} X_i\right)^2} \quad\cdots\cdots(A.11)$$

式中:

m——校准点个数。

斜率 b 按公式(A.12)计算:

$$b=\frac{m \sum_{i=1}^{m} X_i \bar{Y}_i-\sum_{i=1}^{m} X_i \bar{Y}_i}{m \sum_{i=1}^{m} X_i^2-\left(\sum_{i=1}^{m} X_i\right)^2} \quad\cdots\cdots(A.12)$$

式中:

m——校准点个数。

A.2.3 总平均值工作特性

对于定点使用的非线性传感器,可采用正、反行程的总平均值为传感器的工作特性。

A.2.4 刻度方程工作特性

对于非定点使用的非线性传感器及带刻度方程的线性传感器,可采用刻度方程为其工作特性。

A.3 满量程输出(Y_{FS})

A.3.1 线性传感器满量程输出(Y_{FS})

传感器测量上限输出值与测量下限输出值之差的绝对值(以理论特性直线的计算值为依据)为满量程输出,按公式(A.13)计算:

$$Y_{FS}=|b \cdot (X_H-X_L)| \quad\cdots\cdots(A.13)$$

式中:

b ——理论工作直线的斜率;

X_H,X_L——为测量上、下限的压力值。

A.3.2 非线性传感器满量程输出(Y_{FS})

对于定点使用的非线性传感器,满量程输出按公式(A.14)计算:

$$Y_{FS}=|\bar{Y}_H-\bar{Y}_L| \quad \cdots\cdots (A.14)$$

式中：

$\bar{Y}_H$,$\bar{Y}_L$——为测量上、下限输出值的平均值。

A.3.3　非定点传感器满量程输出(Y_{FS})

对于非定点使用的非线性传感器及带刻度方程的线性传感器，满量程输出按公式(A.15)计算：

$$Y_{FS}=|\bar{Y}_H-\bar{Y}_L| \quad \cdots\cdots (A.15)$$

式中：

$\bar{Y}_H$,$\bar{Y}_L$——为刻度方程上的上、下限点输出值。

A.4　非线性(ξ_L)

A.4.1　线性传感器非线性(ξ_L)

线性传感器的非线性，按公式(A.16)计算：

$$\xi_L=\frac{|\bar{Y}_i-Y_i|_{max}}{Y_{FS}}\times 100\% \quad \cdots\cdots (A.16)$$

式中：

$\bar{Y}_i$ ——根据式(A.3)计算出的总平均值；

Y_i ——根据式(A.5)或式(A.10)计算出的理论值，对于带刻度方程的线性压力传感器为其刻度方程对应值；

Y_{FS}——静态校准的满量程输出值。

A.4.2　非线性传感器刻度误差(ξ_K)

非线性传感器不计算非线性度指标，对于非定点使用的非线性传感器，按公式(A.17)计算符合度误差 ξ_K：

$$\xi_K=\frac{|\bar{Y}_i-Y_i|_{max}}{Y_{FS}}\times 100\% \quad \cdots\cdots (A.17)$$

式中：

$\bar{Y}_i$ ——根据式(A.3)计算出的总平均值；

Y_i ——非定点使用的非线性压力传感器刻度方程对应值；

Y_{FS}——静态校准的满量程输出值。

A.5　迟滞(ξ_H)

按公式(A.18)计算迟滞：

$$\xi_H=\frac{|\bar{Y}_{Ui}-\bar{Y}_{Di}|_{max}}{Y_{FS}}\times 100\% \quad \cdots\cdots (A.18)$$

式中：

$\bar{Y}_{Ui}$,$\bar{Y}_{Di}$——同一校准点上正、反行程示值的平均值；

Y_{FS} ——静态校准的满量程输出值。

A.6　重复性(ξ_R)

采用贝赛尔公式分别计算每个校验点上正、反行程的子样标准偏差：

按公式(A.19)计算正行程子样标准偏差 s_{Ui}：

$$s_{Ui}=\sqrt{\frac{1}{n-1}\sum_{j=1}^{n}(Y_{Uij}-\bar{Y}_{Ui})^2} \quad \cdots\cdots(A.19)$$

式中：

n ——测量循环次数；

$\bar{Y}_{Ui}$ ——正行程第 i 个校准点处的一组测量值的算术平均值；

Y_{Uij} ——正行程第 i 个校准点处的第 j 个测量值($i=1,2,3,\cdots,m;j=1,2,3,\cdots,n$)。

按公式(A.20)计算反行程子样标准偏差 s_{Di}：

$$s_{Di}=\sqrt{\frac{1}{n-1}\sum_{j=1}^{n}(Y_{Dij}-\bar{Y}_{Di})^2} \quad \cdots\cdots(A.20)$$

式中：

n ——测量循环次数；

$\bar{Y}_{Di}$ ——反行程第 i 个校准点处的一组测量值的算术平均值；

Y_{Dij} ——反行程第 i 个校准点处的第 j 个测量值($i=1,2,3,\cdots,m;j=1,2,3,\cdots,n$)。

按公式(A.21)计算传感器在整个测量范围内的子样标准偏差 s：

$$s=\sqrt{\frac{1}{2m}\left(\sum_{i=1}^{m}s_{Ui}^2+\sum_{i=1}^{m}s_{Di}^2\right)} \quad \cdots\cdots(A.21)$$

式中：

m ——校准点个数。

则按公式(A.22)计算重复性：

$$\xi_R=\frac{\lambda s}{Y_{FS}}\times 100\% \quad \cdots\cdots(A.22)$$

式中：

λ ——包含因子。

传感器的校准试验，一般只做 $n=(3\sim5)$ 个循环，其测量值属于小样本。对于小样本，t 分布比正态分布更符合实际情况。本标准按 t 分布取包含因子 $\lambda=t_{0.95}$(保证 95%的置信度)。$t_{0.95}$ 与校准循环次数 n 和置信度(本标准取 95%)有关，见表 A.1。

表 A.1 校准循环次数与包含因子

n	2	3	4	5	6	7	8	9	10
$t_{0.95}$	12.706	4.303	3.182	2.776	2.571	2.447	2.365	2.306	2.262

A.7 准确度(ξ)

A.7.1 准确度计算原则

传感器的准确度是系统误差与随机误差的综合反映，即取决于系统误差带与随机误差带的大小。

A.7.2 线性传感器的系统误差带(U_1)

线性传感器的系统误差带按公式(A.23)计算：

$$U_1=\pm\frac{1}{2}\left(|\bar{Y}_{Ui}-Y_i|_{max}+|\bar{Y}_{Di}-Y_i|_{max}\right) \quad \cdots\cdots(A.23)$$

采用端基平移直线时：

式中：

$\overline{Y}_{Ui}$，$\overline{Y}_{Di}$——分别为根据式(A.1)、式(A.2)计算出的正、反行程平均值；

Y_i ——为根据式(A.5)计算出的端基平移直线方程值。

采用最小二乘法时：

按公式(A.24)计算正行程的系统误差为：

$$(\Delta Y)_{Ui}=|\overline{Y}_{Ui}-Y_{LS}| \quad\cdots\cdots\cdots(A.24)$$

按公式(A.25)计算反行程的系统误差为：

$$(\Delta Y)_{Di}=|\overline{Y}_{Di}-Y_{LS}|_{max} \quad\cdots\cdots\cdots(A.25)$$

式中：

$\overline{Y}_{Ui}$，$\overline{Y}_{Di}$——分别为根据式(A.1)、式(A.2)计算出的正、反行程平均值；

Y_{LS} ——为根据式(A.10)计算出的最小二乘法直线方程值。

则 U_1 为 $|(\Delta Y)_{Ui}|$ 与 $|(\Delta Y)_{Di}|$ 中较大者。

A.7.3 非线性传感器的系统误差带(U_1)

对于定点使用的非线性传感器，按公式(A.26)计算系统误差带：

$$U_1=\pm\frac{1}{2}|\overline{Y}_{Ui}-\overline{Y}_{Di}|_{max} \quad\cdots\cdots\cdots(A.26)$$

式中：

$\overline{Y}_{Ui}$，$\overline{Y}_{Di}$——分别为根据式(A.1)、式(A.2)计算出的正、反行程平均值。

A.7.4 非定点传感器系统误差带(U_1)

对于非定点使用的非线性传感器及带刻度方程的线性传感器的系统误差带：

按公式(A.27)计算正行程的系统误差为：

$$(\Delta Y)_{Ui}=|\overline{Y}_{Ui}-Y|_{max} \quad\cdots\cdots\cdots(A.27)$$

按公式(A.28)计算反行程的系统误差为：

$$(\Delta Y)_{Di}=|\overline{Y}_{Di}-Y|_{max} \quad\cdots\cdots\cdots(A.28)$$

式中：

$\overline{Y}_{Ui}$，$\overline{Y}_{Di}$——分别为正、反行程平均值；

Y ——刻度方程对应值。

则 U_1 为 $|(\Delta Y)_{Ui}|$ 与 $|(\Delta Y)_{Di}|$ 中较大者。

A.7.5 传感器的随机误差(U_2)

按公式(A.29)计算传感器的随机误差：

$$U_2=\pm 3s \quad\cdots\cdots\cdots(A.29)$$

式中：

s——为按式(A.21)计算的传感器在整个测量范围内的子样标准偏差。

A.7.6 传感器的准确度(ξ)

按公式(A.30)计算传感器的准确度 ξ：

$$\xi=\pm\frac{|U_1|+|U_2|}{Y_{FS}}\times 100\% \quad\cdots\cdots\cdots(A.30)$$

A.8 零点漂移(d_z)

按公式(A.31)计算传感器的零点漂移 d_z：

$$d_z=\frac{|Y_{max}-Y_{min}|}{Y_{FS}}\times 100\% \quad \cdots\cdots (A.31)$$

式中：

Y_{max},Y_{min}——考核期间内零点示值的最大值、最小值；

Y_{FS} ——静态校准的满量程输出值。

A.9 零点长期稳定性(r_z)

按公式(A.32)计算传感器的零点长期稳定性 r_z：

$$r_z=\frac{|Y_{max}-Y_{min}|}{Y_{FS}}\times 100\% \quad \cdots\cdots (A.32)$$

式中：

Y_{max},Y_{min}——考核期间内零点输出的最大值、最小值；

Y_{FS} ——静态校准的满量程输出值。

A.10 满量程输出漂移(r_F)

按公式(A.33)计算传感器的满量程输出漂移 r_F：

$$r_F=\frac{|Y_{FSM}-Y_{FSN}|}{Y_{FS}} \quad \cdots\cdots (A.33)$$

式中：

Y_{FSM},Y_{FSN}——考核期间内满量程输出示值的最大值、最小值；

Y_{FS} ——静态校准的的满量程输出值。

A.11 热零点漂移(α)

按公式(A.34)计算传感器的热零点漂移 α：

$$\alpha=\frac{Y(t_2)-Y(t_1)}{Y_{FS}(t_1)\cdot(t_2-t_1)}\times 100\% \quad \cdots\cdots (A.34)$$

式中：

t_1 ——室温，单位为摄氏度(℃)；

t_2 ——为上限工作温度或下限工作温度，单位为摄氏度(℃)；

$Y(t_1)$ ——室温时传感器的零点输出；

$Y(t_2)$ ——为上限工作温度或下限工作温度下，传感器零点输出；

$Y_{FS}(t_1)$——室温下传感器满量程输出。

A.12 热满量程输出漂移(β)

按公式(A.35)计算传感器的热满量程输出漂移 β：

$$\beta=\frac{Y_{FS}(t_2)-Y_{FS}(t_1)}{Y_{FS}(t_1)\cdot(t_2-t_1)}\times 100\% \quad \cdots\cdots (A.35)$$

式中：

t_1 ——室温，单位为摄氏度(℃)；

t_2 ——为上限工作温度或下限工作温度，单位为摄氏度(℃)；

$Y_{FS}(t_1)$——室温下传感器的满量程输出；

$Y_{FS}(t_2)$——为上限工作温度或下限工作温度下，传感器满量程输出。

A.13 振动对传感器零点影响(Z_0)

按公式(A.36)计算振动对传感器零点的影响 Z_0：

$$Z_0=\frac{|Y_L-Y_{L0}|_{max}}{Y_{FS}}\times100\% \qquad \cdots\cdots(A.36)$$

式中：

Y_L——振动过程中及振动后传感器零点输出的最大或最小值；

Y_{L0}——振动前传感器的零点输出值；

Y_{FS}——静态校准的满量程输出。

ICS 17.100
N 11

中华人民共和国国家标准

GB/T 28855—2012

硅基压力传感器

Silicon-based pressure sensors

2012-11-05 发布 2013-02-15 实施

中华人民共和国国家质量监督检验检疫总局
中国国家标准化管理委员会 发布

前　言

本标准按照 GB/T 1.1—2009 给出的规则起草。

本标准由中国机械工业联合会提出。

本标准由中国机械工业联合会归口。

本标准起草单位：沈阳仪表科学研究院、传感器国家工程研究中心、国家仪器仪表元器件质量监督检验中心、昆山双桥传感器测控技术有限公司、大连理工大学、中国电子科技集团公司第 49 研究所、北京鑫诺金传感技术有限公司、北京瑞普恩德斯豪斯仪表有限公司、南京沃天科技有限公司、中国仪器仪表协会传感器分会、中国仪器仪表学会仪表元件分会。

本标准主要起草人：徐淑霞、刘沁、徐秋玲、于振毅、张治国、唐慧、殷波、王冰、唐祯安、陈信琦、王文襄、郭宏、宁宁、李延夫、高峰。

硅基压力传感器

1 范围

本标准规定了硅基压力传感器(以下简称传感器)的术语和定义、分类与命名、基本参数、要求、试验方法、检验规则和标志、包装、运输及贮存。

本标准适用于硅基压力传感器。

2 规范性引用文件

下列文件对于本文件的应用是必不可少的。凡是注日期的引用文件,仅注日期的版本适用于本文件。凡是不注日期的引用文件,其最新版本(包括所有的修改单)适用于本文件。

GB/T 191—2008 包装储运图示标志

GB/T 2423.1—2008 电工电子产品环境试验 第2部分:试验方法 试验A:低温

GB/T 2423.2—2008 电工电子产品环境试验 第2部分:试验方法 试验B:高温

GB/T 2423.3—2006 电工电子产品环境试验 第2部分:试验方法 试验Cab:恒定湿热试验

GB/T 2423.5—1995 电工电子产品环境试验 第2部分:试验方法 试验Ea和导则:冲击

GB/T 2423.10—2008 电工电子产品环境试验 第2部分:试验方法 试验Fc:振动(正弦)

GB/T 2423.15—2008 电工电子产品环境试验 第2部分:试验方法 试验Ga和导则:稳态加速度

GB/T 2423.16—2008 电工电子产品环境试验 第2部分:试验方法 试验J及导则:长霉

GB/T 2423.17—2008 电工电子产品环境试验 第2部分:试验方法 试验Ka:盐雾

GB/T 2423.22—2002 电工电子产品环境试验 第2部分:试验方法 试验N:温度变化

GB/T 2829—2002 周期检验计数抽样程序及表(适用于对过程稳定性的检验)

GB/T 7665—2005 传感器通用术语

GB/T 7666—2005 传感器命名法及代码

GB/T 14479 传感器图用图形符号

GB/T 17626.1—2006 电磁兼容 试验和测量技术 抗扰度试验总论

GB/T 18459—2001 传感器主要静态性能指标计算方法

JJG 624—2005 动态压力传感器

3 术语和定义

GB/T 7665—2005 界定的以及下列术语和定义适用于本文件。

3.1

硅基压力传感器 silicon-based pressure sensors

以硅或硅复合材料为基本材料,由能独立实现压力测量功能的敏感器件(或组件)构成的传感器。

4 分类与命名

4.1 分类

4.1.1 传感器输出信号类型

传感器按输出信号类型可分为:

a) 模拟信号：
——电压信号；
——电流信号；
——电容信号；
——频率信号。
b) 数字信号。

4.1.2 传感器感受压力的类型

传感器按感受压力类型可分为：
——表压传感器；
——绝压传感器；
——差压传感器。

4.2 型号命名与图形符号

传感器型号命名应符合 GB/T 7666—2005 的规定。
传感器的图形符号应符合 GB/T 14479 的规定。

5 基本参数

5.1 测量范围

除另有规定外，传感器测量范围宜从下列数值中选取：
0，$\pm1\times10^n$，$\pm1.6\times10^n$，$\pm2\times10^n$，$\pm2.5\times10^n$，$\pm3\times10^n$，$\pm4\times10^n$，$\pm5\times10^n$，$\pm6\times10^n$，$\pm8\times10^n$。
其中 n 为整数，$n=0,\pm1,\pm2,\pm3,\cdots$。
测量范围的单位为：帕(Pa)、千帕(kPa)、兆帕(MPa)、吉帕(GPa)。

5.2 工作温度范围

除另有规定外，推荐工作温度范围下限值为：－90 ℃，－80 ℃，－70 ℃，－60 ℃，－55 ℃，－45 ℃，－40 ℃，－30 ℃，－20 ℃，－10 ℃，0 ℃。
除另有规定外，推荐工作温度范围上限值为：50 ℃，60 ℃，70 ℃，85 ℃，100 ℃，125 ℃，150 ℃，175 ℃，200 ℃，300 ℃，350 ℃，400 ℃，450 ℃，500 ℃，550 ℃，600 ℃。

5.3 补偿温度范围

除另有规定外，推荐补偿温度范围下限值为：－55 ℃，－45 ℃，－40 ℃，－30 ℃，－20 ℃，－10 ℃，0 ℃。
除另有规定外，推荐补偿温度范围上限值为：50 ℃，60 ℃，70 ℃，85 ℃，100 ℃，125 ℃，150 ℃，200 ℃，250 ℃。

5.4 被测介质的类型

应给出与压力腔接触的介质类型：气体、液体、导电性介质、腐蚀性介质、非腐蚀性介质等。

5.5 与被测介质相接触的材料

应给出与被测介质相接触材料的名称、牌号。

5.6 激励

应给出传感器的激励电源，包括额定激励电压(电流)和最大激励电压(电流)。

6 要求

6.1 产品技术条件(详细规范)

应制定符合本标准要求的产品技术条件(详细规范)。
传感器应符合产品技术条件(详细规范)规定的所有要求。

6.2 外部连接性能

6.2.1 外观

传感器的外观应无目视可见的瑕疵、锈蚀和损伤，螺纹部分应无毛刺，标志应清晰完整、准确。

6.2.2 外形及安装尺寸

传感器的外形及安装尺寸应符合产品技术条件(详细规范)的规定。

6.2.3 电气连接

传感器的电气连接方式应符合产品技术条件(详细规范)的规定。

6.2.4 重量

传感器重量应符合产品技术条件(详细规范)的规定。

6.3 电气性能

6.3.1 输入阻抗(传感器内阻)(适用时)

传感器输入阻抗(传感器内阻)应符合产品技术条件(详细规范)的规定。

6.3.2 输出阻抗(适用时)

传感器输出阻抗应符合产品技术条件(详细规范)的规定。

6.3.3 绝缘电阻(适用时)

传感器绝缘电阻应符合产品技术条件(详细规范)的规定。

6.3.4 绝缘强度(介质耐电压)(适用时)

传感器绝缘强度应符合产品技术条件(详细规范)的规定。

6.4 静态性能

6.4.1 零点输出

传感器的零点输出应符合产品技术条件(详细规范)的规定。

6.4.2 满量程输出

传感器的满量程输出应符合产品技术条件(详细规范)的规定。

6.4.3 灵敏度输出对称性(适用时)

传感器测量组件为双结构时,或用单组件结构进行正负两个方向测量时,其灵敏度输出对称性应符合产品技术条件(详细规范)的规定。

6.4.4 非线性(适用时)

传感器的非线性应符合产品技术条件(详细规范)的规定,推荐从表1数值中选取。

表1 传感器准确度等级、非线性、符合度、迟滞、重复性

准确度等级	非线性、符合度 %FS	迟滞 %FS	重复性 %FS	准确度 %FS
0.01	≤0.005	≤0.005	≤0.005	±0.01
0.02	≤0.01	≤0.01	≤0.01	±0.02
0.05	≤0.025	≤0.025	≤0.025	±0.05
0.1	≤0.05	≤0.05	≤0.05	±0.1
0.25	≤0.10	≤0.10	≤0.10	±0.25
0.5	≤0.25	≤0.25	≤0.25	±0.5
1.0	≤0.5	≤0.5	≤0.5	±1.0
2.5	≤1.0	≤1.0	≤1.0	±2.5
5.0	≤2.5	≤2.5	≤2.5	±5.0

6.4.5 符合度(适用时)

传感器的符合度应符合产品技术条件(详细规范)的规定,推荐从表1数值中选取。

6.4.6 迟滞

传感器的迟滞应符合产品技术条件(详细规范)的规定,推荐从表1数值中选取。

6.4.7 重复性

传感器的重复性应符合产品技术条件(详细规范)的规定,推荐从表1数值中选取。

6.4.8 准确度

传感器的准确度应符合产品技术条件(详细规范)的规定,推荐从表1数值中选取。

6.5 稳定性

6.5.1 零点漂移

传感器在规定时间内的零点漂移应符合产品技术条件(详细规范)的规定。

规定时间推荐选取:4 h,8 h,24 h,72 h,96 h,120 h。

漂移量推荐选取:小于0.05%FS,小于0.1%FS,小于0.25%FS,小于0.5%FS。

6.5.2 零点长期稳定性(适用时)

在规定的时间周期内,传感器零点长期稳定性应符合产品技术条件(详细规范)的规定。

时间周期推荐选取:28 d,56 d,84 d,168 d,336 d。

6.5.3 满量程输出漂移(适用时)

在规定的时间周期内,传感器满量程输出漂移应符合产品技术条件(详细规范)的规定。
时间周期推荐选取:28 d,56 d,84 d,168 d,336 d。

6.6 温度影响

6.6.1 热零点漂移

传感器在补偿温度范围内的热零点漂移应符合产品技术条件(详细规范)的规定。推荐从表2数值中选取。

表2 热零点漂移和热满量程输出漂移

准确度等级	热零点漂移 %FS/℃	热满量程输出漂移 %FS/℃
0.01	±0.005	±0.005
0.02	±0.01	±0.01
0.05	±0.01	±0.01
0.1	±0.02	±0.02
0.25	±0.04	±0.04
0.5	±0.05	±0.05
1.0	±0.08	±0.08
2.5	±0.10	±0.10
5.0	±0.20	±0.20

6.6.2 热满量程输出漂移

传感器在补偿温度范围内的热满量程输出漂移应符合产品技术条件(详细规范)的规定。推荐从表2数值中选取。

6.7 过载

传感器过载能力应符合产品技术条件(详细规范)的规定。
当传感器用于双向测量时,产品技术条件(详细规范)应分别给出其正向和负向能承受的最大过载压力。

6.8 静压影响

6.8.1 双向静压

6.8.1.1 最大静压(静压)(适用时)

对于差压传感器,产品技术条件(详细规范)应给出传感器能承受的最大静压压力(简称静压)。静压大小与差压测量范围相关。在承受最大静压压力后,传感器的零点输出变化误差应符合产品技术条件(详细规范)规定。

6.8.1.2 零点静压误差(适用时)

传感器零点静压误差应符合产品技术条件(详细规范)的规定。

6.8.1.3 量程静压误差(适用时)

传感器量程静压误差应符合产品技术条件(详细规范)的规定。

6.8.2 单向静压(适用时)

传感器的单向静压应符合产品技术条件(详细规范)的规定。

6.9 动态性能

6.9.1 频率响应(适用时)

传感器的频率响应应符合产品技术条件(详细规范)的规定。

6.9.2 谐振频率(适用时)

传感器的谐振频率应符合产品技术条件(详细规范)的规定。

6.9.3 自振(振铃)频率(适用时)

传感器的自振(振铃)频率应符合产品技术条件(详细规范)的规定。

6.9.4 阻尼比(适用时)

传感器的阻尼比应符合产品技术条件(详细规范)的规定。

6.9.5 上升时间(适用时)

传感器的上升时间应符合产品技术条件(详细规范)的规定。

6.9.6 时间常数(适用时)

传感器的时间常数应符合产品技术条件(详细规范)的规定。

6.9.7 过冲量(适用时)

传感器的过冲量应符合产品技术条件(详细规范)的规定。

6.10 环境性能

6.10.1 低温试验

试验后传感器应符合产品技术条件(详细规范)规定的性能要求。

6.10.2 高温试验

试验后传感器应符合产品技术条件(详细规范)规定的性能要求。

6.10.3 温度变化

试验后传感器应符合产品技术条件(详细规范)规定的性能要求。

6.10.4 振动

振动过程中和试验后，传感器应符合产品技术条件(详细规范)规定的性能要求。

6.10.5 冲击(适用时)

试验后传感器应符合产品技术条件(详细规范)规定的性能要求。

6.10.6 加速度(适用时)

试验后传感器应符合产品技术条件(详细规范)规定的性能要求。

6.10.7 湿热

试验后传感器应符合产品技术条件(详细规范)规定的性能要求。

6.10.8 霉菌(适用时)

试验后传感器应符合产品技术条件(详细规范)规定的性能要求。

6.10.9 盐雾(适用时)

试验后传感器应符合产品技术条件(详细规范)规定的性能要求。

6.10.10 电磁兼容性(适用时)

试验中及试验后，传感器应符合产品技术条件(详细规范)规定的性能要求。

6.10.11 高温电寿命(适用时)

试验中及试验后，传感器应符合产品技术条件(详细规范)规定的性能要求。

6.11 疲劳寿命

试验后传感器应符合产品技术条件(详细规范)规定的性能要求。

7 试验方法

7.1 环境条件

7.1.1 参比大气条件

传感器的参比大气条件：

——温度：20 ℃±2 ℃；

——相对湿度：65%±10%；

——大气压力：86 kPa～106 kPa。

7.1.2 一般试验的大气条件

当传感器不可能或无必要在参比大气条件下进行试验时，推荐使用下述大气条件：

——温度：15 ℃～35 ℃；

——相对湿度：30%～85%；

——大气压力：86 kPa～106 kPa。

注：试验期间允许的温度变化不大于 1 ℃/h。相对湿度范围也可由供需方商定。

7.1.3 其他环境条件

除上述大气条件外，试验尚应在下述环境条件下进行：

——磁场：除地磁场外，无其他外界磁场；

——机械振动：无机械振动。

7.2 试验前准备

7.2.1 连接方式

被测传感器与激励电源、压力源和读数装置的连接方式，应符合产品技术条件（详细规范）的规定。

7.2.2 预置时间

被测传感器应在试验环境下达到温度平衡 1 h 以上。通电预热时间应不小于 30 min 或按产品技术条件（详细规范）的规定。

7.3 外部连接性能

7.3.1 外观

用目测方法检查传感器的外观，或用 5 倍的放大镜进行检查，结果应符合 6.2.1 的规定。

7.3.2 外形及安装尺寸

用卡尺、千分尺、千分表、标准规或其他标准量具仪器检测传感器的外形及安装尺寸，结果应符合 6.2.2 的规定。

7.3.3 电气连接

用目测方法检查传感器的电气连接，结果应符合 6.2.3 的规定。

7.3.4 重量

用天平或其他标准称量仪器称量传感器的重量，结果应符合 6.2.4 的规定。

7.4 电气性能

7.4.1 输入阻抗（传感器内阻）

传感器不含有源器件时，将传感器输出端开路，测量其电源端的阻抗，结果应符合 6.3.1 的规定。

传感器包含有源器件时，在传感器电源端加激励电压，输出开路，测量供电回路电流，按公式（1）计算输入阻抗，结果应符合 6.3.1 的规定。

$$R_i = U_i / I_i \tag{1}$$

式中：

R_i ——输入阻抗（传感器内阻）值，单位为千欧（kΩ）；

U_i ——电源端激励电压，单位为伏（V）；

I_i ——供电回路电流，单位为毫安（mA）。

7.4.2 输出阻抗

传感器不含有源器件时，直接测量其输出端的阻抗，结果应符合 6.3.2 的规定。

传感器包含有源器件时，可采用以下方法：

保持输入的压力值不变，分别测量压力传感器在输出开路和并联 R_L 负载下的输出电压，按公式(2)计算。结果应符合 6.3.2 的规定。

$$R_0 = R_L(Y_{KL} - Y_{FL})/Y_{FL} \quad \cdots\cdots (2)$$

式中：

R_0 ——输出阻抗值，单位为千欧(kΩ)；

Y_{KL}——输出端开路时的输出电压，单位为伏(V)；

Y_{FL}——带 R_L 负载时的输出电压，单位为伏(V)；

R_L ——并联负载电阻，单位为千欧(kΩ)；推荐使用 10 kΩ 电阻。

7.4.3 绝缘电阻

在被测传感器不施加激励电源的条件下，用绝缘电阻测试仪或相应仪表，给传感器施加产品技术条件(详细规范)规定的直流电压，测量传感器引出线(应与外壳无连接)与壳体之间的绝缘电阻，结果应符合 6.3.3 的规定。

7.4.4 绝缘强度

在被测传感器不施加激励电源的条件下，用绝缘强度测试仪在传感器引出线与壳体之间，施加产品技术条件(详细规范)规定的交流电压，持续时间为 1 min 或按详细规范的规定，应无击穿和飞弧现象，结果应符合 6.3.4 的规定。

7.5 静态性能

7.5.1 试验方法

传感器在符合 7.2 规定条件下，给传感器施加不少于 3 次的满量程压力预压，使被测传感器压力升到测量上限值，待压力稳定后降压至测量下限值。然后在传感器测量上、下限的全量程范围内选择均匀分布的 5 个～11 个试验点，测量与输入压力点对应的传感器输出，并且重复三次或三次以上的升、降压循环。

通过上述试验获得的数据，按附录 A 的计算方法可确定下列静态性能指标。

7.5.2 零点输出

在不加载荷的情况下测量传感器的输出值，结果应符合 6.4.1 的规定。

对绝压传感器，应在输入绝对真空压力时测量传感器的输出值。也可输入不大于 10 Pa 的绝对压力代替真空，但实际输入的压力应不大于传感器测量允许基本误差绝对值的 1/5。否则，应对输出值进行修正，按公式(3)计算零点输出，结果应符合 6.4.1 的规定。

$$Y_0 = Y_0' - bx \quad \cdots\cdots (3)$$

式中：

Y_0——零点输出，单位为伏(V)；

Y_0'——输入绝对压力不大于 10 Pa 时的输出值，单位为伏(V)；

b ——校准特性曲线的端点连线的斜率，单位为伏/帕(V/Pa)；

x ——输入的绝对压力值，单位为帕(Pa)。

对差压传感器，在高压端和低压端同时通大气时，测量传感器的输出值，结果应符合 6.4.1 的规定。

7.5.3 满量程输出

传感器测量上限与测量下限输出值之差的绝对值(以参比直线的计算值为依据)，按附录 A.3 的规定计算，结果应符合 6.4.2 的规定。

7.5.4 灵敏度输出对称性

在传感器双测量结构的两端，如差压传感器的高压端和低压端分别测试灵敏度输出，或者使用单组件结构进行正反两个方向压力测量时，分别测量传感器的正压段和负压段灵敏度输出，按公式(4)进行计算，结果应符合 6.4.3 的规定。

$$p_d = \frac{Y_{FS}(h) - Y_{FS}(l)}{Y_{FS}(h)} \times 100\% \quad \cdots\cdots(4)$$

式中：

p_d ——灵敏度输出对称性；

$Y_{FS}(h)$——高压端(或量程正压段)灵敏度输出值；

$Y_{FS}(l)$ ——低压端(或量程负压段)灵敏度输出值。

7.5.5 非线性

按附录 A.4 的规定计算传感器非线性，结果应符合 6.4.4 的规定。

7.5.6 符合度

按 GB/T 18459—2001 中 3.9 规定计算传感器符合度，当参比曲线为刻度方程时，按附录 A.4.2 计算符合度，结果应符合 6.4.5 的规定。

7.5.7 迟滞

按附录 A.5 的规定计算传感器的迟滞，结果应符合 6.4.6 的规定。

7.5.8 重复性

按附录 A.6 的规定计算传感器的重复性，结果应符合 6.4.7 的规定。

7.5.9 准确度

按附录 A.7 的规定计算传感器的准确度，结果应符合 6.4.8 的规定。

7.6 稳定性

7.6.1 零点漂移

按产品技术条件(详细规范)规定的条件，在不加载荷的条件下，每隔 1 h 记录一次传感器的零点输出，试验时间从 6.5.1 中选取，按附录 A.8 的规定计算零点漂移，结果应符合 6.5.1 的规定。

7.6.2 零点长期稳定性

按产品技术条件(详细规范)的规定的条件，对传感器施加电压激励，每天通电不少于 2 h，在规定时间周期内均匀选取不少于 5 个间隔点，每个间隔点进行一次 8 h 的试验，试验前应恒温通电 1 h，记录间隔为 1 h，试验期间工作温度应保持在 20 ℃±2 ℃。按附录 A.9 的规定，计算传感器零点长期稳定性，结果应符合 6.5.2 的规定。

7.6.3 满量程输出漂移

按产品技术条件(详细规范)规定的条件，在规定时间周期内均匀选取不少于 5 个间隔点，按规定的时间间隔记录传感器的满量程输出，按附录 A.10 的规定，计算规定时间内满量程输出的最大差值相对满量程输出的百分比，结果应符合 6.5.3 的规定。

7.7 温度影响

7.7.1 热零点漂移

将传感器放入高、低温试验箱，分别在室温、补偿温度范围下限温度、补偿温度范围上限温度各恒温产品技术条件(详细规范)规定的时间，记录各温度点的零点输出值，按附录 A.11 的规定，计算热零点漂移，结果应符合 6.6.1 的规定。

7.7.2 热满量程输出漂移

将传感器放入高、低温试验箱，分别在室温、补偿温度范围下限温度、补偿温度范围上限温度各恒温产品技术条件(详细规范)规定的时间，记录各温度点的满量程输出值，按附录 A.12 的规定，计算热满量程输出漂移，结果应符合 6.6.2 的规定。

7.8 过载

在试验的大气条件下，按产品技术条件(详细规范)规定施加过载负荷，保持时间不少于 1 min，然后卸载至零负荷，重复 3 次，恢复 5 min，然后按产品技术条件(详细规范)规定的检验项目进行检测，结果应符合 6.7 的规定。

当单组件传感器用于双向压力测量时，应对传感器的负向和正向分别按上述方法进行过载试验。

7.9 静压影响

7.9.1 双向静压

7.9.1.1 最大静压(静压)

对差压传感器的高压端和低压端同时施加产品技术条件(详细规范)规定的最大静压压力(简称静压)，保持 5 min。卸载 10 min 后，按 7.5.2 的规定进行零点输出试验，结果应符合 6.8.1.1 的规定。

7.9.1.2 零点静压误差

零点静压误差是指在给定静压下，传感器零点输出变化量相对于满量程输出值的百分比。试验前，对差压传感器的高压端和低压端都通大气，测量传感器的输出值。

将产品技术条件(详细规范)规定的静压压力源，同时施加到传感器高压端和低压端，保持 5 min，测量传感器的输出值。零点静压影响按公式(5)计算，结果应符合 6.8.1.2 的规定。

$$p_0=\frac{Y_0(p)-Y_0}{Y_{FS}}\times 100\% \qquad \cdots\cdots(5)$$

式中：

p_0 ——零点静压影响；

$Y_0(p)$ ——施加静压时的零点输出值；

Y_0 ——试验前无静压时的零点输出值；

Y_{FS} ——静态校准的满量程输出值。

7.9.1.3 量程静压误差

量程静压误差是指在给定静压下，量程输出变化量相对于满量程输出值的百分比。试验前，测量传感器的测量范围下限输出值和测量范围上限输出值，其差值为满量程输出值。对传感器两端同时施加产品技术条件(详细规范)规定的最大静压，保持 5 min。在此基础上在传感器高压端分别施加传感器的测量范围下限压力和测量范围上限压力，其差值为最大静压压力影响下的满量程输出值。满量程静压影响按公式(6)计算。

对传感器两端同时施加产品技术条件(详细规范)规定的50%的静压压力，保持5 min。在此基础上在传感器高压端分别施加传感器的测量范围下限压力和测量范围上限压力，其差值为50%静压压力影响下的满量程输出值。满量程静压影响按公式(6)计算。

取两种静压压力对应的计算结果的最大值，结果应符合6.8.1.3的规定。

$$p_{FS}=\frac{Y_{FS}(p)-Y_{FS}(0)}{Y_{FS}}\times 100\% \qquad \cdots\cdots(6)$$

式中：

p_{FS} ——满量程静压影响；

$Y_{FS}(p)$ ——在100%或50%静压压力下测得的满量程输出值；

$Y_{FS}(0)$ ——试验前无静压时的满量程输出值；

Y_{FS} ——静态校准的满量程输出值。

7.9.2 单向静压

对差压传感器高压端施加产品技术条件(详细规范)规定的正向静压压力，保持5 min。卸载10 min后，按7.5.2的规定，进行零点输出试验。结果应符合6.8.2的规定。

再对低压端施加产品技术条件(详细规范)规定的负向静压压力，保持5 min。卸载10 min后，按7.5.2的规定，进行零点输出试验。结果应符合6.8.2的规定。

7.10 动态性能

7.10.1 试验方法

7.10.1.1 瞬态激励法

将传感器与激波管或快速开启阀相连接，对于负压传感器用爆破膜片发生器产生一个负的阶跃压力信号，以上阶跃压力的上升时间应是传感器被预测的上升时间的三分之一或更短。当激励装置产生一个阶跃压力信号时，用瞬态记录仪器记录传感器的响应波形。

7.10.1.2 正弦激励法

对于5 kHz以下的频率，10 MPa以下的峰值动态压力，可用正弦压力发生器直接测得传感器的频率响应，如果传感器本身的谐振频率在正弦压力发生器的频率范围之内，还可得到压力传感器的谐振频率、阻尼比和响应时间等。采用正弦激励法时，一般采用相对比较法进行测试，即在正弦压力发生器上安装标准传感器，其动态性能指标要高于被测压力传感器动态性能指标的5倍～10倍。

激波管动态压力试验方法，正弦压力校准检定方法的详细操作按JJG 624—2005的规定。

通过上述试验方法，可确定下列动态性能。

7.10.2 频率响应

在规定的被测量频率范围内，对加在传感器上的正弦变化的测量来说，输出量与被测量幅值之比及输出量和被测量之间相位差随频率的变化为频率响应。结果应符合6.9.1的规定。

7.10.3 谐振频率

在产品技术条件(详细规范)规定的压力下，被测传感器具有最大输出幅值时的频率为该压力下的谐振频率。结果应符合6.9.2的规定。

7.10.4 自振(振铃)频率

当测量(压力)为阶跃变化时,在传感器输出中瞬时出现的自由振荡频率为自振(振铃)频率。按 JJG 624—2005 中 7.3.4.3 规定方法进行计算,结果应符合 6.9.3 的规定。

7.10.5 阻尼比

实际阻尼系数与临界阻尼所对应的阻尼系数之比为阻尼比。当传感器的动态特性可以近似为单自由度二阶线性系统时,按 JJG 624—2005 中 7.3.4.3 和附录 A 规定方法计算出阻尼比,结果应符合 6.9.4 的规定。

7.10.6 上升时间

由于被测量(压力)的阶跃变化,传感器输出从稳定值的 10%上升到稳定值的 90%持续时间,为上升时间。按 JJG 624—2005 中 7.3.4.3 规定方法进行计算,结果应符合 6.9.5 的规定。

7.10.7 时间常数

由于被测量(压力)的阶跃变化,传感器输出上升到最终值的 63%时所需要的持续时间为时间常数。结果应符合 6.9.6 的规定。

7.10.8 过冲量

对传感器施加阶跃压力信号后,其输出超过稳定值的最大值为过冲量。结果应符合 6.9.7 的规定。

7.11 环境性能

7.11.1 低温试验

按 GB/T 2423.1—2008 中 5.2 规定的试验方法和以下规定试验:

——试验温度:应为 5.2 规定的工作温度范围下限值;

——降温速率:试验箱内温度变化速率应不超过 1 ℃/min;

——持续时间:宜从下列数值中选取或按产品技术条件(详细规范)规定:2 h,16 h,72 h,96 h;

——工作条件:从降温开始通电;

——升温速率:试验持续时间结束时,升温至室温,温度变化速率应不超过 1 ℃/min;

——恢复时间:在一般试验的大气环境条件下进行恢复,至少 2 h。

传感器在室温状态稳定后,应按 7.5.2 规定进行零点输出或产品技术条件(详细规范)规定的性能测试,结果应符合 6.10.1 的规定。

7.11.2 高温试验

按 GB/T 2423.2—2008 中 5.2 规定的试验方法和以下规定试验:

——试验温度:应为 5.2 规定的工作温度范围上限值;

——升温速率:试验箱内温度变化速率应不超过 1 ℃/min;

——试验时间:宜从下列数值中选取或按产品技术条件(详细规范)规定:2 h,16 h,72 h,96 h,168 h,240 h,336 h,1 000 h;

——工作条件:从升温开始通电;

——降温速率:试验持续时间结束时,降温至室温,温度变化速率应不超过 1 ℃/min;

——恢复时间:在一般试验的大气环境条件下进行恢复,至少 2 h。

传感器在室温状态稳定后，应按7.5.2规定进行零点输出或产品技术条件(详细规范)规定的性能测试，结果应符合6.10.2的规定。

7.11.3 温度变化

按GB/T 2423.22—2002中规定的试验方法和以下规定试验：

——试验温度：按产品技术条件(详细规范)规定选取低温点和高温点；

——保持时间：宜从下列数值中选取或按产品技术条件(详细规范)规定：3 h，2 h，1 h，30 min；

——转换时间：高温和低温之间转换时间应不大于3 min；

——循环数：循环数应为5个，或按产品技术条件(详细规范)规定；

——恢复时间：在一般试验的大气环境条件下进行恢复，至少2 h。

传感器在室温状态稳定后，应按7.5.2规定进行零点输出或产品技术条件(详细规范)规定的性能测试，结果应符合6.10.3的规定。

7.11.4 振动

按GB/T 2423.10—2008中规定的试验方法进行试验，产品技术条件(详细规范)应给出频率范围、振动幅值、加速度、振动方向和持续时间。记录传感器振动前和振动过程中及振动后的零点输出信号，按附录A.13的规定计算振动对传感器零点影响，结果应符合6.10.4的规定。

7.11.5 冲击

按GB/T 2423.5—1995中规定的试验方法进行试验，产品技术条件(详细规范)应给出以下规定：

——脉冲波形；

——冲击方向和次数；

——峰值加速度；

——标称脉冲持续时间。

试验后应检测传感器外观，并按7.5.2规定进行零点输出测试或产品技术条件(详细规范)规定的性能的测试，结果应符合6.10.5的规定。

7.11.6 加速度

按GB/T 2423.15—2008中规定的试验方法进行试验，产品技术条件(详细规范)应给出以下规定：

——加速度等级；

——加速度轴线和方向；

——持续时间；

——试验检测的功能及要求。

试验后应检测传感器外观，并按7.5.2规定进行零点输出测试或产品技术条件(详细规范)规定的性能的测试，结果应符合6.10.6的规定。

7.11.7 湿热

按GB/T 2423.3—2006中规定的试验方法进行试验，产品技术条件(详细规范)应给出以下规定：

——试验温度、相对湿度；

——持续时间：宜从下列数值中选取：12 h，16 h，24 h或2 d，4 d，10 d，21 d，56 d；

——恢复时间：应不少于2 h。

试验后，应检测传感器外观、绝缘电阻和零点输出，结果均应符合6.10.7的规定。

7.11.8 霉菌

按 GB/T 2423.16—2008 中规定的试验方法进行试验，产品技术条件(详细规范)应给出以下规定：

——试验方法及试验持续时间；

——试验后长霉程度的合格判定等级。

试验后，应检测传感器的绝缘性能或产品技术条件(详细规范)规定性能，结果应符合 6.10.8 的规定。

7.11.9 盐雾

按 GB/T 2423.17—2008 中规定的试验方法进行试验，产品技术条件(详细规范)应规定试验周期，宜从下列数值中选取：16 h，24 h，48 h，96 h，168 h，336 h，678 h。

试验后，应检测传感器外观、绝缘性能或其他规定性能，结果应符合 6.10.9 的规定。

7.11.10 电磁兼容性

电磁兼容性试验仅适于产品设计定型时的型式检验。试验样品数量可单独规定。

产品技术条件(详细规范)应根据传感器使用场合的电磁骚扰类型、环境条件、可靠性程度综合因素，按 GB/T 17626.1—2006 中表 1 要求，确定抗扰度试验项目和严酷度等级。

抗扰度试验过程中应测试传感器零点输出变化，产品技术条件(详细规范)应规定可接受的零点变化误差范围。结果应符合 6.10.10 的规定。

7.11.11 高温电寿命

在试验的一般大气条件下，将传感器放入温度箱，按产品技术条件(详细规范)规定施加激励电源，调整温度箱至上限工作温度，试验时间按产品技术条件(详细规范)规定，试验期间按规定监测传感器输出。试验后取出传感器恢复到室温，然后进行产品技术条件(详细规范)规定的项目检测。结果应符合 6.10.11 的规定。

7.12 疲劳寿命

传感器安装到疲劳试验装置上，按产品技术条件(详细规范)规定的压力、频率、波形和循环次数进行压力循环试验，压力下限应控制在 0%FS～20%FS 范围内，压力上限应控制在 80%FS～100%FS 范围内。试验后应测试传感器零点输出和满量程输出，或按产品技术条件(详细规范)规定的项目检测，结果应符合 6.11 的规定。

8 检验规则

8.1 检验分类

传感器检验分为出厂检验和型式检验。

8.2 出厂检验

每只传感器应经制造厂检验部门按照规定的检验项目进行检验，检验合格后方可出厂。出厂检验项目、检验顺序按表 3 规定进行。

表 3　检验项目和检验顺序

序号	检验项目	要求章条号	试验方法章条号	出厂检验项目	型式检验项目	检验项目不合格类型
1	外观	6.2.1	7.3.1	√	√	C
2	外形及安装尺寸	6.2.2	7.3.2	√	√	C
3	电气连接	6.2.3	7.3.3	√	√	C
4	重量	6.2.4	7.3.4	√	√	C
5	输入阻抗(适用时)	6.3.1	7.4.1	√	√	C
6	输出阻抗(适用时)	6.3.2	7.4.2	√	√	C
7	绝缘电阻(适用时)	6.3.3	7.4.3	√	√	B
8	绝缘强度(适用时)	6.3.4	7.4.4	√	√	B
9	零点输出	6.4.1	7.5.2	√	√	C
10	满量程输出	6.4.2	7.5.3	√	√	C
11	灵敏度输出对称性(适用时)	6.4.3	7.5.4	√	√	C
12	非线性(适用时)	6.4.4	7.5.5	√	√	B
13	符合度(适用时)	6.4.5	7.5.6	√	√	B
14	迟滞	6.4.6	7.5.7	√	√	B
15	重复性	6.4.7	7.5.8	√	√	B
16	准确度	6.4.8	7.5.9	√	√	B
17	零点漂移	6.5.1	7.6.1	√	√	B
18	零点长期稳定性(适用时)	6.5.2	7.6.2	—	√	C
19	满量程输出漂移(适用时)	6.5.3	7.6.3	—	√	C
20	热零点漂移	6.6.1	7.7.1	√	√	B
21	热满量程输出漂移	6.6.2	7.7.2	√	√	B
22	过载	6.7	7.8	√	√	B
23	最大静压(适用时)	6.8.1.1	7.9.1.1	√	√	B
24	零点静压误差(适用时)	6.8.1.2	7.9.1.2	√	√	B
25	量程静压误差(适用时)	6.8.1.3	7.9.1.3	—	√	B
26	单向静压(适用时)	6.8.2	7.9.2	—	√	B
27	频率响应(适用时)	6.9.1	7.10.2	—	√	B
28	谐振频率(适用时)	6.9.2	7.10.3	—	√	B
29	自振(振铃)频率(适用时)	6.9.3	7.10.4	—	√	B
30	阻尼比(适用时)	6.9.4	7.10.5	—	√	B
31	上升时间(适用时)	6.9.5	7.10.6	—	√	B
32	时间常数(适用时)	6.9.6	7.10.7	—	√	B
33	过冲量(适用时)	6.9.7	7.10.8	—	√	B

表 3 (续)

序号	检验项目	要求章条号	试验方法章条号	出厂检验项目	型式检验项目	检验项目不合格类型
34	低温试验	6.10.1	7.11.1	—	√	B
35	高温试验	6.10.2	7.11.2	—	√	B
36	温度变化	6.10.3	7.11.3	—	√	B
37	振动	6.10.4	7.11.4	—	√	B
38	冲击	6.10.5	7.11.5	—	√	B
39	加速度(适用时)	6.10.6	7.11.6	—	√	B
40	湿热	6.10.7	7.11.7	—	√	B
41	霉菌(适用时)	6.10.8	7.11.8	—	√	B
42	盐雾(适用时)	6.10.9	7.11.9	—	√	B
43	电磁兼容性(适用时)	6.10.10	7.11.10	—	√	B
44	高温电寿命(适用时)	6.10.11	7.11.11	—	√	B
45	疲劳寿命	6.11	7.12	—	√	B
注:"√"为检验项目;"—"为不检验项目。						

8.3 型式检验

8.3.1 检验原则

传感器具备下列情况之一时,应进行型式检验:

——新产品或老产品转厂生产的试验定型鉴定;

——正式生产后,如结构、材料、工艺等有重大改变;

——正常生产时,定期或积累一定产量后,应周期性的进行检验,检验周期一般应为 2 年;

——产品停产 1 年以上,恢复生产时;

——同类型产品进行比对时;

——国家质量监督机构提出进行型式检验的要求时。

8.3.2 型式检验项目

型式检验项目及检验顺序推荐按表 3 的规定进行,产品技术条件(详细规范)可根据传感器的不同类型、原理、使用环境规定检验项目。

8.3.3 抽样、判定规定

本标准根据检验项目对质量特性的影响程度,将检验项目的不合格类型分为 B 类和 C 类,详见表 3。

型式检验的抽样按 GB/T 2829—2002 相应条款执行。采用判别水平 Ⅰ 的一次性抽样方案,样本量 $n=10$,以不合格品数为判断依据。提供的用于抽样的样品基数应大于 2 倍抽样样品数量。

对于 B 类不合格项,采用不合格质量水平 RQL=20, Ac=1、Re=2。

对于 C 类不合格项,采用不合格质量水平 RQL=40,判定数组 Ac=3 、Re=4。

对于某具体项目检验时，当不合格品数小于或等于 Ac，则判该检验项目合格；而当不合格品数大于或等于 Re 时，则判该检验项目不合格。

出现下列情况之一时，判本次型式检验不合格：

——无 C 类项目不合格，有 3 个 B 类项目不合格时；

——有 2 个 B 类项目不合格，同时有 1 个 C 类项目不合格时；

——有 1 个 B 类项目不合格，同时有 3 个 C 类项目不合格时；

——无 B 类项目不合格，有 5 个 C 类项目不合格时。

产品技术条件(详细规范)应规定具体采用的判别方法，也可根据具体产品本身的特点，规定不同于以上方案的抽样方案、样本量和判别水平。

8.3.4 对不合格判定的处理

检验结果被判定为型式检验不合格时，按 GB/T 2829—2002 中 5.12.3 规定的原则进行处理。

8.3.5 型式检验后样品的处置

经过型式检验的样品，原则上不允许再作为合格品交付使用。在特殊情况下，在得到使用方的认可后，可以交付使用方，但应注明该产品已进行过型式检验。

9 标志、包装、运输及贮存

9.1 产品标志

传感器应有以下标志：

a) 电源输入线和输出线及极性的标志；

b) 差压传感器的高压端和低压端接口应有永久性标志；

c) 型号标记应包含下列内容：

   1) 型号；

   2) 出厂编号；

   3) 量程；

   4) 生产日期；

   5) 生产单位名称或商标。

当传感器的尺寸小到无法全部标注以上内容时，至少应包含 a)、b)两项内容。

9.2 包装、运输及贮存

9.2.1 随机文件

随机文件包括：

a) 产品合格证书；

b) 产品使用说明书；

c) 装箱单；

d) 随机备用附件清单；

e) 安装图；

f) 其他相关文件资料。

9.2.2 传感器包装

传感器的包装应符合设计文件要求，包装的图示标志应符合 GB/T 191—2008 的规定。产品应采用防雨、防潮气聚集的塑料薄膜包裹，顶部、底部及产品四角应按需衬垫泡沫层；技术文件如使用说明书、合格证明书和保修单等应进行密封防潮包装，固定在包装箱内部明显的位置。

9.2.3 运输

传感器的运输必须严格遵照包装箱上注明的条件，严禁日晒、雨淋、倾斜或强烈振动。运输方式按订货合同上载明的要求执行。

9.2.4 贮存

包装后的传感器应贮存在温度为－10 ℃～＋60 ℃、相对湿度不超过 85％、无凝露、无腐蚀性气体和腐蚀性化学药品、通风良好的室内，贮存期不应超过 2 年。

附　录　A
（规范性附录）
传感器性能指标的计算方法

A.1　实际工作特性

在传感器的整个测量范围内取 m 个校准点，校准点通常应包括零点和测量上限点，一般取 $m=(5\sim11)$点，进行 n 次压力循环校准试验，校准循环一般取 $n=(3\sim5)$次，则在任一校准点上分别有 n 个正反行程试验数据，按公式(A.1)计算每个校准点上正行程试验数据的平均值，按公式(A.2)计算每个校准点上反行程试验数据的平均值，按公式(A.3)计算总的平均值：

正行程平均值：

$$\bar{Y}_{Ui}=\frac{1}{n}\sum_{j=1}^{n}Y_{Uij} \qquad \cdots\cdots(A.1)$$

反行程平均值：

$$\bar{Y}_{Di}=\frac{1}{n}\sum_{j=1}^{n}Y_{Dij} \qquad \cdots\cdots(A.2)$$

总平均值：

$$\bar{Y}_{i}=\frac{1}{2}(\bar{Y}_{Ui}+\bar{Y}_{Di}) \qquad \cdots\cdots(A.3)$$

式中：

Y_{Uij}——正行程第 i 个校准点第 j 次的示值($i=1,2,3,\cdots m$；$j=1,2,3,\cdots n$)；

Y_{Dij}——反行程第 i 个校准点第 j 次的示值($i=1,2,3,\cdots m$；$j=1,2,3,\cdots n$)；

$\bar{Y}_i$ ——正反行程总平均值；

n ——重复试验次数；

m ——校准点个数。

A.2　参比工作直线

A.2.1　端基直线平移法

按公式(A.4)计算端点连线方程 Y_{EP}：

$$Y_{EP}=\frac{\bar{Y}_L\cdot X_H-\bar{Y}_H\cdot X_L}{X_H-X_L}+\frac{\bar{Y}_H-\bar{Y}_L}{X_H-X_L}\cdot X \qquad \cdots\cdots(A.4)$$

式中：

X_H，X_L ——表示测量上、下限压力值；

$\bar{Y}_H$，$\bar{Y}_L$ ——表示测量上、下限输出值的平均值；

按公式(A.5)，端基平移直线作为参比工作直线方程为：

$$Y=a+bX \qquad \cdots\cdots(A.5)$$

按公式(A.6)计算各检定点正行程算术平均值与端点连线方程的差值，按公式(A.7)计算各检定点反行程算术平均值与端点连线方程的差值。

$$(\Delta y_{LH})_{Ui}=\bar{Y}_{Ui}-Y_{EPi} \qquad \cdots\cdots(A.6)$$

$$(\Delta y_{LH})_{Di}=\bar{Y}_{Di}-Y_{EPi} \qquad \cdots\cdots(A.7)$$

从式(A.6)、式(A.7)的数据中，找出最大的正偏差 $\Delta y'_{LH}$ 和负的绝对值最大差值 $\Delta y''_{LH}$，则端基平

移直线的截距 a 按公式(A.8)计算：

$$a=\frac{\overline{Y}_{L}\cdot X_{H}-\overline{Y}_{H}\cdot X_{L}}{X_{H}-X_{L}}+\frac{1}{2}(|\Delta y'_{LH}|-|\Delta y''_{LH}|) \qquad \text{(A.8)}$$

斜率 b 按公式(A.9)计算：

$$b=\frac{\overline{Y}_{H}-\overline{Y}_{L}}{X_{H}-X_{L}} \qquad \text{(A.9)}$$

A.2.2 最小二乘法

最小二乘法直线作为参比工作直线方程按公式(A.10)计算：

$$Y_{LS}=a+bX \qquad \text{(A.10)}$$

式中：

截距 a 按公式(A.11)计算：

$$a=\frac{\sum_{i=1}^{m}X_{i}^{2}\sum_{i=1}^{m}\overline{Y}_{i}-\sum_{i=1}^{m}X_{i}\sum_{i=1}^{m}X_{i}\overline{Y}_{i}}{m\sum_{i=1}^{m}X_{i}^{2}-(\sum_{i=1}^{m}X_{i})^{2}} \qquad \text{(A.11)}$$

式中：

m——校准点个数。

斜率 b 按公式(A.12)计算：

$$b=\frac{m\sum_{i=1}^{m}X_{i}\overline{Y}-\sum_{i=1}^{m}X_{i}\overline{Y}_{i}}{m\sum_{i=1}^{m}X_{i}^{2}-(\sum_{i=1}^{m}X_{i})^{2}} \qquad \text{(A.12)}$$

式中：

m——校准点个数。

A.2.3 总平均值工作特性

对于定点使用的非线性传感器，可采用正、反行程的总平均值为传感器的工作特性。

A.2.4 刻度方程工作特性

对于非定点使用的非线性传感器及带刻度方程的线性传感器，可采用刻度方程为其工作特性。

A.3 满量程输出(Y_{FS})

A.3.1 线性传感器满量程输出(Y_{FS})

传感器测量上限输出值与测量下限输出值之差的绝对值(以理论特性直线的计算值为依据)为满量程输出，按公式(A.13)计算：

$$Y_{FS}=|b(X_{H}-X_{L})| \qquad \text{(A.13)}$$

式中：

b ——理论工作直线的斜率；

X_H，X_L ——为测量上、下限的压力值。

A.3.2 非线性传感器满量程输出(Y_{FS})

对于定点使用的非线性传感器，满量程输出按公式(A.14)计算：

$$Y_{FS}=|\bar{Y}_H-\bar{Y}_L| \qquad \cdots\cdots(A.14)$$

式中：

$\bar{Y}_H$，$\bar{Y}_L$——为测量上、下限输出值的平均值。

A.3.3 非定点传感器满量程输出(Y_{FS})

对于非定点使用的非线性传感器及带刻度方程的线性传感器，满量程输出按公式(A.15)计算：

$$Y_{FS}=|\bar{Y}_H-\bar{Y}_L| \qquad \cdots\cdots(A.15)$$

式中：

$\bar{Y}_H$，$\bar{Y}_L$——为刻度方程上的上、下点输出值。

A.4 非线性(ξ_L)

A.4.1 线性传感器非线性(ξ_L)

线性传感器的非线性，按公式(A.16)计算：

$$\xi_L=\frac{|\bar{Y}_i-Y_i|_{max}}{Y_{FS}}\times 100\% \qquad \cdots\cdots(A.16)$$

式中：

$\bar{Y}_i$ ——根据式(A.3)计算出的总平均值；

Y_i ——根据式(A.5)或式(A.10)计算出的理论值，对于带刻度方程的线性压力传感器为其刻度方程对应值；

Y_{FS}——静态校准的满量程输出。

A.4.2 非线性传感器刻度误差(ξ_K)

非线性传感器不计算非线性度指标，对于非定点使用的非线性传感器，按公式(A.17)计算刻度误差 ξ_K(指标要求与非线性度相同)：

$$\xi_K=\frac{|\bar{Y}_i-Y_i|_{max}}{Y_{FS}}\times 100\% \qquad \cdots\cdots(A.17)$$

式中：

$\bar{Y}_i$ ——根据式(A.3)计算出的总平均值；

Y_i ——非定点使用的非线性压力传感器刻度方程对应值；

Y_{FS}——静态校准的满量程输出。

A.5 迟滞(ξ_H)

按公式(A.18)计算迟滞：

$$\xi_H=\frac{|\bar{Y}_{Ui}-\bar{Y}_{Di}|_{max}}{Y_{FS}}\times 100\% \qquad \cdots\cdots(A.18)$$

式中：

$\bar{Y}_{Ui}$，$\bar{Y}_{Di}$——同一校准点上正、反行程示值的平均值；

Y_{FS} ——静态校准的满量程输出。

A.6 重复性(ξ_R)

采用贝赛尔公式分别计算每个校验点上正、反行程的子样标准偏差：

按公式(A.19)计算正行程子样标准偏差 s_{Ui}：

$$s_{Ui}=\sqrt{\frac{1}{n-1}\sum_{j=1}^{n}(Y_{Uij}-\overline{Y}_{Ui})^{2}} \quad \cdots\cdots (A.19)$$

式中：

n ——测量循环次数；

$\overline{Y}_{Ui}$ ——正行程第 i 个校准点处的一组测量值的算术平均值；

Y_{Uij}——正行程第 i 个校准点处的第 j 个测量值($i=1,2,3,\cdots,m;j=1,2,3,\cdots,n$)。

按公式(A.20)计算反行程子样标准偏差 s_{Di}：

$$s_{Di}=\sqrt{\frac{1}{n-1}\sum_{j=1}^{n}(Y_{Dij}-\overline{Y}_{Di})^{2}} \quad \cdots\cdots (A.20)$$

式中：

n ——测量循环次数；

$\overline{Y}_{Di}$ ——反行程第 i 个校准点处的一组测量值的算术平均值；

Y_{Dij}——反行程第 i 个校准点处的第 j 个测量值($i=1,2,3,\cdots,m;j=1,2,3,\cdots,n$)。

按公式(A.21)计算传感器在整个测量范围内的子样标准偏差 s：

$$s=\sqrt{\frac{1}{2m}\left(\sum_{i=1}^{m}s_{Ui}^{2}+\sum_{i=1}^{m}s_{Di}^{2}\right)} \quad \cdots\cdots (A.21)$$

式中：

m——校准点个数。

则按公式(A.22)计算重复性：

$$\xi_{R}=\frac{\lambda s}{Y_{FS}}\times 100\% \quad \cdots\cdots (A.22)$$

式中：

λ——包含因子。

传感器的校准试验，一般只做 $n=3\sim5$ 个循环，其测量值属于小样本。对于小样本，t 分布比正态分布更符合实际情况。本标准按 t 分布取包含因子 $\lambda=t_{0.95}$(保证 95%的置信度)。$t_{0.95}$ 与校准循环次数 n 和置信度(本标准取 95%)有关，见表 A.1。

表 A.1 校准循环次数与包含因子

n	2	3	4	5	6	7	8	9	10
$t_{0.95}$	12.706	4.303	3.182	2.776	2.571	2.447	2.365	2.306	2.262

A.7 准确度(ξ)

A.7.1 准确度计算原则

传感器的准确度是系统误差与随机误差的综合反映，即取决于系统误差带与随机误差带的大小。

A.7.2 线性传感器的系统误差带(U_1)

线性传感器的系统误差带按公式(A.23)计算：

$$U_{1}=\pm\frac{1}{2}(|\overline{Y}_{Ui}-Y_{i}|_{max}+|\overline{Y}_{Di}-Y_{i}|_{max}) \quad \cdots\cdots (A.23)$$

a) 采用端基平移直线时：

式中：

$\overline{Y}_{Ui}$，$\overline{Y}_{Di}$——分别为根据式(A.1)、式(A.2)计算出的正、反行程平均值；

Y_i ——为根据式(A.5)计算出的端基平移直线方程值。

b) 采用最小二乘法时：

按公式(A.24)计算正行程的系统误差为：

$$(\Delta Y)_{Ui}=|\overline{Y}_{Ui}-Y_{LS}| \quad\cdots\cdots(A.24)$$

按公式(A.25)计算反行程的系统误差为：

$$(\Delta Y)_{Di}=|\overline{Y}_{Di}-Y_{LS}|_{max} \quad\cdots\cdots(A.25)$$

式中：

$\overline{Y}_{Ui}$，$\overline{Y}_{Di}$——分别为根据式(A.1)、式(A.2)计算出的正、反行程平均值；

Y_{LS} ——为根据式(A.10)计算出的最小二乘法直线方程值。

则 U_1 为 $|(\Delta Y)_{Ui}|$ 与 $|(\Delta Y)_{Di}|$ 中较大者。

A.7.3 非线性传感器的系统误差带(U_1)

对于定点使用的非线性传感器，按公式(A.26)计算系统误差带：

$$U_1=\pm\frac{1}{2}|\overline{Y}_{Ui}-\overline{Y}_{Di}|_{max} \quad\cdots\cdots(A.26)$$

式中：

$\overline{Y}_{Ui}$，$\overline{Y}_{Di}$——分别为根据式(A.1)、式(A.2)计算出的正、反行程平均值。

A.7.4 非定点传感器系统误差带(U_1)

对于非定点使用的非线性传感器及带刻度方程的线性传感器的系统误差带：

按公式(A.27)计算正行程的系统误差为：

$$(\Delta Y)_{Ui}=|\overline{Y}_{Ui}-Y|_{max} \quad\cdots\cdots(A.27)$$

按公式(A.28)计算反行程的系统误差为：

$$(\Delta Y)_{Di}=|\overline{Y}_{Di}-Y|_{max} \quad\cdots\cdots(A.28)$$

式中：

$\overline{Y}_{Ui}$，$\overline{Y}_{Di}$——分别为根据式(A.1)、式(A.2)计算出的正、反行程平均值；

Y ——刻度方程对应值。

则 U_1 为 $|(\Delta Y)_{Ui}|$ 与 $|(\Delta Y)_{Di}|$ 中较大者。

A.7.5 传感器的随机误差(U_2)

按公式(A.29)计算传感器的随机误差：

$$U_2=\pm 3s \quad\cdots\cdots(A.29)$$

式中：

s——为按式(A.21)计算的传感器在整个测量范围内的子样标准偏差。

A.7.6 传感器的准确度(ξ)

按公式(A.30)计算传感器的准确度 ξ：

$$\xi=\pm\frac{|U_1|+|U_2|}{Y_{FS}}\times 100\% \quad\cdots\cdots(A.30)$$

A.8 零点漂移(d_z)

按公式(A.31)计算传感器的零点漂移 d_z：

$$d_z = \frac{|Y_{max} - Y_{min}|}{Y_{FS}} \times 100\% \quad \cdots\cdots\cdots\cdots\cdots\cdots\cdots\cdots\cdots\cdots (A.31)$$

式中：

Y_{max},Y_{min}——考核期间内零点示值的最大值、最小值；

Y_{FS}　　——静态校准的满量程输出。

A.9 零点长期稳定性(r_z)

按公式(A.32)计算传感器的零点长期稳定性 r_z：

$$r_z = \frac{|Y_{max} - Y_{min}|}{Y_{FS}} \times 100\% \quad \cdots\cdots\cdots\cdots\cdots\cdots\cdots\cdots\cdots\cdots (A.32)$$

式中：

Y_{max},Y_{min}——考核期间内零点输出的最大值、最小值；

Y_{FS}　　——静态校准的满量程输出。

A.10 满量程输出漂移(r_F)

按公式(A.33)计算传感器的满量程输出漂移 r_F：

$$r_F = \frac{|Y_{FSM} - Y_{FSN}|}{Y_{FS}} \quad \cdots\cdots\cdots\cdots\cdots\cdots\cdots\cdots\cdots\cdots (A.33)$$

式中：

Y_{FSM},Y_{FSN}——考核期间内满量程输出示值的最大值、最小值；

Y_{FS}　　——静态校准的的满量程输出值。

A.11 热零点漂移(α)

按公式(A.34)计算传感器的热零点漂移 α：

$$\alpha = \frac{Y_L(t_2) - Y_L(t_1)}{Y_{FS}(t_1) \cdot (t_2 - t_1)} \times 100\% \quad \cdots\cdots\cdots\cdots\cdots\cdots\cdots\cdots\cdots\cdots (A.34)$$

式中：

t_1　　——室温，单位为摄氏度(℃)；

t_2　　——上限补偿温度或下限补偿温度，单位为摄氏度(℃)；

$Y_L(t_1)$——室温时传感器的零点输出；

$Y_L(t_2)$——上限补偿温度或下限补偿温度下，传感器零点输出；

$Y_{FS}(t_1)$——室温下传感器满量程输出。

A.12 热满量程输出漂移(β)

按公式(A.35)计算传感器的热满量程输出漂移 β：

$$\beta=\frac{[Y_H(t_2)-Y_L(t_2)]-[Y_H(t_1)-Y_L(t_1)]}{[Y_H(t_1)-Y_L(t_1)](t_2-t_1)}\times 100\% \qquad \text{(A.35)}$$

式中：

$Y_H(t_1)$——室温下传感器的测量上限输出；

$Y_H(t_2)$——上限补偿温度或下限补偿温度下，传感器测量上限输出。

A.13 振动对传感器零点影响(Z_0)

按公式(A.36)计算振动对传感器零点的影响 Z_0：

$$Z_0=\frac{|Y_L-Y_{L0}|_{max}}{Y_{FS}}\times 100\% \qquad \text{(A.36)}$$

式中：

Y_L——振动过程中及振动后传感器零点输出的最大或最小值；

Y_{L0}——振动前传感器的零点输出值；

Y_{FS}——静态校准的满量程输出。

ICS 17.100
N 05

中华人民共和国国家标准

GB/T 28856—2012

硅压阻式压力敏感芯片

Silicon piezoresistive pressure-sensitive chip

2012-11-05 发布　　　　2013-02-15 实施

中华人民共和国国家质量监督检验检疫总局
中国国家标准化管理委员会　发布

前　　言

本标准按照 GB/T 1.1—2009 给出的规则起草。

本标准由中国机械工业联合会提出。

本标准由中国机械工业联合会归口。

本标准起草单位:沈阳仪表科学研究院、传感器国家工程研究中心、国家仪器仪表元器件质量监督检验中心、昆山双桥传感器测控技术有限公司、大连理工大学、中国电子科技集团公司第四十九研究所、北京鑫诺金传感技术有限公司、北京瑞普恩德斯豪斯仪表有限公司、南京沃天科技有限公司、中国仪器仪表协会传感器分会、中国仪器仪表学会仪表元件分会。

本标准主要起草人:唐慧、刘沁、徐秋玲、于振毅、张治国、徐淑霞、殷波、王冰、陈信琦、黄正兴、王文襄、郭宏、宁宁、李延夫、高峰。

硅压阻式压力敏感芯片

1 范围

本标准规定了硅压阻式压力敏感芯片(以下简称敏感芯片)术语和定义、分类、基本参数、要求、试验方法、检验规则、标志、包装、运输及贮存。

本标准适用于硅压阻式压力敏感芯片。

2 规范性引用文件

下列文件对于本文件的应用是必不可少的。凡是注日期的引用文件,仅注日期的版本适用于本文件。凡是不注日期的引用文件,其最新版本(包括所有的修改单)适用于本文件。

GB/T 191—2008 包装储运图示标志

GB/T 2829—2002 周期检验计数抽样程序及表(适用于对过程稳定性的检验)

GB/T 7665—2005 传感器通用术语

3 术语与定义

GB/T 7665—2005 界定的以及下列术语和定义适用于本文件。

3.1

硅压阻式压力敏感芯片 silicon piezoresistive pressure-sensitive chip

利用硅材料的压阻效应,将压力变化转换成电阻变化的压力敏感芯片。

3.2

绝缘介质隔离 dielectric isolation

用绝缘层(如氧化物)围绕着单片半导体敏感芯片中的元件,使该芯片中的一个或多个元件之间形成电的隔离。(元件包含弹性膜片)

3.3

多余物 foreign material

用压力为 80 kPa～100 kPa 细小气流吹不掉的异物。

3.4

钝化层 passivation layer

直接在芯片表面上生长或淀积的氧化硅、氮化硅或其他绝缘材料。

4 分类

4.1 电隔离类型

按电隔离类型分为:

——P-N 结隔离;

——绝缘介质隔离。

4.2 敏感芯片参考感压腔类型

按敏感芯片参考感压腔类型分为：
——开放式参考感压腔敏感芯片；
——密闭式参考感压腔敏感芯片。

5 基本参数

5.1 测量范围

除另有规定外，敏感芯片测量范围宜从下列数系中选取：

0，$\pm 1.0\times 10^n$，$\pm 1.6\times 10^n$，$\pm 2.0\times 10^n$，$\pm 2.5\times 10^n$，$\pm 3.0\times 10^n$，$\pm 4.0\times 10^n$，$\pm 5.0\times 10^n$，$\pm 6.0\times 10^n$，$\pm 8.0\times 10^n$。

其中 n 为整数，$n=0,\pm 1,\pm 2,\pm 3\ \cdots$。

量程的单位为：Pa（kPa、MPa、GPa）。

5.2 工作介质

敏感芯片的工作介质应为非导电性、无腐蚀性气体或液体。

5.3 工作温度范围

除另有规定外，推荐工作温度范围的下限值为：−90 ℃，−80 ℃，−70 ℃，−60 ℃，−55 ℃，−45 ℃，−40 ℃，−30 ℃，−20 ℃，−10 ℃，0 ℃。

除另有规定外，推荐工作温度范围的上限值为：50 ℃，60 ℃，70 ℃，85 ℃，100 ℃，125 ℃，150 ℃，175 ℃，200 ℃，300 ℃，350 ℃，400 ℃，450 ℃，500 ℃，550 ℃。

5.4 激励电源

5.4.1 恒流激励

敏感芯片采用恒流激励时，直流激励电流的数值不宜大于 2 mA。

5.4.2 恒压激励

敏感芯片采用恒压激励时，直流激励电压宜从下列数值中选取：3VDC，5VDC，6VDC，9VDC，10VDC，12VDC，15VDC，18VDC，24VDC，36VDC。

6 要求

6.1 总则

敏感芯片应符合本标准和相关产品技术条件（详细规范）的规定，当本标准的要求与产品技术条件（详细规范）的要求不一致时，应以产品技术条件（详细规范）为准。

6.2 基本性能要求

6.2.1 电气连接

敏感芯片的电气连接方式应符合产品技术条件（详细规范）的规定。

6.2.2 外观

6.2.2.1 敏感芯片正面

敏感芯片正面应符合下列要求：

a) 缺损、裂纹及划伤缺陷不应触及距离有效图形和敏感膜片 25 μm 范围内区域；

b) 敏感芯片缺损、裂纹或划伤裂纹不应延伸到金属化区或与之接触；

c) 距离敏感电阻 25 μm 范围内钝化层不应有坑或针孔；

d) 金属化层损伤而暴露出下层钝化层，使保留的未被破坏的金属宽度应大于标称金属条宽度的 50%；

e) 在敏感芯片表面上附着的多余物的尺寸在任何一个方向上均应不大于 25 μm。

6.2.2.2 敏感芯片背面(适用时)

敏感芯片背面应符合下列要求：

a) 封接面应闭合；

b) 静封缺陷应不影响标称封接面的封接；

c) 敏感膜片上应无残留物。

6.2.3 敏感电阻

敏感芯片的敏感电阻标称阻值应符合产品技术条件(详细规范)的规定。其值宜从下列数值中选取：350 Ω，600 Ω，1 kΩ，2 kΩ，3 kΩ，4 kΩ，5 kΩ，8 kΩ，10 kΩ，12.5 kΩ，15 kΩ，20 kΩ，25 kΩ。

敏感电阻阻值的允差用阻值的百分数表示，宜采用下列数值：±10%，±15%，±20%，±25%。

6.2.4 漏电流

敏感芯片的敏感电阻与硅基底间在规定的偏置电压下，允许漏电流应符合产品技术条件(详细规范)的规定。

偏置电压推荐从下列数值中选取：10VDC，15VDC，20VDC，25VDC，30VDC，35VDC，40VDC。

6.2.5 击穿电压

对于 P-N 结隔离型敏感芯片，敏感芯片的敏感电阻与硅基底间在允许通过的最大规定电流下，击穿电压应符合产品技术条件(详细规范)及硬击穿的规定。最小击穿电压值宜从下列数值中选取：10VDC，15VDC，20VDC，25VDC，30VDC，40VDC，50VDC，80VDC，100VDC。

测试电流推荐从下列数值中选取：2 μA，5 μA，10 μA，20 μA，50 μA。

6.2.6 隔离电压

对于绝缘介质隔离型敏感芯片，敏感芯片的敏感电阻与硅基底间在允许通过的最大规定电流下，隔离电压应符合产品技术条件(详细规范)的规定。最小隔离电压值宜从下列数值中选取：10VDC，15VDC，20VDC，25VDC，30VDC，40VDC，50VDC，80VDC，100VDC。

测试电流推荐从下列数值中选取：1 μA，2 μA，5 μA，10 μA。

6.2.7 零点失调电压

对于开放式参考感压腔敏感芯片，在规定的激励电源激励下，敏感芯片的零点失调电压应符合产品技术条件(详细规范)的规定。其值宜从以下范围中选取：±1 mV，±5 mV，±10 mV，±15 mV，±20 mV，

±30 mV,±50 mV。

6.2.8 常压失调电压

对于密闭式参考感压腔敏感芯片,在规定的激励电源激励下,敏感芯片常压下的失调电压应符合产品技术条件(详细规范)的规定。其值宜从以下范围中选取:±1 mV,±5 mV,±10 mV,±15 mV,±20 mV,±30 mV,±50 mV,≤100 mV,≤150 mV。

6.2.9 静态性能

6.2.9.1 满量程输出

敏感芯片在规定的激励电源激励下,满量程输出应符合产品技术条件(详细规范)的规定。其值宜从下列数值中选取:≥30 mV,≥40 mV,≥60 mV,≥80 mV,≥100 mV,≥120 mV,≥150 mV,≥200 mV,≥300 mV,≥400 mV,≥500 mV。

6.2.9.2 非线性

敏感芯片的非线性应符合产品技术条件(详细规范)及表1的规定。

表1 敏感芯片非线性、迟滞、重复性、准确度等级

准确度等级	非线性 %FS	迟滞 %FS	重复性 %FS	准确度 %FS
0.05	≤0.03	≤0.02	≤0.02	±0.05
0.1	≤0.065	≤0.05	≤0.035	±0.1
0.25	≤0.15	≤0.10	≤0.10	±0.25
0.5	≤0.3	≤0.2	≤0.2	±0.5
1.0	≤0.65	≤0.50	≤0.35	±1.0
2.5	≤1.50	≤1.00	≤1.00	±2.5

6.2.9.3 迟滞

敏感芯片的迟滞应符合产品技术条件(详细规范)及表1的规定。

6.2.9.4 重复性

敏感芯片的重复性应符合产品技术条件(详细规范)及表1的规定。

6.2.9.5 准确度

敏感芯片的准确度应符合产品技术条件(详细规范)及表1的规定。

6.2.9.6 过载

敏感芯片的过载应符合产品技术条件(详细规范)的规定。

6.2.10 稳定性

6.2.10.1 零点漂移

敏感芯片在规定时间内的零点漂移应符合产品技术条件(详细规范)的规定。

规定时间宜从下列值中选取：4 h，8 h，12 h，24 h，48 h，72 h，96 h，120 h。

漂移量数值宜从下列值中选取：≤0.05%FS，≤0.1%FS，≤0.25%FS，≤0.5%FS。

6.2.10.2 热零点漂移

敏感芯片的热零点漂移应符合产品技术条件（详细规范）及表 2 的规定。

表 2 敏感芯片热零点漂移和热满量程输出漂移

准确度等级	热零点漂移 %FS/℃	热满量程输出漂移 %FS/℃
0.05	±0.01	±0.01
0.1	±0.03	±0.03
0.25	±0.04	±0.04
0.5	±0.05	±0.05
1.0	±0.08	±0.08
2.5	±0.10	±0.10
注：激励电源为 1 mA。		

6.2.10.3 热满量程输出漂移

敏感芯片的热满量程输出漂移应符合产品技术条件（详细规范）及表 2 的规定。

7 试验方法

7.1 环境条件

7.1.1 环境净化条件

敏感芯片应在不低于 10 万级的净化间内检验。

7.1.2 参比大气条件

敏感芯片的参比大气条件为：

——温度：20 ℃±2 ℃；

——相对湿度：30%～60%；

——大气压力：86 kPa～106 kPa。

7.1.3 一般试验的大气条件

当敏感芯片不可能或无必要在参比大气条件下进行试验时，推荐使用下述大气条件：

——温度：15 ℃～30 ℃；

——相对湿度：≤65%；

——大气压力：86 kPa～106 kPa。

7.2 电气连接及外观

敏感芯片应采用不低于 10 倍放大倍数的显微镜进行检查，检查应在照明条件下进行。结果应符合

6.2.1、6.2.2 的要求。

7.3 敏感电阻

测量各敏感电阻引出焊盘之间的电阻阻值，结果应符合 6.2.3 的要求。

7.4 漏电流

7.4.1 P-N 结隔离型敏感芯片

按图 1 所示的电气连接方式连接，在规定的偏置电压 U 下，测量无光照条件下标准电阻 $R_{标}$ 两端的电压 V，按公式(1)计算出敏感芯片的漏电流，结果应符合 6.2.4 的要求。

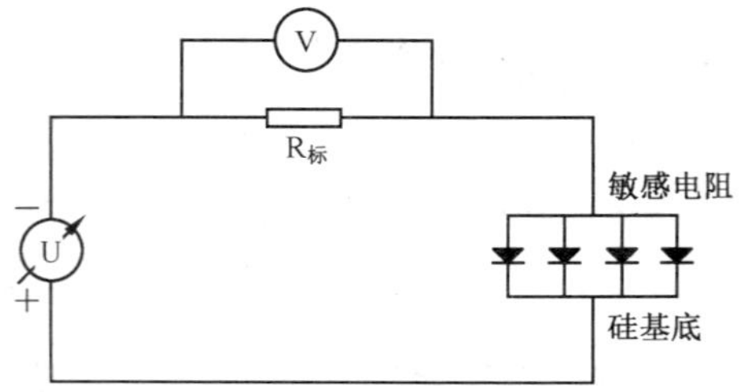

图 1 P-N 结隔离芯片漏电流测试电气连接图

$$I_{漏}=\frac{V}{R_{标}} \qquad \cdots\cdots(1)$$

式中：

$I_{漏}$ ——漏电流，单位为纳安(nA)；

V ——标准电阻 $R_{标}$ 上的取样电压，单位为伏(V)；

$R_{标}$——标准电阻的阻值，单位为兆欧(MΩ)。

7.4.2 绝缘介质隔离型敏感芯片

按图 2 所示的电气连接方式连接，在规定的偏置电压 U 下，测量标准电阻 $R_{标}$ 两端的电压 V，按公式(1)计算出敏感芯片的漏电流，结果应符合 6.2.4 的要求。

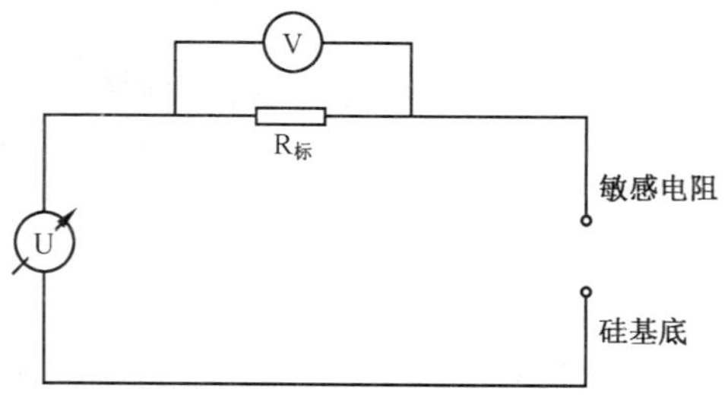

图 2 绝缘介质隔离芯片漏电流测试电气连接图

7.5 击穿电压

在规定的测试电流下，测量各敏感电阻引出焊盘与硅基底的引出焊盘之间的反向电压，在无光照条件下，结果应符合 6.2.5 的要求。

7.6 隔离电压

在规定的测试电流下，测量各敏感电阻引出焊盘与硅基底的引出焊盘之间的电压，结果应符合 6.2.6 的要求。

7.7 零点失调电压

按 6.2.1 规定进行电气连接，施加 5.4 规定的激励供电，测试输出电压，结果应符合 6.2.7 的要求。

7.8 常压失调电压

按 6.2.1 规定进行电气连接，施加 5.4 规定的激励供电，测试输出电压，结果应符合 6.2.8 的要求。

7.9 静态性能

7.9.1 装配

将敏感芯片固定在可加载荷测试的基座上，进行引线键合将信号引出，并进行桥臂电阻、漏电流、击穿电压、隔离电压的测试，结果应符合 6.2.3、6.2.4、6.2.5、6.2.6 的要求。

敏感芯片表面应保持清洁干燥，防止灰尘和水气沾污。

7.9.2 试验

装配后的敏感芯片置于试验环境条件下不少于 2 h，按 6.2.1 规定的电气连接方式连接好测试系统，施加 5.4 规定的激励供电，预热 30 min。

给敏感芯片从零负荷加载到额定负荷。待负荷稳定时，再退至零负荷，如此施加 3 次预负荷后，在敏感芯片的全量程范围内选择均匀分布的 5 个～11 个试验点进行示值校准。示值校准从测量范围下限开始，按规定的校准点平稳地加负荷，读取每个校准点上加负荷时敏感芯片的输出值，一直到测量范围的上限(称正行程)。然后按原校准点顺序回校(称反行程)。一个正、反行程为一个循环，连续进行 3 个或 3 个以上标定循环。

7.9.3 满量程输出

按附录 A.3 的规定计算敏感芯片的满量程输出，结果应符合 6.2.9.1 的要求。

7.9.4 非线性

按附录 A.4 的规定计算敏感芯片的非线性，结果应符合 6.2.9.2 的要求。

7.9.5 迟滞

按附录 A.5 的规定计算敏感芯片的迟滞，结果应符合 6.2.9.3 的要求。

7.9.6 重复性

按附录 A.6 的规定计算敏感芯片的重复性，结果应符合 6.2.9.4 的要求。

7.9.7 准确度

按附录 A.7 的规定计算敏感芯片的准确度，结果应符合 6.2.9.5 的要求。

7.9.8 过载

按产品技术条件(详细规范)规定，对装配后的敏感芯片施加过载负荷，保持时间不少于 1 min，然后退至零负载,重复3次。恢复3 min后测试,结果应符合6.2.9.6的要求。

7.10 稳定性

7.10.1 零点漂移

按产品技术条件(详细规范)规定,对装配后的敏感芯片在恒温条件下,不加载荷,在规定的时间内选择均匀分布的不少于9个时间试验点记录敏感芯片的零点输出,零点漂移按附录A.8的规定进行计算,结果应符合6.2.10.1的要求。

7.10.2 热零点漂移

将装配后的敏感芯片放入高低温试验箱中,分别在:室温、上限工作温度、下限工作温度各恒温1 h[或按产品技术条件(详细规范)规定的时间],记录上述各温度点的零点输出值。热零点漂移按附录A.9的规定进行计算,结果应符合6.2.10.2的要求。

7.10.3 热满量程输出漂移

将装配后的敏感芯片放入高低温试验箱中,分别在:室温、上限工作温度、下限工作温度各恒温1 h[或按产品技术条件(详细规范)规定的时间],记录上述各温度点的满量程输出值。热满量程输出漂移按附录A.10的规定进行计算,结果应符合6.2.10.3的要求。

8 检验规则

8.1 检验分类

检验分为出厂检验和型式检验。

8.2 出厂检验

每只敏感芯片应经制造厂检验部门按照规定的检验项目进行检验,检验合格后方可出厂。出厂检验项目、检验顺序按表3规定进行。

表3 检验项目和检验顺序

序号	检验项目	要求 章条号	试验方法 章条号	出厂检验 项目	型式检验 项目	检验项目 不合格类型
1	电气连接及外观	6.2.1、6.2.2	7.2	√	√	C
2	敏感电阻	6.2.3	7.3	√	√	C
3	漏电流	6.2.4	7.4	√	√	B
4	击穿电压	6.2.5	7.5	√	√	B
5	隔离电压	6.2.6	7.6	√	√	B
6	零点失调电压	6.2.7	7.7	√	√	B
7	常压失调电压	6.2.8	7.8	√	√	B
8	满量程输出	6.2.9.1	7.9.3	—	√	C
9	非线性	6.2.9.2	7.9.4	—	√	B

表 3（续）

序号	检验项目	要求章条号	试验方法章条号	出厂检验项目	型式检验项目	检验项目不合格类型
10	迟滞	6.2.9.3	7.9.5	—	√	B
11	重复性	6.2.9.4	7.9.6	—	√	B
12	准确度	6.2.9.5	7.9.7	—	√	B
13	过载	6.2.9.6	7.9.8	—	√	B
14	零点漂移	6.2.10.1	7.10.1	—	√	B
15	热零点漂移	6.2.10.2	7.10.2	—	√	B
16	热满量程输出漂移	6.2.10.3	7.10.3	—	√	B
注：“√”为检验项目；“—”为不检验项目。						

8.3 型式检验

8.3.1 检验原则

敏感芯片具备下列情况之一时，应进行型式检验。

——新产品或老产品转厂生产的试验定型鉴定；

——正式生产后，如结构、材料、工艺等有重大改变；

——正常生产时，定期或积累一定产量后，应周期性地进行检验，检验周期一般应为 2 年；

——产品停产 1 年以上，恢复生产时；

——同类型产品进行比对时；

——国家质量监督机构提出进行型式检验的要求时。

8.3.2 型式检验项目

型式检验项目及检验顺序按表 3 的规定进行，根据敏感芯片的不同用途可适当增减检验项目。

8.3.3 抽样、判定规定

型式检验的抽样按 GB/T 2829—2002 相应条款执行，以不合格品数为判断依据。样本量 $n=10$，采用判别水平 I 的一次性抽样方案，采用不合格质量水平 RQL=20，判定数组 Ac=1、Re=2。项目判定每只样品有 1 个 B 类不合格或 3 个 C 类不合格，结果判定该样品合格。10 只样品中有 1 只不合格，判定该批产品合格；有 2 只以上（含 2 只）不合格，判定该批产品不合格。

判定数组样本共 10 只，由质量管理部门按随机的方式抽取，生产部门提供的样品基数应大于 2 倍抽样样品数量。

8.3.4 对不合格判定的处理

检验结果被判定为型式检验不合格时，按 GB/T 2829—2002 中的规定进行处理。

8.3.5 对型式检验后的样品的处理

经型式检验后的样品，按 GB/T 2829—2002 中的规定进行处理。

9 标志、包装、运输及贮存

9.1 标志

9.1.1 敏感芯片包装盒

在敏感芯片包装盒上应标明：

a) 敏感芯片版图代码；
b) 量程；
c) 受压方式；
d) 数量；
e) 生产批次号。

9.1.2 敏感芯片外包装箱(盒)

在敏感芯片的外包装箱(盒)外表上应有运输标志,并标明：

a) 产品名称及型号规格；
b) 收货单位；
c) 发货单位；
d) 注意标志；
e) 装箱日期。

9.2 包装

9.2.1 敏感芯片包装

敏感芯片的包装应符合设计文件要求,包装的图示标志应符合 GB/T 191—2008 的规定。敏感芯片应采用防尘、防划伤、防静电的专用包装盒进行包装,包装盒外部应采用防震、防雨、防潮气聚集的塑料薄膜包裹,顶部、底部及产品四角应按需衬垫泡沫层;技术文件如使用说明书、合格证明书和保修单等应进行密封防潮包装,固定在包装箱内部明显的位置。

9.2.2 随箱文件

随箱文件包括：

a) 装箱单；
b) 产品合格证；
c) 使用说明书；
d) 其他相关文件资料。

9.3 运输

包装成箱的敏感芯片运输应严格遵照包装箱上注明的条件。运输方式按订货合同上说明的要求执行。

9.4 贮存

敏感芯片应存放在不低于 10 ℃～35 ℃、相对湿度不大于 65%、洁净度不低于 10 万级的净化环境内,环境内空气中不得含有腐蚀性气体。

附 录 A
（规范性附录）
传感器性能指标的计算方法

A.1 实际校准特性

敏感芯片的实际校准特性通过敏感芯片装配成敏感器件的静态校准获得。

设在敏感芯片的整个测量范围内有 m 个校准点，一般取 $m=(5\sim11)$点，进行 n 次压力循环校准试验，校准循环一般取 $n=(3\sim5)$次，则在任一校准点上分别有 n 个正、反行程试验数据，按公式(A.1)计算每个校准点上正行程试验数据的平均值，按公式(A.2)计算每个校准点上反行程试验数据的平均值，按公式(A.3)计算总的平均值。

正行程平均值：

$$\bar{Y}_{Ui}=\frac{1}{n}\sum_{j=1}^{n}Y_{Uij} \qquad \cdots\cdots(A.1)$$

反行程平均值：

$$\bar{Y}_{Di}=\frac{1}{n}\sum_{j=1}^{n}Y_{Dij} \qquad \cdots\cdots(A.2)$$

总平均值：

$$\bar{Y}_{i}=\frac{1}{2}(\bar{Y}_{Ui}+\bar{Y}_{Di}) \qquad \cdots\cdots(A.3)$$

式中：

Y_{Uij}——正行程第 i 个校准点第 j 次的示值($i=1,2,3,\cdots,m,j=1,2,3,\cdots,n$)；

Y_{Dij}——反行程第 i 个校准点第 j 次的示值($i=1,2,3,\cdots,m,j=1,2,3,\cdots,n$)；

$\bar{Y}_i$ ——第 i 个校准点正反行程总平均值；

n ——重复试验次数；

m ——校准点个数。

A.2 最小二乘法直线方程

按公式(A.4)，最小二乘法直线方程为：

$$Y_{LS}=a+bX \qquad \cdots\cdots(A.4)$$

截距 a 按公式(A.5)计算：

$$a=\frac{\sum_{i=1}^{m}X_i^2\sum_{i=1}^{m}\bar{Y}_i-\sum_{i=1}^{m}X_i\sum_{i=1}^{m}X_i\bar{Y}_i}{m\sum_{i=1}^{m}X_i^2-(\sum_{i=1}^{m}X_i)^2} \qquad \cdots\cdots(A.5)$$

斜率 b 按公式(A.6)计算：

$$b=\frac{m\sum_{i=1}^{m}X_i\bar{Y}_i-\sum_{i=1}^{m}X_i\sum_{i=1}^{m}\bar{Y}_i}{m\sum_{i=1}^{m}X_i^2-(\sum_{i=1}^{m}X_i)^2} \qquad \cdots\cdots(A.6)$$

式中：

X_i——第 i 个校准点的压力值（$i=1,2,3,\cdots,m$）。

A.3 满量程输出（Y_{FS}）

敏感芯片测量上限输出值与测量下限输出值之差的绝对值（以理论特性直线的计算值为依据）为满量程输出，按公式（A.7）计算：

$$Y_{FS}=|b\cdot(X_H-X_L)| \qquad \cdots\cdots\cdots\cdots(A.7)$$

式中：

b ——理论工作直线的斜率；

X_H——测量上限的压力值；

X_L——测量下限的压力值。

A.4 非线性（ξ_L）

敏感芯片的非线性指标，按公式（A.8）计算：

$$\xi_L=\frac{|\bar{Y}_i-Y_{LSi}|_{max}}{Y_{FS}}\times 100\% \qquad \cdots\cdots\cdots\cdots(A.8)$$

式中：

$\bar{Y}_i$ ——根据公式（A.3）式计算出的第 i 个校准点正反行程总平均值；

Y_{LSi} ——根据公式（A.4）式计算出的最小二乘直线方程的输出值；

Y_{FS} ——满量程输出值。

A.5 迟滞（ξ_H）

按公式（A.9）计算敏感芯片的迟滞：

$$\xi_H=\frac{|\bar{Y}_{Ui}-\bar{Y}_{Di}|_{max}}{Y_{FS}}\times 100\% \qquad \cdots\cdots\cdots\cdots(A.9)$$

式中：

$\bar{Y}_{Ui}$——同一校准点上正行程示值的平均值；

$\bar{Y}_{Di}$——同一校准点上反行程示值的平均值。

A.6 重复性（ξ_R）

采用贝赛尔公式分别计算每个校验点上正、反行程输出值的子样标准偏差：

按公式（A.10）计算正行程子样标准偏差 s_{Ui}：

$$s_{Ui}=\sqrt{\frac{1}{n-1}\sum_{j=1}^{n}(Y_{Uij}-\bar{Y}_{Ui})^2} \qquad \cdots\cdots\cdots\cdots(A.10)$$

按公式（A.11）计算反行程子样标准偏差 s_{Di}：

$$s_{Di}=\sqrt{\frac{1}{n-1}\sum_{j=1}^{n}(Y_{Dij}-\bar{Y}_{Di})^2} \qquad \cdots\cdots\cdots\cdots(A.11)$$

按公式（A.12）计算敏感芯片在整个测量范围内的子样标准偏差 s：

$$s=\sqrt{\frac{1}{2m}(\sum_{i=1}^{m}s_{Ui}^2+\sum_{i=1}^{m}s_{Di}^2)} \qquad \cdots\cdots\cdots\cdots(A.12)$$

则按公式(A.13)计算敏感芯片的重复性：

$$\xi_R = \frac{\lambda s}{Y_{FS}} \times 100\% \qquad \text{(A.13)}$$

式中：

λ——包含因子，敏感芯片的校准试验，一般只作 $n=(3\sim5)$ 个循环，其测量值属于小样本。对于小样本，t 分布比正态分布更符合实际情况。本标准按 t 分布取包含因子 $\lambda = t_{0.95}$（保证 95% 的置信度）。$t_{0.95}$ 与校准循环次数 n 的关系见表 A.1。

表 A.1　校准循环次数与包含因子

n	2	3	4	5	6	7	8	9	10
$t_{0.95}$	12.706	4.303	3.182	2.776	2.571	2.447	2.365	2.306	2.262

A.7　准确度(ξ)

A.7.1　准确度计算原则

敏感芯片的准确度是系统误差与随机误差的综合反映，即取决于系统误差带 U_1 与随机误差带 U_2 的大小。

A.7.2　敏感芯片的系统误差带 U_1

按公式(A.14)计算正行程的系统误差：

$$(\Delta Y)_{Ui} = |\bar{Y}_{Ui} - Y_{LSi}|_{max} \qquad \text{(A.14)}$$

按公式(A.15)计算反行程的系统误差：

$$(\Delta Y)_{Di} = |\bar{Y}_{Di} - Y_{LSi}|_{max} \qquad \text{(A.15)}$$

则按公式(A.16)计算系统误差带 U_1：

$$U_1 = \max\{(\Delta Y)_{Ui}, (\Delta Y)_{Di}\} \qquad \text{(A.16)}$$

A.7.3　敏感芯片的随机误差 U_2

按公式(A.17)计算敏感芯片的随机误差带 U_2：

$$U_2 = \pm 3s \qquad \text{(A.17)}$$

A.7.4　敏感芯片的准确度(ξ)

按公式(A.18)计算敏感芯片的准确度 ξ：

$$\xi = \pm \frac{|U_1| + |U_2|}{Y_{FS}} \times 100\% \qquad \text{(A.18)}$$

A.8　零点漂移(d_z)

按公式(A.19)计算敏感芯片的零点漂移 d_z：

$$d_z = \frac{|Y_{max} - Y_{min}|}{Y_{FS}} \times 100\% \qquad \text{(A.19)}$$

式中：

Y_{max}——零点漂移考核期间内零点示值的最大值；

Y_{min}——零点漂移考核期间内零点示值的最小值。

A.9 热零点漂移(α)

按公式(A.20)计算敏感芯片的热零点漂移 α ：

$$\alpha=\frac{Y_L(t_2)-Y_L(t_1)}{Y_{FS}(t_1)\cdot(t_2-t_1)}\times 100\% \quad \cdots\cdots(A.20)$$

式中：

t_1 ——室温,单位为摄氏度(℃)；

t_2 ——上限补偿温度或下限补偿温度,单位为摄氏度(℃)；

$Y_L(t_1)$ ——室温时,敏感芯片的零点输出；

$Y_L(t_2)$ ——上限补偿温度或下限补偿温度下,敏感芯片零点输出；

$Y_{FS}(t_1)$——t_1 温度下敏感芯片满量程输出。

A.10 热满量程输出漂移(β)

按公式(A.21)计算敏感芯片的热满量程输出漂移 β:

$$\beta=\frac{[Y_H(t_2)-Y_L(t_2)]-[Y_H(t_1)-Y_L(t_1)]}{[Y_H(t_1)-Y_L(t_1)]\cdot(t_2-t_1)}\times 100\% \quad \cdots\cdots(A.21)$$

式中：

$Y_H(t_1)$——室温时,敏感芯片的测量上限输出；

$Y_H(t_2)$——上限补偿温度或下限补偿温度下,敏感芯片的测量上限输出。

ICS 17.040
N 12

中华人民共和国国家标准

GB/T 28857—2012

直流差动变压器式位移传感器

Direct-current linear variable differential transformer (DC-DC LVDT) displacement transducers

2012-11-05 发布　　2013-02-15 实施

中华人民共和国国家质量监督检验检疫总局
中国国家标准化管理委员会　发布

前　言

本标准按照 GB/T 1.1—2009 给出的规则起草。

本标准由中国机械工业联合会提出。

本标准由全国工业过程测量和控制标准化技术委员会(SAC/TC 124)归口。

本标准起草单位:沈阳仪表科学研究院、上海工业自动化仪表研究院、国家仪器仪表元器件质量监督检验中心、国家传感器工程研究中心、大连理工大学、北京鑫诺金传感技术有限公司、阜新晟科传感器有限责任公司、中国仪器仪表协会传感器分会、中国仪器仪表学会仪表元件分会。

本标准主要起草人:李永清、徐秋玲、李明华、于振毅、郑浩、李振波、刘沁、郭宏、殷波、喻言、刘慧。

直流差动变压器式位移传感器

1 范围

本标准规定了直流差动变压器式位移传感器的术语和定义、产品分类、基本参数、要求、试验方法、检验规则、标志、使用说明书、包装和贮存。

本标准适用于由振荡器、差动变压器和解调器组成一体的直流差动变压器式位移传感器(以下简称传感器)。

2 规范性引用文件

下列文件对于本文件的应用是必不可少的。凡是注日期的引用文件,仅注日期的版本适用于本文件。凡是不注日期的引用文件,其最新版本(包括所有的修改单)适用于本文件。

GB/T 2829—2002 周期检验计数抽样程序及表(适用于对过程稳定性的检验)

GB/T 7665—2005 传感器通用术语

GB/T 9969—2008 工业产品使用说明书 总则

GB/T 13384—2008 机电产品包装通用技术条件

GB/T 25480—2010 仪器仪表运输、贮存基本环境条件及试验方法

3 术语和定义

GB/T 7665—2005 界定的以及下列术语和定义适用于本文件。

3.1

直流差动变压器 DC differential transformer

基于变压器工作原理,采用直流电源供电。其原边有一个绕组,副边的两个绕组按差动方式连接,变压器开口上有一活动铁芯,该铁芯产生位移时使磁路改变,从而使输出差动电压随之改变。

3.2

直流差动变压器式位移传感器 direct-current linear variable differential tansformer (DC-DC LVDT) displacement transducers

采用直流差动变压器原理,随位移量变化而等比输出的位移传感器。

4 产品分类

4.1 传感器按结构划分

传感器按结构划分为:

——铁芯可分离式;

——导向式,导向式又分为回弹式和非回弹式。

4.2 传感器按输出信号划分

传感器按输出信号划分为:

——模拟型,模拟型分为电压型和电流型;
——数字型。

5 基本参数

5.1 测量范围

传感器量程宜从表1规定的测量范围中选取。

表1 传感器量程范围

单位为毫米

单向						双向					
2	4	6	8	10	12	±1	±2	±3	±4	±5	±6
20	40	60	80	100	120	±10	±20	±30	±40	±50	±60
200	400	600	800	1 000	1 200	±100	±200	±300	±400	±500	±600

5.2 准确度等级

传感器的准确度等级分为:
0.01级、0.02级、0.03级、0.05级、0.1级、0.2级、0.3级、0.5级、1.0级。

5.3 供电电源

5.3.1 单电源供电方式

直流电压为:5 V～30 V,纹波电压不超过0.5%。

5.3.2 双电源供电方式

直流电压为:±2.5 V～±15 V,纹波电压不超过0.5%。

5.4 工作温度

传感器的工作温度宜从下列范围中选取:
a) 下限温度值分为:−55 ℃,−35 ℃,0 ℃;
b) 上限温度值分为:70 ℃,85 ℃,125 ℃,150 ℃。

6 要求

6.1 产品技术条件(详细规范)

应制定符合本标准要求的产品技术条件(详细规范)。传感器应符合产品技术条件(详细规范)规定的所有要求。

6.2 外观

传感器的外表面应光洁、平整、色泽均匀,不应有划痕等缺陷,引出线应无松动迹象。标牌应清晰、完整。紧固件不应有松动、损坏现象。

6.3 重量

传感器的重量应符合产品技术条件(详细规范)的要求,重量偏差应不超过规定值的5%。

6.4 电气特性

6.4.1 输出阻抗(适用时)

传感器输出阻抗应不大于500 Ω。

6.4.2 工作电流

传感器的工作电流应符合产品技术条件(详细规范)的要求,允许偏差应不超过规定值的5%。

6.4.3 绝缘电阻

进行绝缘电阻试验时,其电源端与壳体之间、输出端与壳体之间的绝缘电阻应不小于20 MΩ。

6.4.4 绝缘强度(适用时)

进行绝缘强度试验时,其电源端与壳体之间、输出端与壳体之间、电源端与输出端之间施加的试验电压为500 V,频率为50 Hz,传感器应无击穿、飞弧现象。

6.4.5 响应时间

传感器的响应时间应从下列指标中选取:2 ms,3 ms,5 ms,10 ms,20 ms,30 ms,50 ms。响应时间应不大于所选指标。

6.4.6 量程下限输出值

在传感器的线性工作区间内,区间的起点所对应的输出值,即为量程下限输出值,应符合6.6的要求。

6.4.7 零点

在传感器的线性工作区间内,机械位移量为零时(零位)所对应的输出值,即为零点输出值,应符合6.6的要求。

6.4.8 量程上限输出值(额定输出)

在传感器的线性工作区间内,区间的终点所对应的输出值,即为量程上限输出值(额定输出),应符合6.6的要求。

6.5 机械特性

6.5.1 外形及安装尺寸

传感器的外形及安装尺寸应符合产品技术条件(详细规范),要求安装简便、可靠。

6.5.2 测量力

在测量过程中,拉杆在传感器腔体内移动时需要施加的测量力,应符合产品技术条件(详细规范)的要求。

6.5.3 机械行程

拉杆在传感器腔体内可移动的范围应不小于测量量程的1.2倍。

6.6 准确度指标

6.6.1 基本误差

传感器的基本误差应符合表 2 的规定。

表 2 与准确度有关的技术指标

准确度等级	基本误差(FS)	非线性误差(FS)	回差(FS)	重复性误差(FS)	纹波电压(FS)
0.01	±0.01%	±0.01%	±0.004%	0.004%	0.1%
0.02	±0.02%	±0.02%	±0.008%	0.008%	0.2%
0.03	±0.03%	±0.03%	±0.012%	0.012%	0.2%
0.05	±0.05%	±0.05%	±0.02%	0.02%	0.5%
0.1	±0.1%	±0.1%	±0.04%	0.04%	0.5%
0.2	±0.2%	±0.2%	±0.08%	0.08%	0.5%
0.3	±0.3%	±0.3%	±0.12%	0.12%	0.5%
0.5	±0.5%	±0.5%	±0.2%	0.2%	0.5%
1.0	±1.0%	±1.0%	±0.4%	0.4%	0.5%

6.6.2 非线性误差

传感器的非线性误差应符合表 2 的规定。

6.6.3 回差

传感器的回差应符合表 2 的规定。

6.6.4 重复性误差

传感器的重复性误差应符合表 2 的规定。

6.6.5 纹波电压

传感器的纹波电压应符合表 2 的规定。

6.7 稳定性

6.7.1 零点漂移

传感器零点输出值随时间变化的漂移量应符合表 3 的规定，测试记录时间为 30 min～4 h。

表 3 与稳定性有关的技术指标

准确度等级	零点漂移	热零点漂移
0.01	0.001%FS/h	0.001%FS/℃
0.02	0.002%FS/h	0.002%FS/℃
0.03	0.003%FS/h	0.003%FS/℃

表 3（续）

准确度等级	零点漂移	热零点漂移
0.05	0.003%FS/h	0.003%FS/℃
0.1	0.007 5%FS/h	0.007 5%FS/℃
0.2	0.015%FS/h	0.015%FS/℃
0.3	0.03%FS/h	0.03%FS/℃
0.5	0.05%FS/h	0.05%FS/℃
1.0	0.1%FS/h	0.1%FS/℃

6.7.2 热零点漂移

传感器在工作温度范围内，零点输出值随温度变化的漂移量应符合表 3 的规定。

6.8 环境特性

6.8.1 高温工作

传感器应能承受工作温度范围内上限温度环境下的高温工作试验，试验过程中传感器应正常输出。试验后，传感器的外观应符合 6.2 的规定，量程下限输出值应符合 6.4.6 的要求，零点输出应符合6.4.7 的要求，量程上限输出值应符合 6.4.8 的要求。

6.8.2 低温工作

传感器应能承受工作温度范围内下限温度环境下的低温工作试验，试验过程中传感器应正常输出。试验后，传感器的外观应符合 6.2 的规定，量程下限输出值应符合 6.4.6 的要求，零点输出应符合6.4.7 的要求，量程上限输出值应符合 6.4.8 的要求。

6.8.3 稳态湿热（适用时）

传感器应能承受在规定条件下进行的稳态湿热试验，试验后，传感器的外观应符合 6.2 的规定，量程下限输出值应符合 6.4.6 的要求，零点输出应符合 6.4.7 的要求，量程上限输出值应符合 6.4.8 的要求。

6.8.4 振动

传感器应能承受规定条件下进行的振动试验。试验后，传感器的外观应符合 6.2 的规定，量程下限输出值应符合 6.4.6 的要求，零点输出应符合 6.4.7 的要求，量程上限输出值应符合 6.4.8 的要求。

6.8.5 冲击

传感器应能承受规定条件下进行的冲击试验，试验后，传感器的外观应符合 6.2 的规定，零点输出应符合 6.4.6 的要求，量程上限输出值应符合 6.4.8 的要求。

6.8.6 电磁兼容（适用时）

传感器应能承受规定条件下进行的电磁兼容试验，试验后，传感器的外观应符合 6.2 的规定，量程下限输出值应符合 6.4.6 的要求，零点输出应符合 6.4.7 的要求，量程上限输出值应符合 6.4.8 的要求。

7 试验方法

7.1 试验条件

7.1.1 参比试验条件

传感器的参比试验条件为：

——温度：18 ℃～22 ℃；

——相对湿度：50%～80%；

——大气压力：86 kPa～106 kPa。

7.1.2 一般试验条件

传感器的一般试验条件为：

——温度：15 ℃～35 ℃；

——相对湿度：30%～85%；

——大气压力：86 kPa～106 kPa。

注：每项试验期间允许的温度变化率，不大于 1 ℃/h。

7.1.3 其他环境条件

传感器的其他环境条件：

——磁场：除地磁场外，应使其他外界磁场干扰小到可以忽略不计；

——机械振动：试验环境无影响性能的机械振动。

7.2 试验的一般规定

试验的一般规定为：

a) 与准确度有关的试验应在参比条件下进行，被试传感器和试验设备应先在参比条件下使之稳定。

b) 影响量只有所涉及的工作条件在规定范围内变化，其他工作条件应在参比条件下保持稳定，且影响量对传感器的影响应在规定的正常工作条件极限值上确定。

7.3 外观

传感器的外观以目视检查，结果应符合 6.2 的规定。

7.4 重量

用天平或相当的量具仪器测量传感器的重量，结果应符合 6.3 的规定。

7.5 电气特性试验

7.5.1 输出阻抗（适用时）

保持传感器的相对位置不变情况下，分别测量传感器在输出开路和接有 10 kΩ 负载下的输出电压，按公式(1)计算输出阻抗值,其结果应符合6.4.1的要求。

$$R_0=\frac{(Y_{KL}-Y_{FL})}{Y_{FL}}\times R_L \qquad \cdots\cdots(1)$$

式中:

R_0 ——输出阻抗值,单位为千欧(kΩ);

R_L ——负载阻抗,$R_L=10$ kΩ;

Y_{KL}——空载时输出电压,单位为伏(V);

Y_{FL}——带10 kΩ负载时的电压,单位为伏(V)。

7.5.2 工作电流

将电流表串接到传感器的供电回路中,使传感器处于正常工作状态。将拉杆由传感器腔体的最里限位端推至传感器腔体的最外限位端,再将拉杆由传感器腔体的最外限位端推至传感器腔体的最里限位端,记录整个过程的最大电流值,即为传感器的工作电流,结果应符合6.4.2的规定。

7.5.3 绝缘电阻

试验所用兆欧表(或绝缘电阻测试仪)的直流试验电压为100 V,用兆欧表(或绝缘电阻测试仪)在电源端与壳体之间、输出端与壳体之间施加直流电压100 V,10 s后读数,结果应符合6.4.3的规定。

7.5.4 绝缘强度(适用时)

将试验设备的空载电压设定在规定的试验电压的50%,然后接入被试传感器。试验设备的功率应足以使所设定的电压在传感器接入后下降幅度不超过10%。随后使试验电压逐步平稳地上升到规定值,并保持1 min,应不出现击穿和飞弧现象。然后使试验电压平稳地下降到零,切断电源。试验在电源端与壳体之间、输出端与壳体之间进行,其结果应符合6.4.4的规定。

7.5.5 量程下限输出值

在传感器的测量范围内,根据7.7规定的测量计算方法,确定传感器的线性合格区间,区间的机械起点所对应的输出值,即为量程下限输出值,其结果应符合6.4.6的规定。

7.5.6 零点

在传感器的测量范围内,根据7.7规定的测量计算方法,确定传感器的线性合格区间,区间的机械位移量为零时(零位)所对应的输出值,即为零点输出值,其结果应符合6.4.7的规定。

7.5.7 量程上限输出值(额定输出)

在传感器的测量范围内,根据7.7规定的测量计算方法,确定传感器的线性合格区间,区间的机械终点所对应的输出值,即为量程上限输出值(额定输出),其结果应符合6.4.8的规定。

7.5.8 响应时间

将传感器主体固定,铁芯在测量范围内以一定的速度移动,测得的输出信号滞后于铁芯移动的时间,即为传感器的响应时间,其结果应符合6.4.5的规定。

7.6 机械特性试验

7.6.1 外形及安装尺寸

用游标卡尺或相当的量具仪器检查传感器的外形及安装尺寸,结果应符合6.5.1的规定。

7.6.2 测量力

将传感器垂直放在测试平台之上，用力传感器带动位移传感器拉杆作运动，在传感器的有效行程内，记下测量力的示值，再减去传感器拉杆的自身重量，如此往复三次，取其平均值，做为传感器拉杆在机体内移动时的测量力，结果应符合6.5.2的规定。

7.6.3 机械行程

将拉杆推至传感器腔体的最里限位端，测量拉杆前端距传感器壳体前端面的距离。再将拉杆推至传感器腔体的最外限位端，测量拉杆前端距传感器壳体前端面的距离，两次测量距离的差值，即为传感器的机械行程，其结果应符合6.5.3的要求。

7.7 与准确度有关的试验

7.7.1 基本误差

传感器应预热30 min后进行试验。将传感器测量范围十等分，选取包括量程上、下限值在内的11个等距测点，并以测得的下限值为起点，分别对上行程和下行程内的测点连续三次往复测量。传感器的基本误差σ_i按公式(2)计算，其结果应符合6.6.1的规定。

$$\sigma_i = \frac{U_i - U_n}{U_N} \times 100\% \qquad \cdots\cdots(2)$$

$$(i=1,2,3\cdots11;n=1,2,3\cdots11)$$

式中：

U_i——被测点上实际信号输出值，单位为伏(V)；

U_n——被测点上的理论输出信号值，单位为伏(V)；

U_N——理论输出信号量程，单位为伏(V)。

U_N由公式(3)确定：

$$U_N = U_M - U_0 \qquad \cdots\cdots(3)$$

式中：

U_M——即量程上限输出值，传感器在量程上限时，三次上、下行程实际输出值的总算术平均值，单位为伏(V)；

U_0——即量程下限输出值，传感器在量程下限时，三次上、下行程实际输出值的总算术平均值，单位为伏(V)。

U_n由公式(4)确定：

$$U_n = U_0 + \frac{U_N \times (i-1)}{k-1} \qquad \cdots\cdots(4)$$

式中：

i——试验点序数(i=1,2,3…11)；

k——试验点总数(这里k=11)。

7.7.2 非线性误差

传感器的非线性误差(σ_l)按公式(5)计算，其结果应符合6.6.2的规定。

$$\sigma_l = \pm \frac{(U_i - U_n)_{max}}{U_N} \times 100\% \qquad \cdots\cdots(5)$$

$$(i=1,2,3\cdots11)$$

7.7.3　回差

传感器的回差(σ_h)按公式(6)计算,其结果应符合6.6.3的规定。

$$\sigma_h = \pm \frac{|\overline{U}_i - \overline{U}'_i|_{max}}{U_N} \quad \cdots\cdots(6)$$

式中:

$\overline{U}_i$ ——同一测点上三次上行程实际输出值的总算术平均值,单位为伏(V);

$\overline{U}'_i$——同一测点上三次下行程实际输出值的总算术平均值,单位为伏(V)。

7.7.4　重复性误差

重复性误差(σ_r)按公式(7)计算,其结果应符合6.6.4的规定。

$$\sigma_r = \frac{|\Delta_{ir}|_{max}}{U_N} \times 100\% \quad \cdots\cdots(7)$$

式中:

Δ_{ir}——同一行程同一测点上三次测量的实际输出值之间的最大差值,单位为伏(V)。

7.7.5　纹波电压

在传感器量程范围内,用万用表测得的纹波电压的最大有效值。结果应符合6.6.5的规定。

7.8　稳定性

7.8.1　零点漂移

传感器预热30 min,调整传感器拉杆位置,使传感器处于7.5.6所确定的零点位置,固定传感器及拉杆,测量传感器的输出值,每隔30 min记录一次传感器的输出值,测试记录时间为4 h。按公式(8)计算零点漂移,结果应符合6.7.1的规定。

$$D_0 = \frac{Y_{max} - Y_{min}}{U_N} \times 100\% \quad \cdots\cdots(8)$$

式中:

D_0 ——零点漂移;

Y_{max}——下限输出的最大值,单位为伏(V);

Y_{min}——下限输出的最小值,单位为伏(V)。

7.8.2　热零点漂移

传感器预热30 min,调整传感器拉杆位置,使传感器处于7.5.6所确定的零点位置,固定传感器及拉杆,然后将传感器放入测试温场中,分别记录传感器工作温度范围内温度下限值、常温和高温上限值时的输出值,每个温度点至少保温2 h。按公式(9)计算热零点漂移,结果应符合6.7.2的规定。

$$\alpha = \left[\frac{Y(t_2) - Y(t_1)}{U_N(t_2 - t_1)}, \frac{Y(t_3) - Y(t_1)}{U_N(t_3 - t_1)}\right]_{max} \times 100\% \quad \cdots\cdots(9)$$

式中:

α ——热零点漂移;

t_1 ——常温温度值,单位为摄氏度(℃);

t_2 ——低温下限温度值,单位为摄氏度(℃);

t_3 ——高温上限温度值,单位为摄氏度(℃);

$Y(t_1)$——常温下位移传感器的输出值,单位为伏(V);

$Y(t_2)$——低温下限温度值时位移传感器的输出值，单位为伏(V)；
$Y(t_3)$——高温上限温度值时位移传感器的输出值，单位为伏(V)。

7.9 环境特性试验方法

7.9.1 高温工作

将传感器垂直放置于温场中，按如下规定：
——拉杆相对固定，使传感器的输出值在10%～90%量程范围内；
——温度：工作温度上限值；
——通电试验：当温度达到上限温度值后，传感器在不通电的状态下，放置30 min，然后进行通电试验，通电时间为4 h。在通电过程中，传感器应正常输出，每隔30 min，记录传感器输出值，和在常温下固定拉杆时的输出值对比，传感器的输出变化幅度应不超过5%FS。
试验后，除非另有规定，在参比试验条件下，恢复3 h后进行检测，其结果应符合6.8.1的规定。

7.9.2 低温工作

将传感器垂直放置于温场中，按如下规定：
——拉杆相对固定，使传感器的输出值在10%～90%量程范围内；
——温度：工作温度下限值；
——通电试验：当温度达到下限值后，传感器在不通电的状态下，放置30 min，然后进行通电试验，通电时间为4 h。在通电过程中，传感器应正常输出，每隔30 min，记录位移传感器输出值，和在常温下固定拉杆时的输出值对比，传感器的输出变化幅度应不超过5%FS。
试验后，除非另有规定，在参比试验条件下，恢复3 h后进行检测，其结果应符合6.8.2的规定。

7.9.3 稳态湿热(适用时)

稳态湿热试验样品应在(40±5)℃的干燥箱(室)内放置24 h，对试验样品进行外观检查。按下述试验条件进行试验：
——将传感器放进湿热试验箱内，使试验箱的温度控制在40 ℃±2 ℃；
——相对湿度控制在90%～95%；
——试验时间48 h。
试验后，在参比试验条件下，恢复3 h后进行检测，其结果应符合6.8.3的规定。

7.9.4 振动

传感器无包装，在水平安置、旋转90°水平安置、垂直安置三个不同方向，分别进行振动频率为80 Hz、120 Hz、150 Hz各20 min定频振动试验，加速度为10 g。当振动加速度达到10 g后，开始记录传感器的输出值，在同一振动方向、同一振动频率下，传感器的输出变化量应不大于±1%U_N。试验后，在参比试验条件下，恢复3 h后进行检测，其结果应符合6.8.4的规定。

7.9.5 冲击

将传感器按运输要求装入运输包装箱中，将箱直接或通过过渡结构缚带紧固在碰撞试验台上。过渡结构应有足够的刚度，避免引起附加的谐振，按下列条件进行试验：
——冲击脉冲波形为半正弦冲击脉冲；
——标称脉冲持续时间6 ms；
——加速度50 g；

——对试验样品的三个互相垂直轴的六个方向上各施加三次冲击(共18次)。

试验后,在参比试验条件下,恢复3 h后进行检测,其结果应符合6.8.5的规定。

7.9.6 电磁兼容(适用时)

调整传感器拉杆位置,使传感器处于7.5.6所确定的零点位置,固定传感器及拉杆,测量传感器的输出值。传感器应在频率为50 Hz的交流电所产生的磁场强度为400 A/m的外磁场中进行试验。将传感器放在磁场线圈的中心转台上,转动中心转台和磁场线圈,并调整移相器(0°~360°),使传感器处于最不利的磁场方向和相位上,在该条件下测量传感器的输出值,和施加外磁场前对比,传感器的输出变化幅度应不超过5%FS。按上述试验方法,调整传感器拉杆位置,使传感器处于量程下限输出值和量程上限输出值位置,分别进行试验,对比施加外磁场前后传感器的输出值,其变化幅度应不超过5%FS。试验后,在参比试验条件下,恢复3 h后进行检测,其结果应符合6.8.6的规定。

8 检验规则

8.1 检验分类

检验分为出厂检验和型式检验。

8.2 出厂检验

传感器的出厂检验应按表4规定的检验顺序和检验项目进行100%检验,检验合格后方可出厂。

表4 检验项目和检验顺序表

序号	检验项目	要求章条号	检验方法章条号	出厂检验	型式试验	不合格类型
1	外形及安装尺寸	6.5.1	7.6.1	√	√	C
2	外观	6.2	7.3	√	√	C
3	重量	6.3	7.4	√	√	C
4	测量力	6.5.2	7.6.2	—	√	C
5	机械行程	6.5.3	7.6.3	—	√	C
6	输出阻抗	6.4.1	7.5.1	√	√	B
7	工作电流	6.4.2	7.5.2	√	√	B
8	绝缘电阻	6.4.3	7.5.3	√	√	B
9	绝缘强度	6.4.4	7.5.4	—	√	B
10	量程下限输出值	6.4.6	7.5.5	√	√	B
11	零点	6.4.7	7.5.6	√	√	B
12	量程上限输出值	6.4.8	7.5.7	√	√	B
13	响应时间	6.4.5	7.5.8	√	√	B
14	基本误差	6.6.1	7.7.1	√	√	B
15	非线性误差	6.6.2	7.7.2	√	√	B
16	回差	6.6.3	7.7.3	√	√	B
17	重复性误差	6.6.4	7.7.4	√	√	B

表 4（续）

序号	检验项目	要求章条号	检验方法章条号	出厂检验	型式试验	不合格类型
18	纹波电压	6.6.5	7.7.5	√	√	B
19	零点漂移	6.7.1	7.8.1	√	√	B
20	热零点漂移	6.7.2	7.8.2	√	√	B
21	高温工作	6.8.1	7.9.1	—	√	B
22	低温工作	6.8.2	7.9.2	—	√	B
23	稳态湿热(适用时)	6.8.3	7.9.3	—	√	B
24	振动	6.8.4	7.9.4	—	√	B
25	冲击	6.8.5	7.9.5	—	√	B
26	电磁兼容	6.8.6	7.9.6	—	√	B
注：“√”为检验项目；“—”为不检验项目。						

8.3 型式检验

8.3.1 检验原则

传感器具备下列情况之一时，应进行型式检验：

——新产品或老产品转厂生产的试验定型鉴定；

——正式生产后，如结构、材料、工艺等有重大改变；

——正常生产时，定期或积累一定产量后，应周期性的进行检验，检验周期一般应为 2 年；

——产品停产 1 年以上，恢复生产时；

——同类型产品进行比对时；

——国家质量监督机构提出进行型式检验的要求时。

8.3.2 型式检验项目

传感器的型式检验应按表 4 规定的检验顺序和检验项目进行。

8.3.3 抽样、判定规定

型式检验的样品应从出厂检验合格的产品中随机抽取。型式检验的抽样方案按 GB/T 2829—2002 的规定进行，采用判别水平 Ⅰ 的一次抽样方案，以不合格品数为判断依据。采用不合格质量水平 RQL=25，样本量 n=8，Ac=1，Re=2。对于 B 类不合格，采用不合格质量水平 RQL=25。对于 C 类不合格，采用不合格质量水平 RQL=50。

每只样品有一个 B 类不合格，结果判定该只样品不合格；每只样品无 B 类不合格，三个及三个以下 C 类不合格，则判定该只样品合格。8 只样品中有一只不合格，判定该批产品合格；有两只或两只以上不合格，则判定该批产品不合格。需进一步整改后，重新抽样检验。

8.3.4 对不合格判定的处理

检验结果被判定为型式检验不合格时，按 GB/T 2829—2002 中 5.12.3 规定的原则进行处理。

9 标志、使用说明书

9.1 标志

传感器应有铭牌，铭牌上标明：

a) 制造厂名或厂标；

b) 产品名称和型号；

c) 供电电源；

d) 输出；

e) 测量范围上、下限值；

f) 产品编号；

g) 制造年月；

h) 准确度等级。

9.2 使用说明书

制造厂家应向用户提供使用说明书，内容编制按 GB/T 9969—2008 的规定进行。

10 包装、贮存、运输

10.1 包装

传感器的包装应符合 GB/T 13384—2008 的规定。

传感器应连同附件、备件、使用说明书和产品合格证装在防尘、防震和防潮的坚固盒中，保证运输途中不致损坏。

10.2 贮存

传感器应贮存于环境温度为：−25 ℃～＋50 ℃，相对湿度为：10％～75％，不含腐蚀性气体并通风良好的室内环境。

10.3 运输

传感器的运输应符合 GB/T 25480—2010 的规定。

传感器的运输应严格遵照包装箱上注明的条件，严禁日晒、雨淋、倾斜或强烈振动。运输方式按订货合同上载明的要求执行。